Visual C# 2017 程式設計

關於本書

C# 是 Microsoft 公司根據 C/C++ 所發展出來的程式語言，具有簡潔、型別安全、物件導向等特色，可以用來快速開發應用程式，而 Visual C# 則是 C# 語言實作，同時 Microsoft 公司亦針對 Visual C# 推出一個功能強大的整合開發環境 Visaul Studio 2017，能夠快速建立 Windows Forms 應用程式、ASP.NET Web 應用程式、native Android App、native iOS App、Azure 雲端服務等。

在本書中，我們會先示範如何安裝 Visual Studio Community，帶領讀者在最短的時間之內寫出第一個 Visaul C# 程式，踏出成功的第一步，建立自信心；接著會以範例為導向，循序漸進地介紹 C# 的基礎語法，包括型別、變數、常數、列舉、運算子、流程控制、陣列、集合、方法、屬性、例外處理、類別、物件、結構、隱含型別、匿名型別等；最後再針對下列主題做進一步的說明，讓讀者克服初學者的迷思，朝向專業的程式設計之路邁進。

- ❖ 使用 Visual Studio Community 開發 Windows Forms 與主控台應用程式
- ❖ Windows Forms 控制項
- ❖ GDI+ 繪圖與列印支援
- ❖ 檔案存取
- ❖ 建立 SQL Server 資料庫與 SQL 查詢
- ❖ ADO.NET 資料庫存取
- ❖ 物件導向程式設計 (繼承、介面、多型、委派、泛型、Iterator)
- ❖ 事件驅動與事件處理

此外，本書提供了豐富的範例，讓讀者透過動手撰寫程式的過程徹底學會 Visual C#，同時也提供了隨堂練習與學習評量，讓用書教師檢測學生的學習效果，或做為課後作業之用 (備有教學投影片)。

排版慣例

本書在條列關鍵字、陳述式及方法的語法時，遵循了下列的排版慣例：

- 斜體字表示使用者自行鍵入的敘述、運算式或名稱，例如 class *name* {} 的 *name* 表示使用者自行鍵入的類別名稱。
- 中括號表示可以省略不寫，例如 *return_type method_name*([*parameterlist*]) 的 [*parameterlist*] 表示方法的參數串列可以有，也可以沒有。
- 大括號內的選項表示必須從中選擇一個，而且不可以省略不寫，例如 CommandType={StoredProcedure|TableDirect|Text} 表示一定要加上 StoredProcedure、TableDirectct 或 Text 其中一個關鍵字，垂直線 | 用來隔開替代選項，色字表示預設值。
- 中括號括住大括號內的選項表示必須從中選擇一個，若省略不寫，表示採用預設值，例如 Item[{*name*|*ordinal*}] 表示一定要加上欄位名稱 *name* 或欄位序號 *ordinal*。

與我們聯繫

- 「碁峰資訊」網站：http://www.gotop.com.tw/
- 國內學校業務處電話
  - 台北 (02)2788-2408
  - 台中 (04)2452-7051
  - 高雄 (07)384-7699

版權聲明

Part 1 語法篇

Chapter 1 開始撰寫 Visual C# 程式

1-1 認識 Visual C# 1-2
1-2 安裝 Visual Studio Community........ 1-3
1-3 建立 Windows Forms 應用程式........ 1-7
1-3-1 新增專案........ 1-8
1-3-2 建立使用者介面 (在表單上放置控制項)........ 1-10
1-3-3 自訂外觀 (設定表單與控制項的屬性)........ 1-11
1-3-4 加入 Visual C# 程式碼........ 1-13
1-3-5 建置與執行程式........ 1-16
1-3-6 儲存檔案、專案與方案........ 1-17
1-3-7 關閉檔案、專案與方案........ 1-17
1-3-8 開啟檔案、專案與方案........ 1-18
1-3-9 使用線上說明........ 1-19
1-4 Visual C# 程式碼撰寫慣例........ 1-20
1-4-1 Visual C# 程式結構........ 1-21
1-4-2 Visual C# 命名規則........ 1-23
1-4-3 Visual C# 程式碼註解........ 1-24
1-4-4 Visual C# 程式碼縮排........ 1-24
1-4-5 Visual C# 程式碼分行與合併........ 1-24
1-5 使用 MessageBox.Show() 方法........ 1-25
1-6 建立主控台應用程式........ 1-28
1-7 使用主控台輸入 / 輸出........ 1-30

Chapter 2 型別、變數、常數、列舉與運算子

2-1 型別........ 2-2
2-1-1 整數型別........ 2-2
2-1-2 浮點數型別........ 2-3
2-1-3 decimal 型別........ 2-4
2-1-4 bool 型別........ 2-5
2-1-5 char 型別........ 2-5

2-1-6 string 型別 2-6

2-1-7 object 型別 2-7

2-1-8 System.DateTime 型別 2-8

2-2 型別的結構 2-9

2-3 型別轉換 2-10

2-3-1 隱含轉換 2-10

2-3-2 明確轉換 2-11

2-3-3 取得型別的方法 2-12

2-3-4 轉換型別的方法 2-12

2-4 變數 2-13

2-4-1 變數的命名規則 2-14

2-4-2 變數的宣告方式 2-15

2-4-3 隱含型別 2-19

2-4-4 變數的生命週期 2-20

2-4-5 變數的有效範圍 2-20

2-4-6 變數的存取層級 2-21

2-4-7 Boxing 轉換與 Unboxing 轉換 2-22

2-5 可為 null 的型別 2-23

2-6 常數 2-24

2-7 列舉型別 2-26

2-8 運算子 2-28

2-8-1 算術運算子 (+、-、*、/、%) 2-29

2-8-2 邏輯運算子 (!、&、|、^、&&、||、~) 2-30

2-8-3 比較運算子 (==、!=、<、>、<=、>=) 2-31

2-8-4 移位運算子 (<<、>>) 2-32

2-8-5 遞增、遞減運算子 (++、--) 2-32

2-8-6 指派運算子 (=、+=、-=、*=、/=、%=、&=、|=、^=、<<=、>>=、??) 2-33

2-8-7 條件運算子 (?:) 2-34

2-8-8 型別資訊運算子 (as、is、typeof、sizeof) 2-35

2-8-9 溢位例外控制 (checked、unchecked) 2-36

2-8-10 運算子的優先順序 2-37

Chapter 3 流程控制

3-1 認識流程控制 3-2
3-2 if…else 3-3
3-2-1 if…：若…就… 3-3
3-2-2 if…else：若…就…否則… 3-5
3-2-3 if…else if…：若…就…否則 若…就…否則… ... 3-7
3-3 switch 3-10
3-4 for (計數迴圈) 3-14
3-5 foreach (陣列迴圈) 3-22
3-6 條件式迴圈 3-24
3-6-1 while 3-24
3-6-2 do 3-26
3-7 跳躍陳述式 3-28
3-7-1 goto 3-28
3-7-2 break 3-30
3-7-3 continue 3-30

Chapter 4 陣列

4-1 認識陣列 4-2
4-2 一維陣列 4-3
4-3 多維陣列 4-8
4-4 不規則陣列 4-12
4-5 System.Array 類別 4-13

Chapter 5 方法與屬性

5-1 認識方法 5-2
5-2 宣告方法 5-4
5-3 呼叫方法 5-6
5-3-1 呼叫案例方法 5-6
5-3-2 呼叫靜態方法 5-8
5-4 參數 5-12
5-4-1 傳值呼叫 5-12

5-4-2 傳址呼叫 5-14
5-4-3 傳出呼叫 5-15
5-4-4 傳遞陣列給方法 5-16
5-4-5 從方法傳回陣列 5-19
5-5 區域變數 5-20
5-6 靜態變數 5-22
5-7 遞迴函式 5-24
5-8 方法重載 5-28
5-9 屬性與自動實作屬性 5-30

Chapter 6 例外處理

6-1 錯誤的類型 6-2
6-2 結構化例外處理 6-3

Part 2 視窗應用篇

Chapter 7 Windows Forms 控制項 (一)

7-1 認識 Windows Forms 7-2
7-2 設計階段的表單 7-3
7-2-1 建立表單 7-3
7-2-2 設定表單的屬性 7-4
7-3 執行階段的表單 7-9
7-4 文字編輯控制項 7-12
7-4-1 TextBox (文字方塊) 7-12
7-4-2 RichTextBox 7-17
7-4-3 MaskedTextBox 7-20
7-5 命令控制項 7-22
7-5-1 Button (按鈕) 7-22
7-5-2 NotifyIcon (通知圖示) 7-24
7-6 文字顯示控制項 7-25
7-6-1 Label (標籤) 7-25
7-6-2 LinkLabel (超連結標籤) 7-27

7-7 影像控制項 7-29
7-7-1 PictureBox (影像方塊) 7-29
7-7-2 ImageList (影像清單) 7-31
7-8 清單控制項 7-34
7-8-1 CheckBox (核取方塊) 7-34
7-8-2 RadioButton (選項按鈕) 7-36
7-8-3 ListBox (清單方塊) 7-37
7-8-4 CheckedListBox (核取清單方塊) 7-40
7-8-5 ComboBox (下拉式清單) 7-41
7-8-6 DomainUpDown 7-42
7-8-7 NumericUpDown 7-43
7-8-8 ListView (清單檢視) 7-44
7-8-9 TreeView (樹狀檢視) 7-48

Chapter 8 Windows Form 控制項 (二)

8-1 日期時間控制項 8-2
8-1-1 DateTimePicker（日期時間選取器）........ 8-2
8-1-2 MonthCalendar（月曆）........ 8-3
8-2 功能表、工具列與狀態列控制項 8-5
8-2-1 MenuStrip（功能表）........ 8-5
8-2-2 ContextMenuStrip（快顯功能表）........ 8-9
8-2-3 ToolStrip（工具列）........ 8-10
8-2-4 StatusStrip（狀態列）........ 8-12
8-3 容器控制項 8-15
8-3-1 GroupBox（群組方塊）........ 8-15
8-3-2 Panel（面板）........ 8-16
8-3-3 FlowLayoutPanel 8-16
8-3-4 TableLayoutPanel 8-17
8-3-5 SplitContainer 8-17
8-3-6 TabControl 8-18
8-4 對話方塊控制項 8-20
8-4-1 FontDialog（字型對話方塊）........ 8-20

8-4-2 ColorDialog（色彩對話方塊）............................ 8-22
8-4-3 SaveFileDialog（另存新檔對話方塊）................ 8-23
8-4-4 OpenFileDialog（開啟舊檔對話方塊）............... 8-26
8-4-5 FolderBrowserDialog（瀏覽資料夾對話方塊）.. 8-27
8-5 其它控制項 8-29
8-5-1 ProgressBar（進度列）.. 8-29
8-5-2 Timer（計時器）.. 8-29
8-5-3 TrackBar（滑動軸）... 8-31
8-6 GDI+ 繪圖 8-32
8-6-1 建立 Graphics 物件 8-32
8-6-2 建立色彩、畫筆與筆刷 8-33
8-6-3 繪製線條與形狀.. 8-35
8-6-4 繪製文字 8-40
8-6-5 顯示影像 8-41
8-7 列印支援 8-42

Chapter 9 檔案存取

9-1 System.IO 命名空間 9-2
9-2 存取資料夾 9-3
9-3 存取檔案 9-8
9-4 讀寫檔案 9-12
9-4-1 使用 StreamReader 類別讀取文字檔 9-12
9-4-2 使用 StreamWriter 類別寫入文字檔 9-16
9-4-3 使用 FileStream 類別讀寫文字檔 9-20

Part 3 資料庫篇

Chapter 10 建立資料庫與 SQL 查詢

10-1 認識資料庫 10-2
10-2 建立 SQL Server 資料庫....................................... 10-4
10-3 在 Visual Studio 連接 SQL Server 資料庫 10-11
10-4 SQL 語法... 10-12

10-4-1 Select 指令 (選取資料) 10-14
10-4-2 Insert 指令 (新增資料) 10-21
10-4-3 Update 指令 (更新資料) 10-22
10-4-4 Delete 指令 (刪除資料) 10-23

Chapter 11 資料庫存取

11-1 Windows 應用程式存取資料庫的方式 11-2
11-2 ADO.NET 的架構 11-3
11-3 使用 DataReader 物件存取資料庫 11-4
11-3-1 使用 SqlConnection 物件建立資料連接 11-6
11-3-2 使用 SqlCommand 物件執行 SQL 命令 11-8
11-3-3 使用 SqlDataReader 物件讀取資料 11-10
11-4 使用 DataSet 物件存取資料庫 11-14
11-4-1 使用 SqlDataAdapter 物件執行 SQL 命令 11-18
11-4-2 建立 DataSet 物件 11-24
11-4-3 DataSet 物件與控制項的整合運用 11-26
11-5 使用 DataGridView 控制項操作資料 11-28
11-6 使用 BindingNavigator 控制項巡覽資料 11-31

Part 4 物件導向篇

Chapter 12 類別、物件與結構

12-1 認識物件導向 12-2
12-2 宣告類別 12-6
12-2-1 宣告欄位 12-8
12-2-2 宣告方法 12-12
12-2-3 宣告屬性 12-15
12-3 物件的生命週期 12-16
12-4 建構函式 12-18
12-4-1 宣告建構函式 12-18
12-4-2 重載建構函式 12-20
12-4-3 呼叫相同類別內的建構函式 12-22
12-4-4 使用建構函式複製物件 12-24

12-4-5 私有建構函式 12-25
12-4-6 靜態建構函式 12-26
12-5 解構函式 12-28
12-5-1 宣告解構函式 12-28
12-5-2 實作 IDisposable 介面的 Dispose() 方法 12-30
12-6 存取層級 12-32
12-7 靜態類別 12-33
12-8 部分類別 12-34
12-9 巢狀型別 12-35
12-10 陣列 V.S. 索引子 12-37
12-10-1 以陣列存取物件 12-37
12-10-2 以索引子存取物件 12-39
12-11 類別 V.S. 命名空間 12-44
12-12 結構 12-47
12-13 物件 / 集合初始設定式 12-50
12-14 匿名型別 12-51

Chapter 13 繼承、介面與多型

13-1 繼承 13-2
13-1-1 宣告子類別 13-4
13-1-2 設定類別成員的存取層級 13-5
13-1-3 覆蓋父類別的屬性或方法 13-8
13-1-4 呼叫父類別內被覆蓋的屬性或方法 13-10
13-1-5 防止子類別覆蓋父類別的屬性或方法 13-11
13-1-6 遮蔽父類別的成員 13-11
13-1-7 抽象類別、抽象方法與抽象屬性 13-13
13-1-8 子類別的建構函式與解構函式 13-17
13-1-9 類別階層 13-21
13-1-10 使用繼承的時機 13-22
13-2 介面 13-23
13-2-1 宣告介面的成員 13-23
13-2-2 實作介面的成員 13-25
13-2-3 使用介面的時機 13-28

13-3 多型 13-29
13-3-1 使用繼承實作多型 13-29
13-3-2 使用介面實作多型 13-31

Chapter 14 運算子重載、委派與事件

14-1 運算子重載 14-2
14-2 委派 14-8
14-2-1 連結具名方法的委派 14-8
14-2-2 連結匿名方法的委派 14-10
14-2-3 Multi-cast 委派 14-12
14-3 事件 14-16
14-3-1 事件驅動 14-16
14-3-2 C# 的事件模式 14-17
14-3-3 事件的宣告、觸發與處理 14-18

Chapter 15 泛型與 Iterator

15-1 使用泛型 15-2
15-2 宣告泛型 15-4
15-2-1 宣告泛型類別 15-4
15-2-2 宣告泛型結構 15-8
15-2-3 宣告泛型介面 15-9
15-2-4 宣告泛型方法 15-10
15-2-5 宣告泛型委派 15-11
15-3 型別參數的條件約束 15-12
15-4 泛型中的預設關鍵字 default 15-16
15-5 Iterator 15-17

Appendix A 資料型別的成員 (PDF 電子書)

線上下載

本書範例程式與附錄 A 的 PDF 電子書請至 http://books.gotop.com.tw/download/AEL021100 下載，讀者可以運用本書範例程式開發自己的程式，但請勿販售或散布。

1
PART
語法篇

開始撰寫 Visual C# 程式

1-1 認識 Visual C#

1-2 安裝 Visual Studio Community

1-3 建立 Windows Forms 應用程式

1-4 Visual C# 程式碼撰寫慣例

1-5 使用 MessageBox.Show() 方法

1-6 建立主控台應用程式

1-7 使用主控台輸入 / 輸出

1-1 認識 Visual C#

C# (唸做 C sharp) 是 Microsoft 公司根據 C/C++ 所發展出來的程式語言，具有簡潔、型別安全、物件導向等特色，可以用來快速開發應用程式。C# 的語法類似 C/C++ 和 Java，因此，熟悉 C/C++ 或 Java 的人很快就能學會 C#。

C# 修改了 C/C++ 一些複雜的功能，例如命名空間 (namespace)、類別 (class)、列舉 (enumeration)、重載 (overloading)、結構化例外處理等，同時刪除了 C/C++ 的某些功能，例如多重繼承 (multiple inheritance)、巨集 (macro)、虛擬基底類別 (virtual base class) 等，但也提供了 C/C++ 所沒有的功能，例如可為 null 的型別 (nullable type)、委派 (delegate)、匿名方法、泛型 (generic)、部分類別 (partial class)、Iterator、匿名型別、擴充方法、隱含型別等。

身為一個物件導向程式語言，C# 支援封裝 (encapsulation)、繼承 (inheritance)、多型 (polymorphism)、介面 (interface)、覆蓋 (override)、重載 (overload)、虛擬函式 (virtual function)、運算子重載等功能。

Visual C# 是 Microsoft 公司的 C# 語言實作，同時 Microsoft 公司亦針對 Visual C# 推出一個功能強大的整合開發環境 Visaul Studio 2017，包括互動式開發環境、視覺化設計工具、程式碼編輯器、編譯器、專案範本、偵錯工具等。Visual C# 完全整合 .NET Framework 和 CLR，能夠快速建立 Windows Forms 應用程式、ASP.NET Web 應用程式、native Android App、native iOS App、Azure 雲端服務等。

註 [1]：.NET Framework 是針對 Windows、Windows 市集、Windows Phone、Windows Server 和 Microsoft Azure 建立應用程式的開發平台，包括 Visual Basic、C#、C++ 等程式語言、CLR (Common Language Runtime)，以及廣泛的類別庫。

註 [2]：CLR (Common Language Runtime，共通語言執行環境) 除了負責執行程式，還要提供記憶體管理、執行緒管理、安全管理、版本管理、例外處理、共通型別系統 (CTS，Common Type System) 與生命週期監督等核心服務。

1-2 安裝 Visual Studio Community

Visual Studio 2017 有 Enterprise (企業版)、Professional (專業版) 和 Community (社群版) 等版本，其中社群版因為具有下列特色，所以本書範例程式是使用社群版所撰寫：

- 功能完整的整合開發環境 (IDE，Integrated Development Environment)，可以建立適用於 Windows、Android、iOS 的應用程式和雲端服務。
- 具有可以從 Visual Studio 組件庫中選擇數千項擴充功能的生態系統。
- 開放原始碼專案、學術研究、培訓、教育和小型專業團隊均可免費使用。
- 支援 C#、Visual Basic、F#、C++、JavaScript、Python、R 等語言。

您可以連線到 https://www.visualstudio.com/zh-hant/，然後依照如下步驟下載並安裝 Visual Studio Community 2017；若要進一步瞭解 Visual Studio 2017 的版本比較，可以連線到 https://www.visualstudio.com/zh-hant/vs/compare/。

❶ 從 [Windows 下載] 中點選 [Community 2017]

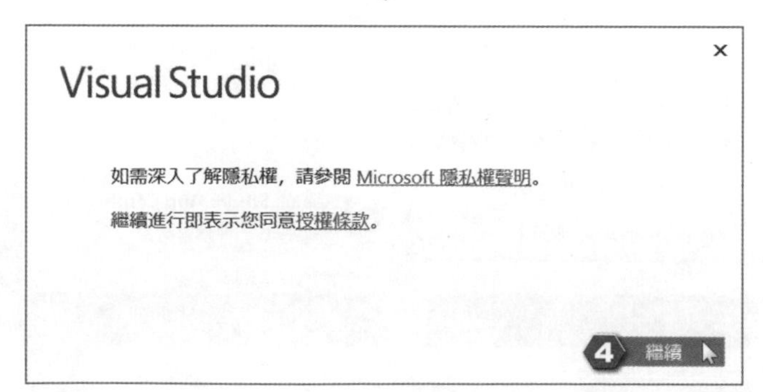

❷ 執行下載回來的檔案　❸ 按 [是]　❹ 按 [繼續]

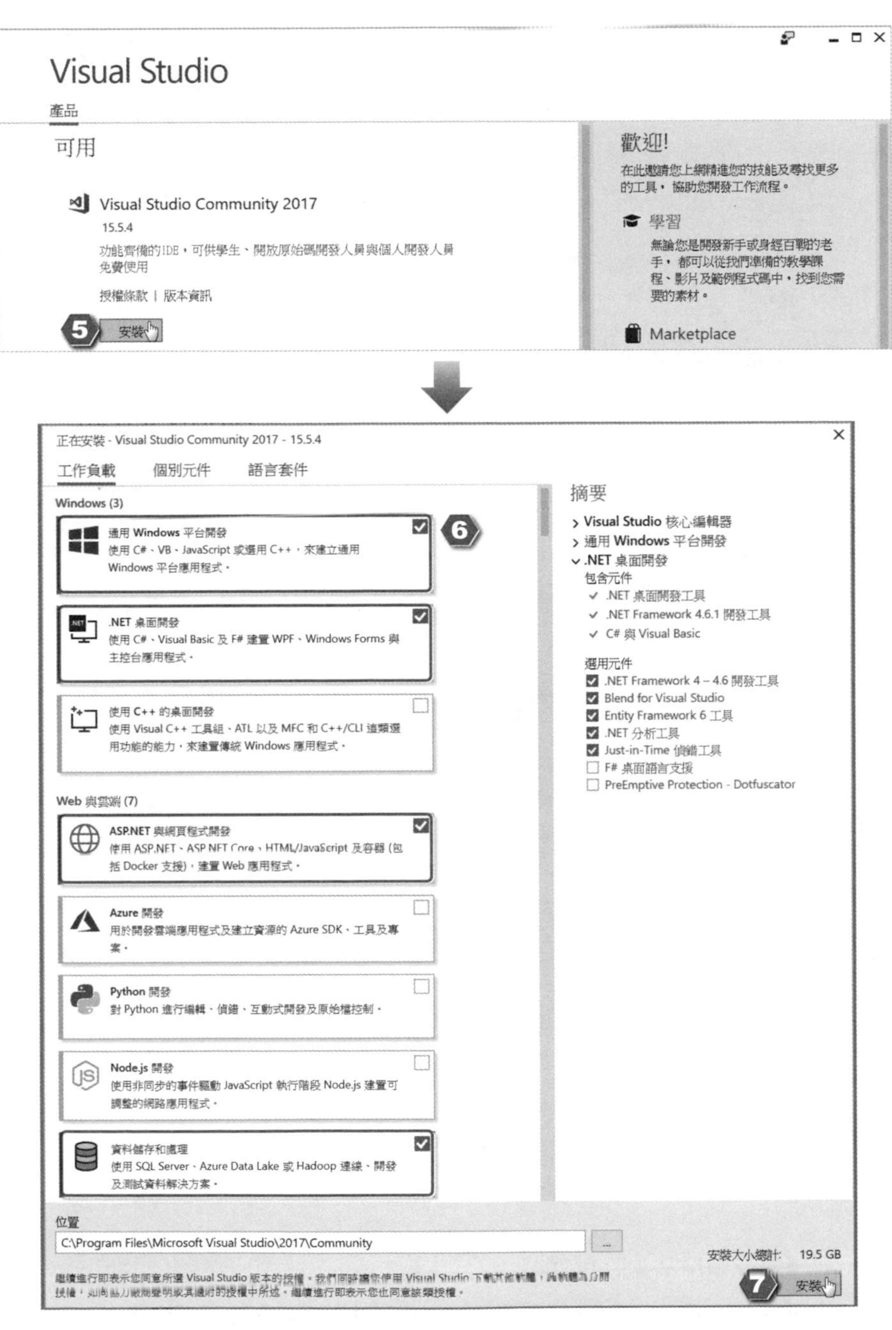

5 按 [安裝]　6 核取畫面上勾選的四個項目　7 按 [安裝]

❽ 安裝成功！按 [啟動]

❾ 按 [登入]，然後依照提示輸入您的 Microsoft 帳戶進行登入，若沒有帳戶，可以按 [註冊]，然後依照提示註冊一個帳戶，完成登入後即可啟動 Visual Studio Community 2017

1-3 建立 Windows Forms 應用程式

Visual C# 是一個視覺化的程式開發工具，其設計流程與傳統的程式語言並不完全相同，但可以簡單歸納成下列幾個步驟：

1. 建立專案：在 Visual Studio 選取 [檔案] \ [新增] \ [專案]，以建立專案，任何 Visual C# 程式都必須放在專案內。
2. 建立使用者介面：從 [工具箱] 選擇控制項加入表單，以建立使用者介面。舉例來說，假設使用者介面有一個按鈕，那麼可以在表單上放置一個 Button 控制項。
3. 自訂外觀：透過 [屬性視窗] 設定表單與控制項的外觀，例如表單的大小、標題列的文字、按鈕的大小、文字、字型等屬性。
4. 加入 Visual C# 程式碼：針對可能產生事件的控制項撰寫處理程序。
5. 建置與執行程式：按 [F5] 鍵進行建置與執行。

為了讓您瞭解 Visual C# 程式的設計流程，我們先做個簡單的例子，之後再講解 Visual C# 的語法。在這個例子中，程式一開始會顯示如左下圖的視窗，使用者只要點取 [確定] 按鈕，就會出現另一個對話方塊，上面顯示著 "Hello,world!"。若要結束程式，關閉這兩個視窗即可。

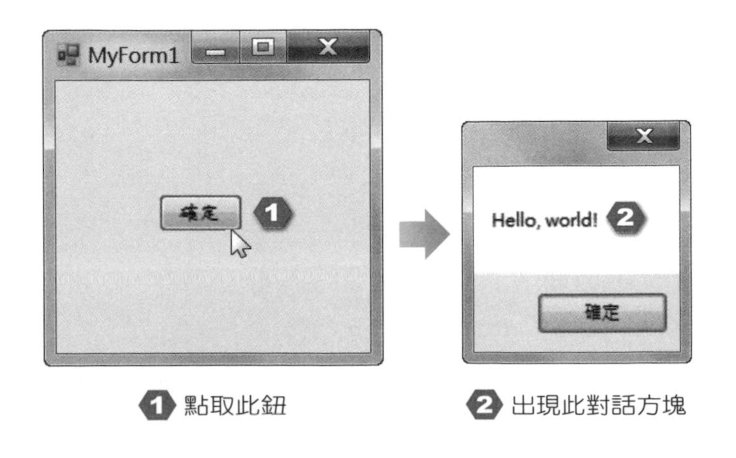

❶ 點取此鈕　❷ 出現此對話方塊

1-3-1 新增專案

1. 按 [開始] \ [Visual Studio 2017]，啟動 Visual Studio，然後在起始頁點取 [建立新專案] 或選取 [檔案] \ [新增] \ [專案]。

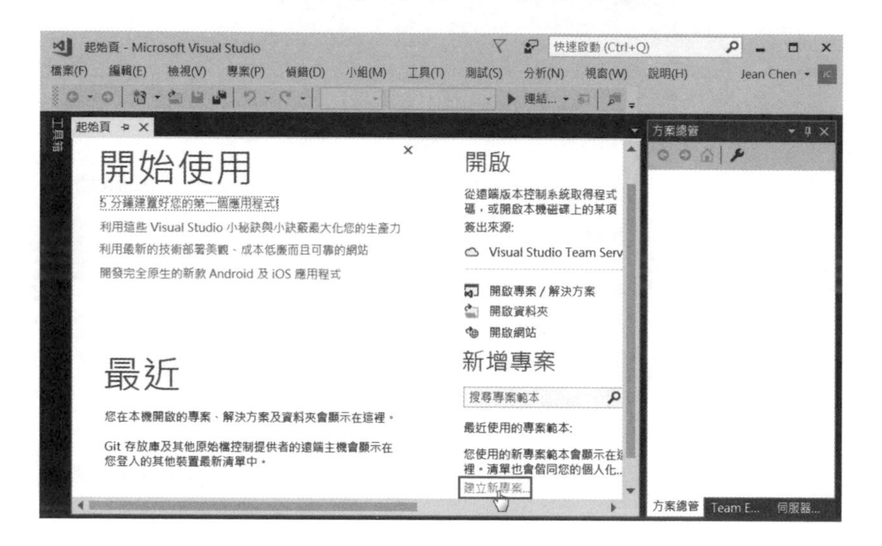

2. 依照下圖操作，新增一個名稱為 Hello 的專案。

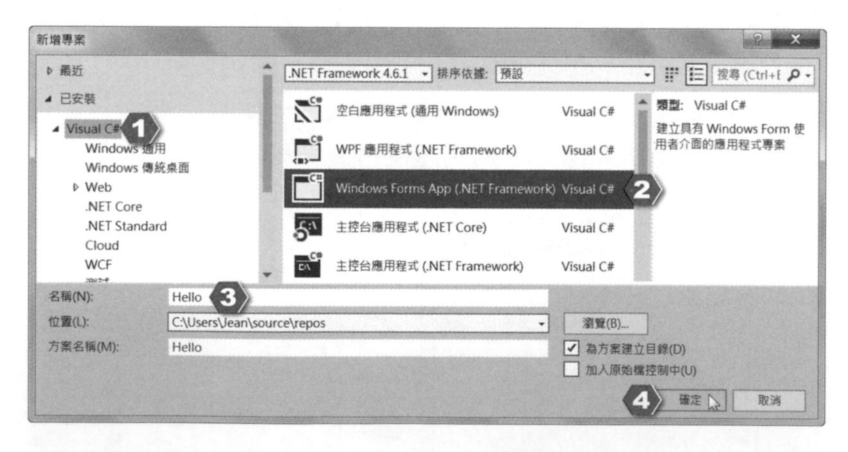

❶ 選擇 [Visual C#]
❷ 選擇 [Windows Forms App]
❸ 輸入專案名稱，例如 Hello
❹ 按 [確定]

3. Visual Studio 會根據步驟 2 輸入的專案名稱 Hello，建立副檔名為 .csproj 的專案檔及副檔名為 .sln 的方案檔，而且預設的存檔路徑為 C:\Users\ 使用者名稱 \source\repos\Hello。您可以將專案 (project) 視為建置後的一個可執行單位，而大型應用程式往往是由多個可執行單位所組成，因此，Visual Studio 是以一個方案 (solution) 管理一個或多個專案。

   在新增專案後，Visual Studio 的畫面中間有一個名稱為 Form1 的表單，這就是 Windows Forms 設計工具，用來設計應用程式的介面。若沒有看到設計工具，可以在 [方案總管] 內找到 Form1.cs，然後按兩下。

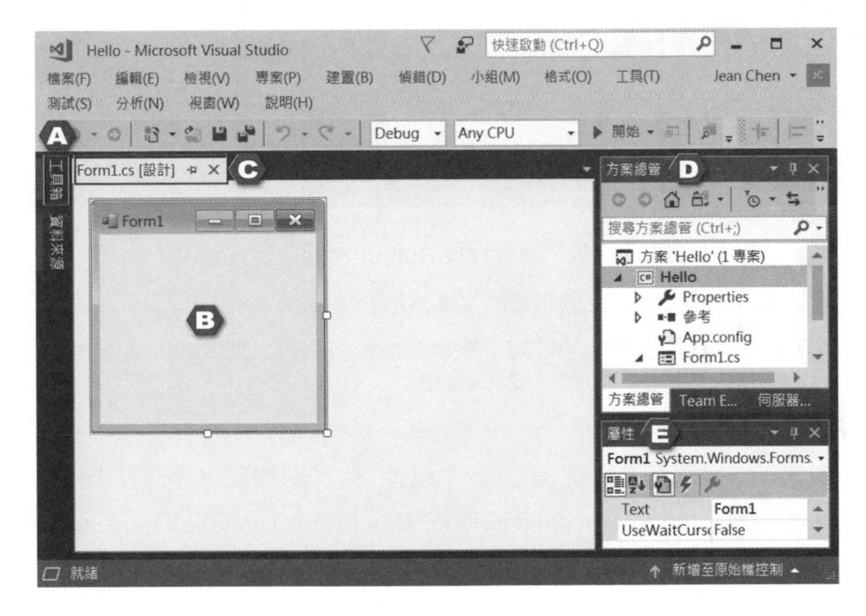

A 點取此標籤可以顯示工具箱

B Windows Forms 設計工具 (若要調整表單的大小，可以拖曳表單四周的空心小方塊)

C 此處的標籤用來切換表單或關閉表單

D 方案總管用來管理方案內的專案或檔案 (若沒有看到方案總管，可以選取 [檢視] \ [方案總管]

E 屬性視窗用來設定表單或按鈕、圖片、標籤等控制項的屬性 (若沒有看到屬性視窗，可以選取 [檢視] \ [屬性視窗])

1-3-2 建立使用者介面(在表單上放置控制項)

在這個例子中，我們將利用工具箱的 Button 控制項在表單上放置按鈕，請依照下圖操作。

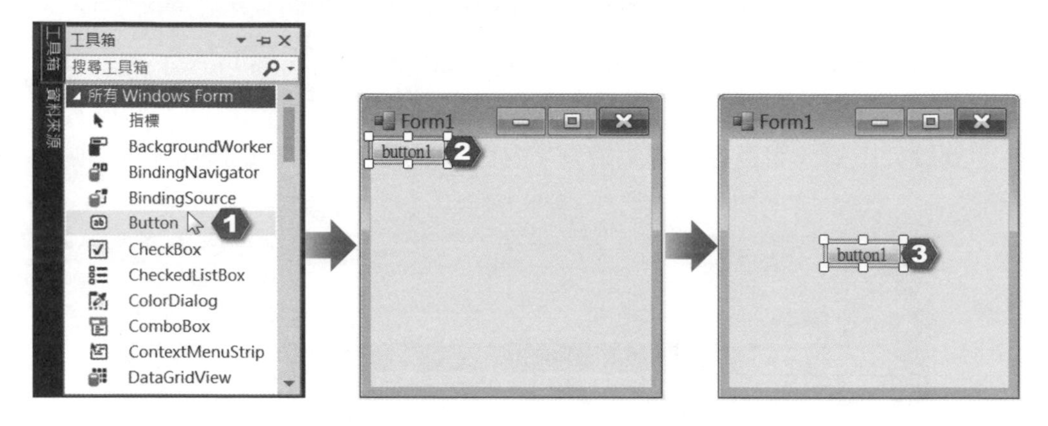

1 點取 [工具箱] 標籤，然後找到 Button 控制項並按兩下

2 出現一個按鈕，上面預設的文字是按鈕名稱

3 將按鈕拖曳至適當的位置，若要調整大小，可以拖曳四周的空心小方塊，若要刪除，可以按 [Del] 鍵

工具箱預設會自動隱藏到視窗左側，只留下一個標籤，若要固定顯示工具箱，可以點取橫向的大頭針圖示，令它變成直立的，或點取向下箭頭，然後選擇讓視窗浮動在視窗內、停駐在視窗左側、以標籤頁顯示或自動隱藏。

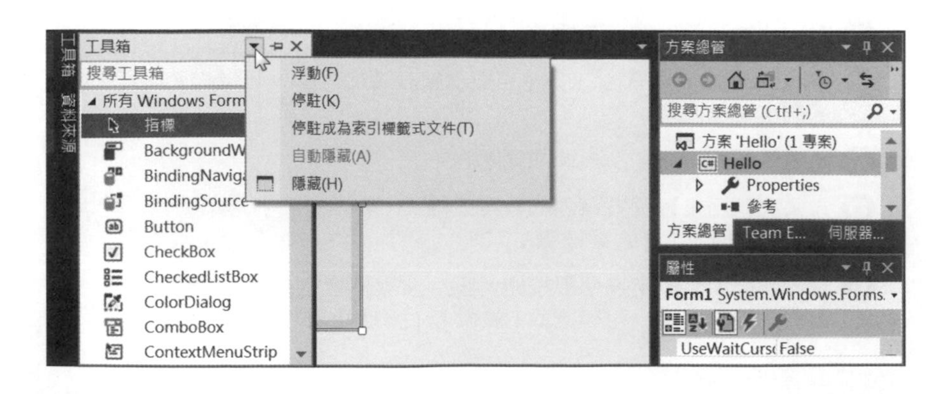

1-3-3 自訂外觀(設定表單與控制項的屬性)

接著，我們要根據下表設定表單與按鈕的屬性。

物件	屬性	值	說明
表單	Text	我的第一個程式	表單的標題列文字
按鈕	Text	確定	按鈕的文字
	Font	標楷體、9 點、標準	按鈕的文字字型

設定表單的屬性

1. 選取表單，然後移動屬性視窗的捲軸，找到 [Text] 屬性，在 [Text] 屬性的名稱按兩下，此時，[Text] 屬性的值會呈現藍色反白。
2. 輸入新的屬性值 "MyForm1"，表單的標題列文字會由原來的 "Form1" 變成 "MyForm1"。若輸入至一半想取消，可以按 [Esc] 鍵。

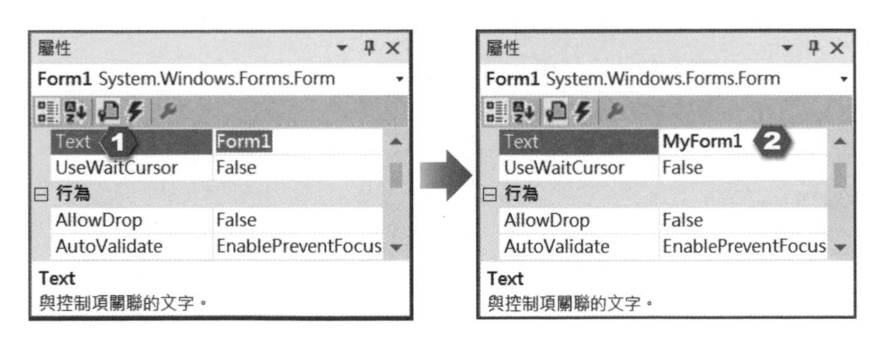

1 在 Text 屬性按兩下　　2 輸入新的屬性值

設定按鈕的屬性

1. 選取按鈕，然後在屬性視窗內將 [Text] 屬性的值設定為 " 確定 "，按鈕上的文字會由原來的 "button1" 變成 " 確定 "。

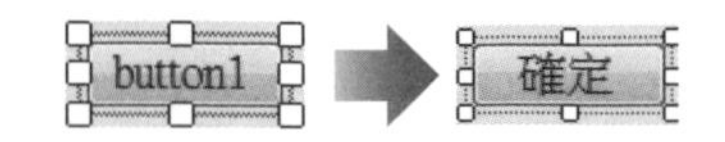

2. 選取按鈕，然後移動屬性視窗的捲軸，找到 [Font] 屬性，在 [Font] 屬性的名稱按一下，再點取 [...] 按鈕，螢幕上會出現 [字型] 對話方塊，請從中選擇字型為 [標楷體]、字型樣式為 [標準]、大小為 [9]，最後按 [確定]，按鈕上的文字會由原來的新細明體變成 9 點大小、標準樣式的標楷體。

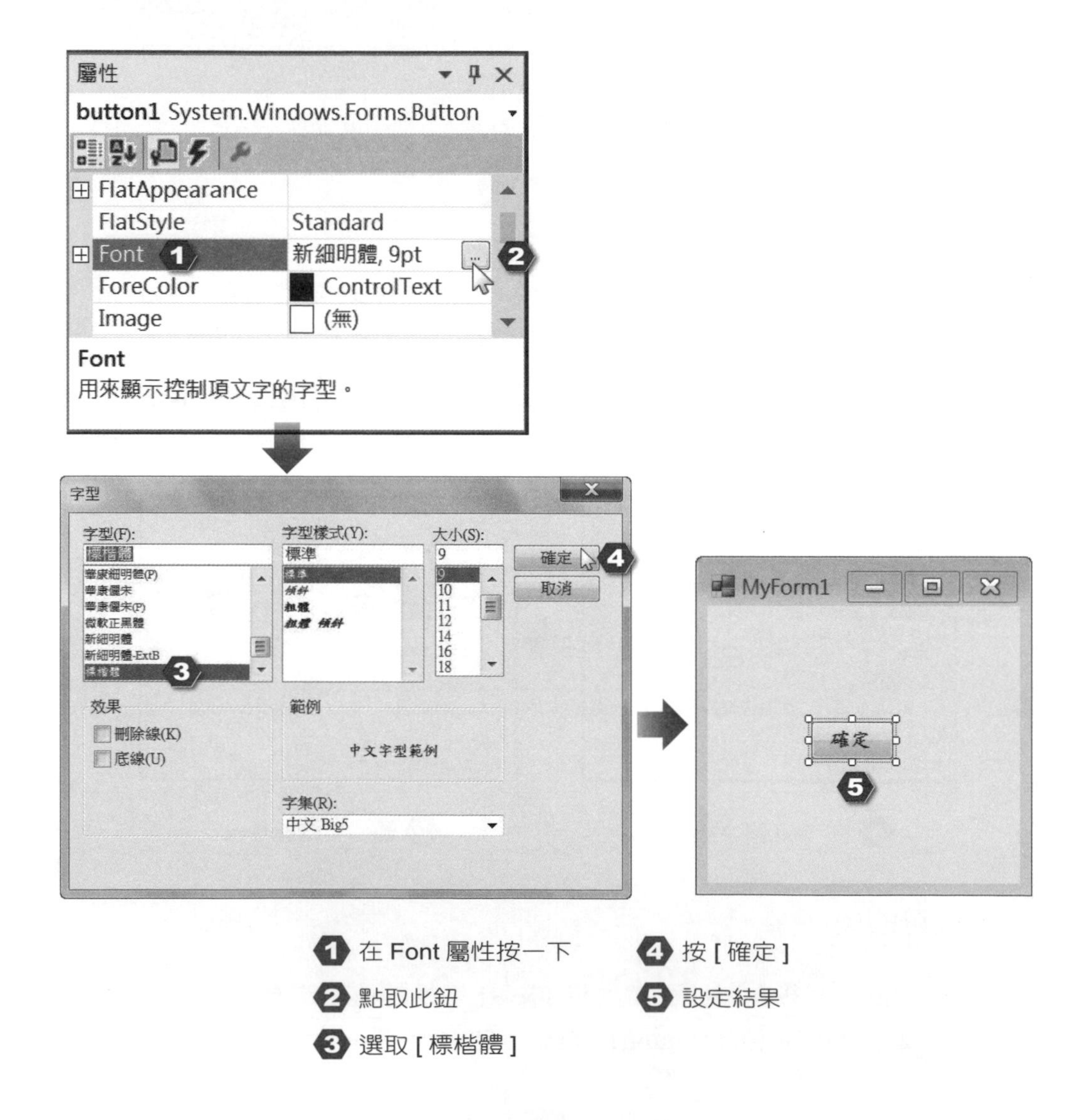

❶ 在 Font 屬性按一下
❷ 點取此鈕
❸ 選取 [標楷體]
❹ 按 [確定]
❺ 設定結果

1-3-4 加入 Visual C# 程式碼

現在，我們要針對這個例子的 " 確定 " 按鈕撰寫事件程序，讓使用者一點取 " 確定 " 按鈕，就出現另一個對話方塊，上面顯示著 "Hello, world!"。

1. 首先，選取欲撰寫事件程序的控制項，例如 " 確定 " 按鈕；接著，點取屬性視窗的 [事件] 按鈕，然後在欲處理的事件按兩下，例如 [Click]。

❶ 選取控制項　❷ 點取 [事件] 按鈕　❸ 在 Click 事件按兩下

2. Visual C# 自動產生下列程式碼，當使用者點取 button1 按鈕時，系統會產生一個 Click 事件，進而呼叫 button1_Click() 方法做處理。

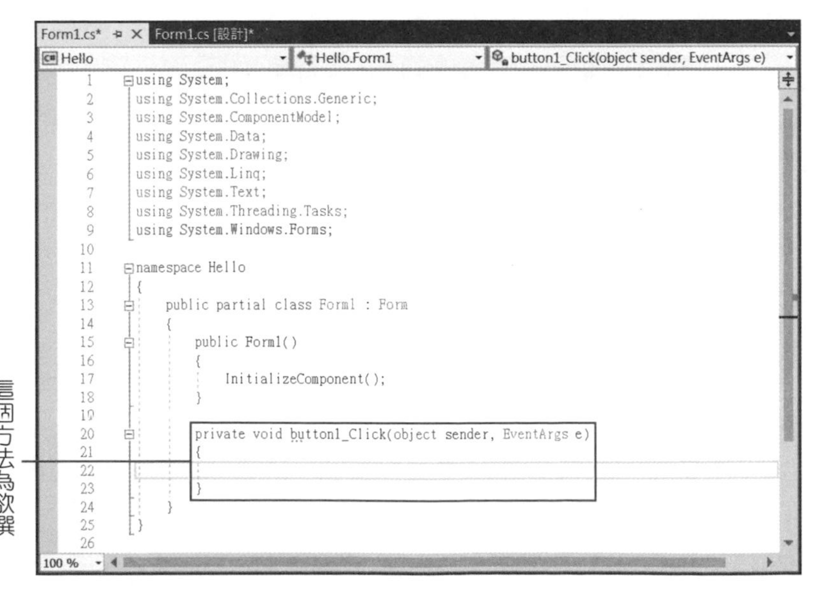


```
using System;
using System.Collections.Generic;
using System.ComponentModel;
using System.Data;
using System.Drawing;
using System.Linq;
using System.Text;
using System.Threading.Tasks;
using System.Windows.Forms;

namespace Hello
{
    public partial class Form1 : Form
    {
        public Form1()
        {
            InitializeComponent();
        }

        private void button1_Click(object sender, EventArgs e)
        {

        }
    }
}
```

3. 將插入點移到 button1_Click() 方法裡面，然後輸入程式碼，注意 C# 會區分英文字母的大小寫。在輸入到 MessageBox. 時，螢幕上會自動出現一個清單，裡面列出 MessageBox 類別的方法，此為 IntelliSense 功能，目的是讓程式設計人員不用牢記一堆方法或屬性。您可以輸入 Show，也可以從清單中找到 Show 方法，然後按兩下，Show 就會出現在程式碼。

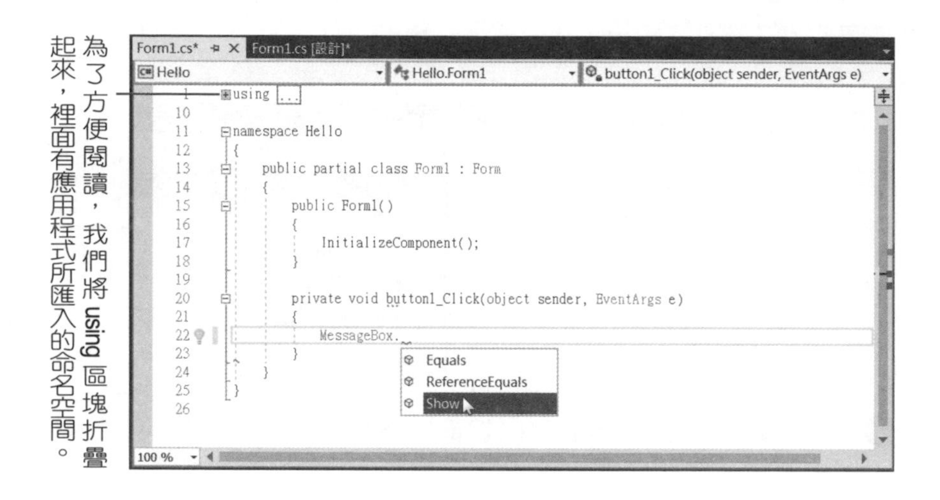

4. 繼續輸入程式碼，直到將 MessageBox.Show("Hello, world!"); 輸入完畢，記得在右括號的後面輸入分號，做為此敘述的結尾。

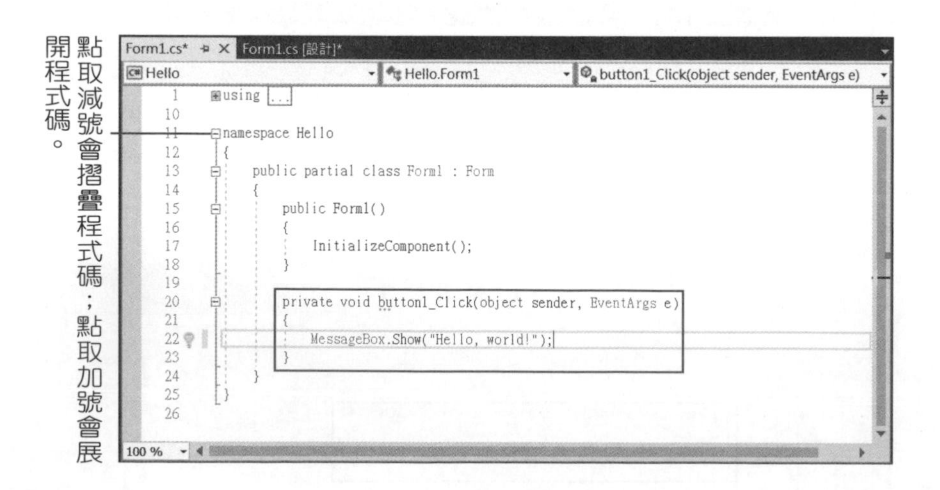

備註　關於程式碼視窗

只要在方案總管內找到要檢視程式碼的檔案，然後按一下滑鼠右鍵，選取 [程式碼檢視]，就能開啟程式碼視窗。

此處可以選擇類別名稱　　此處可以選擇方法名稱

提供「追蹤修訂」功能，若程式碼有編輯但未存檔，左邊界會標示黃色；若程式碼有編輯且已存檔，左邊界會標示綠色。

此外，由於 Visual C# 提供部分類別 (partial class) 功能，因此，一些自動產生的程式碼都被放進 Form1.Designer.cs，而不會出現在 Form1.cs。

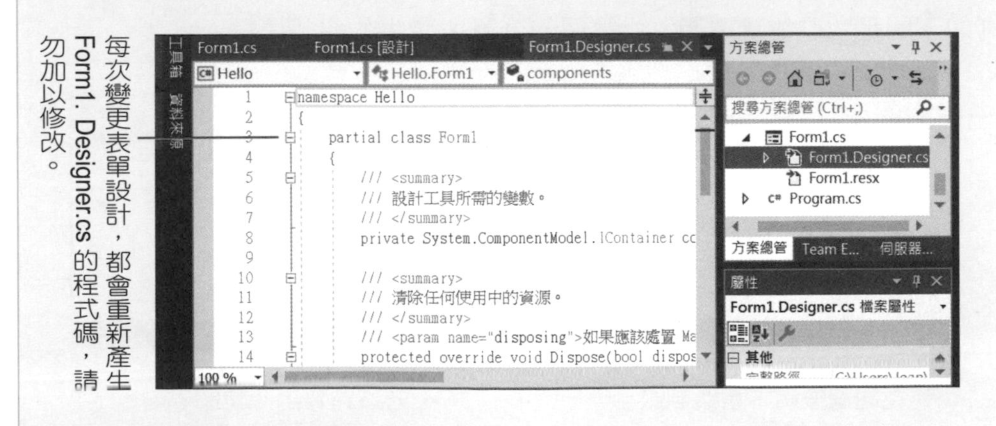

1-3-5 建置與執行程式

我們的第一個 Visual C# 程式寫好了，趕快來執行看看吧！請按 [F5] 鍵或點取標準工具列的 [開始] 按鈕，Visual Studio 會先進行建置，確定沒有錯誤，就會出現如下的執行結果，而建置完畢的可執行檔則是放在該專案資料夾內的 bin 子資料夾，若要結束程式，關閉這兩個視窗即可。

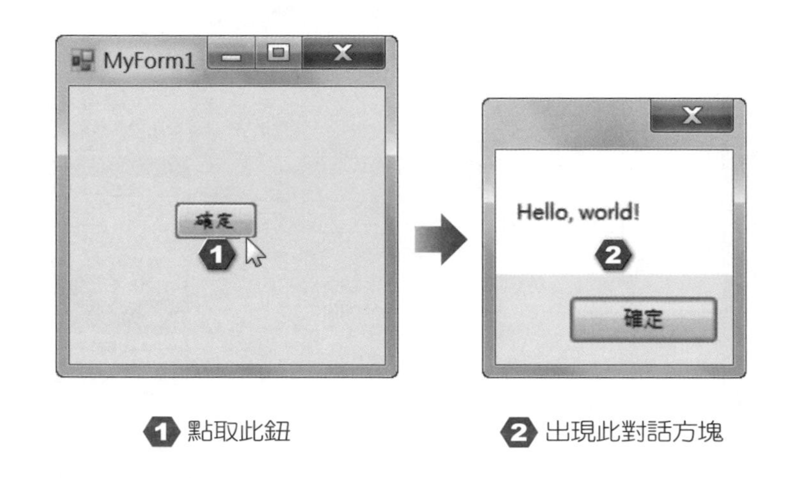

❶ 點取此鈕　❷ 出現此對話方塊

請注意，應用程式在執行之前都必須先經過建置，您可以按 [F5] 鍵或點取標準工具列的 [開始] 按鈕進行建置與執行。若只要進行建置，可以選取 [建置] \ [建置方案]，一旦建置的過程產生錯誤，就會顯示在錯誤清單，例如下圖是我們故意遺漏敘述後面的分號所產生的錯誤清單。

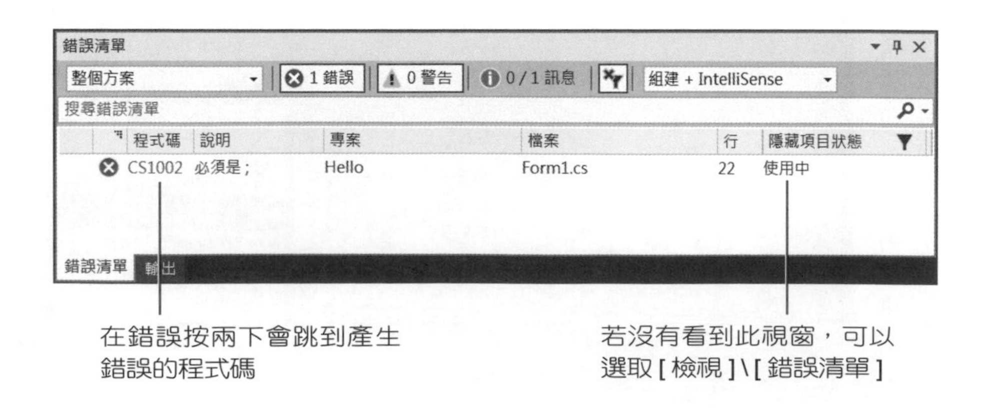

在錯誤按兩下會跳到產生錯誤的程式碼

若沒有看到此視窗，可以選取 [檢視] \ [錯誤清單]

1-3-6 儲存檔案、專案與方案

❖ 若要儲存目前正在編輯的檔案，可以點取標準工具列的 [儲存] 按鈕；若要儲存檔案、專案與方案，可以點取標準工具列的 [全部儲存] 按鈕。

❖ 若要將正在編輯的檔案以其它名稱儲存，可以選取 [檔案] \ [另存 XXX 為]，XXX 為檔案名稱，然後在 [另存新檔] 對話方塊中進行儲存。

❶ 選擇儲存路徑　❷ 輸入新檔名　❸ 按 [存檔]

1-3-7 關閉檔案、專案與方案

❖ 若只要關閉 Windows Forms 設計工具或目前正在編輯的檔案，可以點取 Windows Forms 設計工具或程式碼視窗右上角的 × [關閉] 按鈕。

❖ 若要關閉專案與方案，可以選取 [檔案] \ [關閉方案]，此時如未存檔，螢幕上會出現對話方塊詢問是否儲存變更，按 [是] 表示存檔再關閉，按 [否] 表示不存檔就關閉，按 [取消] 表示取消關閉的動作。

1-3-8 開啟檔案、專案與方案

❖ 若要開啟專案或方案，可以選取 [檔案] \ [開啟] \ [專案 / 方案]，然後在 [開啟專案] 對話方塊中選擇所要開啟的專案或方案。

❶ 選擇儲存路徑　❷ 選擇專案或方案　❸ 按 [開啟舊檔]

❖ 若要開啟的檔案屬於目前開啟的方案，可以在方案總管內找到這個檔案，然後按兩下；若要開啟的檔案不屬於目前開啟的方案，或目前並沒有開啟任何方案，可以選取 [檔案] \ [開啟檔案]，然後在 [開啟檔案] 對話方塊中選擇所要開啟的檔案。

備註 關於 IntelliSense 功能

Visaul Studio 的程式碼視窗支援 IntelliSense 功能，它會根據您輸入的類別名稱或方法名稱顯示可用的成員清單或參數清單，只要從清單中找到欲使用的成員或參數，然後按兩下，就能插入程式碼。此外，當您輸入方法名稱時，螢幕上會出現語法，而當您輸入錯誤語法時，會出現波浪狀底線，只要將指標移到底線的位置，就會出現說明。若要查看類別或方法的說明，可以將指標移到類別或方法的名稱，然後按 [F1] 鍵，就會開啟相關的說明。

1-3-9 使用線上說明

當您在 Visual Studio 開發 Visual C# 程式時，若對 Visaul C# 的語法或控制項有任何疑問，可以選取程式碼或控制項，然後按 [F1] 鍵，就會連線到 MSDN 文件庫，讓您查詢相關的線上說明。

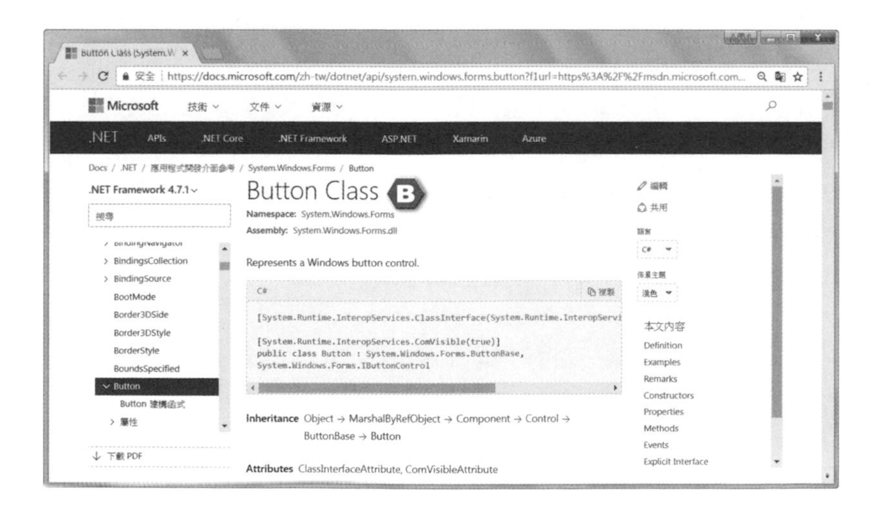

A 選取表單後按 [F1] 鍵會出現此線上說明

B 選取按鈕控制項後按 [F1] 鍵會出現此線上說明

1-4 Visual C# 程式碼撰寫慣例

Visual Studio 是以一個方案 (solution) 管理一個或多個專案 (project)，一個專案又可以包含一個或多個組件 (assembly)，而組件是由一個或多個原始檔 (source file) 編譯而成的 .exe 或 .dll 檔。

至於原始檔是由結構 (structure)、類別 (class) 或介面 (interface) 所組成，而結構、類別或介面是由一行行的敘述 (statement，又稱為陳述式) 所組成，敘述則是由關鍵字 (keyword)、特殊字元 (special character) 或識別字 (identifier) 所組成。

❖ 關鍵字：這是 C# 預先定義的保留字 (reserved word)，包含特殊的意義與用途，程式設計人員必須依照 C# 的規定來使用關鍵字，否則會產生錯誤，例如 class 是用來宣告類別的關鍵字，不能用來宣告變數或做其它用途。

❖ 特殊字元：C# 常用的特殊字元不少，例如分號用來標示敘述的結尾、大括號用來標示區塊的開頭與結尾、小括號用來宣告方法或呼叫方法、小數點用來存取類別的成員、中括號用來宣告陣列的大小、// 用來標示單行註解、/* */ 用來標示多行註解。

❖ 識別字：程式設計人員可以自行定義新字做為變數、常數、方法或類別的名稱，例如 MyClass、UserName、MouseEventHandler，這些新字就是屬於識別字。識別字不一定要合乎英文文法，但要合乎 C# 命名規則，我們會在第 1-4-2 節介紹 C# 命名規則。

原則上，敘述是程式內最小的可執行單元，而多個敘述可以組成方法、迴圈、流程控制等較大的可執行單元。

Visual C# 程式碼撰寫慣例涵蓋了程式結構、命名規則、註解、縮排、換行等，雖然不是硬性規定，但遵循這些慣例可以提高可讀性，讓程式更容易偵錯與維護。

1-4-1 Visual C# 程式結構

Visual C# 程式通常會依照如下的順序：

1. using 指示詞：這個指示詞用來匯入命名空間或設定命名空間的別名，例如下面的敘述是用來匯入 System 命名空間，讓程式可以直接存取 System 命名空間所提供的結構、類別或介面：

```
using System;
```

2. namespace 陳述式：這個陳述式用來宣告命名空間，前後必須加上大括號標示命名空間的開頭與結尾，裡面可以包含結構、類別、介面或子命名空間等。.NET 應用程式的程式碼均包含在命名空間內，而預設的命名空間就是專案的名稱。

3. class 陳述式：這個陳述式用來宣告類別，前後必須加上大括號標示類別的開頭與結尾，裡面可以包含欄位、方法、屬性或其它敘述。

   Visual C# 程式的敘述區塊不能當作獨立的程式單元，必須放在類別內，下面是一個例子。

```
namespace Hello                    // 宣告一個名稱為 Hello 的命名空間
{
  class Program                    // 在 Hello 命名空間內宣告一個名稱為 Program 的類別
  {
    ...                            // 在 Program 類別內撰寫敘述區塊
  }
}
```

4. Main() 方法：這是應用程式的進入點，在應用程式一被執行的當下，就會執行 Main() 方法。若應用程式宣告一個以上的 Main() 方法，就要在編譯的時候使用 /main 編譯器選項指定何者為應用程式的進入點，才不會產生錯誤。

我們可以使用 Main() 方法在應用程式一被執行的當下進行初始化的動作，例如宣告變數、建立表單、開啟資料庫連接、判斷哪個表單先載入等。Main() 方法有下列幾種形式，您可以視實際情況選擇適合的形式：

❖ static void Main()：這是最簡單的形式，沒有參數及傳回值。

❖ static void Main(string[] args)：這種形式接受字串陣列參數，您可以撰寫處理字串陣列參數的敘述。

❖ static int Main()：這種形式有一個整數型別的傳回值做為程式的結束代碼 (exit code)，例如下面的 Main() 方法會執行視窗顯示 "Hello, world!"，然後傳回整數 0 做為結束代碼：

```
static int Main()
{
  System.Console.WriteLine("Hello, world!");          // 顯示 "Hello, world!"
  return 0;                                            // 傳回整數 0 做為結束代碼
}
```

❖ static int Main(string[] args)：這種形式接受字串陣列參數，而且有一個整數型別的傳回值做為程式的結束代碼 (exit code)。

備註

C# 內建許多關鍵字，例如 abstract、as、base、bool、break、byte、case、catch、char、checked、class、const、continue、decimal、default、delegate、do、double、else、enum、event、explicit、extern、false、finally、fixed、float、for、foreach、goto、if、implicit、in、int、interface、internal、is、lock、long、new、null、object、operator、out、override、params、private、protected、public、readonly、ref、return、sbyte、sealed、short、sizeof、stackalloc、static、string、struct、switch、this、throw、true、try、typeof、uint、ulong、unchecked、unsafe、ushort、using、static、virtual、void、volatile、while 等。

1-4-2 Visual C# 命名規則

- C# 的識別字是由一個或多個字元所組成，第一個字元可以是英文字母、底線 (_) 或中文，其它字元可以是英文字母、底線 (_)、數字或中文，長度不得超過 1023 個字元。若第一個字元是底線 (_)，那麼必須至少包含一個英文字母、數字或中文。
- C# 會區分英文字母的大小寫，例如大寫的 N 和小寫的 n 不同。
- 由於標準類別庫或第三方類別庫幾乎都是以英文來命名，考慮到與國際接軌及社群習慣，建議不要以中文來命名。
- 建議使用有意義的英文單字和字首大寫來命名，例如 UserName、StudentFirstName，避免以單一字元命名，因為可讀性較差。
- 對於經常使用的名稱，可以使用合理的簡寫，例如以 XML 代替 eXtensible Markup Language。
- 變數的名稱建議以型別簡寫開頭，例如 strUserName。
- 方法的名稱建議以動詞開頭，例如 CloseDialog。
- 類別、結構或屬性的名稱建議以名詞開頭，例如 UserData。
- 介面的名稱建議以大寫字母 I 開頭，例如 IComponent。
- 事件程序的名稱建議以 EventHandler 結尾，例如 MouseEventHandler。
- 不能中斷或使用 C# 的陳述式、內建的物件 / 方法 / 列舉 / 結構 / 類別 / 事件名稱、特殊字元或空白，盡量不要使用 C# 的關鍵字，以免造成混淆。若一定要使用與關鍵字相同的識別字，或許是因為要存取以其它 .NET 語言撰寫的類別，那麼在存取該識別字時必須加上 @ 符號做為區分，例如 C# 編譯器會將 @class 視為合法的識別字，而不會誤判為 class 關鍵字。

1-4-3 Visual C# 程式碼註解

註解可以用來記錄程式的用途與結構，C# 提供下列兩種註解符號：

❖ //：標示單行註解，可以自成一行，也可以放在一行敘述的最後，當 C# 編譯器遇到 // 符號時，會忽略從該 // 符號到該行結尾之間的敘述，不會加以執行，例如：

```
System.Console.WriteLine("Hello, world!");                    // 顯示 "Hello, world!"
```

❖ /* */：標示多行註解，當 C# 編譯器遇到 /* 符號時，會忽略從該 /* 符號到 */ 符號之間的敘述，不會加以執行，例如：

```
/* 這是
        多行註解 */
```

1-4-4 Visual C# 程式碼縮排

適當的縮排可以彰顯程式的邏輯與架構，提高可讀性，例如：

```
private void button1_Click(object sender, EventArgs e)
{
    MessageBox.Show("Hello, world!");  —— 在這行敘述的前面以空白鍵
                                          或 [Tab] 鍵進行縮排
}
```

1-4-5 Visual C# 程式碼分行與合併

C# 規定每個敘述的結尾一定要加上分號 (;)，但沒有規定換行的方式，不過，我們建議您將不同的敘述一一換行，可讀性較高。

若要將同一個敘述換行 (或許是因為太長)，可以直接按 [Enter] 鍵，並在最後一行的結尾加上分號；相反的，若要將多個敘述合併成一行，可以直接寫成同一行，並在每個敘述的結尾加上分號，例如 X = 1; Y = 2; Z = 3;。

1-5 使用 MessageBox.Show() 方法

MessageBox.Show() 方法隸屬於 System.Windows.Forms 命名空間，用來顯示對話方塊，裡面除了指定的訊息，還有 [確定]、[取消]、[是]、[忽略] 等按鈕，待使用者點取按鈕結束對話方塊後，就傳回代表該按鈕的數值。MessageBox.Show() 方法有數種呼叫格式，常用的如下：

- 在對話方塊內顯示參數 *str* 所指定的字串，傳回值為 DialogResult 列舉，其成員包括 OK、Cancel、Abort、Retry、Ignore、Yes、No、None，分別表示使用者點取 [確定]、[取消]、[中止]、[重試]、[忽略]、[是]、[否] 按鈕及沒有點取任何按鈕。

```
public static DialogResult Show(str)
```

- 在對話方塊內顯示參數 *str1* 所指定的字串，而對話方塊的標題文字則為參數 *str2*，傳回值為 DialogResult 列舉。

```
public static DialogResult Show(str1, str2)
```

- 在對話方塊內顯示參數 *str1* 所指定的字串及參數 *buttons* 所指定的按鈕，而對話方塊的標題文字則為參數 *str2*，傳回值為 DialogResult 列舉。

```
public static DialogResult Show(str1, str2, buttons)
```

參數 *buttons* 隸屬於 MessageBoxButtons 列舉，其成員如下：

成員	說明
OK	顯示 [確定] 按鈕。
OKCancel	顯示 [確定]、[取消] 按鈕。
AbortRetryIgnore	顯示 [中止]、[重試]、[忽略] 按鈕。
YesNoCancel	顯示 [是]、[否]、[取消] 按鈕。
YesNo	顯示 [是]、[否] 按鈕。
RetryCancel	顯示 [重試]、[取消] 按鈕。

❖ 在對話方塊內顯示參數 ***str1*** 所指定的字串、參數 ***buttons*** 所指定的按鈕及參數 ***icon*** 所指定的圖示，而對話方塊的標題文字則為參數 ***str2***，傳回值為 DialogResult 列舉。

```
public static DialogResult Show(str1, str2, buttons, icon)
```

參數 *icon* 隸屬於 MessageBoxIcon 列舉，其成員如下：

成員	說明
Error、Hand、Stop	顯示錯誤訊息圖示 ⊗。
Question	顯示問題訊息圖示 ?。
Exclamation、Warning	顯示警告訊息圖示 ⚠。
Information、Asterisk	顯示訊息圖示 ⓘ。
None	沒有顯示圖示。

❖ 在對話方塊內顯示參數 ***str1*** 所指定的字串、參數 ***buttons*** 所指定的按鈕、參數 ***icon*** 所指定的圖示及參數 ***DefaultButton*** 所指定的預設按鈕，而對話方塊的標題文字則為參數 ***str2***，傳回值為 DialogResult 列舉。

```
public static DialogResult Show(str1, str2, buttons, icon, DefaultButton)
```

參數 *DefaultButton* 隸屬於 MessageBoxDefaultButton 列舉，其成員有 Button1、Button2、Button3，分別表示預設按鈕為對話方塊的第一、二、三個按鈕。

❖ 在參數 *IWin32Window* 指定的物件前面顯示對話方塊，而對話方塊內的字串及標題文字則分別為參數 *str1*、和參數 *str2*，傳回值為 DialogResult 列舉。

```
public static DialogResult Show(IWin32Window, str1, str2)
```

隨堂練習

撰寫兩個能夠產生如下對話方塊的敘述 (提示：換行字元為 \n 或 \r，Tab 字元為 \t)。

(1) 

(2) 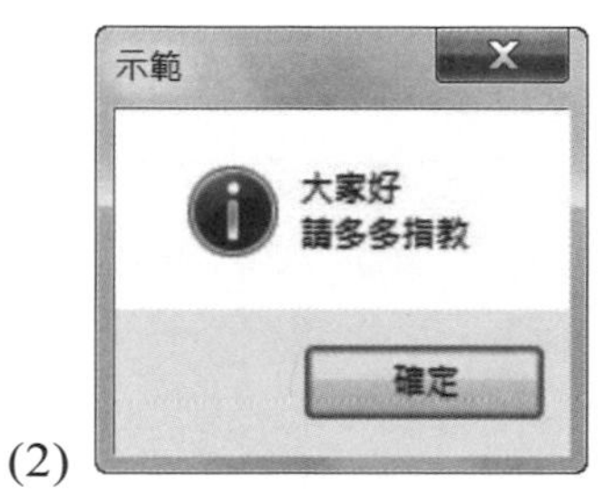

解答

(1) MessageBox.Show("Happy\nBirthday");

(2) MessageBox.Show(" 大家好 \n 請多多指教 ", " 示範 ", MessageBoxButtons.OK, MessageBoxIcon.Information);

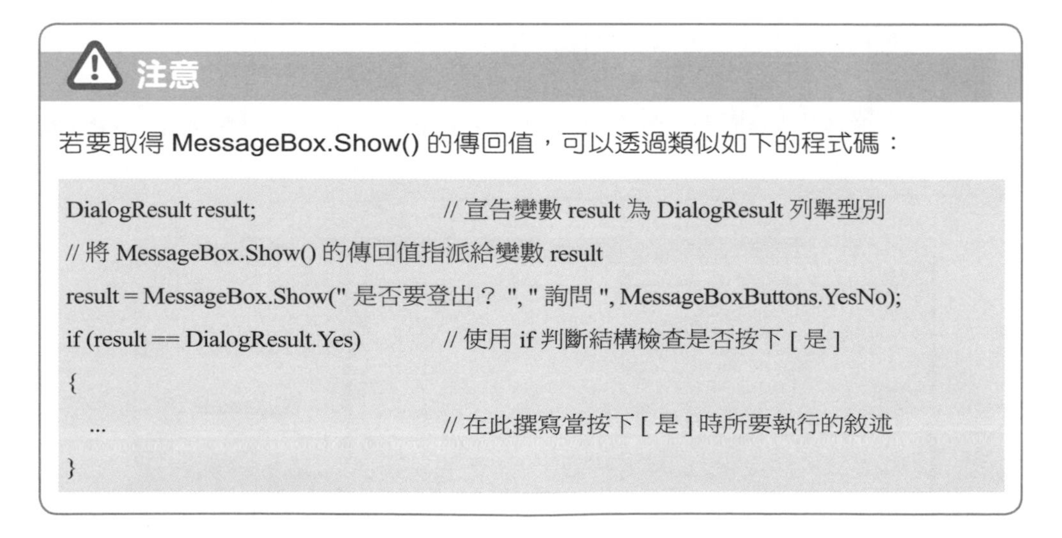

注意

若要取得 MessageBox.Show() 的傳回值，可以透過類似如下的程式碼：

```
DialogResult result;                          // 宣告變數 result 為 DialogResult 列舉型別
// 將 MessageBox.Show() 的傳回值指派給變數 result
result = MessageBox.Show(" 是否要登出？ ", " 詢問 ", MessageBoxButtons.YesNo);
if (result == DialogResult.Yes)               // 使用 if 判斷結構檢查是否按下 [ 是 ]
{
  ...                                         // 在此撰寫當按下 [ 是 ] 時所要執行的敘述
}
```

1-6 建立主控台應用程式

在前面的例子中，我們所建立的是表單應用程式，但有些情況可能不需要用到表單，此時，我們可以建立主控台應用程式，步驟如下：

1. 關閉目前開啟的方案，然後選取 [檔案] \ [新增] \ [專案]，再依照下圖操作，新增一個名稱為 Hello2 的主控台應用程式。

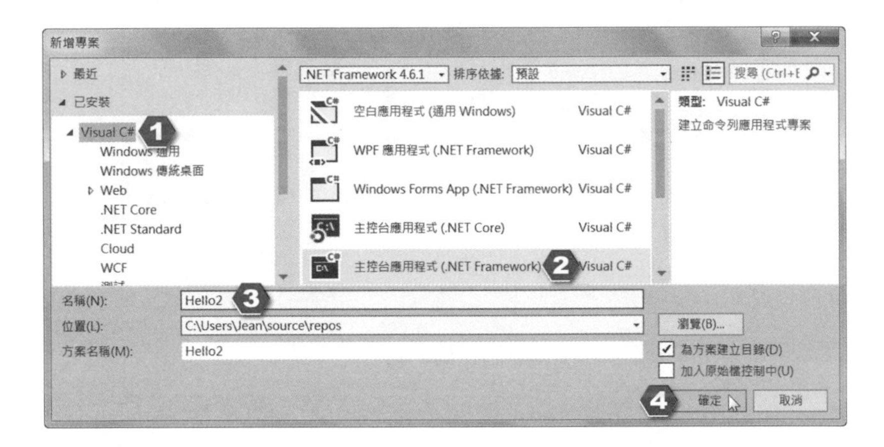

❶ 選擇 [Visual C#]　❸ 輸入專案名稱
❷ 選擇 [主控台應用程式 (.NET Framework)]　❹ 按 [確定]

2. 方案總管內出現新增的類別檔案 Program.cs，同時程式碼視窗內亦出現如下程式碼。

```
using System;
using System.Collections.Generic;
using System.Linq;
using System.Text;
using System.Threading.Tasks;

namespace Hello2
{
    class Program
    {
        static void Main(string[] args)
        {
        }
    }
}
```

由於沒有指定命名空間與類別名稱，因此，預設的命名空間與類別分別為專案名稱和類別檔案名稱。Visual Studio 會自動匯入 System、System.Collections.Generic、System.Linq、System.Text、System.Threading.Tasks 等命名空間，而 class Program {…} 是宣告一個名稱為 Program 的類別，static void Main(string[] args) 是宣告一個名稱為 Main() 的方法，這是應用程式的起點。至於為何要宣告類別呢？因為 Visual C# 的敘述區塊並不能當作獨立的程式單元，必須放在類別內。

3. 我們可以加入程式碼，例如撰寫 Main() 方法，輸入完畢後按 [F5] 鍵建置並執行程式，結果會在執行視窗顯示 "Hello, world!"。

```
namespace Hello2
{
  class Program
  {
    static void Main(string[] args)
    {
      Console.WriteLine("Hello,world!");
      Console.ReadLine();
    }
  }
}
```

這兩行程式碼是我們自己撰寫的，其它程式碼則是自動產生的。

Console 類別的 ReadLine()、WriteLine() 方法可以在執行視窗讀取一行輸入與顯示一行輸出，此例是先呼叫 WriteLine() 方法在執行視窗顯示 "Hello, world!"，為了不要立即關閉視窗，還呼叫 ReadLine() 方法等待使用者輸入，隨後只要按 [Enter] 鍵，就能關閉視窗。

1-7 使用主控台輸入 / 輸出

主控台輸入 / 輸出指的是從標準輸入 (鍵盤) 讀取使用者輸入的資料，以及將執行結果或錯誤訊息顯示在標準輸出 (執行視窗)。我們可以使用 System 命名空間的 Console 類別的 Read()、ReadLine() 方法，從標準輸入讀取一個字元和一行資料，以及使用 System 命名空間的 Console 類別的 Write()、WriteLine() 方法，在標準輸出顯示一個字元和一行資料。

舉例來說，string Data = Console.ReadLine(); 是從標準輸入讀取一行使用者輸入的字串，然後指派給一個型別為 string、名稱為 Data 的字串變數，而 Console.WriteLine(Data); 則是將變數 Data 的值顯示在標準輸出。

在使用 WriteLine() 方法時，我們可以在所要輸出的字串內加上諸如 {0}、{1}、{2} 之類的格式化字串，{0} 代表的是此方法的第二個參數，{1} 代表的是此方法的第三個參數，依此類推，例如下面的敘述是將 {0} 所在的位置以第二個參數 args.Length 的值取代：

```
Console.WriteLine(" 您輸入的命令列字串參數的個數為 {0}", args.Length);
```

我們也可以在格式化字串中加入如下的格式化數值符號。

符號	說明	範例	顯示結果
C	以貨幣格式顯示數值	Console.Write("{0:C}", 2.5);	NT$2.50
D	以十進位顯示數值	Console.Write("{0:D5}", 25);	00025
E	以科學記號顯示數值	Console.Write("{0:E}", 250000);	2.500000E+005
F	以小數點後面固定位數顯示數值，不足的位數補 0	Console.Write("{0:F2}", 25);	25.00
G	以一般格式顯示數值	Console.Write("{0:G}", 2.5);	2.5
N	以千分位格式顯示數值	Console.Write("{0:N}", 2500000);	2,500,000.00
X	以十六進位顯示數值	Console.Write("{0:X}", 250);	FA

學習評量

一、選擇題

(　　) 1. 若要在表單上插入按鈕，可以使用工具箱的哪個控制項？

A. TextBox　B. Button　C. Picture　D. CheckBox

(　　) 2. 若要修改表單的標題，可以使用哪個屬性？

A. Title　B. Text　C. Tag　D. Location

(　　) 3. 下列哪個特殊字元可以用來標示單行註解？

A. //　B. &　C. ;　D. :

(　　) 4. 下列哪個快速鍵可以用來執行程式？

A. [F1]　B. [F3]　C. [F5]　D. [F10]

(　　) 5. Visual C# 可以使用哪個陳述式宣告命名空間？

A. class　B. module　C. static　D. namespace

(　　) 6. 下列哪個關鍵字可以用來匯入命名空間？

A. exports　B. imports　C. namespace　D. using

(　　) 7. 下列何者為應用程式的進入點？

A. Start()　B. Load()　C. Main()　D. Page_Load()

(　　) 8. C# 變數可以使用下列何者做為命名開頭？

A. _　B. !

C. 阿拉伯數字　D. #

(　　) 9. 若要顯示對話方塊，可以呼叫 MessageBox 類別的哪個方法？

A. Show()　B. Equals()

C. Write()　D. Print()

(　　) 10. 下列哪個字元表示 Tab ？

A. '\0'　B. '\n'

C. '\t'　D. '\r'

學習評量

(　　) 11. System.Console 類別的哪個方法可以在主控台讀取一行？

A. Read()　　B. ReadLine()
C. Write()　　D. WriteLine()

(　　) 12. MessageBox.Show() 方法的哪個傳回值代表使用者點取 [忽略] ？

A. Retry　　B. Ignore
C. Cancel　　D. Abort

二、練習題

1. 撰寫一個 Visual C# 程式，令其執行結果如下。

2. 試問，下面的 Visual C# 程式碼有沒有錯誤？若有的話，那是什麼錯誤？又該如何更正呢？

```
class Program
  {
    static void main(string[] args)
    {
      Console.WriteLine("Hello, world!")
    }
  }
```

型別、變數、常數、列舉與運算子

2-1 型別

2-2 型別的結構

2-3 型別轉換

2-4 變數

2-5 可為 null 的型別

2-6 常數

2-7 列舉型別

2-8 運算子

2-1 型別

C# 將資料分成數種型別 (type)，這些型別決定了資料將佔用的記憶體空間、能夠表示的範圍及程式處理資料的方式，但和諸如 PHP、JavaScript 等弱型別 (weakly typed) 程式語言不同，C# 和 C、C++、Java 一樣屬於強型別 (strongly typed) 程式語言，也就是資料在使用之前必須先宣告型別，而且不可以在執行期間動態轉換型別。

C# 提供的型別可以根據它所儲存的是資料本身還是指向資料的指標，分成下列兩種，其中以實值型別的執行效能較佳：

- 實值型別 (value type)：所佔用的記憶體空間是系統預先定義，包括所有數值型別 (sbyte、byte、short、ushort、int、uint、long、ulong、float、double、decimal)、bool、char、enum (列舉)、struct (結構)。

- 參考型別 (reference type)：所佔用的記憶體空間取決於字串長度或其成員的大小總和，包括 string、object、class (類別)、tuple (元組)、interface (介面)、delegate (委派)。

2-1-1 整數型別

C# 提供如下表的整數型別，其中 sbye、short、int、long 屬於有號整數型別，byte、ushort、uint、ulong 屬於無號整數型別。C# 接受十、十六和二進位整數，例如 28、-5 屬於十進位整數，而十六和二進位整數的前面必須加上 0x 和 0b，例如 0xF 表示 F_{16}，0b1001 表示 1001_2。此外，C# 7.0 引進 _ 作為千位分隔符號，例如 1000 亦可寫成 1_000，0b10000 亦可寫成 0b1_0000。

程式設計人員可以視整數的範圍決定所要宣告的型別，若沒有指定，範圍在 -2147483648 ~ 2147483647 的整數預設為 int 型別，範圍在 2147483648 ~ 4294967295 的整數預設為 uint 型別，超過的整數則視其範圍預設為 long 或 ulong 型別，例如整數 5 預設為 int 型別，若要強制指定為 uint、long 或 ulong 型別，可以在後面加上後置字元 U、L、UL，即 5U、5L、5UL。

整數型別	空間	後置字元	範圍
sbyte（有號位元組）	1byte	無	$-2^7 \sim 2^7 - 1$ (-128 ~ 127)
byte（無號位元組）	1byte	無	$0 \sim 2^8 - 1$ (0 ~ 255)
short（有號短整數）	2bytes	無	$-2^{15} \sim 2^{15} - 1$ (-32768 ~ 32767)
ushort（無號短整數）	2bytes	無	$0 \sim 2^{16} - 1$ (0 ~ 65535)
int（有號整數）	4bytes	無	$-2^{31} \sim 2^{31} - 1$ (-2147483648 ~ 2147483647)
uint（無號整數）	4bytes	U	$0 \sim 2^{32} - 1$ (0 ~ 4294967295)
long（有號長整數）	8bytes	L	$-2^{63} \sim 2^{63} - 1$ (-9223372036854775808 ~ 9223372036854775807)
ulong（無號長整數）	8bytes	UL	$0 \sim 2^{64} - 1$ (0 ~ 18446744073709551615)

2-1-2 浮點數型別

浮點數 (floating point) 指的是實數，C# 提供了 float 和 double 兩種浮點數型別。浮點數表示方式和我們平常使用的一樣，諸如 -1.5、0.875、+58.2…都是正確的浮點數，要注意的是切勿加上逗號，而且浮點數預設為 double 型別，例如浮點數 1.5 預設為 double 型別，若要強制指定為 float 型別，可以在後面加上後置字元 F，即 1.5F。

浮點數型別	空間	後置字元	範圍
float （單倍精確浮點數） （有效位數 7 位）	4bytes	F	負數：-3.4028235E+38 ~ -1.401298E-45 正數：1.401298E-45 ~ 3.4028235E+38
double （雙倍精確浮點數） （有效位數 15 ~ 16 位）	8bytes	D	負數：-1.79769313486231570E+308 ~ -4.94065645841246544E-324 正數：4.94065645841246544E-324 ~ 1.79769313486231570E+308

請注意，C# 並沒有提供諸如$\frac{1}{5}$、$\frac{2}{3}$等分數表示方式，但您可以試著用除號 (/) 來代替，例如$\frac{1}{5}$可以寫成 1/5，$\frac{2}{3}$可以寫成 2/3，對於無法整除的分數，例如$\frac{2}{3}$，電腦所計算出來的值 2/3 ≒ 0.666666666666667 (有效位數為 15 位，預設型別為 double)，只是近似值，會有一點誤差。

在數學上，當我們要表示諸如 0.00061 等位數很多的數字時，可以使用科學符號記法，例如 0.00061 可以寫成 6.1×10^{-4}，其中 6.1 為有效數字，-4 為指數，而 C# 提供的浮點數記法則是取出科學符號記法的有效數字和指數，然後寫成「有效數字 E 指數」形式，例如 0.00061 的浮點數記法為 6.1E-04。

2-1-3 decimal 型別

decimal 型別可以用來表示下列數值，所佔用的記憶體空間為 12bytes，有效位數為 28 ~ 29 位，多餘的位數會被四捨五入，後置字元為 M：

- +/-79228162514264337593543950335 間的整數
- +/-7.9228162514264337593543950335 間的浮點數
- 最小的非零值 +/-0.0000000000000000000000000001 (+/-1E-28)

整數型別、浮點數型別和 decimal 型別統稱為數值 (numeric) 型別，我們可以透過如下方式宣告數值型別的變數：

```
int X1 = 25;              // 宣告型別為 int、名稱為 X1、初始值為 25 的變數
long X2 = 15L;            // 宣告型別為 long、名稱為 X2、初始值為 15 的變數
float X3 = 3.5F;          // 宣告型別為 float、名稱為 X3、初始值為 3.5 的變數
float X3 = (float)3.5;    // 這個敘述和前一個敘述同義
double X4 = 3.5;          // 宣告型別為 double、名稱為 X4、初始值為 3.5 的變數
double X5 = 2/3D;         /* 宣告型別為 double、名稱為 X5、初始值為
                             0.666666666666667 的變數 */
decimal X6 = 3.5M;        // 宣告型別為 decimal、名稱為 X6、初始值為 3.5 的變數
```

2-1-4 bool 型別

bool 型別 (布林) 只能表示 true (真) 或 false (偽) 兩種值，所佔用的記憶體空間為 2bytes。當您要表示的資料只有 True/False、On/Off、Yes/No 等兩種選擇時，就可以使用 bool 型別來表示運算式成立與否或某個情況滿足與否。我們可以透過如下方式宣告 bool 型別的變數：

```
bool X = true;            // 宣告型別為 bool、名稱為 X、初始值為 true 的變數
```

請注意，當您將數值資料轉換成 bool 型別時，只有 0 會被轉換成 false，其它數值資料均會被轉換成 true；相反的，當您將 bool 資料轉換成數值型別時，true 會被轉換成 1，false 會被轉換成 0。

2-1-5 char 型別

char 型別所佔用的記憶體空間為 2bytes，範圍為 0 ~ 65535 (2^{16} - 1) 的無號整數，而且每個無號整數代表的都是一個 Unicode 字元。我們可以透過如下方式宣告型別為 char 的變數：

```
char X1 = 'a';            // 宣告型別為 char、名稱為 X1、初始值為字元 a 的變數
char X2 = (char)97;       // 宣告型別為 char、名稱為 X2、初始值為字元 a 的變數
char X3 = '\x0061';       // 宣告型別為 char、名稱為 X3、初始值為字元 a 的變數
char X4 = '\u0061';       // 宣告型別為 char、名稱為 X4、初始值為字元 a 的變數
```

備註

- 在指派字元給型別為 char 的變數時，亦可使用十六進位表示法或 Unicode 字元表示法，前者必須加上 \x，後者必須加上 \u，例如 '\x0061' 或 '\u0061'。
- 常見的逸出字元 (escape character) 有 \' (單引號)、\" (雙引號)、\\ (反斜線)、\0 (null)、\b (空白)、\f (form feed 換行)、\n (newline 換行)、\r (carriage return 換行)、\t (tab) 等，其中 C# 關鍵字 null 用來表示「沒有值」或「沒有物件」。

2-1-6 string 型別

任何由字母、數字、文字、符號所組成的單字、片語或句子都叫做字串，在 C# 中，字串的前後必須加上雙引號，例如 " 生日 "、"happy" 等。字串的每個字元佔用 1byte，每個中文字佔用 2bytes，字串的長度視其值而定。

我們可以透過如下方式宣告型別為 string 的變數：

```
string X1;                    // 宣告型別為 string、名稱為 X1 的變數
string X2 = "fun";            // 宣告型別為 string、名稱為 X2、初始值為 "fun" 的變數
string X3 = "he" + "llo";     /* 宣告型別為 string、名稱為 X3、初始值為 "hello" 的變
                                 數，其中 + 可以連接兩個字串，使之成為一個字串 */
```

我們可以使用 [] 運算子存取字串的個別字元，例如 char X4 = X2[0]; 的意義是將前面宣告的變數 X2 的第一個字元 f 指派給變數 X4，char X5 = X2[2]; 的意義是將前面宣告的變數 X2 的第三個字元 n 指派給變數 X5。

此外，我們可以在指派字串時使用逸出字元 (escape character)，例如下面的敘述是將變數 X6 的值設定為 "C:\WINDOWS\Fonts"：

```
string X6 = "C:\\WINDOWS\\Fonts";
```

若您覺得逸出字元的表示方式不易閱讀，可以改寫成如下，加上 @ 符號後，C# 就不會去處理逸出字元：

```
string X6 = @"C:\WINDOWS\Fonts";
```

請注意，若您要在 @ 符號括住的字串裡面包含雙引號，那麼必須重複雙引號，例如下面的敘述是將變數 X7 的值設定為 " 祝 " 小明 " 生日快樂 "：

```
string X7 = @" 祝 "" 小明 "" 生日快樂 ";
```

2-1-7 object 型別

所有型別為 object 的變數都是指向物件的 4bytes 指標，該物件可以是任意型別，例如下面的敘述是將布林值 true 指派給型別為 object 的變數：

```
object X = true;                    // 宣告一個型別為 object、名稱為 X、值為 true 的變數
```

不過，若只是要儲存數值型別或 bool、char 等確定型別的資料，那麼最好就是將變數宣告為這些型別，而不要宣告為 object 型別，畢竟透過 4bytes 位址指標去存取資料是比較沒有效率的。

隨堂練習

寫出下列敘述的結果，其中 ToBoolean()、ToInt32()、ToString() 等方法可以將參數轉換成 bool、int、string 型別，GetType() 方法可以取得參數的型別。

```
(1) MessageBox.Show(System.Convert.ToBoolean(100).ToString());
(2) MessageBox.Show(System.Convert.ToBoolean(0).ToString());
(3) MessageBox.Show(System.Convert.ToInt32(true).ToString());
(4) MessageBox.Show(System.Convert.ToInt32(false).ToString());
(5) MessageBox.Show(1.234567.GetType().ToString());
(6) MessageBox.Show(78.9F.GetType().ToString());
(7) string msg = "Hello world!"; MessageBox.Show(msg[6].ToString());
(8) MessageBox.Show((1/3F).ToString());
```

解答

true、false、1、0、System.Double、System.Single、w、0.3333333（強制指定為 float 型別，四捨五入至有效位數 7 位）。

2-1-8 System.DateTime 型別

曾經使用過 Visual Basic 的人對於 Date 型別一定不會陌生，但 C# 並沒有提供可以用來表示日期時間的型別，若要藉由某個型別表示日期時間，可以使用 .NET Framework 內建的 System.DateTime 結構。

我們可以透過如下方式宣告型別為 System.DateTime 的日期時間變數：

```
System.DateTime X1 = new System.DateTime(2020, 2, 14);
System.DateTime X2 = new System.DateTime(2020, 5, 20, 8, 10, 25);
System.DateTime X3 = new System.DateTime(2020, 10, 25, 15, 40, 32, 11);
```

第一個敘述的參數分別為年、月、日，傳回值為 2020/2/14 上午 12:00:00；第二個敘述的參數分別為年、月、日、時、分、秒，傳回值為 2020/5/20 上午 08:10:25；第三個敘述的參數分別為年、月、日、時、分、秒、千分之一秒，傳回值為 2020/10/25 下午 03:40:32。

System.DateTime 結構不僅定義了 DayOfWeek (傳回目前案例為星期幾)、DayOfYear (傳回目前案例為一年中的第幾天)、Now (傳回系統目前的日期時間)、Today (傳回系統目前的日期)、Date、Day、Hour、Millisecond、Minute、Month、Second、Year (傳回目前案例的年月日、日、小時、千分之一秒、分鐘、月份、秒、年份) 等屬性，還提供了數個方法讓程式設計人員處理日期時間，附錄 A 有進一步的介紹。

下面是幾個例子：

```
MessageBox.Show(X1.AddDays(10).ToString());                  // 顯示 2020/2/24 上午 12:00:00
MessageBox.Show(X2.AddHours(6).ToString());                  // 顯示 2020/5/20 下午 02:10:25
MessageBox.Show(X3.DayOfWeek.ToString());                    // 顯示 Sunday
MessageBox.Show(System.DateTime.Now.ToString());             // 顯示系統目前的日期時間
MessageBox.Show(System.DateTime.Today.ToString());           // 顯示系統目前的日期
MessageBox.Show(System.DateTime.Year.ToString());            // 顯示系統目前的年份
```

2-2 型別的結構

C# 的型別都是由 .NET Framework 的 System 命名空間內的某個結構 (structure) 或某個類別 (class) 所支援，例如 bool 型別是由 System 命名空間內的 Boolean 結構所支援，換句話說，bool 可以視為 System.Boolean 的別名 (alias)，因此，下面兩個敘述的意義是相同的：

```
bool X;
System.Boolean X;
```

在 .NET Framework 中，結構屬於實值型別，類別屬於參考型別，諸如 byte、short、int、long、sbyte、ushort、uint、ulong、float、double、decimal、bool、char 等實值型別是由 System 命名空間內的 Byte、Int16、Int32、Int64、SByte、UInt16、UInt32、UInt64、Single、Double、Decimal、Boolean、Char 等結構所支援，而諸如 string、object 等參考型別則是由 String、Object 等類別所支援。

既然 C# 的型別是由結構或類別所支援，所以它們就會擁有建構函式 (constructor)、方法 (method)、欄位 (field) 等成員。比方說，C# 的 int 型別是由 System.Int32 結構所支援，而這個結構有一個名稱為 GetType() 的方法可以傳回目前物件的型別，例如 123.GetType() 會傳回 System.Int32。

備註

- 附錄 A 有各個型別的成員列表，您可以快速瀏覽，無須熟背，有關這些成員的詳細用法，可以參閱 MSDN 文件。
- 附錄 A 除了列出 System 命名空間內的 Byte、Int16、Int32、Int64、SByte、UInt16、UInt32、UInt64、Single、Double、Decimal、Boolean、Char 等結構及 String、Object 等類別的成員，還另外列出 DateTime 結構的成員，雖然 C# 沒有提供日期時間型別，但透過 DateTime 結構的成員，我們可以取得或設定系統目前的日期時間或進行日期時間的運算。

2-3 型別轉換

C# 的型別轉換 (type conversion) 分成隱含轉換 (implicit conversion) 與明確轉換 (explicit conversion) 兩種，隱含轉換不會造成溢位、資料遺失或資料不合法，明確轉換則可能會造成溢位、資料遺失或資料不合法。

2-3-1 隱含轉換

隱含轉換又分成「隱含數值轉換」與「隱含參考轉換」兩種，前者是在數值型別之間進行，後者是在參考型別之間進行。以下為隱含數值轉換，這些轉換恆會成功。

原始型別	欲轉換成的型別
sbyte	short、int、long、float、double、decimal
byte	short、ushort、int、uint、long、ulong、float、double、decimal
short	int、long、float、double、decimal
ushort	int、uint、long、ulong、float、double、decimal
int	long、float、double、decimal
uint	long、ulong、float、double、decimal
long、ulong	float、double、decimal
char	ushort、int、uint、long、ulong、float、double、decimal
float	double

註[1]：從 int、uint 或 long 型別轉換成 float 型別，和從 long 型別轉換成 double 型別可能會遺失精確度，但不會遺失範圍。
註[2]：char 型別可以隱含轉換成數值型別，但數值型別無法隱含轉換成 char 型別。
註[3]：浮點數型別和 decimal 型別之間沒有隱含轉換。
註[4]：若常數運算式的值在目的型別的範圍內，那麼 int 型別的常數運算式可以轉換為 sbyte、byte、short、ushort、uint 或 ulong 型別。

2-3-2 明確轉換

明確轉換又分成「明確數值轉換」與「明確參考轉換」兩種，前者是在數值型別之間進行，後者是在參考型別之間進行。以下為明確數值轉換，明確數值轉換指的是透過轉型運算式將數值型別轉換成隱含數值轉換尚未包括在內的其它數值型別，這些轉換可能會造成溢位、資料遺失或資料不合法，例如下面的第 2 行敘述就是透過轉型運算式 (short) 將 int 型別轉換成 short 型別：

```
int X1 = 100;                // 宣告變數 X1 為 int 型別
short X2 = (short)X1;        /* 先使用轉型運算式 (short) 將變數 X1 轉換成 short
                                型別，再指派給變數 X2*/
```

原始型別	欲轉換成的型別
sbyte	byte、ushort、uint、ulong、char
byte	sbyte、char
short	sbyte、byte、ushort、uint、ulong、char
ushort	sbyte、byte、short、char
int	sbyte、byte、short、ushort、uint、ulong、char
uint	sbyte、byte、short、ushort、int、char
long	sbyte、byte、short、ushort、int、uint、ulong、char
ulong	sbyte、byte、short、ushort、int、uint、long、char
char	sbyte、byte、short
float	sbyte、byte、short、ushort、int、uint、long、ulong、char、decimal
double	sbyte、byte、short、ushort、int、uint、long、ulong、char、float、decimal
decimal	sbyte、byte、short、ushort、int、uint、long、ulong、char、float、double

註 [1]：若來源運算元的值超出目的型別的合法範圍，就會產生溢位。
註 [2]：在將 float、double、decimal 型別轉換成整數型別時，來源運算元小數點後面的數字會被捨棄，若超出合法範圍，就會產生溢位。

2-3-3 取得型別的方法

C# 的型別都是由 .NET Framework 的 System 命名空間內的某個結構或某個類別所支援，若要取得資料的型別，可以使用其所屬之結構或類別提供的 GetType() 方法，傳回值為 System.Type 型別，例如：

```
'a'.GetType();              // 傳回 System.Char
true.GetType();             // 傳回 System.Boolean
123.45.GetType();           // 傳回 System.Double
"abc".GetType();            // 傳回 System.String
int[] A = new int[5];       // 宣告一個型別為 int、名稱為 A、包含 5 個元素的陣列
A.GetType();                // 傳回 System.Int32[]
```

2-3-4 轉換型別的方法

雖然在宣告變數的型別後，就不能當作其它型別使用，或再宣告為其它型別，但我們可以使用 System 命名空間的 Convert 類別所提供的型別轉換方法將變數轉換成其它型別，這些方法包括 ToByte()、ToSByte()、ToInt16()、ToUInt16()、ToInt32()、ToUInt32()、ToInt64()、ToUInt64()、ToSingle()、ToDouble()、ToDecimal、ToChar()、ToBoolean()、ToString()、ToDateTime() 等，可以將參數轉換成 byte、sbyte、short、ushort、int、uint、long、ulong、float、double、decimal、char、bool、string、System.DateTime 等型別，例如下面的敘述是將整數 5 轉換成字串：

```
5.ToString();
```

或者，我們可以在變數的前面加上 (byte)、(sbyte)、(short)、(ushort)、(int)、(uint)、(long)、(ulong)、(float)、(double)、(decimal)、(char)、(bool)、(string) 等轉型運算式，例如下面的敘述是將變數 X1 明確轉換為 float 型別：

```
(float)X1
```

2-4 變數

變數 (variable) 是我們在程式中所使用的一個名稱 (name)，電腦會根據它的型別配置記憶體空間給它，然後我們可以使用它來存放數值、布林、字元、字串、物件等資料，稱為變數的值 (value)。每個變數只有一個值，但這個值可以重新設定或經由運算更改。

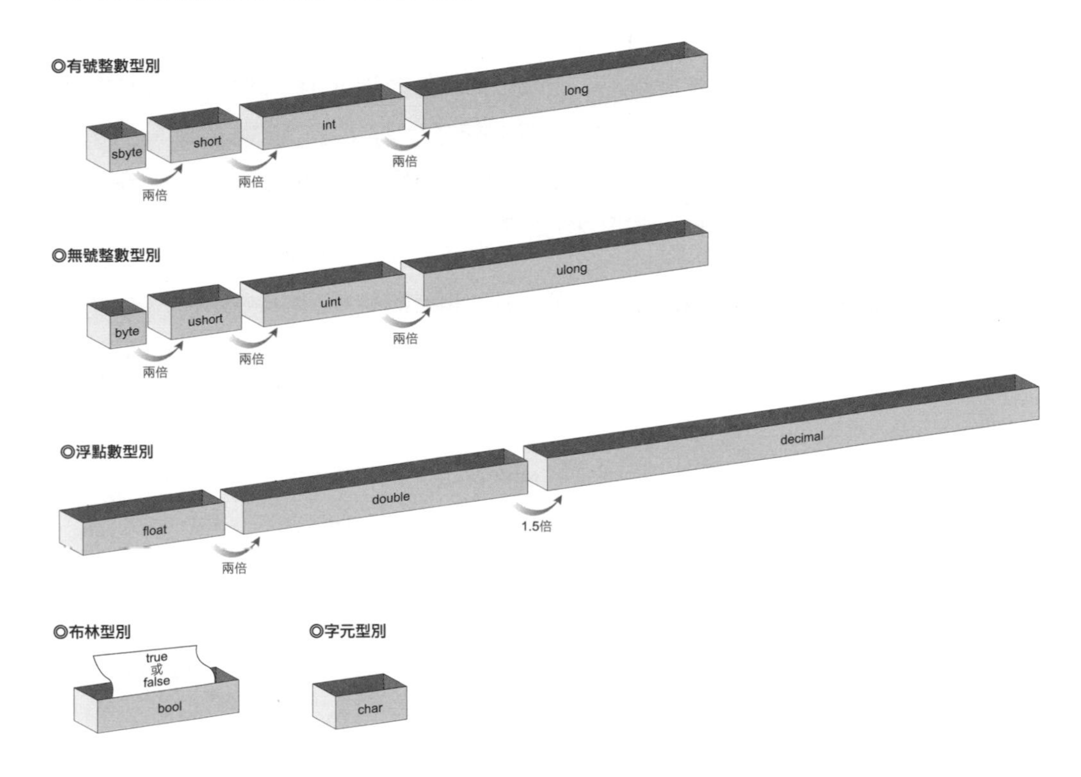

基本上，C# 的變數可以分為下列兩種：

- 區域變數 (local variable)：在方法內宣告的變數，只有該方法內的敘述能夠存取這個變數。
- 成員變數 (member variable)：在類別或結構內 (任何方法外) 宣告的變數，包括案例變數 (instance variable) 和靜態變數 (static variable)。

2-4-1 變數的命名規則

以生活中的例子來做比喻，變數就像手機通訊錄的聯絡人，假設裡面存放著小明的電話號碼為 0936123456，表示該聯絡人的名稱與值為「小明」和「0936123456」，只要透過「小明」這個名稱，就能存取「0936123456」這個值，若小明換了電話號碼，值也可以跟著重新設定。

當您為變數命名時，請遵守第 1-4-2 節所介紹的 C# 命名規則，其中比較重要的是第一個字元可以是英文字母、底線 (_) 或中文，其它字元可以是英文字母、底線 (_)、數字或中文。若第一個字元是底線 (_)，那麼必須至少包含一個英文字母、數字或中文。不過，由於標準類別庫或第三方類別庫幾乎都是以英文來命名，建議不要以中文來命名。

此外，變數名稱的開頭建議以型別簡寫表示，例如：

型別	範例	預設值	型別	範例	預設值
byte	bytVar	0	sbyte	sbytVar	0
short	shtVar	0	ushort	ushtVar	0
int	intVar	0	uint	uintVar	0
long	lngVar	0L	ulong	ulngVar	0
float	fltVar	0.0F	double	dblVar	0.0D
decimal	decVar	0.0M	char	chrVar	'\0'
bool	boolVar	false	string	strVar	null

下面是幾個例子：

```
MyVariable1     } 合法的變數名稱
_MyVariable2    }
3My!Variable    }
My Variable4    } 非法的變數名稱，不能以數字開頭或包含！、空
class           } 白等特殊字元，也不能使用 C# 關鍵字。
```

2-4-2 變數的宣告方式

C# 規定程式設計人員在使用變數之前必須先宣告，事先宣告變數不僅能減少發生錯誤的機率，還能知道變數的相關資訊，包括名稱、型別、初始值、生命週期、有效範圍、存取層級等，其中生命週期 (lifetime) 指的是變數能夠存在於記憶體多久，有效範圍 (scope) 指的是哪些程式碼區塊無須指明完整的命名空間就能存取變數，存取層級 (access level) 指的是哪些程式碼區塊擁有存取變數的權限。

我們可以使用下列語法宣告變數：

```
[modifiers] type name [= [new] value];
```

- [*modifiers*]： 這 是 諸 如 public、private、protected、internal、protected internal、static、readonly 等修飾字 (modifier)，其中 readonly 修飾字可以用來宣告唯讀變數，您只能在宣告的同時或在建構函式中指派唯讀變數的值，而且之後就不能變更它的值。
- *type*：變數的型別。
- *name*：變數的名稱，必須是符合 C# 命名規則的識別字。
- [new]：若要在宣告變數的同時建立物件，可以加上關鍵字 new。
- [= *value*]：使用 = 符號指派變數的初始值，沒有的話可以省略。

下面是幾個例子：

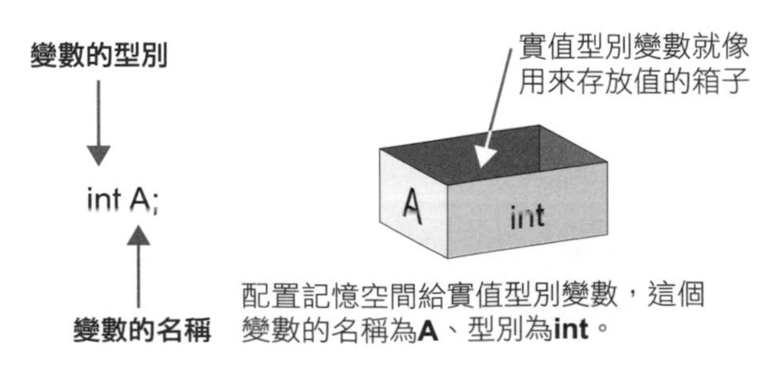

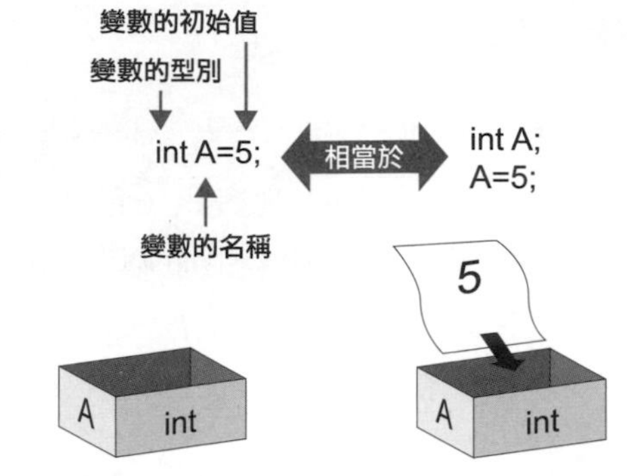

①配置記憶空間給實值型別變數，這個變數的名稱為**A**、型別為**int**。

②將初始值**5**指派給變數**A**。

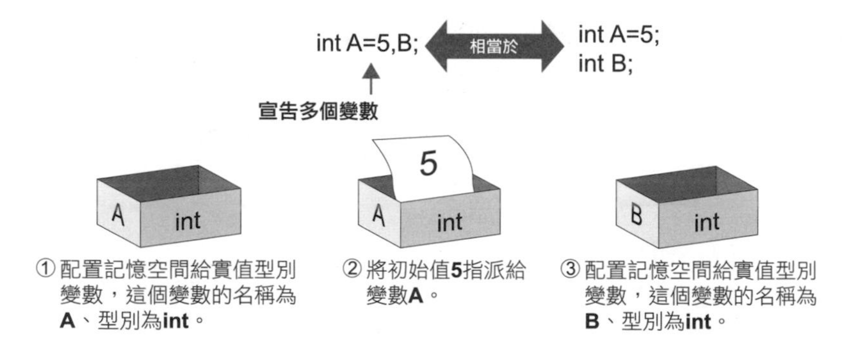

int A=5,B=A;

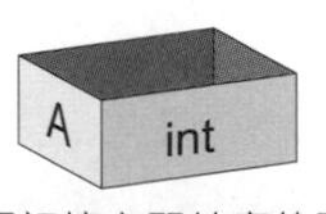

① 配置記憶空間給實值型別變數，這個變數的名稱為**A**、型別為**int**。

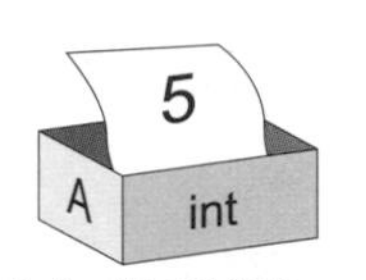

② 將初始值5指派給變數A。

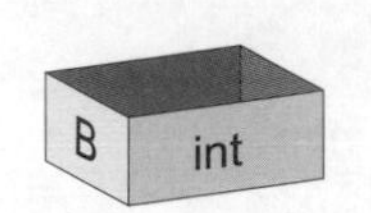

③ 配置記憶空間給實值型別變數，這個變數的名稱為**B**、型別為**int**。

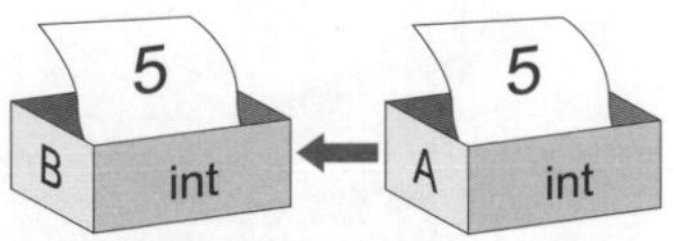

④ 將變數A的值當作初始值指派給變數B。

若要在宣告變數的同時建立物件，可以使用關鍵字 new，成功建立物件後，就可以使用小數點存取物件的成員，例如：

```
Circle C1;                  // 宣告型別為 Circle 類別、名稱為 C1 的變數但不建立物件
Circle C2 = new Circle();   // 宣告型別為 Circle 類別、名稱為 C2 的變數並建立物件
C1 = C2;                    // 將變數 C1 指向變數 C2 所指向的物件
C1 = null;                  // 將變數 C1 不指向任何物件
C2.CalArea();               // 呼叫變數 C2 所指向之物件的 CalArea() 方法
```

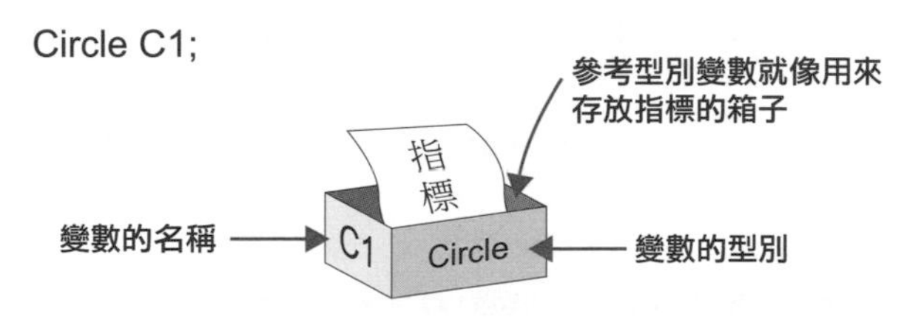

配置記憶空間給參考型別變數，這個變數的名稱為**C1**、型別為**Circle**。

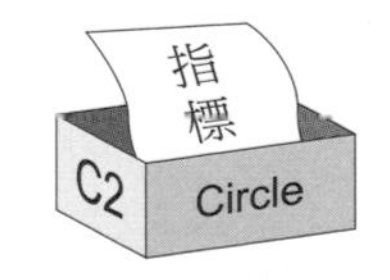

① 配置記憶空間給參考型別變數，這個變數的名稱為**C2**、型別為**Circle**。

② 建立一個Circle物件。

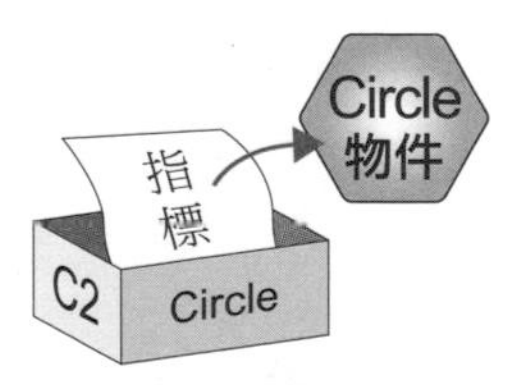

③ 將變數C2指向剛才建立的Circle物件。

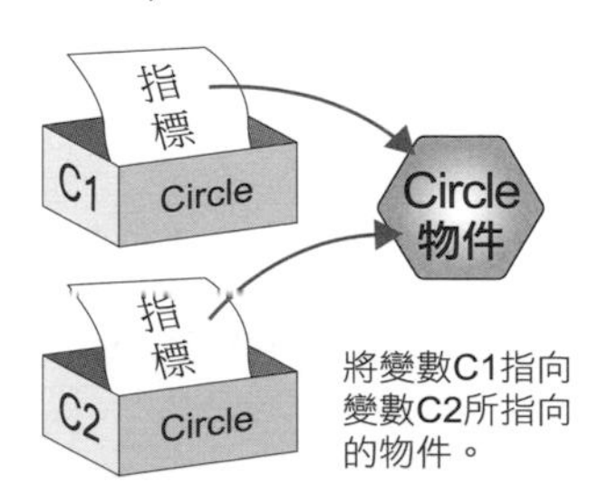

將變數C1指向變數C2所指向的物件。

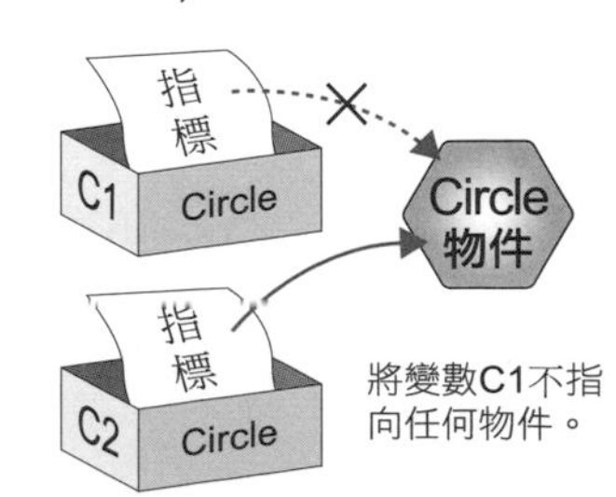

將變數C1不指向任何物件。

隨堂練習

(1) 撰寫一行敘述宣告三個型別為 int，值為 1000、1000000、1000000000，名稱為 X、Y、Z 的變數。

(2) 撰寫一行敘述宣告一個值為 1.5E+5，名稱為 Dbl 的浮點數變數。

(3) 使用 MessageBox.Show() 方法顯示題目 (1) 所宣告之變數 X 的型別。

(4) 撰寫一行敘述宣告一個名稱為 A 的字元變數，令其初始值為換行字元。

(5) 撰寫一行敘述宣告一個名稱為 B 的整數變數，令其初始值為英文字母 p 的 ASCII 碼 (112)。

(6) 撰寫一行敘述宣告兩個型別為 int，值為 FF_{16} 和 100000000001_2，名稱為 C、D 的變數 (兩者的值相當於十進位 255 和 2049)。

(7) 撰寫一行敘述宣告並建立一個物件變數 LBC，令其型別為 System.Windows.Forms.ListBox 類別。

解答

(1) int X = 1_000, Y = 1_000_000, Z = 1_000_000_000;

(2) double Dbl = 1.5E+5;

(3) MessageBox.Show(X.GetType().ToString());

(4) char A = '\n';

(5) int B = 'p';

(6) int C = 0xFF, D = 0b1000_0000_0001;

(7) System.Windows.Forms.ListBox LBC = new System.Windows.Forms.ListBox();

2-4-3 隱含型別

隱含型別 (implicit typing) 指的是編譯器可以根據區域變數的初始值推斷區域變數的型別，以下面的程式碼為例，我們使用 var 關鍵字宣告一個初始值為 " 小明 " 的區域變數 MyName，雖然沒有明確宣告型別，但編譯器會根據其初始值去推斷其型別為 string：

```
class Program
{
    static void Main(string[] args)
    {
        var MyName = " 小明 ";
        Console.WriteLine(MyName.GetType());
    }
}
```

```
file:///C:/Users/J...
System.String
```

下面是幾個關於隱含型別的注意事項：

- 使用隱含型別時一定要加上 var 關鍵字。
- 使用隱含型別的區域變數不能初始化為 null。
- 除了運用於區域變數，隱含型別亦可運用於 for 或 foreach 迴圈，如下，我們會在第 3 章介紹迴圈：

```
for (var i = 1; i < 10; i++) 或 foreach(var item in list) {…}
```

- 使用隱含型別雖然便利，卻會降低程式的可讀性，因此，除非必要，請盡量少用。
- 隱含型別只能用來推斷區域變數的型別，無法用來推斷欄位、屬性或方法的型別，同時隱含型別所推斷的型別為強型別，即區域變數的型別一旦被推斷出來，就不能在執行期間動態轉換型別。

2-4-4 變數的生命週期別

生命週期 (lifetime) 指的是變數能夠存在於記憶體多久，其類型如下：

類型	說明
在類別或結構內宣告的變數 (成員變數)	若在類別或結構內宣告變數時沒有加上 static 關鍵字，例如 int X = 100;，表示為「案例變數」(instance variable)，生命週期與類別或結構的案例相同，只要類別或結構的案例沒有被釋放，變數就一直存在於記憶體。
	若在類別或結構內宣告變數時有加上 static 關鍵字，例如 static int X = 100;，表示為「靜態變數」(static variable，被數個案例共用)，生命週期與應用程式相同，不會隨著案例被釋放而從記憶體移除。
在方法內宣告的變數 (區域變數)	這種變數的生命週期與方法相同，只要方法仍在執行，變數就一直存在於記憶體。若方法又呼叫其它方法，那麼只要被呼叫的方法仍在執行，變數就不會從記憶體移除。

2-4-5 變數的有效範圍

有效範圍 (scope) 指的是哪些程式碼區塊無須指明完整的命名空間就能存取變數，其類型如下：

❖ 區塊有效範圍 (block scope)：當我們在 do、for、foreach、while、if⋯else、switch、try⋯catch⋯finally 等區塊內宣告變數時，只有該區塊內的敘述能夠存取這個變數。以下面的程式碼為例，我們在 for 區塊內宣告變數 i，那麼只有該區塊內的敘述能夠存取變數 i，請注意，雖然變數 i 的有效範圍僅限於該區塊，但生命週期卻與所在的方法相同：

```
for (int i = 0; i < 10; i++)
{
  Console.WriteLine(i);
}
```

- 程序有效範圍 (procedure scope)：當我們在方法內宣告變數時，只有該方法內的敘述能夠存取這個變數，它其實就是區域變數 (local variable)。即使我們在多個方法內宣告同名的區域變數，C# 一樣能夠正確的進行存取。

  區域變數的有效範圍僅限於所在的方法，生命週期與所在的方法相同。對於暫存計算來說，區域變數是最合適的選擇，要注意的是不能使用 public、private、proteced、internal、proteced internal 等存取修飾字宣告區域變數的存取層級，第 2-4-6 節會說明這些存取修飾字的意義。

- 類別有效範圍 (class scope)：當我們在類別或結構內 (任何方法外) 使用 private 存取修飾字 (或沒有存取修飾字) 宣告變數時，只有該類別或結構內的敘述能夠存取這個變數，而且生命週期與應用程式相同。

- 命名空間有效範圍 (namespace scope)：當我們在類別或結構內 (任何方法外) 使用 public 或 internal 存取修飾字宣告變數時，相同命名空間內的敘述均能存取這個變數，而且生命週期與應用程式相同。若專案內沒有包含 namespace 敘述，那麼該專案內的敘述均隸屬於相同命名空間。

2-4-6 變數的存取層級

存取層級 (access level) 指的是哪些程式碼區塊擁有存取變數的權限，基本上，變數的存取權限不僅視其宣告方式而定，也取決於在何處宣告該變數，可以使用的存取修飾字 (access modifier) 如下：

- public：以 public 宣告的變數能夠被整個專案或參考該專案的專案存取，我們可以在類別或結構內宣告 public 變數，例如 public int X;，但不可以在方法、列舉、介面或命名空間內宣告 public 變數。

- private：以 private 宣告的變數只能被包含其宣告的類別或結構內的敘述存取，我們可以在類別或結構內宣告 private 變數，例如 private int X;，但不可以在方法、列舉、介面或命名空間內宣告 private 變數。

❖ protected：以 protected 宣告的變數只能被包含其宣告的類別或其子類別存取，我們僅可以在類別內宣告 protected 變數，例如 protected int X;，不可以在結構、方法、列舉、介面或命名空間內宣告 protected 變數。

❖ internal：以 internal 宣告的變數能夠被包含其宣告的程式或相同組件存取，我們可以在類別或結構內宣告 internal 變數，例如 internal int X;，但不可以在方法、列舉、介面或命名空間宣告 internal 變數。

❖ protected internal：以 protected internal 宣告的變數能夠被相同組件、包含其宣告的類別或其子類別存取，我們僅可以在類別內宣告 protected internal 成員，例如 protected internal int X;，不可以在結構、方法、列舉、介面或命名空間內宣告 protected internal 變數。

2-4-7 Boxing 轉換與 Unboxing 轉換

Boxing 轉換是將實值型別隱含轉換成 object 型別，例如下面的第二行敘述會將實值型別的變數 i 隱含轉換成 object 型別，然後呼叫 System.Object 類別的 ToString() 方法，將變數 i 的值轉換成字串並指派給變數 j：

```
int i = 100;
string j = i.ToString();
```

除了隱含轉換成 object 型別，我們也可以使用轉型運算式 (object) 將實值型別明確轉換成 object 型別，例如 object j = (object)i;。

至於 UnBoxing 轉換則是將經過 Boxing 轉換的型別轉換回原來型別，若要轉換成其它型別，也必須先轉換回原來型別，再轉換成其它型別，例如：

```
int i = 100;                  // 變數 i 為 int 型別
object j = (object)i;         // 將變數 i 明確轉換成 object 型別並指派給變數 j
long k = (long)((int)j);      // 將變數 j 轉換回 int 型別，再轉換成 long 型別並指派給變數 k
```

2-5 可為 null 的型別

可為 null 的型別 (nullable type) 允許實值型別變數的值為 null，此特點在某些應用中顯得格外實用，尤其是存取資料庫，某些欄位可能處於「未定義」狀態，此時就可以將該欄位設定為 null。我們可以使用下列語法宣告可為 null 的型別，其中 T 為實值型別，*variable-name* 為變數的名稱：

```
T? variable-name 或 System.Nullable<T> variable-name
```

下面是幾個例子：

```
int? X;                  // 宣告變數 X 的值可以是 -2147483648 ~ 2147483647 或 null
bool? Y = null;          // 宣告變數 Y 的值可以是 true、false 或 null，初始值為 null
```

可為 null 的型別有兩個實用的唯讀屬性，其中 HasValue 屬性用來判斷變數是否包含非 null 值，true 表示是，false 表示否；而 Value 屬性用來存取變數的值，若 HasValue 屬性為 true，存取 Value 屬性會傳回變數的值，若 HasValue 屬性為 false，存取 Value 屬性會產生無效運算例外。

例如下面的敘述會先透過 HasValue 屬性測試變數 X 是否包含值，是的話，就透過 Value 屬性顯示它的值，否則顯示 " 未定義 "：

```
int? X = 10;
if (X.HasValue) System.Console.WriteLine(X.Value);
else System.Console.WriteLine(" 未定義 ");
```

我們可以使用轉型運算式將可為 null 的型別明確轉換成實值型別，例如 int? X = 10; int Y = (int)X;。至於實值型別到可為 null 的型別之間則為隱含轉換，例如 int? Z; Z = 10;。

此外，可為 null 的型別亦能使用預先定義的一元和二元運算子，若運算元均為 null，那麼運算結果為 null，否則使用運算元所包含的值進行運算。

2-6 常數

常數 (constant) 是一個有意義的名稱，它的值不會隨著程式的執行而改變，同時程式設計人員亦無法變更常數的值。常數的宣告方式和變數相似，只要在宣告敘述的前面加上 const 關鍵字並指派常數的值即可，其語法如下：

```
[accessmodifier] const type name = expression;
```

❖ [*accessmodifier*]：和宣告變數一樣，我們也可以加上 public、private、protected、internal、protected internal 等存取修飾字宣告常數的存取層級 (預設為 private)。請注意，常數預設為 static、readonly，所以不能使用 static 和 readonly 修飾字。

❖ *type*：常數的型別。

❖ *name*：常數的名稱，必須是符合 C# 命名規則的識別字。

❖ = *expression*：使用 = 符號指派常數的值，它可以由數值、布林、字元、字串等常值、已經宣告的常數、列舉型別的成員、算術運算子、邏輯運算子所組成，但不可以包括方法呼叫與變數。

下面是幾個例子：

```
const double PI = 3.14;         // 宣告型別為 double、名稱為 PI、值為 3.14 的常數
const int X = 10;               // 宣告型別為 int、名稱為 X、值為 10 的常數
const int Y = X * 5;            // 宣告型別為 int、名稱為 Y、值為 50 的常數，* 為乘法運算子
const int X = 10, Y = X * 5;    // 在一行敘述宣告多個常數，這些常數的型別須相同
const int Z = 0b1000_0000;      // 宣告型別為 int、名稱為 Z、值為 128 的常數
```

雖然 C# 允許我們根據其它常數宣告新的常數，但請勿產生循環參考，例如下面宣告的兩個常數就是循環參考，這將會導致編譯錯誤：

```
const int A = B * 10;
const int B = A / 10;
```

隨堂練習

撰寫一個 Visual C# 程式，令其執行結果如下，其中圓周率 π 的值 (3.14) 須宣告成常數。

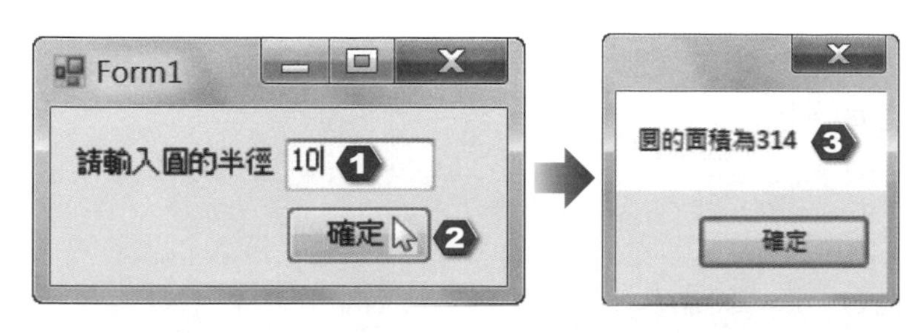

❶ 輸入圓的半徑　❷ 按 [確定]　❸ 出現對話方塊顯示圓的面積

提示

1. 新增一個 Windows Forms 應用程式。
2. 首先，在表單上放置一個 Label 控制項，並將其 [Text] 屬性設定為 " 請輸入圓的半徑 "；接著，放置一個 TextBox 控制項，其 [name] 屬性預設為 "textBox1"；最後，放置一個 Button 控制項，並將其 [Text] 屬性設定為 " 確定 "，而其 [name] 屬性預設為 "button1"。
3. 在 " 確定 " 按鈕按兩下，然後在程式碼視窗撰寫 button1_Click() 方法，當使用者按下 " 確定 " 按鈕時，就會呼叫這個方法做處理。

```
private void button1_Click(object sender, EventArgs e)
{
  const double PI = 3.14;
  double Radius = System.Convert.ToDouble(textBox1.Text);
  double CircleArea = PI * Radius * Radius;
  MessageBox.Show(" 圓的面積為 " + System.Convert.ToString(CircleArea));
}
```

2-7 列舉型別

列舉型別 (enumeration type) 可以將數個整數常數放在一起成為一個型別，.NET Framework 內建許多列舉型別，例如 FirstDayOfWeek 列舉型別用來表示一週的第一天、FirstWeekOfYear 列舉型別用來表示一年的第一週。

我們可以在命名空間或類別內 (任何方法外) 使用 enum 陳述式宣告列舉型別，其語法如下：

```
[accessmodifier] enum name [: integertype]
{
  membername1 [= expression1],
  membername2 [= expression2],
  ...
  membernameN [= expressionN]
}
```

❖ [*accessmodifier*]：列舉型別可以使用的存取修飾字有 public 和 internal (預設為 internal)，而巢狀列舉型別可以使用的存取修飾字則有 public、private、protected、internal、protected internal。

❖ *name*：列舉型別的名稱，必須是符合 C# 命名規則的識別字。

❖ [: *integertype*]：列舉型別預設為 int 型別，若要指定為其它整數型別，可以加上這個敘述。

❖ *membername1* [= *expression1*]：*membername1* 為列舉型別的成員名稱，*expression1* 為成員的值，若沒有指定成員的值，那麼第一個成員的值為 0，而其它成員的值則是前一個成員的值加 1，而且除了最後一個成員之外，其它成員後面都必須加上逗號。

舉例來說，假設我們要建立一個名稱為 MyWeekDays 的列舉型別，用來存放星期日、星期一～六的常數，而且型別為 int，那麼可以宣告如下：

```
enum MyWeekDays : int
{
    Sunday,                    // 這個成員的值為 0
    Monday,                    // 這個成員的值為 1
    Tuesday,                   // 這個成員的值為 2
    Wednesday,                 // 這個成員的值為 3
    Thursday,                  // 這個成員的值為 4
    Friday,                    // 這個成員的值為 5
    Saturday                   // 這個成員的值為 6
}
```

當沒有指定成員的值時，第一個成員為 0，第二個成員為第一個成員加 1，即 1，依此類推，我們也可以將這個列舉型別改寫成如下：

```
enum MyWeekDays {Sunday, Monday, Tuesday, Wednesday, Thursday, Friday, Saturday}
```

若要指定成員的值，可以仿照如下形式：

```
enum MyWeekDays : int
{
    Sunday = 10,
    Monday = 11,
    Tuesday = 12,
    Wednesday = 13,
    Thursday = 14,
    Friday = 15,
    Saturday = 16
}
```

在建立列舉型別後，我們可以透過 ***name.membername*** 的形式存取成員，例如：

```
MyWeekDays day = MyWeekDays.Monday;
```

2-8 運算子

運算子 (operator) 是一種用來進行運算的符號，而運算元 (operand) 是運算子進行運算的對象，我們將運算子與運算元所組成的敘述稱為運算式 (expression)。運算式其實就是會產生值的敘述，例如 500 + 1000 是運算式，它所產生的值為 1500，其中 + 為加法運算子，而 500 和 1000 為運算元。

我們可以依照功能將 C# 的運算子分為下列幾種類型：

分類	運算子
算術運算	+ - * / %
邏輯運算 (布林和位元)	& | ^ ! ~ && || true false
字串連接	+
遞增、遞減	++ --
移位運算	<< >>
比較運算	== != < > <= >=
指派運算	= += -= *= /= %= &= |= ^= <<= >>= ??
成員存取	. (用來存取型別或命名空間的成員)
命名空間別名限定詞	:: (詳閱第 12-11 節)
索引	[] (應用於陣列、索引子、屬性及指標)
轉型	() (用來轉換型別，詳閱第 2-3-4 節)
條件式	?:
委派連接與移除	+ - (詳閱第 14 章)
物件建立	new (用來建立物件)
型別資訊	as is sizeof typeof
溢位例外控制	checked unchecked
間接取值與位址	* -> [] & (用來存取指標)

運算子又分成下列三種類型：

- 單元運算子：這種運算子只有一個運算元，採取前置記法 (例如 -x) 或後置記法 (例如 x++)。
- 二元運算子：這種運算子有兩個運算元，採取中置記法 (例如 x + y)。
- 三元運算子：這種運算子只有條件運算子 ?: 一種，它有三個運算元，採取中置記法 (例如 c? x : y)。

2-8-1 算術運算子 (+、-、*、/、%)

運算子	語法	意義	範例	結果
+	*運算元 1 + 運算元 2*	*運算元 1 加上運算元 2*	5 + 2	7
-	*運算元 1 - 運算元 2*	*運算元 1 減去運算元 2*	5 - 2	3
*	*運算元 1 * 運算元 2*	*運算元 1 乘以運算元 2*	5 * 2	10
/	*運算元 1 / 運算元 2*	*運算元 1 除以運算元 2*	5 / 2	2.5
%	*運算元 1 % 運算元 2*	*運算元 1 除以運算元 2 的餘數*	5%2	1

- 加法運算子也可以用來表示正值，例如 +5 表示正整數 5；減法運算子也可以用來表示負值，例如 -5 表示負整數 5。
- 加法運算子也可以用來連接字串，例如 string Str1 = "He", Str2 = "llo", Str3 = Str1 + Str2;，則 Str3 的值為 "Hello"。
- C# 沒有提供指數運算子，若要進行指數運算，可以使用 System.Math 類別的 Pow() 方法或 Exp() 方法。
- 整數除以 0 會產生編譯錯誤，而浮點數除以 0 則須視被除數的值而定，當被除數為 0.0 時，相除結果為 NaN (Not a Number)；當被除數大於 0 時，相除結果為 PositiveInfinity (正無窮大)，例如 1.0 / 0；當被除數小於 0 時，相除結果為 NegativeInfinity (負無窮大)，例如 -1.0 / 0。

2-8-2 邏輯運算子 (!、&、|、^、&&、||、~)

<table>
<tr><th>運算子</th><th>語法</th><th>意義</th></tr>
<tr><td>!
(Not)</td><td>! 布林運算式</td><td>將布林運算式進行邏輯否定，若它的值為 true，就傳回 false，否則傳回 true，例如 !(50 > 40) 會傳回 false，!(50 < 40) 會傳回 true。</td></tr>
<tr><td rowspan="2">&
(And)</td><td rowspan="2">運算元 1 & 運算元 2</td><td>當運算元為 bool 型別時，將運算元 1 和運算元 2 進行邏輯交集，若兩者的值均為 true，就傳回 true，否則傳回 false，例如 (5 > 4) & (3 > 2) 會傳回 true，(5 > 4) & (3 < 2) 會傳回 false。</td></tr>
<tr><td>當運算元為數值時，將運算元 1 和運算元 2 進行位元結合，若兩者對應的位元均為 1，位元結合就是 1，否則是 0，例如 10 & 6 會得到 2，因為 10 的二進位值是 1010，6 的二進位值是 0110，而 1010 & 0110 會得到 0010，即 2。</td></tr>
<tr><td rowspan="2">|
(Or)</td><td rowspan="2">運算元 1 | 運算元 2</td><td>當運算元為 bool 型別時，將運算元 1 和運算元 2 進行邏輯聯集，若兩者的值均為 false，就傳回 false，否則傳回 true，例如 (5 > 4) | (3 < 2) 會傳回 true，(5 < 4) | (3 < 2) 會傳回 false。</td></tr>
<tr><td>當運算元為數值時，將運算元 1 和運算元 2 進行位元分離，若兩者對應的位元均為 0，位元分離就是 0，否則是 1，例如 10 | 6 會得到 14，因為 1010 | 0110 會得到 1110，即 14。</td></tr>
<tr><td rowspan="2">^
(Xor)</td><td rowspan="2">運算元 1 ^ 運算元 2</td><td>當運算元為 bool 型別時，將運算元 1 和運算元 2 進行邏輯互斥，若運算元 1 和運算元 2 的值均為 false 或均為 true，就傳回 false，否則傳回 true，例如 (5 > 4) ^ (3 > 2) 會傳回 false，(5 > 4) ^ (3 < 2) 會傳回 true。</td></tr>
<tr><td>當運算元為數值時，將運算元 1 和運算元 2 進行位元互斥，若兩者對應的位元一個為 1 一個為 0，位元互斥就是 1，否則是 0，例如 10 ^ 6 會得到 12，因為 1010 ^ 0110 會得到 1100，即 12。</td></tr>
</table>

<table>
<tr><th>運算子</th><th>語法</th><th>意義</th></tr>
<tr><td>&&
(AndAlso)</td><td>運算元 1 && 運算元 2</td><td>將運算元 1 和運算元 2 進行最短路徑 (short circuit) 邏輯交集運算，若運算元 1 為 true，就計算運算元 2，否則不計算運算元 2 直接傳回 false，若運算元 2 亦為 true，就傳回 true，否則傳回 false。</td></tr>
<tr><td>||
(OrElse)</td><td>運算元 1|| 運算元 2</td><td>將運算元 1 和運算元 2 進行最短路徑邏輯聯集運算，若運算元 1 為 true，直接傳回 true，而不必計算運算元 2，否則計算運算元 2，若運算元 2 為 true，就傳回 true，否則傳回 false。</td></tr>
<tr><td>~
(位元補數)</td><td>~ 運算元</td><td>將運算元進行位元補數運算，運算元為 int、uint、long、ulong 型別，例如 ~8 會得到 -9。</td></tr>
</table>

2-8-3 比較運算子 (==、!=、<、>、<=、>=)

比較運算子可以用來比較兩個運算式的大小或相等與否，若結果為真，就傳回 true，否則傳回 false，例如 3 < 10 會傳回 true，您可以根據傳回值做不同的處理。C# 提供的比較運算子如下，其中 == 和 != 運算子可以用來比較數值、列舉和字串，而 <、>、<=、>= 只能用來比較數值和列舉。

運算子	意義	範例	傳回值
==	等於	21 + 5 == 18 + 8	true
		"abc" == "ABC"	false (大小寫視為不同)
!=	不等於	21 + 5 != 18 + 8	false
		"abc" != "ABC"	true (大小寫視為不同)
<	小於	18 + 3 < 18	false
>	大於	18 + 3 > 18	true
<=	小於等於	18 + 3 <= 21	true
>=	大於等於	18 + 3 >= 21	true

2-8-4 移位運算子 (<<、>>)

運算子	語法	意義
<<	*運算元 1* << *運算元 2* （向左移位）	將*運算元 1* 向左移動*運算元 2* 所指定的位元數，例如 1 << 2 會得到 4，因為 1 的二進位值是 0001，向左移位 2 個位元會得到 0100，即 4。
>>	*運算元 1* >> *運算元 2* （向右移位）	將*運算元 1* 向右移動*運算元 2* 所指定的位元數，例如 8 >> 1 會得到 4，因為 8 的二進位值是 1000，向右移位 1 個位元會得到 0100，即 4。

2-8-5 遞增、遞減運算子 (++、--)

遞增運算子 (++) 可以用來將運算元的值加 1，其語法如下，運算元須為數值型別、char 型別或列舉型別。第一種形式的遞增運算子出現在運算元的前面，表示運算結果為運算元遞增之後的值，第二種形式的遞增運算子出現在運算元的後面，表示運算結果為運算元遞增之前的值：

```
++ 運算元    或    運算元 ++
```

例如：

```
int X = 10;                              // 宣告一個名稱為 X、初始值為 10 的變數
Console.WriteLine((++X).ToString());     // 先將 X 的值遞增 1，之後再顯示出來而得到 11
int Y = 5;                               // 宣告一個名稱為 Y、初始值為 5 的變數
Console.WriteLine((Y++).ToString());     // 先顯示 Y 的值為 5，之後再將 Y 的值遞增 1
```

遞減運算子 (--) 可以用來將運算元的值減 1，其語法如下，運算元須為數值型別、char 型別或列舉型別。第一種形式的遞減運算子出現在運算元前面，表示運算結果為運算元遞減之後的值，第二種形式的遞減運算子出現在運算元後面，表示運算結果為運算元遞減之前的值：

```
-- 運算元    或    運算元 --
```

例如：

```
int X = 10;                          // 宣告一個名稱為 X、初始值為 10 的變數
Console.WriteLine((--X).ToString()); // 先將 X 的值遞減 1，之後再顯示出來而得到 9
int Y = 5;                           // 宣告一個名稱為 Y、初始值為 5 的變數
Console.WriteLine((Y--).ToString()); // 先顯示 Y 的值為 5，之後再將 Y 的值遞減 1
```

2-8-6 指派運算子 (=、+=、-=、*=、/=、%=、&=、|=、^=、<<=、>>=、??)

<table>
<tr><th>運算子</th><th>語法</th><th>意義</th></tr>
<tr><td>=</td><td>A = 3;</td><td>將 = 右邊的值或運算式指派給 = 左邊的變數。</td></tr>
<tr><td rowspan="2">+=</td><td>A += 3;</td><td>此敘述相當於 A = A + 3;，當 A 為數值型別時，+ 為加法運算子，當 A 為 string 型別時，+ 為字串連接運算子。</td></tr>
<tr><td>A += "xy";</td><td>此敘述相當於 A = A + "xy";，+ 為字串連接運算子。</td></tr>
<tr><td>-=</td><td>A -= 3;</td><td>此敘述相當於 A = A - 3;，- 為減法運算子。</td></tr>
<tr><td>*=</td><td>A *= 3;</td><td>此敘述相當於 A = A * 3;，* 為乘法運算子。</td></tr>
<tr><td>/=</td><td>A /= 3;</td><td>此敘述相當於 A = A / 3;，/ 為除法運算子。</td></tr>
<tr><td>%=</td><td>A %= 3</td><td>此敘述相當於 A = A % 3;，% 為餘數運算子。</td></tr>
<tr><td>&=</td><td>A &= 3;</td><td>此敘述相當於 A = A & 3;，& 為 And 運算子。</td></tr>
<tr><td>|=</td><td>A |= 3;</td><td>此敘述相當於 A = A | 3;，& 為 Or 運算子。</td></tr>
<tr><td>^=</td><td>A ^= 3;</td><td>此敘述相當於 A = A ^ 3;，^ 為 Xor 運算子。</td></tr>
<tr><td><<=</td><td>A <<= 3;</td><td>此敘述相當於 A = A << 3;，<< 為向左移位運算子。</td></tr>
<tr><td>>>=</td><td>A >>= 3;</td><td>此敘述相當於 A = A >> 3;，>> 為向右移位運算子。</td></tr>
<tr><td>??</td><td>int B = A ?? -1;</td><td>此敘述是令 B 等於 A，但若 A 為 null，則 B 等於 -1。</td></tr>
</table>

2-8-7 條件運算子 (?:)

?: 是一個三元運算子，其語法如下，若條件運算式的結果為 true，就傳回第一個運算式的值，否則傳回第二個運算式的值：

```
條件運算式 ? 運算式 1 : 運算式 2
```

這個運算子相當於 if…else 判斷結構，例如 X = Y < Z ? 0 : 1; 可以寫成如下，意義是若 Y 小於 Z，X 就等於 0，否則 X 等於 1：

```
if (Y < Z)
  X = 0;
else
  X = 1;
```

隨堂練習

寫出下列運算式的結果：

```
(1)  'A' < 'B'          (2)  'A' - 2
(3)  'A' + 2            (4)  "A" + 2
```

解答

(1) true (字元 A 和字元 B 會根據其 ASCII 碼隱含轉換成整數 65 和整數 66，而 65 小於 66，所以比較結果為 true)

(2) 63 (字元 A 會隱含轉換成整數 65 再減掉 2，而得到 63)

(3) 67 (字元 A 會隱含轉換成整數 65 再加上 2，而得到 67)

(4) "A2" (此處的 + 是用來連接字串，整數 2 會隱含轉換成字串型別)

2-8-8 型別資訊運算子 (as、is、typeof、sizeof)

as 運算子

as 運算子的語法如下，用來將指定的運算式或物件轉換為指定的型別，運算式須為參考型別。

```
運算式 / 物件 as 型別
```

is 運算子

is 運算子的語法如下，用來判斷指定的運算式或物件是否為指定的型別，是就傳回 true，否則傳回 false，運算式須為參考型別，例如 "abc" is string 會傳回 true，"abc" is int 會傳回 false。

```
運算式 / 物件 is 型別
```

typeof 運算子

typeof 運算子的語法如下，用來取得型別的 System.Type 物件，例如 typeof(string)、typeof(bool) 會傳回 System.String、System.Boolean。

```
typeof( 型別 )
```

sizeof 運算子

sizeof 運算子的語法如下，用來取得實值型別的位元組大小，例如 sizeof(byte)、sizeof(short)、sizeof(int)、sizeof(long)、sizeof(float)、sizeof(double)、sizeof(bool)、sizeof(char) 會傳回 1、2、4、8、4、8、1、2。

```
sizeof( 實值型別 )
```

2-8-9 溢位例外控制 (checked、unchecked)

checked 運算子的語法如下，用來控制整數型別算術數運算子和轉換的溢位檢查內容：

```
checked 區塊
checked ( 運算式 )
```

以下面的敘述為例，變數 X 的型別為 byte，最大範圍為 255，所以在第二行敘述將變數 X 遞增 1 後，將導致第三行敘述顯示的值為 0：

```
byte X = 255;
X++;
MessageBox.Show(X.ToString());
```

若要進行溢位檢查，可以加上 checked 運算子，例如：

```
byte X = 255;
checked
{
  X++;
}
MessageBox.Show(X.ToString());
```

這麼一來，在執行階段就會產生 System.OverflowException 例外 (數學運算導致溢位)。

若要取消溢位檢查，可以使用 unchecked 運算子，其語法如下：

```
unchecked 區塊
unchecked ( 運算式 )
```

2-8-10 運算子的優先順序

當運算式中有多個運算子時，C# 會依照如下的優先順序高者先執行，相同者則按出現順序由左到右依序執行。若要改變預設的優先順序，可以加上小括號，就會優先執行小括號內的運算式。

高

分類	運算子
基本運算子	x.y、f(x)、a[x]、x++、x--、new、typeof、checked、unchecked
單元運算子	+、-、!、~、++x、--x、(T)x
乘除運算子	*、/、%
加減運算子	+、-
移位運算子	<<、>>
比較與型別測試	<、>、<=、>=、is、as
等於運算子	==、!=
邏輯 / 位元 And	&
邏輯 / 位元 Xor	^
邏輯 / 位元 Or	|
AndAlso	&&
OrElse	||
條件運算子	?:
指派運算子	=、*=、/=、%=、+=、-=、<<=、>>=、&=、^=、|=、??

低

舉例來說，假設運算式為 25 < 10 + 3 * 4，首先執行乘法運算子，3 * 4 會得到 12，接著執行加法運算子，10 + 12 會得到 22，最後執行比較運算子，25 < 22 會得到 false。

若加上小括號，結果可能就不同了，假設運算式為 25 < (10 + 3) * 4，首先執行小括號內的 10 + 3 會得到 13，接著執行乘法運算子，13 * 4 會得到 52，最後執行比較運算子，25 < 52 會得到 true。

隨堂練習

寫出下列運算式的結果：

(1) 2 / 3.0	(2) 12.3 * 10 % 5
(3) -1.0 / 0	(4) 'a' > 'Z'
(5) "A" == "a"	(6) "ABCD" < "ABCd"
(7) (5 <= 9) & (! (3 > 7))	(8) 10 * 2 == "20"
(9) (2 < 4) ^ (3 < 5)	(10) ("abc" != "ABC") | (3 > 5)
(11) (5 <= 9) || (! (3 > 7))	(12) (2 < 4) && (3 < 5)
(13) -128 >> 3	(14) 2 << 10
(15) 2 & 10	(16) 2 | 10
(17) 2 ^ 10	(18) ~2

解答

(1) 0.666666666666667

(2) 3

(3) NegativeInfinity (負無窮大)

(4) true

(5) false

(6) 編譯錯誤 (< 運算子不能套用於字串)

(7) true

(8) 編譯錯誤 (== 運算子不能套用於此)

(9) false

(10) true

(11) true

(12) true

(13) -16

(14) 2048

(15) 2

(16) 10

(17) 8

(18) -3

學習評量

一、選擇題

(　　) 1. 下列何者不屬於整數數值型別？

A. byte　B. short　C. float　D. long

(　　) 2. 下列何者是錯誤的數值表示方式？

A. 10,000　B. 0xFFF　C. 567　D. 12.345

(　　) 3. 下列何者是正確的數值表示方式？

A. "100"　B. &O98　C. 1.23E+5　D. &H89AB

(　　) 4. 當我們將布林資料轉換成數值型別時，true 會被轉換成多少？

A. -1　B. 1　C. 0　D. 100

(　　) 5. 下列何者是正確的字串表示方式？

A. 5.67E-5　B. False　C. "Ha"p"py"　D. @"Ha""p""py"

(　　) 6. char 型別不可以隱含轉換為下列哪種型別？

A. int　B. byte　C. ushort　D. float

(　　) 7. 下列何者不屬於實值型別？

A. byte　B. float　C. bool　D. 類別

(　　) 8. 明確的型別轉換可能會造成溢位或資料遺失，對不對？

A. 對　B. 不對

(　　) 9. 5 除以 0 會得到下列何者？

A. 正無窮大　B. 編譯錯誤　C. NaN　D. 0

(　　) 10. 我們可以使用下列哪個方法取得參數的型別？

A. ToString()　B. GetType()　C. Typeof()　D. Parse()

(　　) 11. 下列何者不可以包含在常數的值？

A. 數值　B. 方法呼叫　C. 邏輯運算子　D. 其它常數

學習評量

(　　) 12. 下列哪種型別不能放在列舉型別內？

A. char　　B. byte　　C. uint　　D. long

(　　) 13. 10 + "b" (b 的 ASCII 碼為 98) 的結果為何？

A. 108　　B. 88　　C. 1098　　D. 10b

(　　) 14. 下列何者可以對兩個布林運算式進行最短路徑邏輯聯集運算？

A. ??　　B. !

C. ||　　D. &&

(　　) 15. 下列何者的結果為 false ？

A. (32 < 50) && (999 < 1000)　　B. (12 < 4) ^ (13 < 5)

C. !("abc" == "ABC")　　D. "Happy" is int

(　　) 16. 下列何者的優先順序最高？

A. 單元運算子　　B. 算術運算子

C. 比較運算子　　D. 指派運算子

(　　) 17. 下列何者的優先順序最低？

A. %　　B. >>=

C. ~　　D. ^

(　　) 18. 若要存取列舉型別的成員，必須使用下列何者？

A. &　　B. .

C. !　　D. @

(　　) 19. 若要改變運算子的執行順序，可以使用下列何者？

A. [ ]　　B. { }

C. < >　　D. ( )

(　　) 20. 在字串前面加上下列哪個字元將使 C# 不會去處理逸出字元？

A. @　　B. #

C. *　　D. &

二、實作題

1. 下列敘述的錯誤為何？

```
(1)  const double A = 2 * 3.1416 * B;
     const double B = 3.1416 * A * A;
(2)  const string C = 100.ToString();
(3)  byte D = 10000;
(4)  int E = "ABC";
(5)  decimal F = 1/6M
(6)  date G = #February 14 2016#;
(7)  MessageBox.Show('a'.GetType());
(8)  System.Convert.ToInt16(100000);
(9)  MessageBox.Show(true & "abc");
(10) enum EmployeeSalary : float {10000, 20000, 30000};
```

2. 寫出下列運算式的結果：

```
(1)  0xFFF - 0xFAB
(2)  2 / 3.0F
(3)  System.Convert.ToInt32(true)
(4)  0.0 / 0
(5)  3.8 / 0
(6)  11 + "22"
(7)  11 + 22
(8)  "ABC" + 88 == "abc" + 88
(9)  50 > 30 ^ 70 > 100
(10) "xyz" is string
(11) 50 < 'A'
(12) int Z = 8 > 7 ? 1 : 0; Console.WriteLine(Z.ToString());
(13) int P = 2; P <<=3; Console.WriteLine(P.ToString());
(14) int X = 5; Console.WriteLine((++X).ToString());
(15) int Y = 10; Console.WriteLine((Y--).ToString());
```

學習評量

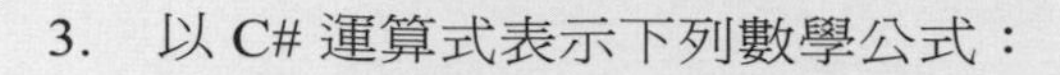

3. 以 C# 運算式表示下列數學公式：

   (1) $b^2 - 4ac$　(2) $a - (b + c)$　(3) $\frac{a + b}{c + d}$　(4) $\frac{1}{1 + a^2}$

4. 下列哪些是合法的變數名稱？

   (1) _ab~c　(2) as_yt　(3) 5abcde　(4) _abs10
   (5) \nabc　(6) $xyz10　(7) as$+5　(8) ab cd

5. 寫出下列值的型別：

   (1) false　(2) " 早安 "　(3) 1.23　(4) 128
   (5) 1.23F　(6) 128M　(7) 128U　(8) 'a'

6. 寫出下列敘述適合以哪種型別來表示：

   (1) 結婚與否　(2) 地址　(3) 人的年齡　(4) 我是學生
   (5) 地球的年齡　(6) 下雨機率　(7) 圓周率　(8) 英文字母

7. 名詞解釋：

   (1) 有效範圍　(2) 生命週期　(3) 存取層級　(4) 運算子
   (5) 實值型別　(6) 參考型別　(7) 常數　(8) 列舉

8. 撰寫一個程式，令它將 $5CD_{16}$、$FFFF_{16}$ 轉換為十進位並顯示出來。

9. 假設人的心臟每秒鐘跳動 1 下，試撰寫一個程式計算人的心臟在平均壽命 80 歲總共會跳動幾下 (一年為 365.25 天)，之後再改成以每分鐘跳動 72 下重新執行程式，看看結果為何。

10. 回答下列問題：

    (1) 宣告一個名稱為 Employee、型別為 int 的列舉型別，裡面的成員有 Managers、Sales、Assistants、Instructors，值分別為 0、1、2、3。
    (2) 重新宣告題目 (1) 的列舉型別，將成員的值設定為 15、16、17、18。
    (3) 撰寫一個敘述宣告變數 X，令其值為 Employee 列舉型別的 Sales 成員。

流程控制

3-1 認識流程控制

3-2 if…else

3-3 switch

3-4 for (計數迴圈)

3-5 foreach (陣列迴圈)

3-6 條件式迴圈

3-7 跳躍陳述式

3-1 認識流程控制

我們在前幾章所示範的例子都是很單純的程式，它們的執行方向都是從第一行敘述開始，由上往下依序執行，不會轉彎或跳行，但事實上，大部分的程式並不會這麼單純，它們可能需要針對不同的情況做不同的處理，以完成更複雜的任務，於是就需要流程控制 (flow control) 來協助控制程式的執行方向，而且流程控制通常需要借助於布林資料，也就是 true 或 false。

C# 的流程控制分成下列兩種類型：

❖ 判斷結構 (decision structure)：判斷結構可以測試程式設計人員提供的條件式，然後根據條件式的結果執行不同的動作。C# 支援如下的判斷結構，其中 try…catch…finally 用來進行結構化例外處理，本章暫不討論，留待第 6 章再做說明：

- if…else
- switch
- try…catch…finally

❖ 迴圈結構 (loop structure)：迴圈結構可以重複執行某些敘述，C# 支援如下的迴圈結構：

- for
- foreach
- while
- do

此外，C# 提供 Iterator 功能，用來支援類別或結構的 foreach 反覆運算，由於這個功能涉及類別、結構、泛型等主題，留待第 15 章再做說明。

3-2 if…else

3-2-1 if…：若…就…

```
if (condition) statement;
```

這種判斷結構的意義是「若…就…」，屬於單向選擇。*condition* 是一個條件式，結果為布林型別，若 *condition* 傳回 true，就執行 *statement* (敘述)；若 *condition* 傳回 false，就跳出 if 判斷結構，不會執行 *statement* (敘述)。

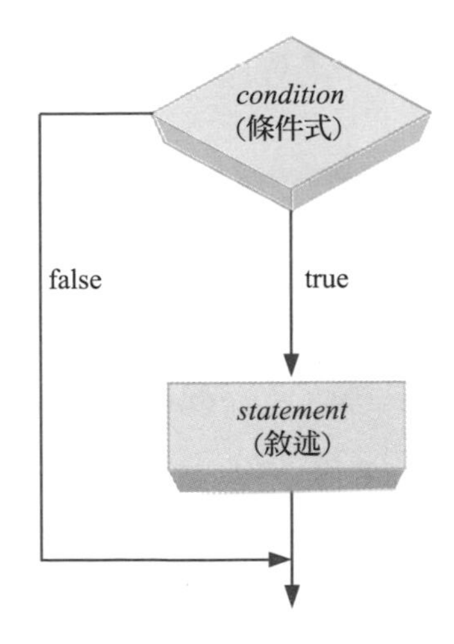

請注意，若 if 判斷結構的 *statement* 有很多行，就要加上大括號標示 *statement* 的開頭與結尾，如下：

```
if (condition)
{
   statement1;
   statement2;
   …
   statementN;
}
```

隨堂練習

撰寫一個程式，令它透過如下表單要求使用者輸入 0 到 100 的數字，若數字大於等於 60，就出現顯示著「及格！」的對話方塊。

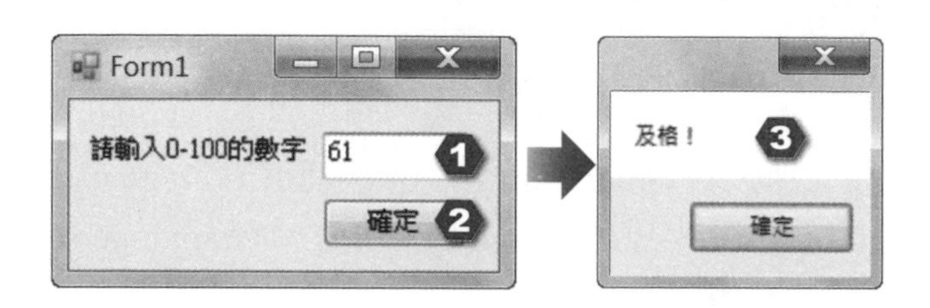

① 輸入 0 到 100 的數字　② 按 [確定]　③ 若數字大於等於 60，就會出現此對話方塊

提示

1. 新增一個名稱為 MyProj3-1a 的 Windows Forms 應用程式。
2. 在表單上放置 Label、TextBox、Button 控制項並設定其屬性。
3. 在 " 確定 " 按鈕按兩下，然後在程式碼視窗撰寫 button1_Click() 方法。

```
private void button1_Click(object sender, EventArgs e)
{
  if (System.Convert.ToInt16(textBox1.Text) >= 60)
    MessageBox.Show(" 及格！ ");
}
```

當使用者輸入大於等於 60 的數字時，條件式 (System.Convert.ToInt16(textBox1.Text) >= 60) 的傳回值為 true，就會執行後面的敘述，而出現顯示著「及格！」的對話方塊；相反的，當使用者輸入小於 60 的數字時，條件式 (System.Convert.ToInt16(textBox1.Text) >= 60) 的傳回值為 false，就會跳出 if 判斷結構，而不會出現顯示著「及格！」的對話方塊。

3-2-2 if…else：若…就…否則…

```
if (condition)
{
  statements1;
}
else
{
  statements2;
}
```

這種判斷結構比前一節的判斷結構多了 else 敘述，照字面翻譯過來的意義是「若…就…否則…」，屬於雙向選擇。*condition* 是一個條件式，結果為布林型別，若 *condition* 傳回 true，就執行 *statements1*（敘述 1），否則執行 *statements2*（敘述 2）。它之所以稱為雙向選擇，就是因為比前一節的判斷結構多了一種變化。

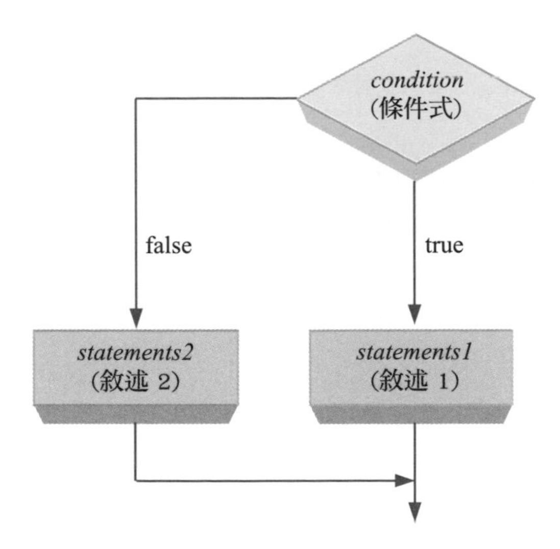

隨堂練習

撰寫一個程式，令它透過如下表單要求使用者輸入 0 到 100 的數字，若數字大於等於 60，就出現顯示著「及格！」的對話方塊，否則出現顯示著「不及格！」的對話方塊。

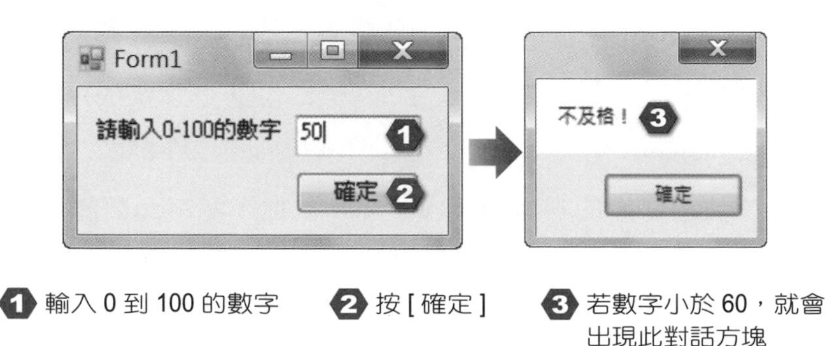

❶ 輸入 0 到 100 的數字　❷ 按 [確定]　❸ 若數字小於 60，就會出現此對話方塊

提示

將前一個隨堂練習中的 button1_Click() 方法改寫成如下：

```
private void button1_Click(object sender, EventArgs e)
{
  if (System.Convert.ToInt16(textBox1.Text) >= 60)
    MessageBox.Show(" 及格！ ");
  else
    MessageBox.Show(" 不及格！ ");
}
```

當使用者輸入大於等於 60 的數字時，條件式 (System.Convert.ToInt16(textBox1.Text) >= 60) 的傳回值為 true，就會執行後面的敘述，而出現顯示著「及格！」的對話方塊；相反的，當使用者輸入小於 60 的數字時，條件式 (System.Convert.ToInt16(textBox1.Text) >= 60) 的傳回值為 false，就會執行 else 後面的敘述，而出現顯示著「不及格！」的對話方塊。

3-2-3 if…else if…：若…就…否則 若…就…否則…

```
if (condition1)
{
  statements1;
}
else if (condition2)
{
  statements2;
}
else if (condition3)
{
  statements3;
}
…
else
{
  statementsN+1;
}
```

這種判斷結構最複雜但實用性也最高，照字面翻譯過來的意義是「若…就…否則 若…就…否則…」，屬於多向選擇，前兩節的判斷結構都只能處理一個條件式，而這種判斷結構可以處理多個條件式。

程式執行時會先檢查條件式 *condition1*，若 *condition1* 傳回 true，就執行 *statements1*，然後跳出 if 判斷結構；若 *condition1* 傳回 false，就檢查條件式 *condition2*，若 *condition2* 傳回 true，就執行 *statements2*，然後跳出 if 判斷結構，否則繼續檢查條件式 *condition3*，…，依此類推。若所有條件式皆不成立，就執行 else 後面的 *statementsN+1*，故 *statements1* 至 *statementsN+1* 只有一個會被執行。

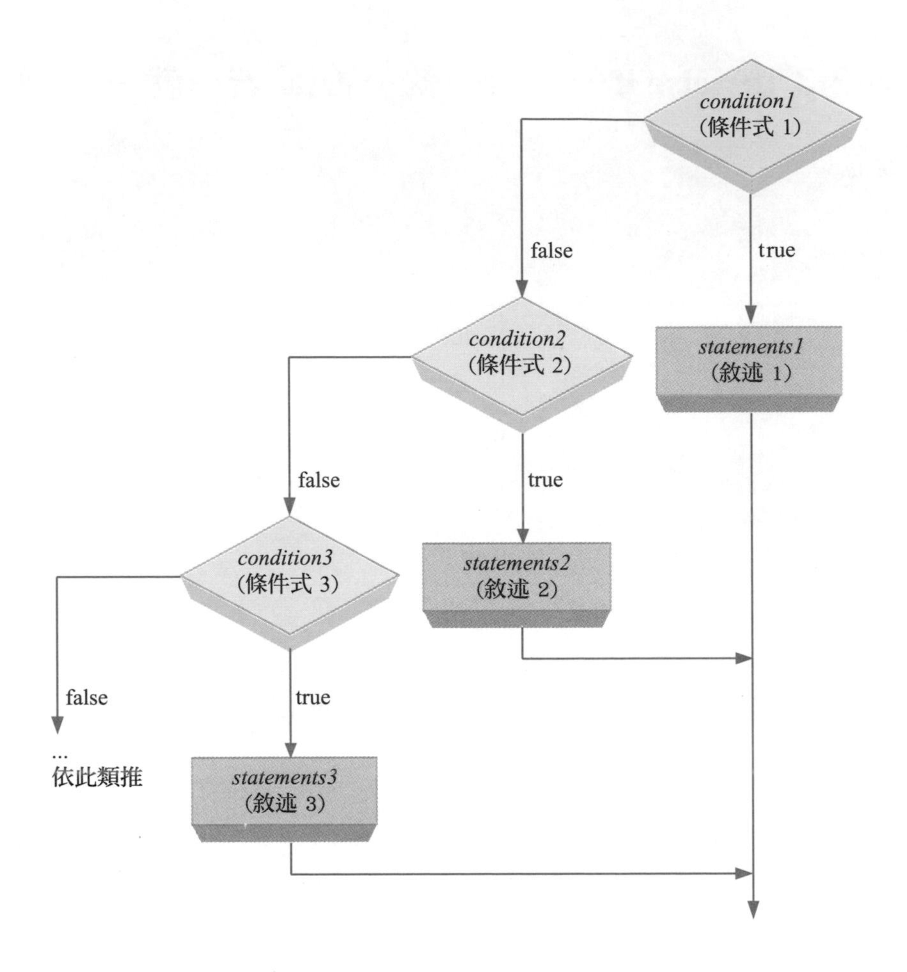

隨堂練習

撰寫一個程式，令它透過如下表單要求使用者輸入 0 到 100 的數字，若數字大於等於 90，就出現顯示著「優等！」的對話方塊；若數字大於等於 80 小於 90，就出現顯示著「甲等！」的對話方塊；若數字大於等於 70 小於 80，就出現顯示著「乙等！」的對話方塊；若數字大於等於 60 小於 70，就出現顯示著「丙等！」的對話方塊，否則出現顯示著「不及格！」的對話方塊。

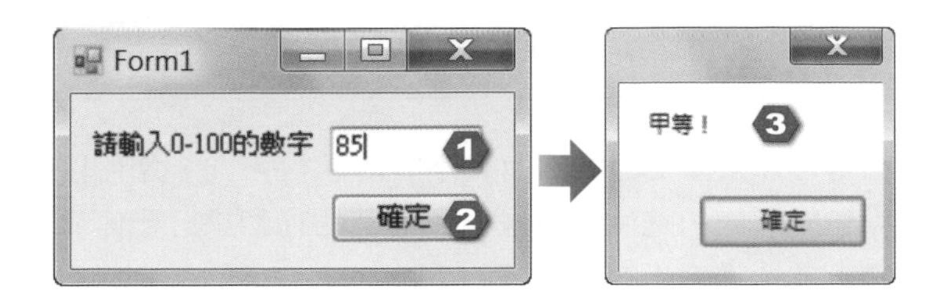

❶ 輸入 0 到 100 的數字　❷ 按 [確定]　❸ 若數字大於等於 80 小於 90，就會出現此對話方塊

提示

將前一個隨堂練習中的 button1_Click() 方法改寫成如下：

```
private void button1_Click(object sender, EventArgs e)
{
  if (System.Convert.ToInt16(textBox1.Text) >= 90)
    MessageBox.Show(" 優等！ ");
  else if (System.Convert.ToInt16(textBox1.Text) < 90 & System.Convert.ToInt16(textBox1.Text) >= 80)
    MessageBox.Show(" 甲等！ ");
  else if (System.Convert.ToInt16(textBox1.Text) < 80 & System.Convert.ToInt16(textBox1.Text) >= 70)
    MessageBox.Show(" 乙等！ ");
  else if (System.Convert.ToInt16(textBox1.Text) < 70 & System.Convert.ToInt16(textBox1.Text) >= 60)
    MessageBox.Show(" 丙等！ ");
  else
    MessageBox.Show(" 不及格！ ");
}
```

當使用者輸入小於 90 大於等於 80 的數字時，條件式 (System.Convert.ToInt16 (textBox1.Text) >= 90) 的傳回值為 false，於是執行 else if 後面的敘述，此時條件式 (System.Convert.ToInt16(textBox1.Text) < 90 & System.Convert.ToInt16 (textBox1.Text) >= 80) 的傳回值為 true，於是出現顯示著「甲等！」的對話方塊。您不妨試著輸入其它數字，看看執行結果有何不同。

3-3 switch

switch 判斷結構可以根據變數的值而有不同的執行方向，您可以將它想像成一個有多種車位的車庫，這個車庫是根據車輛的種類來分配停靠位置，若進來的是小客車，就會進到小客車專屬的車位，若進來的是大貨車，就會進到大貨車專屬的車位，其語法如下：

```
switch(expression)
{
  case value1:
    statements1;
    break;
  case value2:
    statements2;
    break;
  …
  case valueN:
    statementsN;
    break;
  default:
    statementsN+1;
    break;
}
```

我們要先給 switch 判斷結構一個運算式 *expression* 當作判斷的對象，就好像上面比喻的車庫是以車輛的種類當作判斷的對象，接下來的 case 則是要寫出這個運算式可能的值 (必須是數值或字串)，就好像車輛可能有數個種類。

switch 判斷結構會從第一個值 *value1* 開始做比較，看看是否和運算式 *expression* 的值相等，若相等，就執行其下的敘述 *statements1*，執行完畢後，break 陳述式會令其跳離 switch 判斷結構；相反的，若不相等，就換和第二個值 *value2* 做比較，看看是否和運算式 *expression* 的值相等，若相等，就執行其下的敘述 *statements2*，執行完畢後，break 陳述式會令其跳離 switch 判斷結構。

相反的，若不相等，就換和第三個值 *value3* 做比較，…，依此類推；若沒有任何值和運算式 ***expression*** 的值相等，就執行 default 之下的敘述 *statementsN+1*，執行完畢後，break 陳述式會令其跳離 switch 判斷結構。

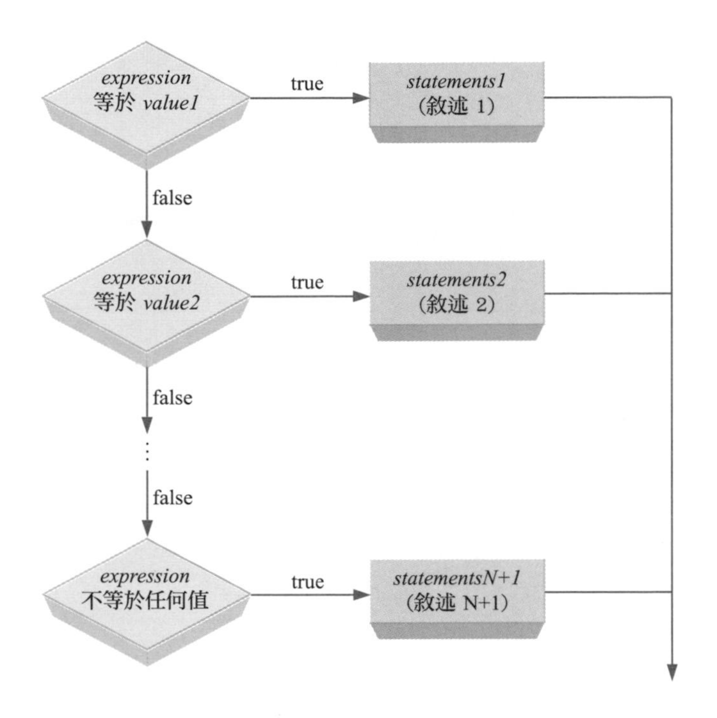

隨堂練習

撰寫一個程式，令它透過如下表單要求使用者輸入 1 到 5 的數字，然後出現一個顯示著其英文的對話方塊。若使用者輸入的不是 1 到 5 的數字，就出現顯示著「您輸入的數字超過範圍！」的對話方塊。

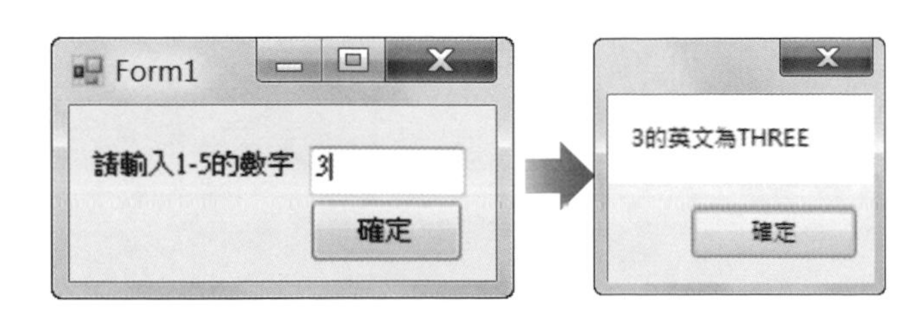

提示

1. 新增一個名稱為 MyProj3-1b 的 Windows Forms 應用程式。
2. 在表單上放置 Label、TextBox、Button 控制項並設定其屬性，然後在程式碼視窗撰寫 button1_Click() 方法。

```
private void button1_Click(object sender, EventArgs e)
{
  switch (System.Convert.ToInt32(textBox1.Text))
  {
    // 當使用者輸入 1 時
    case 1:
      MessageBox.Show(textBox1.Text + " 的英文為 " + "ONE");
      break;
    // 當使用者輸入 2 時
    case 2:
      MessageBox.Show(textBox1.Text + " 的英文為 " + "TWO");
      break;
    // 當使用者輸入 3 時
    case 3:
      MessageBox.Show(textBox1.Text + " 的英文為 " + "THREE");
      break;
    // 當使用者輸入 4 時
    case 4:
      MessageBox.Show(textBox1.Text + " 的英文為 " + "FOUR");
      break;
    // 當使用者輸入 5 時
    case 5:
      MessageBox.Show(textBox1.Text + " 的英文為 " + "FIVE");
      break;
    // 當使用者輸入 1-5 以外的數字時
    default:
      MessageBox.Show(" 您輸入的數字超過範圍！ ");
      break;
  }
}
```

說明

這個隨堂練習會將使用者所輸入的數字 1 ~ 5 翻譯成英文，然後顯示出來。程式一開始是令 switch 判斷結構將使用者輸入的數字 (textBox1.Text) 當作對象進行比較，接下來依序比較 case 後面的值是否相等，若相等，就執行其下的敘述，因此，假設使用者輸入 3，當 switch 判斷結構在比較 textBox1.Text 等於哪個 case 時，就會發現比較結果等於 case 3，於是執行 case 3 之下的敘述，若 textBox1.Text 的值沒有等於任何 case，就會執行 default 之下的敘述。

或許您會認為這個程式也可以使用 if…else 判斷結構來完成，沒錯，只要將 switch 判斷結構改寫成如下即可：

```
if (System.Convert.ToInt32(textBox1.Text) == 1)
  MessageBox.Show(textBox1.Text + " 的英文為 " + "ONE");
else if (System.Convert.ToInt32(textBox1.Text) == 2)
  MessageBox.Show(textBox1.Text + " 的英文為 " + "TWO");
else if (System.Convert.ToInt32(textBox1.Text) == 3)
  MessageBox.Show(textBox1.Text + " 的英文為 " + "THREE");
else if (System.Convert.ToInt32(textBox1.Text) == 4)
  MessageBox.Show(textBox1.Text + " 的英文為 " + "FOUR");
else if (System.Convert.ToInt32(textBox1.Text) == 5)
  MessageBox.Show(textBox1.Text + " 的英文為 " + "FIVE");
else
  MessageBox.Show(" 您輸入的數字超過範圍！ ");
```

注意

switch 判斷結構的優點在於能夠清楚呈現出所要執行的效果，程式寫到愈大，就愈能看到其優點，不過，它也有缺點，那就是只能執行一個條件式，而 if…else 判斷結構則無此限制。

3-4 for (計數迴圈)

重複執行某個動作是電腦的專長之一，若每執行一次，就要撰寫一次敘述，程式將會變得很冗長，而 for 迴圈就是用來解決重複執行的問題。舉例來說，假設要計算 1 加 2 加 3 一直加到 100 的總和，可以使用 for 迴圈逐一將 1、2、3、…、100 累加在一起，就會得到總和。我們通常會使用變數來控制 for 迴圈的執行次數，所以 for 迴圈又稱為計數迴圈，而此變數則稱為計數器。

```
for (initializer; condition; iterator)
{
  statements;
  [break;]
  statements;
}
```

在進入 for 迴圈時，會先執行 *initializer* 初始化計數器 (*initializer* 是使用逗號分隔的指派敘述或運算式清單)，接著計算 *condition* (條件式) 的值，若傳回 false，就跳離迴圈，若傳回 true，就執行迴圈內的 *statements* (敘述)，完畢後跳回迴圈的開頭執行 *iterator* (*iterator* 是有順序、可重複執行的敘述)，接著計算 *condition* 的值，若傳回 false，就跳離迴圈，若傳回 true，就執行迴圈內的 *statements*，完畢後跳回迴圈的開頭執行 *iterator*，接著計算 *condition* 的值，…，如此週而復始，直到 *condition* 的值傳回 false。

備註

- 原則上，在我們撰寫 for 迴圈後，程式就會將 for 迴圈執行完畢，不會中途離開迴圈。不過，有時我們可能需要在 for 迴圈內檢查某些條件，一旦符合條件便強制離開迴圈，此時可以使用 break 陳述式。
- 若 for 迴圈省略了 *initializer*、*condition*、*iterator*，即 for (;;)，就會得到一個無窮迴圈 (infinite loop)。

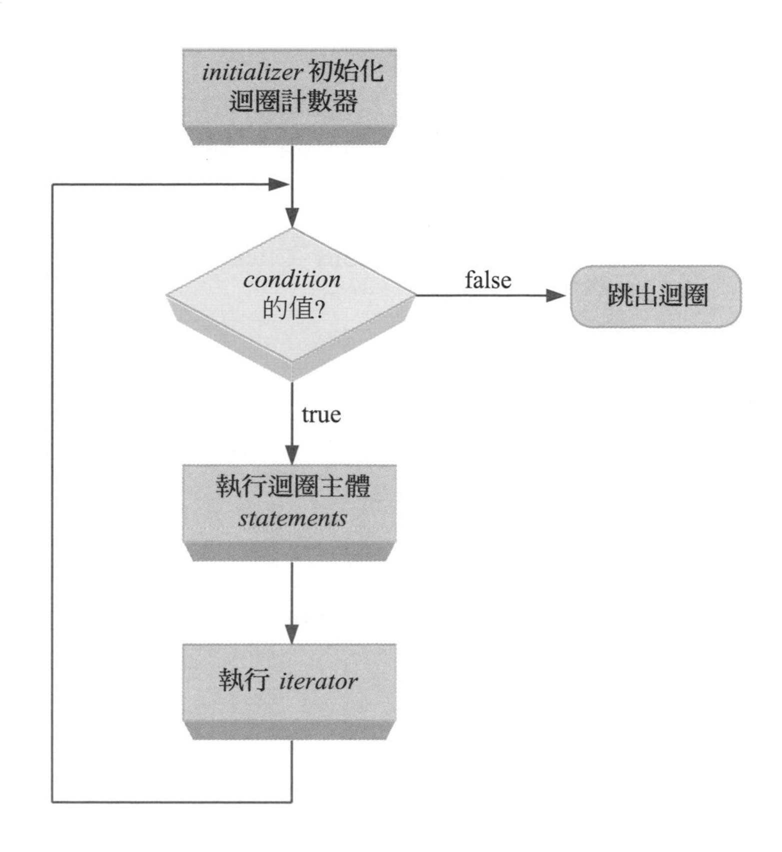

隨堂練習

撰寫一個程式，令它透過如下表單要求使用者輸入小的正整數和大的正整數，按下 [確定] 後，就顯示小的正整數累加到大的正整數的總和。

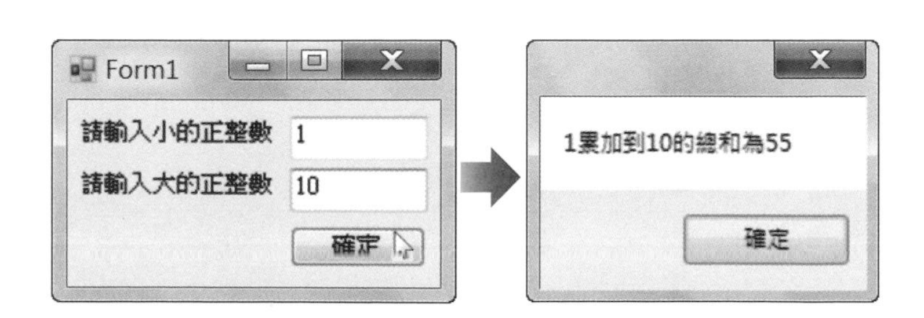

提示

1. 新增一個名稱為 MyProj3-1c 的 Windows Forms 應用程式。
2. 在表單上放置兩個 Label、兩個 TextBox、一個 Button 控制項並設定其屬性，然後在程式碼視窗撰寫 button1_Click() 方法。

```
private void button1_Click(object sender, EventArgs e)
{
   int Total = 0;
   for (int i = System.Convert.ToInt32(textBox1.Text);
      i <= System.Convert.ToInt32(textBox2.Text); i++)
      Total = Total + i;                       // 這行敘述也可以改寫成 Total += i;
   MessageBox.Show(textBox1.Text + " 累加到 " + textBox2.Text + " 的總和為 " + Total.ToString());
}
```

說明

這個程式一開始先宣告變數 Total，用來存放總和，初始值設定為 0，然後在 for 迴圈宣告變數 i，用來當作 for 迴圈的計數器，計數器的初始值為使用者在第一個文字方塊內所輸入的正整數，最大值為使用者在第二個文字方塊內所輸入的正整數，換句話說，執行 for 迴圈的條件是計數器必須小於等於使用者在第二個文字方塊內所輸入的正整數，而 i++ 表示 for 迴圈每重複一次，變數 i 的值就加 1。for 迴圈的執行次序如下 (Total = Total + i;)：

迴圈次數	右邊的 Total	i	左邊的 Total	迴圈次數	右邊的 Total	i	左邊的 Total
第一次	0	1	1	第六次	15	6	21
第二次	1	2	3	第七次	21	7	28
第三次	3	3	6	第八次	28	8	36
第四次	6	4	10	第九次	36	9	45
第五次	10	5	15	第十次	45	10	55

隨堂練習

撰寫一個程式，令它透過如下表單要求使用者輸入小的正偶數和大的正偶數，按下 [確定] 後，就顯示小的正偶數累加到大的正偶數的偶數總和。

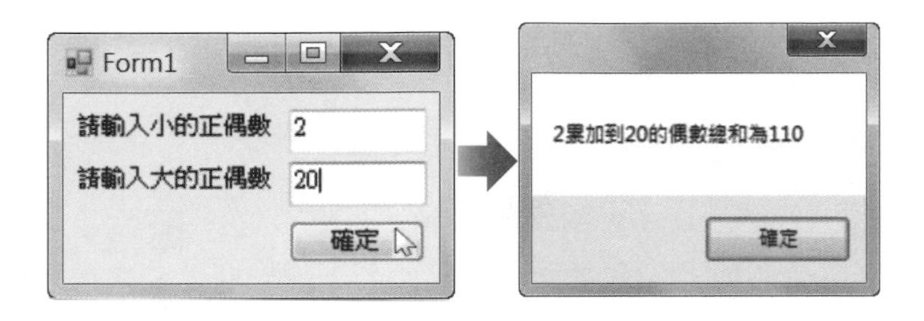

提示

將前一個隨堂練習中的 button1_Click() 方法改寫成如下：

```
private void button1_Click(object sender, EventArgs e)
{
   int Total = 0;
   for (int i = System.Convert.ToInt32(textBox1.Text);
       i <= System.Convert.ToInt32(textBox2.Text); i += 2)
      Total = Total + i;                          // 這行敘述也可以改寫成 Total += i;
   MessageBox.Show(textBox1.Text + " 累加到 " + textBox2.Text + " 的偶數總和為 " + Total.ToString());
}
```

for 迴圈的執行次序如下 (Total = Total + i;)：

迴圈次數	右邊的 Total	i	左邊的 Total	迴圈次數	右邊的 Total	i	左邊的 Total
第一次	0	2	2	第四次	12	8	20
第二次	2	4	6	…	…	…	…
第三次	6	6	12	第十次	90	20	110

隨堂練習

撰寫一個程式，令它透過如下表單要求使用者輸入 1 到 10 的整數，按下 [確定] 後，就顯示其階乘，例如 10! 等於 1 * 2 * 3 * 4 * … * 10。

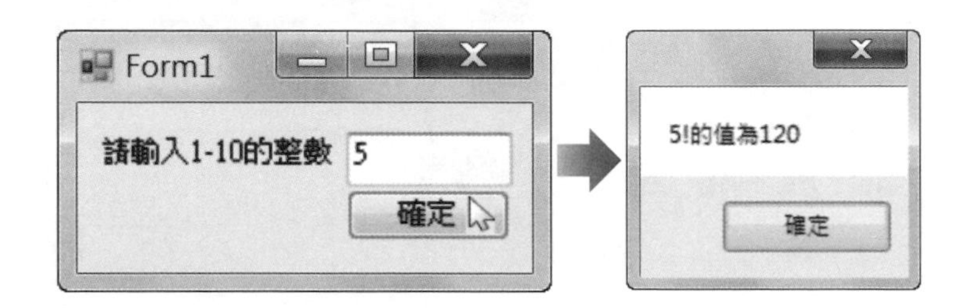

提示

```
private void button1_Click(object sender, EventArgs e)
{
   int Result = 1;                              // 宣告用來存放計算結果的變數 Result 且初始值為 1
   for (int i = 1; i <= System.Convert.ToInt32(textBox1.Text); i++)
      Result = Result * i;                      // 這行敘述也可以改寫成 Result *= i;
   MessageBox.Show(textBox1.Text + "! 的值為 " + Result);
}
```

for 迴圈的執行次序如下 (Result = Result * i;)：

次數	等號右邊的 Result	i	等號左邊的 Result
第一次	1	1	1
第二次	1	2	1*2
第三次	1*2	3	1*2*3
第四次	1*2*3	4	1*2*3*4
第五次	1*2*3*4	5	1*2*3*4*5

隨堂練習

若要顯示九九乘法表呢？總不可能一個一個式子打吧，這樣就太沒效率了。顯示九九乘法表的秘訣是要使用巢狀迴圈 (nested loop)，也就是一個迴圈裡面又包含著另一個迴圈，這樣會產生什麼效果呢？請看下面的例子。

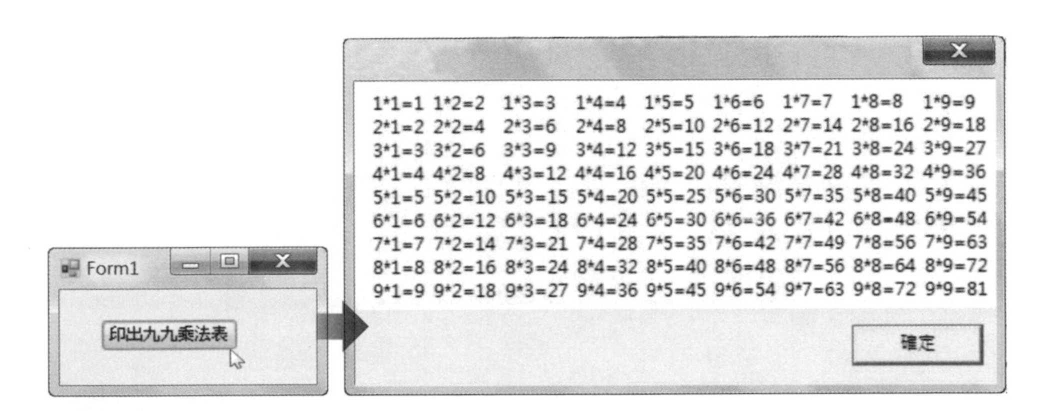

提示

```
01:private void button1_Click(object sender, EventArgs e)
02:{
03:   string Result1 = "", Result2 = "";
04:   for (int i = 1; i <= 9; i++)                              // 第一個迴圈的開始
05:   {
06:     Result1 = "";
07:     for (int j = 1; j <= 9; j++)                            // 第二個迴圈的開始
08:     {
09:       Result1 = Result1 + i + "*" + j + "=" + i * j + '\t'; // '\t' 表示 [Tab] 鍵
10:     }                                                       // 第二個迴圈的結尾
11:     Result2 = Result2 + Result1 + '\n';                     // '\n' 表示 [Enter] 鍵
12:   }                                                         // 第一個迴圈的結尾
13:   MessageBox.Show(Result2);
14:}
```

說明

❖ 03：宣告兩個字串變數 Result1、Result2，用來存放九九乘法表。

❖ 04 ~ 12：這個 for 迴圈裡面又包含著另一個 for 迴圈 (第 07 ~ 10 行)，外層迴圈每執行一次，內層迴圈就會執行 9 次，故內層迴圈總共執行 9 * 9 = 81 次。在一開始時，外層迴圈的 i 是 1，執行內層迴圈時便將內層迴圈的 j 乘上外層迴圈的 i，待內層迴圈執行完畢後，就將變數 Result1 的值和換行字元存放在變數 Result2，然後回到外層迴圈，將變數 Result1 重設為空字串，此時外層迴圈的 i 是 2，接著再度進入內層迴圈，將內層迴圈的 j 乘上外層迴圈的 i，待內層迴圈執行完畢後，又會將變數 Result2 原來的值、變數 Result1 的值和換行字元存放在變數 Result2，然後再度回到外層迴圈，如此執行到外層迴圈的 i 大於 9 時便跳出外層迴圈。

在此要特別說明第 06、09、11 行，第 06 行是將存放乘法表的變數 Result1 歸零，即重設為空字串；第 09 行是將乘法表的結果存放在變數 Result1，Result1 = Result1 + i + "*" + j + "=" + i * j + '\t';，其中 '\t' 表示 [Tab] 鍵，以外層迴圈的 i 等於 1 為例，內層迴圈的執行次序如下：

次數	i	j	等號右邊的 Result1	等號左邊的 Result1
第一次	1	1	""	1*1=1[Tab]
第二次	1	2	1*1=1[Tab]	1*1=1[Tab]1*2=2[Tab]
……	…	…	……	……
第九次	1	9	1*1=1[Tab]1*2=2[Tab]1*3=3[Tab]1*4=4[Tab]1*5=5[Tab]1*6=6[Tab]1*7=7[Tab]1*8=8[Tab]	1*1=1[Tab]1*2=2[Tab]1*3=3[Tab]1*4=4[Tab]1*5=5[Tab]1*6=6[Tab]1*7=7[Tab]1*8=8[Tab]1*9=9[Tab]

在外層迴圈第一次執行完畢時，變數 Result1 的值為 1*1=1[Tab]1*2=2[Tab]1*3=3[Tab]1*4=4[Tab]1*5=5[Tab]1*6=6[Tab]1*7=7[Tab]1

*8=8[Tab]1*9=9[Tab]，於是執行第 11 行，得到變數 Result2 的值為 1*1=1[Tab]1*2=2[Tab]1*3 =3[Tab]1*4=4[Tab]1*5=5[Tab]1*6=6[Tab]1*7 =7[Tab]1*8=8[Tab]1*9=9[Tab][Enter]。在外層迴圈第二次執行完畢時，變數 Result1 的值為 2*1=2[Tab]2*2=4 [Tab]2*3=6[Tab]2*4=8[Tab]2*5=1 0[Tab]2*6=12[Tab]2*7=14[Tab]2*8=16[Tab]2*9=18[Tab]，於是執行第 11 行，得到變數 Result2 的值為 1*1=1[Tab]1*2=2 [Tab]1*3=3[Tab]1*4=4[Tab]1*5=5[Tab]1*6=6[Tab]1*7=7[Tab]1*8=8[Tab]1*9=9[Tab][Enter]2*1= 2[Tab]2*2=4[Tab]2*3=6[Tab]2*4=8[Tab]2*5=10[Tab]2*6=12[Tab]2*7=14 [Tab]2*8=16[Tab]2*9=18[Tab][Enter]，依此類推，在外層迴圈執行完畢後，就可以在對話方塊中顯示整個九九乘法表。

break 陳述式的妙用

原則上，在終止條件成立之前，程式的控制權都不會離開迴圈，不過，有時我們可能需要在迴圈內檢查其它條件，一旦符合該條件就強制離開迴圈，此時可以使用 break 陳述式，下面是一個例子：

```
01:int Result = 1;                    // 宣告用來存放計算結果的變數 Result 且初始值為 1
02:for(int i = 1; i <= 10; i++)
03:{
04:    if (i > 6) break;
05:    Result = Result * i;
06:}
07:MessageBox.Show(" 計算出來的值為 " + Result);
```

若變數 i 大於 6，就強制離開 for 迴圈。

猜猜看結果是多少呢？答案是 720 ！事實上，這個 for 迴圈並沒有執行到 10 次，一旦第 04 行檢查到變數 i 大於 6 時 (即變數 i 等於 7)，就會執行 break 陳述式強制離開迴圈，故 Result 的值為 1 * 2 * 3 * 4 * 5 * 6 = 720。

除了 for 迴圈之外，break 陳述式還可以用來強制離開 foreach 迴圈、while 迴圈、do 迴圈、方法、屬性、switch、try…catch…finally 等程式碼區塊。

3-5 foreach（陣列迴圈）

foreach（陣列迴圈）和 for（計數迴圈）相似，只是它專門設計給陣列 (array) 或集合 (collection) 使用，其語法如下，其中 *identifier* 為識別字，表示陣列或集合的項目變數，*type* 為該識別字的型別，*expression* 為陣列運算式或物件集合，而且陣列或集合的項目型別必須能夠轉換為 *type* 型別，若要在中途強制離開迴圈，可以加上 break 陳述式：

```
foreach (type identifier in expression)
{
    statements;
    [break;]
    statements;
}
```

陣列或集合其實和變數相似，都可以用來存放資料，不同的是一個變數只能存放一個資料，而一個陣列或集合可以存放多個資料，我們會分別在第 4、12 章介紹陣列與集合。

下面是一個例子，這個程式一開始先宣告一個名稱為 Names、型別為 string、包含三個元素的陣列，並設定其初始值為 " 張大明 "、" 孫小美 "、" 小丸子 "，然後使用 foreach 迴圈在執行視窗顯示陣列各個元素的值，於是得到如下的執行結果。

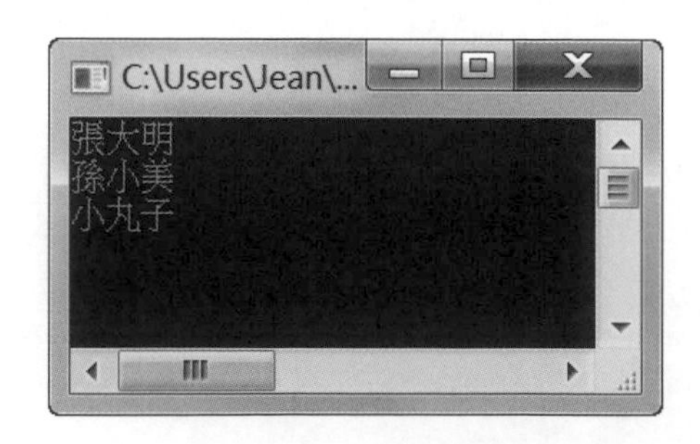

\MyProj3-2\Program.cs

```
namespace MyProj3_2
{
    class Program
    {
        static void Main(string[] args)
        {
            string[] Names = new string[] { " 張大明 ", " 孫小美 ", " 小丸子 " };
            foreach (string Str in Names)
                Console.WriteLine(Str);
        }
    }
}
```

在 foreach(string Str in Names) 敘述中，變數 Str 代表的是陣列 Names 的元素，在第一次執行到 foreach(string Str in Names) 敘述時，變數 Str 代表的是陣列的第 1 個元素，即 Names[0]，於是顯示 " 張大明 "；接著，在第二次執行到 foreach(string Str in Names) 敘述時，變數 Str 代表的是陣列的第 2 個元素，即 Names[1]，於是顯示 " 孫小美 "；最後，在第三次執行到 foreach(string Str in Names) 敘述時，變數 Str 代表的是陣列的第 3 個元素，即 Names[2]，於是顯示 " 小丸子 "，由於這是最後一個元素，所以在顯示完畢後便會跳出迴圈。

備註

foreach 迴圈搭配陣列或集合使用的好處是不用先告知陣列或集合的大小，它會自動偵測，但一般還是習慣使用 for 迴圈，原因是 foreach 迴圈並沒有所謂的計數器，使用起來的變化比較少，而且陣列的大小也可以透過 GetLength() 方法來取得 (詳閱第 4 章)，所以 foreach 迴圈在實務上就比較少用。

3-6 條件式迴圈

有別於 for 迴圈是以計數器控制迴圈的執行次數，while 迴圈和 do 迴圈是以條件式是否成立做為是否執行迴圈的根據，所以又稱為條件式迴圈。

3-6-1 while

```
while(condition)
{
    statements;
    [break;]
    statements;
}
```

在進入 while 迴圈時，會先檢查 *condition*（條件式）是否成立（即是否為 true)，若傳回 false 表示不成立，就跳出迴圈，若傳回 true 表示成立，就執行迴圈內的 *statements*（敘述），然後跳回迴圈的開頭再次檢查 *condition* 是否成立，…，如此週而復始，直到 *condition* 傳回 false。若要在中途強制離開迴圈，可以加上 break 陳述式。此處的 *condition* 彈性很大，只要 *condition* 傳回 false，就會跳出迴圈，無須限制迴圈的執行次數，所以用途比 for 迴圈廣泛。

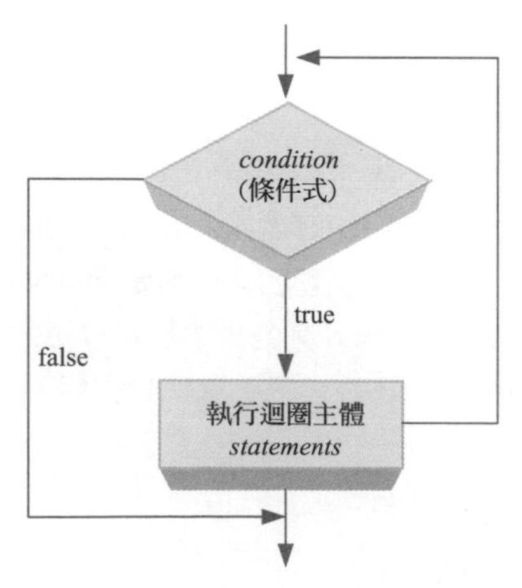

隨堂練習

使用 while 迴圈撰寫一個程式，令它出現如下視窗要求使用者輸入「快樂」的英文 (HAPPY、Happy…無論大小寫皆可)，然後按 [Enter] 鍵，正確的話，就顯示「答對了！」，錯誤的話，就再度要求輸入直到答對為止。

解答

```
file:///C:/Users/Jean/...
請輸入「快樂」的英文
enjoy
請輸入「快樂」的英文
happy
答對了！
```

\MyProj3-3\Program.cs

```
namespace MyProj3_3
{
  class Program
  {
    static void Main(string[] args)
    {
      Console.WriteLine(" 請輸入「快樂」的英文 ");
      string Answer = Console.ReadLine();             // 讀取輸入並存放在變數 Answer
      while (Answer.ToUpper() != "HAPPY")             //ToUpper() 可以將字串轉換為大寫
      {
        Console.WriteLine(" 請輸入「快樂」的英文 ");
        Answer = Console.ReadLine();                  // 讀取輸入並存放在變數 Answer
      }
      Console.WriteLine(" 答對了！ ");
    }
  }
}
```

首先，宣告字串變數 Answer，然後讀取輸入並存放在此變數；接著，進入 while 迴圈，迴圈的條件式 (Answer.ToUpper() != "HAPPY") 會將變數 Answer 存放的字串轉換為大寫，然後和字串 "HAPPY" 做比較，若不相同，就重複執行迴圈內的敘述，直到輸入正確後才跳出迴圈，顯示「答對了！」。

3-6-2 do

```
do
{
  statements;
  [break;]
  statements;
}while(condition);
```

在進入 do 迴圈時，會先執行迴圈內的 *statements*（敘述），完畢後碰到 while，再檢查 *condition*（條件式）是否成立，若傳回 false 表示不成立，就跳出迴圈，若傳回 true 表示成立，就跳回 do，再次執行迴圈內的 *statements*，…，如此週而復始，直到 *condition* 傳回 false，所以 *statements* 至少會被執行一次。

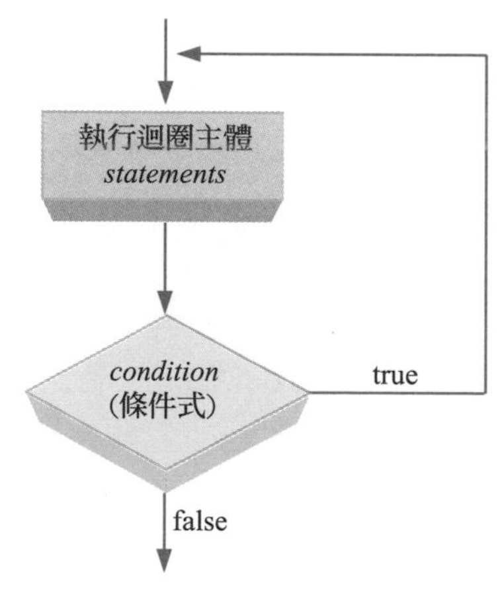

注意

若程式因為陷入無窮迴圈而當掉，您可以按 [Ctrl] + [Alt] + [Del] 鍵關閉程式；若是在 Visual Studio 中，您可以按 [Ctrl] + [Break] 鍵進入中斷模式，再結束程式。

隨堂練習

使用 do 迴圈改寫第 3-6-1 節的隨堂練習，您會發現 while 迴圈改寫成 do 迴圈後，執行結果是一樣的。

解答

```
static void Main(string[] args)
{
   string Answer;
   do
   {
      Console.WriteLine(" 請輸入「快樂」的英文！ ");
      Answer = Console.ReadLine();                // 讀取輸入並存放在變數 Answer
   }while(Answer.ToUpper() != "HAPPY");          //ToUpper() 可以將字串轉換為大寫
   Console.WriteLine(" 答對了！ ");
}
```

首先，宣告字串變數 Answer；接著，進入 do 迴圈，顯示訊息要求使用者輸入「快樂」的英文，然後將此字串存放在變數 Answer，迴圈的條件式 (Answer.ToUpper() != "HAPPY") 會將變數 Answer 存放的字串轉換為大寫，然後和字串 "HAPPY" 做比較，若不相同，就重複執行迴圈內的敘述，直到輸入正確後才跳出迴圈，顯示「答對了！」。

3-7 跳躍陳述式

3-7-1 goto

goto 陳述式可以讓程式的執行無條件跳躍到某個標記、行號或 switch…case 標記，換句話說，在使用 goto 陳述式的同時，我們必須設定標記、行號或 switch…case 標記，其語法如下：

```
goto identifier;          // identifier 為標記或行號
goto case value;          //case value 為 switch…case 判斷結構的某個 case 標記
goto default;             //default 為 switch…case 判斷結構的 default 標記
```

以下面的程式碼為例，第 5 行的 L3: 是一個標記，而第 2 行的 goto L3; 會使程式直接跳到 L3: 標記處並將變數 A 的值設定為 30，至於第 3、4 行則不會被執行：

```
int A;
goto L3;                  // 跳到 L3 標記處
A = 10;                   // 這行敘述不會被執行
A = 20;                   // 這行敘述不會被執行
L3: A = 30;               // 直接跳到 L3 標記處執行而將變數 A 的值設定為 30
Console.WriteLine(A);     // 會顯示 30
```

隨堂練習

使用 if 判斷結構和 goto 陳述式撰寫一個程式，令它出現如下視窗要求使用者輸入國文、英文及數學成績，然後顯示總分。由於每科成績都要介於 0 到 100，所以程式必須檢查使用者輸入的每科成績是否有效，一旦成績小於 0 或大於 100，就必須重複要求使用者輸入，直到輸入有效成績為止。

解答

\MyProj3-4\Program.cs

```
namespace MyProj3_4
{
    public class Program
    {
        static void Main(string[] args)
        {
            int Chinese, English, Math;
        L1:
            Console.WriteLine(" 請輸入國文成績 (0-100)：");
            Chinese = System.Convert.ToInt32(Console.ReadLine());
            if ((Chinese < 0) | (Chinese > 100)) goto L1;
        L2:
            Console.WriteLine(" 請輸入英文成績 (0-100)：");
            English = System.Convert.ToInt32(Console.ReadLine());
            if ((English < 0) | (English > 100)) goto L2;
        L3:
            Console.WriteLine(" 請輸入數學成績 (0-100)：");
            Math = System.Convert.ToInt32(Console.ReadLine());
            if ((Math < 0) | (Math > 100)) goto L3;
            Console.WriteLine(" 總分為 " + (Chinese + English + Math));
        }
    }
}
```

```
file:///C:/Users/Je...
請輸入國文成績(0-100)：
90      1
請輸入英文成績(0-100)：
100     2
請輸入數學成績(0-100)：
100     3
總分為290 4
```

1 輸入國文成績
2 輸入英文成績
3 輸入數學成績
4 顯示三科總分

此處共設定 L1:、L2:、L3: 三個標記，目的是當 if 判斷結構檢查出使用者輸入無效成績時，可以使用 goto 陳述式跳回對應的標記處，要求重新輸入。請注意，goto 陳述式可以無條件跳躍到後面的敘述，也可以無條件跳躍到前面的敘述，但要避免產生無窮迴圈，而且太多的 goto 陳述式會影響可讀性，也會增加除錯的困難度，請盡量以 if、for、do 等結構化陳述式來取代。

3-7-2 break

誠如前幾節的介紹，break 陳述式可以用來強制離開 for 迴圈、foreach 迴圈、while 迴圈、do 迴圈、方法、屬性、try…catch…finally 等程式碼區塊，此處就不再重複講解。

3-7-3 continue

continue 陳述式可以用來在迴圈內跳過後面的敘述，直接返回迴圈的開頭。以下面的程式碼為例，執行結果只會在執行視窗顯示 8、9、10，因為在執行到 if (i < 8) continue; 時，若 i 小於 8，就會跳過 continue; 後面的敘述，直接返回 for 迴圈的開頭，直到 i 大於等於 8，才會執行 Console.WriteLine(i);，在執行視窗顯示 8、9、10。

\MyProj3-5\Program.cs

```
namespace MyProj3_5
{
  class Program
  {
    static void Main(string[] args)
    {
      for (int i = 1; i <= 10; i++)
      {
        if (i < 8) continue;
        Console.WriteLine(i);
      }
    }
  }
}
```

學習評量

一、選擇題

(　　) 1. 下列何者不屬於迴圈結構？

A. for　　B. if…else　　C. do　　D. while

(　　) 2. 下列哪種流程控制可以根據變數的值而有不同的執行方向？

A. while　　B. do　　C. switch　　D. foreach

(　　) 3. 下列哪種流程控制最適合用來計算連續數字的累加？

A. if…else　　B. switch　　C. for　　D. goto

(　　) 4. 若要提前離開 for 迴圈，可以使用下列哪個陳述式？

A. pause　　B. return　　C. exit　　D. break

(　　) 5. 下列哪種流程控制最適合用來處理陣列？

A. foreach　　B. do　　C. if…else　　D. switch

(　　) 6. do 迴圈可以確保迴圈內的敘述至少會被執行一次，對不對？

A. 對　　B. 不對

(　　) 7. 下列何者不是合法的標記名稱？

A. 10:　　B. MyLabel:　　C. Label1　　D. N_Tag5:

(　　) 8. 在 for(int i = 100; i <= 200; i += 3) 迴圈執行完畢時，i 的值為何？

A. 200　　B. 202　　C. 199　　D. 201

(　　) 9. 若要使程式無條件跳躍到某個標記，可以使用下列哪個陳述式？

A. goto　　B. jump　　C. continue　　D. return

(　　) 10. 若要使程式在迴圈內跳過後面的敘述，直接返回迴圈的開頭，可以使用下列哪個陳述式？

A. goto　　B. jump　　C. continue　　D. return

學習評量

二、練習題

1. 請問下列程式碼在離開迴圈後，變數 i 的值為何？

```
(1) int i = 0;
    do
    {
      i += 7;
    }while(i < 100);
```

```
(2) int i = 500;
    do
    {
      i -= 11;
    }while(i > 0);
```

```
(3) int i = 20;
    while(i < 650)
    {
      i += 9;
    }
```

2. 撰寫一個程式找出 1 ~ 100 可以被 13 整除的數字並顯示出來。

3. 撰寫一個程式計算如下數學式子的結果並顯示出來。

$$(1/2)^1 + (1/2)^2 + (1/2)^3 + (1/2)^4 + (1/2)^5 + (1/2)^6 + (1/2)^7 + (1/2)^8$$

4. 撰寫一個程式計算如下數學式子的結果並顯示出來。

$$1 + 1/2 + 1/3 + 1/4 + 1/5 + 1/6 + 1/7 + 1/8 + 1/9 + 1/10$$

5. 撰寫一個程式計算 500 ~ 1000 的所有奇數總和並顯示出來。

6. 撰寫一個程式，令它透過表單要求使用者輸入 1 ~ 12 的數字，然後顯示對應的英文月份簡寫，例如 Jan.、Feb.、Mar.、Apr.、May.、Jun.、Jul.、Aug.、Sep.、Oct.、Nov.、Dec.。

7. 在下列迴圈執行完畢時，會印出哪些數值？

```
for (int i = 1; i <= 5; i++)
 for (int j = 1; j <= 5; j++)
 {
   if (i * j < 15) continue;
   Console.WriteLine((i * j).ToString());
 }
```

陣列

4-1 認識陣列

4-2 一維陣列

4-3 多維陣列

4-4 不規則陣列

4-5 System.Array 類別

4-1 認識陣列

我們知道電腦可以執行重複的動作，也可以處理大量的資料，但截至目前，我們都只是宣告極小量的資料，若要宣告成千上百個資料，該怎麼辦呢？難道要寫出成千上百個敘述嗎？當然不是！此時，您應該使用陣列 (array)，而本章就是要告訴您如何建立及存取陣列。

陣列和變數一樣是用來存放資料，不同的是陣列雖然只有一個名稱，卻可以存放多個資料。陣列所存放的資料叫做元素 (element)，每個元素有各自的值 (value)，陣列是透過索引 (index) 區分所存放的元素，在預設的情況下，第一個元素的索引為 0，第二個元素的索引為 1，…，第 n 個元素的索引為 n - 1。

當陣列的元素個數為 n 時，表示陣列的長度 (length) 為 n，而且除了一維 (one-dimension、one-rank) 陣列之外，C# 亦支援多維 (multi-dimension、multi-rank) 陣列。

每個變數只能存放一個資料，例如：

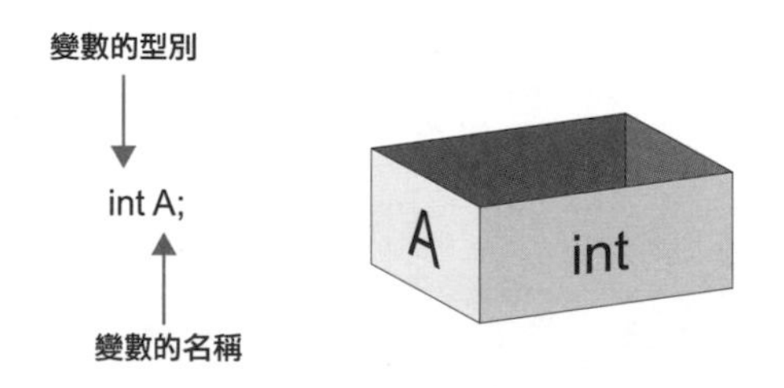

陣列雖然只有一個名稱，卻可以用來存放多個資料，例如：

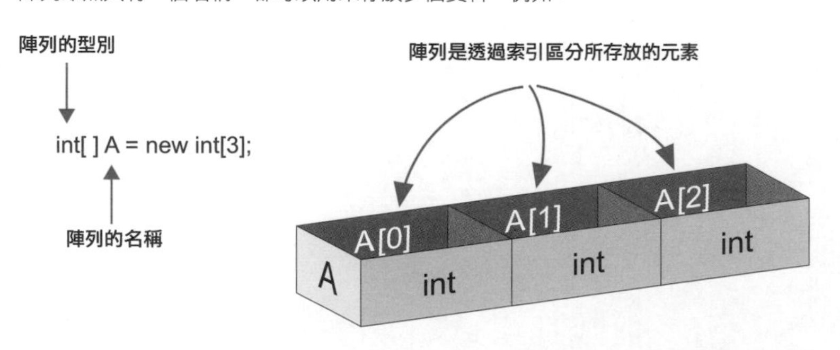

4-2 一維陣列

C# 的陣列隸屬於 System.Array 類別，所以在宣告陣列時必須使用關鍵字 new 建立 Array 物件。以下面的程式碼為例，第 01 行是宣告名稱為 A、型別為 int 的一維陣列變數，此時尚未配置記憶體空間給陣列；第 02 行是配置三個記憶體空間給陣列，每個記憶體空間可以存放一個整數，換句話說，陣列有三個元素；第 03 ~ 05 行是將陣列第 1、2、3 個元素的值設定為 10、20、30。

```
01:int[] A;              —— 宣告名稱為 A、型別為 int 的一維陣列變數
02:A = new int[3];       —— 配置三個記憶體空間給陣列
03:A[0] = 10;  ┐
04:A[1] = 20;  ├ 將陣列第 1、2、3 個元素的值設定為 10、20、30
05:A[2] = 30;  ┘
```

若要存取陣列的元素，可以使用陣列的名稱與索引，例如 A[0] 表示陣列 A 的第 1 個元素、A[1] 表示陣列 A 的第 2 個元素、A[2] 表示陣列 A 的第 3 個元素；若要取得陣列的元素個數，可以使用陣列的名稱與 System.Array 類別的 Length 屬性，例如 A.Length 會傳回陣列的元素個數為 3。

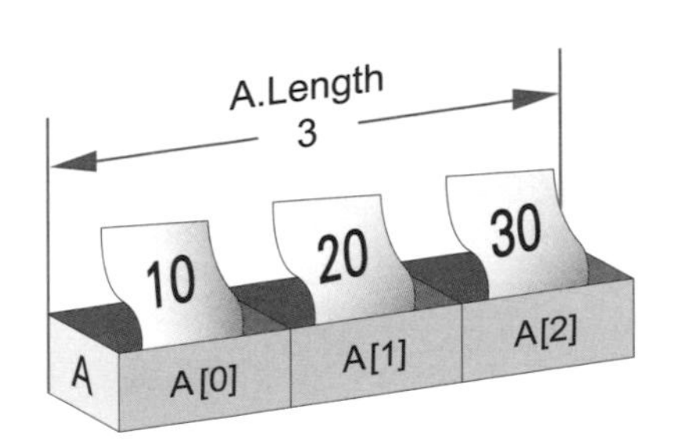

事實上，前面的程式碼可以寫成一行，也就是在宣告陣列的同時指派初始值：

```
int[] A = {10, 20, 30};          // 亦可寫成 int[] A = new int[3] {10, 20, 30};
```

您無須在中括號內指定元素個數，編譯器會根據大括號內的元素決定陣列的長度。

隨堂練習

撰寫一個程式，令它宣告一個包含 100 個元素的整數陣列，然後將陣列第 1、2、3、…、100 個元素的值設定為 501、502、503、…、600。

提示

```
static void Main(string[] args)
{
  int[] A = new int[100];        —— 宣告一個包含 100 個元素的整數陣列
  for (int i = 0; i < 100; i++)  ⎫
    A[i] = i + 501;              ⎬ 使用 for 迴圈設定陣列各個元素的值
}                                ⎭
```

與其一個元素一個元素宣告，使用上面的方法是不是簡單多了呢？！這個隨堂練習的 for 迴圈是以變數 i 當作計數器，它的值會從 0 依序遞增到 99，所以在第一次執行時，變數 i 的值為 0，迴圈內的敘述會得到 A[0] = 501;，接著在第二次執行時，變數 i 的值為 1，迴圈內的敘述會得到 A[1] = 502;，依此類推，待迴圈執行完畢時，陣列也跟著定義好了。

注意

- 當您存取陣列的元素時，切勿使用超過界限的索引，例如 int[] A = new int[100]; 表示陣列 A 的索引為 0 ~ 99，若使用超過界限的索引，例如 A[100]，將會在執行時產生 IndexOutOfRangeException 錯誤。
- 請盡量不要宣告太大超過實際需要的陣列，以免浪費記憶體空間，同時陣列各個元素的型別必須相同，除非您將陣列宣告為 object 型別，才可以指派不同型別的資料給陣列。

隨堂練習

撰寫一個程式，裡面有一個名稱為 Scores、包含 4 個元素的整數陣列，用來存放四位學生的分數，分別為 90、86、99、54，而且程式執行完畢後會顯示四位學生的分數。

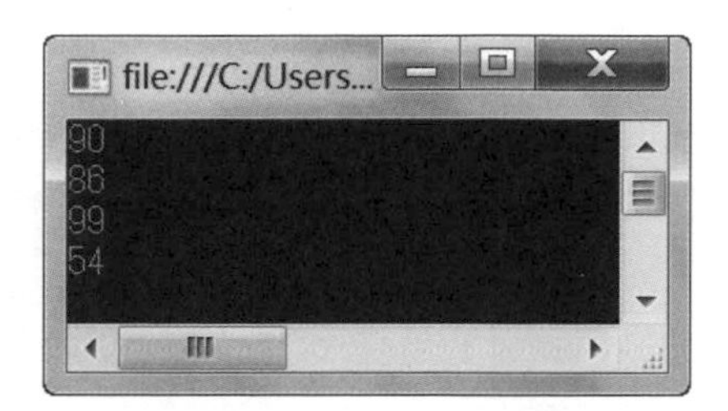

解答

\MyProj4-1\Program.cs

```
namespace MyProj4_1
{
  class Program
  {
    static void Main(string[] args)
    {
      int[] Scores = {90, 86, 99, 54};   —— 宣告陣列並指派初始值
      foreach (int Item in Scores)       } 使用 foreach 迴圈存取陣列的元素
        Console.WriteLine(Item);         }
    }
  }
}
```

隨堂練習

撰寫一個程式，裡面有一個名稱為 Scores、包含 6 個元素的整數陣列，用來存放六個學生的分數，分別為 85、60、54、91、100、77，而且程式執行完畢後會顯示最高分及最低分。

解答

file:///C:/Users...

最高分為100
最低分為54

\MyProj4-2\Program.cs

```
namespace MyProj4_2
{
  class Program
  {
    static void Main(string[] args)
    {
      int[] Scores = {85, 60, 54, 91, 100, 77};
      int MaxScore = 0, MinScore = 100;

      // 使用迴圈找出最高分
      foreach (int Item in Scores)
        if (Item > MaxScore) MaxScore = Item;

      // 使用迴圈找出最低分
      foreach (int Item in Scores)
        if (Item < MinScore) MinScore = Item;

      Console.WriteLine(" 最高分為 " + MaxScore);
      Console.WriteLine(" 最低分為 " + MinScore);
    }
  }
}
```

除了使用 foreach 迴圈，您也可以直接呼叫 System.Array 類別的 Sort() 方法進行排序，如下，排序完畢後陣列的元素會由小到大排列，故 Scores[5] 為最高分，Scores[0] 為最低分。

```
static void Main(string[] args)
{
   int[] Scores = {85, 60, 54, 91, 100, 77};
   System.Array.Sort(Scores);
   Console.WriteLine(" 最高分為 " + Scores[5]);
   Console.WriteLine(" 最低分為 " + Scores[0]);
}
```

備註

若要取得陣列的大小、最大索引、最小索引、某個值首次或最後一次出現在陣列的哪個位置等資訊、將陣列排序、將陣列反轉、二元搜尋法…，可以使用 System.Array 類別提供的屬性與方法，例如 GetLength()、GetUpperBound()、GetLowerBound()、IndexOf()、LastIndexOf()、Sort()、Reverse()、BinarySearch()…，我們會在第 4-5 節介紹 System.Array 類別的成員。

注意

- 陣列屬於參考型別 (reference type)，換句話說，陣列變數是一個指標，指向組成陣列的各個元素及陣列的長度、維度等資訊，當您指派一個陣列給另一個陣列時，其實是拷貝它的指標而已。
- 由於我們無法一次存取整個陣列，只能一次存取一個元素，因此，為了提升效率，我們通常會使用 for、foreach、do、while 等迴圈來讀取或寫入陣列的元素。
- 在我們宣告陣列時，可以加上 public、private、protected、internal、protected internal 等存取修飾字表示其存取層級，就像宣告一般的變數一樣。

4-3 多維陣列

除了一維陣列，C# 亦支援多維陣列，其中以二維陣列最常見。舉例來說，下面是一個 m 列、n 行的成績單，那麼我們可以宣告一個 m×n 的二維陣列存放這個成績單：

```
type[ , ] array_name = new type[m, n];
```

	第 0 行	第 1 行	第 2 行	……	第 n-1 行
第 0 列		國文	英文	……	數學
第 1 列	王小美	85	88	……	77
第 2 列	孫大偉	99	86	……	89
……	……	……	……	……	……
第 m-1 列	張婷婷	75	92	……	86

m×n 的二維陣列有兩個索引，第一個索引是從 0 到 m - 1 (共 m 個)，第二個索引是從 0 到 n - 1 (共 n 個)，當我們要存取二維陣列時，就必須同時使用這兩個索引，以上面的成績單為例，我們可以使用兩個索引將它表示成如下：

	第 0 行	第 1 行	第 2 行	……	第 n-1 行
第 0 列	[0, 0]	[0, 1]	[0, 2]	……	[0, n-1]
第 1 列	[1, 0]	[1, 1]	[1, 2]	……	[1, n-1]
第 2 列	[2, 0]	[2, 1]	[2, 2]	……	[2, n-1]
……	……	……	……	……	……
第 m-1 列	[m-1, 0]	[m-1, 1]	[m-1, 2]	……	[m-1, n-1]

根據上表可知，「王小美」是存放在二維陣列內索引為 [1, 0] 的位置，而「王小美」的數學分數是存放在二維陣列內索引為 [1, n - 1] 的位置，其它請依此類推。

下面是幾個不同維度的陣列，您可以比較看看，其中第一個敘述是宣告一個型別為 int 的一維陣列，索引分別為 0 ~ 2，總共可以存放 3 個元素；第二個敘述是宣告一個型別為 int 的二維陣列，索引分別為 0 ~ 1、0 ~ 2，總共可以存放 2×3=6 個元素；第三個敘述是宣告一個型別為 int 的三維陣列，索引分別為 0 ~ 1、0 ~ 1、0 ~ 2，總共可以存放 2×2×3=12 個元素。

◎一維陣列

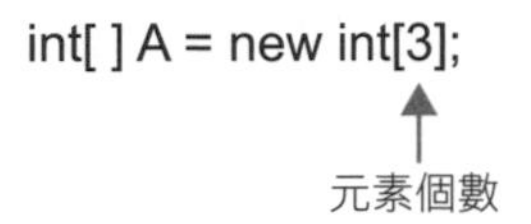

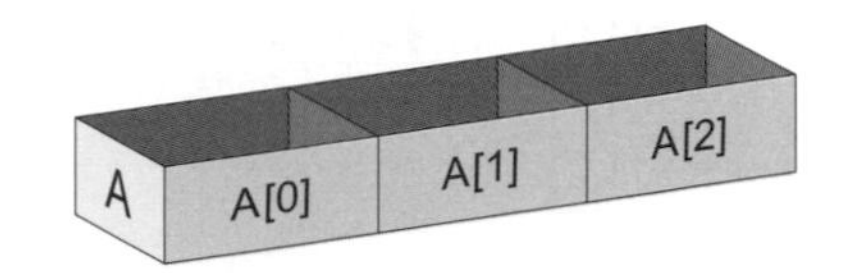

◎二維陣列

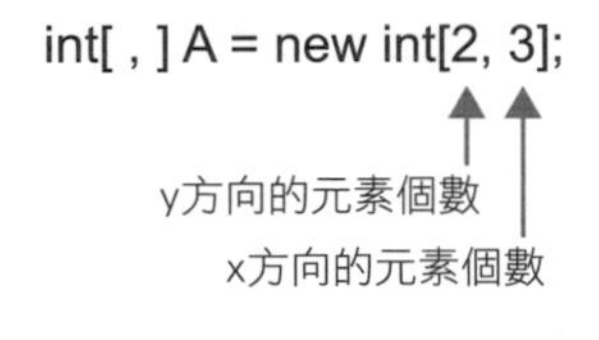

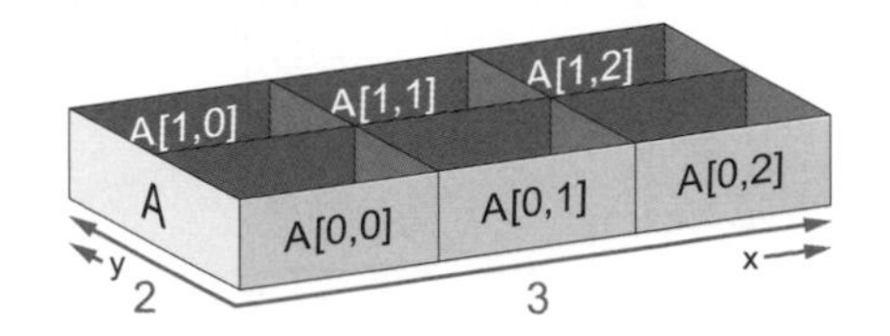

◎三維陣列

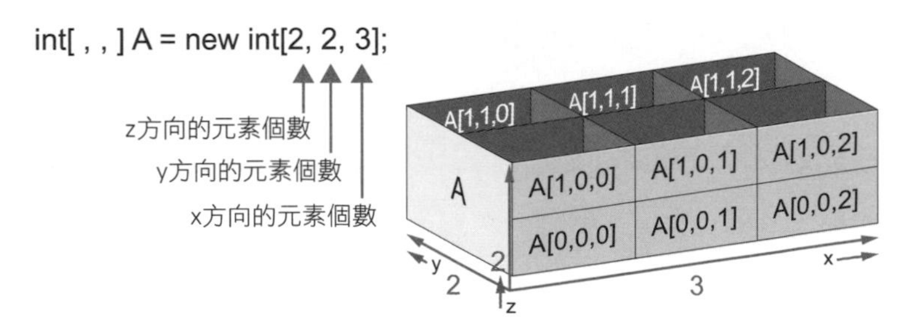

我們還可以宣告超過三維的陣列，只是陣列的維度愈多，所佔用的記憶體空間就愈多，也愈不容易管理。

此外，我們可以在宣告多維陣列的同時指派初始值，例如：

```
int [,] A = {{10,20,30},{40,50,60}};
```

元素	值
A[0,0]	10
A[0,1]	20
A[0,2]	30
A[1,0]	40
A[1,1]	50
A[1,2]	60

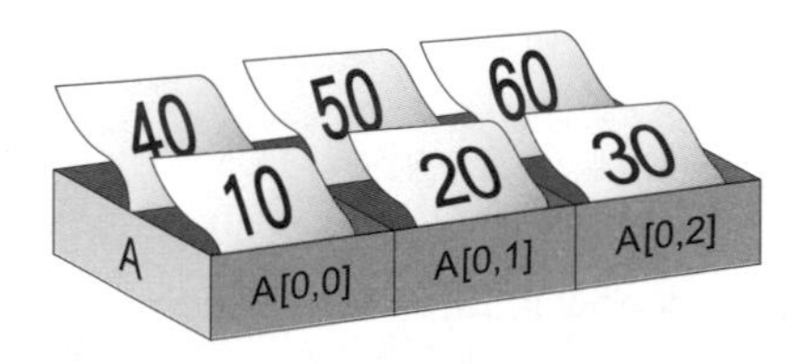

我們同樣可以使用 System.Array 類別的 Length 屬性取得多維陣列的元素個數，以上面的 int[,] A = {{10, 20, 30}, {40, 50, 60}}; 為例，A.Length 將會傳回 6。

隨堂練習

假設有 8 位學生各自舉行三輪比賽，得分如下，試撰寫一個程式，令它計算每位學生的總得分並顯示出來。

	第 1 輪	第 2 輪	第 3 輪
學生 1	5	7.7	8
學生 2	8.8	5.8	8
學生 3	6	9	8.1
學生 4	7.6	8.5	9.5
學生 5	9	9	9.2
學生 6	4	6.3	7.9
學生 7	8.2	7	9.6
學生 8	9.1	8.5	8.9

解答

```
file:///C:/Users/Jean/...
第1個學生的總得分為20.7
第2個學生的總得分為22.6
第3個學生的總得分為23.1
第4個學生的總得分為25.6
第5個學生的總得分為27.2
第6個學生的總得分為18.2
第7個學生的總得分為24.8
第8個學生的總得分為26.5
```

\MyProj4-3\Program.cs

```
nnamespace MyProj4_3
{
  class Program
  {
    static void Main(string[] args)
    {
      double[,] Scores = new double[8, 4] {{5, 7.7, 8, 0}, {8.8, 5.8, 8, 0},
          {6, 9, 8.1, 0}, {7.6, 8.5, 9.5, 0}, {9, 9, 9.2, 0}, {4, 6.3, 7.9, 0},
          {8.2, 7, 9.6, 0}, {9.1, 8.5, 8.9, 0}};
      double subTotal;                          // 此變數用來暫存每位學生的總得分
      string Result = "";                       // 此變數用來存放最後的總得分字串
      for (int i = 0; i <= 7; i++)
      {
        subTotal = 0;                           // 將暫存每位學生總得分的變數歸零
        for (int j = 0; j <= 2; j++)
         subTotal = subTotal + Scores[i, j];   // 將每輪得分累計暫存在變數 subTotal
        Scores[i, 3] = subTotal;                // 將累計的總得分存放在二維陣列
      }
      for (int i = 0; i <= 7; i++)
        Result = Result + " 第 " + (i + 1) + " 個學生的總得分為 " + Scores[i, 3] + '\n';
      Console.WriteLine(Result);
    }
  }
}
```

這個程式使用一個 8×4 的二維陣列，除了用來存放 8 位學生在 3 輪比賽中的得分，還多加一個欄位用來存放各自的總得分，因此，巢狀迴圈內的 Scores[i, 3] = subTotal; 就是將第 i 位學生的總得分存放在陣列的 [i, 3] 位置。

4-4 不規則陣列

除了一般的資料，陣列的元素也可以是另一個陣列，也就是所謂的不規則陣列 (jagged array)，例如在下面的敘述中，Arr3 陣列的第一個元素是 Arr1 陣列，第二個元素是 Arr2 陣列：

```
int[] Arr1 = {10, 20, 30, 40, 50};
int[] Arr2 = {100, 200};
int[][] Arr3 = new int[2][];
Arr3[0] = Arr1;
Arr3[1] = Arr2;
```

若要存取 Arr3 陣列的元素，可以寫成如下：

```
Console.WriteLine(Arr3[0][0]);        // 會顯示 10
Console.WriteLine(Arr3[0][1]);        // 會顯示 20
Console.WriteLine(Arr3[1][0]);        // 會顯示 100
```

我們也可以在宣告不規則陣列的同時指派初始值，例如：

```
int[][] Arr3 = {new int[] {10, 20, 30, 40, 50}, new int[] {100, 200}};
```

當您將一個陣列指派給另一個陣列時，請注意下列事項，以免產生錯誤：

- 兩個陣列必須同為實值型別 (value type) 或同為參考型別 (reference type)，若同為實值型別，那麼必須為相同型別，若同為參考型別，那麼來源陣列到目的陣列之間必須存在著廣義型別轉換。
- 兩個陣列的維度必須相同。

4-5 System.Array 類別

由於 C# 的陣列繼承自 System.Array 類別，因此，我們可以透過 System.Array 類別提供的屬性與方法處理陣列，比較重要的如下。

名稱	說明
公有屬性 (Public Property)	
IsFixedSize	取得表示陣列是否為固定大小的布林值，通常為 true。
IsReadOnly	取得表示陣列是否為唯讀的布林值，通常為 false。
IsSynchronized	取得表示陣列是否為同步的布林值，通常為 false。
Length	取得陣列的元素個數，傳回值型別為 int，例如 int[,] A = new int[6, 5];，那麼 A.Length 為 6 x 5 = 30。
Rank	取得陣列的維度個數，傳回值型別為 int，例如 int[,] A = new int[6, 5];，那麼 A.Rank 為 2。
公有方法 (Public Method)	
BinarySearch(*arr*, *obj*)	使用二元搜尋法在 *arr* 陣列內搜尋 *obj* 所在位置的索引，傳回值為 int 型別。
Clear(*arr*, *i1*, *i2*)	將 *arr* 陣列內從索引為 *i1* 起的連續 *i2* 個元素設定為 0、false 或 null。
Clone()	建立目前陣列的拷貝，傳回值為 object 型別。
Copy(*arr1*, *arr2*, *i*) Copy(*arr1*, *i1*, *arr2*, *i2*, *i3*)	前者是從 *arr1* 陣列拷貝 *i* 個元素至 *arr2* 陣列，後者是從 *arr1* 陣列內索引為 *i1* 處拷貝 *i3* 個元素至 *arr2* 陣列內索引為 *i2* 處。
CopyTo(*arr*, *i*)	將目前陣列複製到 *arr* 陣列內索引為 *i* 處。
CreateInstance(*type*, *i*) CreateInstance(*type*, *i*[]) CreateInstance(*type*, *i1*, *i2*) CreateInstance(*type*, *i1*, *i2*, *i3*)	第一種形式是傳回長度為 *i*、型別為 *type* 的一維陣列；第二種形式是傳回各維度之長度為 *i*[]、型別為 *type* 的多維陣列；第三種形式是傳回兩個維度之長度為 *i1*、*i2*、型別為 *type* 的二維陣列；第四種形式是傳回三個維度之長度為 *i1*、*i2*、*i3*、型別為 *type* 的三維陣列。
Equals(*obj*) Equals(*obj1*, *obj2*)	前者是傳回目前陣列是否等於 *obj* 陣列的布林結果，後者是傳回 *obj1* 陣列是否等於 *obj2* 陣列的布林結果。

名稱	說明
GetLength(*i*)	傳回目前陣列第 *i* + 1 個維度的元素個數 (int 型別)。
GetLowerBound(*i*)	傳回目前陣列第 *i* + 1 個維度的最小索引 (int 型別)。
GetType()	傳回目前陣列的型別。
GetUpperBound(*i*)	傳回目前陣列第 *i* + 1 個維度的最大索引 (int 型別)，舉例來說，假設我們宣告一個 A[5, 8]，那麼 A.GetLength(1) 會傳回 8，A.GetUpperBound(1) 會傳回 7。
GetValue(*i*) GetValue(*i*[]) GetValue(*i1*, *i2*) GetValue(*i1*, *i2*, *i3*)	第一種形式會傳回一維陣列內索引為 *i* 的元素；第二種形式會傳回多維陣列內索引為 *i*[] 的元素；第三種形式會傳回二維陣列內索引為 *i1*、*i2* 的元素；第四種形式會傳回三維陣列內索引為 *i1*、*i2*、*i3* 的元素。
IndexOf(*arr*, *obj*) IndexOf(*arr*, *obj*, *i*) IndexOf(*arr*, *obj*, *i1*, *i2*)	傳回 *obj* 首次出現於 *arr* 陣列內的索引，傳回值為 int 型別；若要指定從哪個索引開始搜尋，可以使用第二種形式；若還要指定從哪個索引開始搜尋幾個元素，可以使用第三種形式。
Initialize()	呼叫數值型別預設的建構子將數值型別陣列初始化。
LaseIndexOf(*arr*, *obj*) LastIndexOf(*arr*, *obj*, *i*) LastIndexOf(*arr*, *obj*, *i1*, *i2*)	傳回 *obj* 最後一次出現於 *arr* 陣列內的索引，傳回值為 int 型別；若要指定從哪個索引開始搜尋，可以使用第二種形式；若還要指定從哪個索引開始搜尋幾個元素，可以使用第三種形式。
Reverse(*arr*) Reverse(*arr*, *i1*, *i2*)	將 *arr* 陣列的元素順序反轉過來；若要指定從哪個索引開始反轉幾個元素的順序，可以使用第二種形式。
SetValue(*obj*, *i*) SetValue(*obj*, *i*[]) SetValue(*obj*, *i1*, *i2*) SetValue(*obj*, *i1*, *i2*, *i3*)	第一種形式會將一維陣列內索引為 *i* 的元素設定為 *obj*；第二種形式會將多維陣列內索引為 *i*[] 的元素設定為 *obj*；第三種形式會將二維陣列內索引為 *i1*、*i2* 的元素設定為 *obj*；第四種形式會傳回三維陣列內索引為 *i1*、*i2*、*i3* 的元素設定為 *obj*。
Sort(*arr*) Sort(*arr1*, *arr2*)	前者是將 *arr* 陣列內的元素進行排序 (由小到大)，後者是根據 *arr1* 陣列內的索引鍵將 *arr2* 陣列內的元素進行排序。
ToString()	將目前陣列的值轉換成 string 型別。

隨堂練習

使用 System.Array 類別所提供的 GetLowerBound() 和 GetUpperBound() 方法，將隨堂練習 <MyProj4-2> 的 foreach 迴圈改寫成 for 迴圈，使之得到一樣的執行結果。

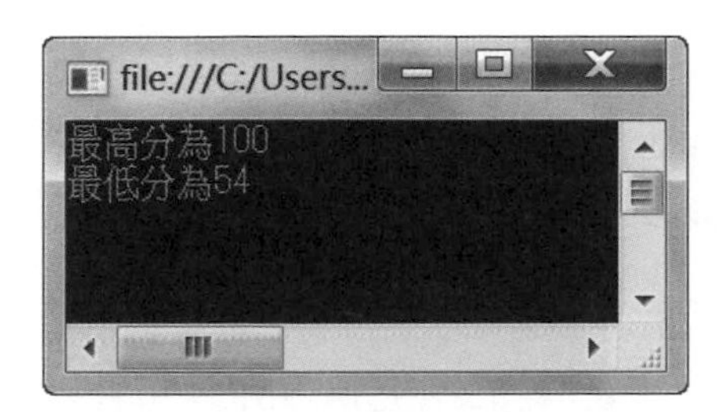

解答

```
static void Main(string[] args)
{
    int[] Scores = {85, 60, 54, 91, 100, 77};
    int MaxScore = 0, MinScore = 100;

    // 使用迴圈找出最高分
    for (int i = Scores.GetLowerBound(0); i <= Scores.GetUpperBound(0); i++)
        if (Scores[i] > MaxScore) MaxScore = Scores[i];

    // 使用迴圈找出最低分
    for (int i = Scores.GetLowerBound(0); i <= Scores.GetUpperBound(0); i++)
        if (Scores[i] < MinScore) MinScore = Scores[i];

    Console.WriteLine(" 最高分為 " + MaxScore);
    Console.WriteLine(" 最低分為 " + MinScore);
}
```

由於 Scores.GetLowerBound(0) 的傳回值恆為 0，故可直接以 0 取代。

學習評量

一、選擇題

(　　) 1. 宣告為任何型別的陣列均可同時存放數種型別的資料，對不對？

A. 對　　B. 不對

(　　) 2. C# 的陣列索引下限為何？

A. 0　　B. 1

C. 2　　D. -1

(　　) 3. 透過 System.Array 類別的哪個屬性可以取得陣列的大小？

A. IsFixedSize　　B. IsReadOnly

C. SyncRoot　　D. Length

(　　) 4. 假設 int[] A = {10, 11, 12, 13, 14, 15};、int[] B = {0, 0, 0};，則 System.Array.Copy(A, 2, B, 1, 2) 將使陣列 B 的值為何？

A. {0, 12, 13, 0}　　B. {0, 11, 12, 0}

C. {10, 11, 0, 0}　　D. {0, 0, 12, 13}

(　　) 5. 承上題，A.GetValue(1) 的值為何？

A. 10　　B. 11

C. 12　　D. 13

(　　) 6. 假設 int[, , ,] A = new int[5, 6, 7, 8];，則 A.GetLength(3) 的值為何？

A. 7　　B. 8

C. 9　　D. 10

(　　) 7. 承上題，A.GetUpperBound(2) 的值為何？

A. 4　　B. 5

C. 6　　D. 7

(　　) 8. 假設 int[, ,] A = new int[3, 3, 3];，則 A.Rank 的值為何？

A. 0　　B. 1

C. 2　　D. 3

(　　) 9. 透過 System.Array 類別的哪個方法可以將陣列的元素順序反轉過來？

A. Converse()　　B. Reverse()

C. Clone()　　D. IndexOf()

(　　) 10. 假 設 string[] A = {"a", "c", "c", "a", "b", "c", "d"};， 則 System.Array.IndexOf(A, "c") 的值為何？

A. 0　　B. 1

C. 2　　D. 5

(　　) 11. 承上題，System.Array.LastIndexOf(A, "c") 的值為何？

A. 5　　B. 6

C. 4　　D. 3

(　　) 12. 下列哪個宣告陣列的敘述正確？

A. int A[2 to 10];

B. int A[4] = {11, 12, 13, 14};

C. int[] A = new int(3);

D. int[] A = new int[4] {11, 12, 13, 14};

(　　) 13. 下列哪種迴圈最適合用來存取陣列？

A. foreach　　B. do

C. while　　D. switch

(　　) 14. 透過 System.Array 類別的哪個方法可以取得某個元素首次出現在陣列內的索引？

A. Converse()　　B. Reverse()

C. Clone()　　D. IndexOf()

(　　) 15. 透過 System.Array 類別的哪個方法可以建立目前陣列的拷貝？

A. Clear()　　B. Clone()

C. Sort()　　D.ToString()

學習評量

二、練習題

1. 撰寫一個程式，令它宣告一個陣列 {5, 8, 2, 3, 7, 6, 9, 1, 4, 8, 3, 0}，然後在陣列內搜尋最大值及最小值，並顯示其索引。

2. 撰寫一個程式，令它宣告一個陣列 {5, 8, 2, 3, 7, 6, 9, 1, 4, 8, 3, 0}，然後計算這些元素的平均值，並顯示結果。

3. 撰寫一個程式，令它使用二維陣列存放下列元素，然後在二維陣列內搜尋最大值及最小值，並顯示其索引。

21	22	23	24	25	26
11	12	13	14	15	16
1	2	3	4	5	6

4. 撰寫一個程式，令它宣告一個陣列 {5, 8, 2, 3, 7, 6, 9, 1, 4, 8, 3, 0}，然後在陣列內搜尋第一個值為 6 的元素，並在對話方塊中顯示其索引，若找不到，就在對話方塊中顯示 -1。

5. 假設在縣市長選舉中，候選人 A ~ D 於選區 1 ~ 5 的得票數如下，試撰寫一個程式，令它使用二維陣列存放如下的得票數，然後顯示每位候選人的總得票數。

	第 1 選區	第 2 選區	第 3 選區	第 4 選區	第 5 選區
候選人 A	1521	3002	789	2120	1786
候選人 B	522	765	1200	2187	955
候選人 C	2514	2956	1555	1036	4012
候選人 D	1226	1985	1239	3550	781

方法與屬性

5-1 認識方法

5-2 宣告方法

5-3 呼叫方法

5-4 參數

5-5 區域變數

5-6 靜態變數

5-7 遞迴函式

5-8 方法重載

5-9 屬性與自動實作屬性

5-1 認識方法

程序 (procedure) 指的是將一段具有某種功能的敘述寫成獨立的程式單元，然後給予特定名稱，以提高程式的重複使用性及可讀性。有些程式語言將程序稱為方法 (method)、函式 (function) 或副程式 (subroutine)，例如 Java 和 C# 是將程序稱為方法，C 是將程序稱為函式，而 Visual Basic 是將有傳回值的程序稱為函式，沒有傳回值的程序稱為副程式。

方法可以執行一般動作，也可以處理事件，前者稱為一般程序 (general procedure)，後者稱為事件程序 (event procedure)。舉例來說，我們可以針對 button1 按鈕的 Click 事件撰寫一個處理程序，這個事件程序預設的名稱為 button1_Click，一旦使用者點取 button1 按鈕，就會呼叫 button1_Click 事件程序。

原則上，事件程序的名稱與參數是由 Visual C# 所決定，它通常處於閒置狀態，直到為了回應使用者或系統所觸發的事件時才會被呼叫；相反的，一般程序不是被某些事件所觸發，程式設計人員必須自己撰寫程式碼呼叫一般程序，以執行一般動作。

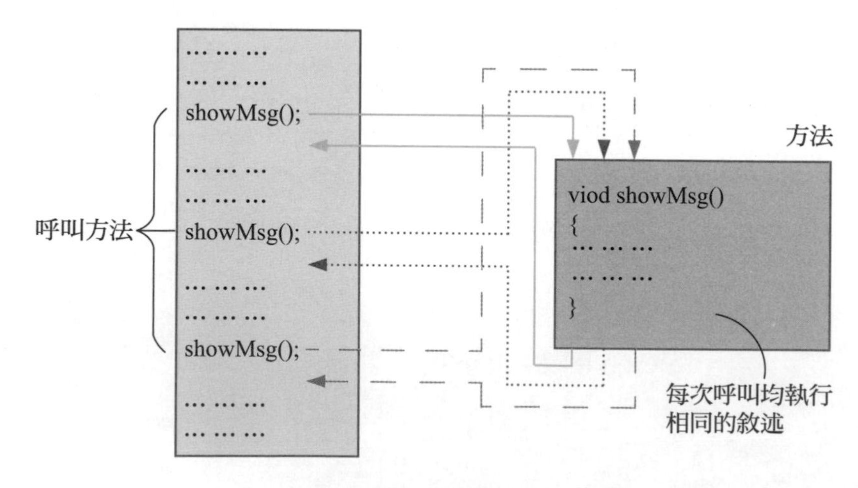

呼叫方法的流程

使用方法的好處如下：

- ❖ 方法具有重複使用性 (reusability)，當您寫好一個方法時，可以在程式中不同地方呼叫這個方法，而不必重新撰寫。
- ❖ 加上方法後，程式會變得更精簡，因為雖然多了呼叫方法的敘述，卻少了更多重複的敘述。
- ❖ 加上方法後，程式的可讀性 (readability) 會提高。
- ❖ 將程式拆成幾個方法後，寫起來會比較輕鬆，而且程式的邏輯性和正確性都會提高，如此不僅容易理解，也比較好偵錯、修改與維護。

說了這麼多好處，那麼方法沒有缺點嗎？其實是有的，方法會使程式的執行速度減慢，因為多了一道呼叫的手續。

C# 提供了下列幾種程序，其中後三者留待第 14、15 章再做討論：

- ❖ 方法：能夠執行某些動作，可以有傳回值，也可以沒有傳回值。
- ❖ Property 程序 (屬性)：能夠取得或設定物件的屬性。
- ❖ 事件程序：為了回應使用者或系統所觸發的事件時才會被呼叫。
- ❖ Operator 程序 (運算子重載)：針對使用者自訂的類別或結構重新宣告標準運算子的動作。
- ❖ Generic 程序：允許使用者以未定型別參數宣告程序，待之後在呼叫程序時，再指定實際型別。

備註 參數 V.S. 引數

「參數」(parameter) 指的是當您呼叫方法時，方法要求您傳遞給它的值，在宣告方法的同時就會一併宣告它的參數；「引數」(argument) 指的是當您呼叫方法時，您傳遞給方法的值。

5-2 宣告方法

C# 提供了下列兩種方法：

❖ 案例方法 (instance method)：在類別內宣告的方法，用來執行物件的動作。相同類別內的敘述可以直接呼叫案例方法，而不同類別內的敘述或相同類別內的靜態方法必須建立類別的物件，才能呼叫案例方法。

❖ 靜態方法 (static method)：在類別內以修飾字 static 宣告的方法，用來執行類別的動作，可以套用至隸屬於該類別的所有物件。相同類別內的敘述可以直接呼叫靜態方法，而不同類別內的敘述必須透過類別的名稱，才能呼叫靜態方法 (兩者均無須建立類別的物件)。

我們可以在類別或結構內宣告方法，其語法如下：

```
[modifiers] return_type method_name[<T>]([parameterlist])
{
   statements;
   [return;|return value;]
   [statements;]
}
```

❖ *[modifiers]*：我們可以加上 public、private、protected、internal、protected internal 等存取修飾字宣告方法的存取層級，預設為 private。此外，我們還可以加上 static、sealed、abstract、virtual、override、new、extern 等修飾字，這些修飾字通常省略不寫，有需要時才加上去。

❖ *return_type*：方法的傳回值型別，若沒有傳回值，就要指定為 void。

❖ *method_name*：方法的名稱，必須是符合 C# 命名規則的識別字。

❖ [<T>]：用來宣告泛型方法 (詳閱第 15 章)。

❖ {、}：標示方法的開頭與結尾。

❖ ([*parameterlist*])：方法的參數，我們可以藉由參數傳遞資料給方法，參數的個數可以是 0、1 或以上，中間以逗號隔開，每個參數的語法如下：

```
[ref|out] [params] param_type [[]] param_name
```

❖ [ref|out] [params]：若要使用傳址呼叫 (call by reference)，可以加上 ref 關鍵字；若要使用傳出呼叫 (call by output)，可以加上 out 關鍵字，省略不寫的話，表示為傳值呼叫 (call by value)；若要使用參數陣列，可以加上 params 關鍵字 (詳閱第 5-4 節)。

- *param_type* [[]]：參數的型別，若參數為陣列，還要加上中括號。
- *param_name*：參數的名稱，必須是符合 C# 命名規則的識別字。

❖ *statements*：方法主要的程式碼部分。

❖ [return;|return *value*;]：若要將程式的控制權從方法內移轉到呼叫方法的地方，可以使用 return 敘述。當方法沒有傳回值且不需要提早移轉到呼叫方法的地方時，return 敘述可以省略不寫；相反的，當方法有傳回值時，return 敘述不可以省略不寫，後面必須加上傳回值 *value*，而且 *value* 的型別必須和 *return_type* 相同。

以下面的程式碼為例，我們在名稱為 Calc 的類別內宣告一個傳回值型別為 int、名稱為 Sum、有兩個 int 參數的方法，傳回值為兩個參數相加的結果：

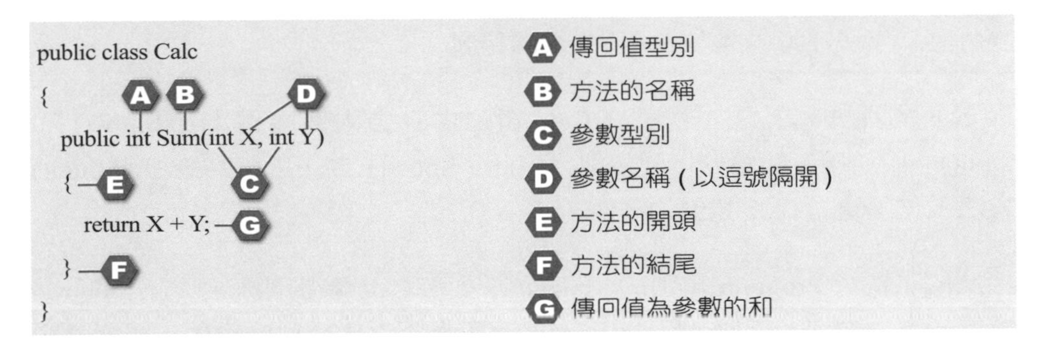

5-3 呼叫方法

在宣告方法後，方法並不會自動執行，必須加以呼叫，若方法有參數，則呼叫時一定要指定參數的值，而且呼叫案例方法與呼叫靜態方法的語法是不同的，以下就為您做說明。

5-3-1 呼叫案例方法

相同類別內的敘述可以直接呼叫案例方法，其語法如下，*method_name* 為方法的名稱，*parameterlist* 為方法的參數。要注意的是參數的個數、順序及型別亦須符合，若沒有參數，小括號仍須保留：

```
method_name([parameterlist]);
```

不同類別內的敘述或相同類別內的靜態方法，必須建立類別的物件，才能呼叫案例方法，其語法如下，比前面的語法多了物件的名稱 *object_name*，中間以小數點連接：

```
object_name.method_name([parameterlist]);
```

請注意，雖然相同類別內的敘述可以直接呼叫案例方法，但也有例外，就是相同類別內的靜態方法必須建立類別的物件，才能呼叫案例方法，理由很簡單，若使用者是透過類別的名稱呼叫靜態方法，並沒有建立類別的物件，那麼將因為無法呼叫案例方法而產生編譯錯誤。

以下面的程式碼為例，我們在 Calc 類別內宣告兩個案例方法 Show() 和 Sum()，由於兩者隸屬於相同類別，因此，Show() 方法可以直接呼叫 Sum() 方法，無須建立 Calc 類別的物件。

相反的，由於 Program 類別的 Main() 方法和 Calc 類別的案例方法 Show() 隸屬於不同類別，因此，Main() 方法必須建立 Calc 類別的物件，才能呼叫 Show() 方法，在執行視窗顯示 15。

\MyProj5-1\Program.cs

```
namespace MyProj5_1
    class Calc
    {
        public void Show()
        {
            int A = Sum(5, 10);         ── 直接呼叫相同類別內的案例方法，
                                           再將傳回值 (15) 指派給變數 A。
            Console.WriteLine(A); ── 在執行視窗顯示變數 A 的值 (15)
        }

        public int Sum(int X, int Y)
        {
            return X + Y;
        }
    }

    class Program
    {
        static void Main(string[] args)
        {
            Calc Obj = new Calc(); ── 呼叫不同類別內的案例方法必須建立類別的物件
            Obj.Show();
                 │
        }   透過物件呼叫不同類別內的案
    }       例方法，執行結果會顯示 15。
}
```

5-3-2 呼叫靜態方法

相同類別內的敘述可以直接呼叫靜態方法，其語法如下，*method_name* 為方法的名稱，*parameterlist* 為方法的參數：

```
method_name([parameterlist]);
```

不同類別內的敘述必須透過類別的名稱，才能呼叫靜態方法，其語法如下，比前面的語法多了類別的名稱 *class_name*，中間以小數點連接：

```
class_name.method_name([parameterlist]);
```

以下面的程式碼為例，我們改將 Calc 類別內的 Show() 和 Sum() 宣告為靜態方法 (前面加上修飾字 static)，由於兩者隸屬於相同類別，因此，Show() 方法可以直接呼叫 Sum() 方法。

相反的，由於 Program 類別的 Main() 方法和 Calc 類別的靜態方法 Show() 隸屬於不同類別，因此，Main() 方法必須透過 Calc 類別的名稱呼叫 Show() (無須建立 Calc 類別的物件)，在執行視窗顯示 15。

\MyProj5-2\Program.cs (下頁續 1/2)

```
namespace MyProj5_2
{
  class Calc
  {
    public static void Show()
    {
      int A = Sum(5, 10);       — 直接呼叫相同類別內的靜態方法，
                                  再將傳回值 (15) 指派給變數 A。
      Console.WriteLine(A);     — 在執行視窗顯示變數 A 的值 (15)
    }
}
```

\MyProj5-2\Program.cs (接上頁 2/2)

```
        public static int Sum(int X, int Y)
        {
            return X + Y;
        }
    }

    class Program
    {
        static void Main(string[] args)
        {
            Calc.Show();
        }
    }
}
```

透過類別的名稱呼叫不同類別內的靜態方法，執行結果會顯示 15。

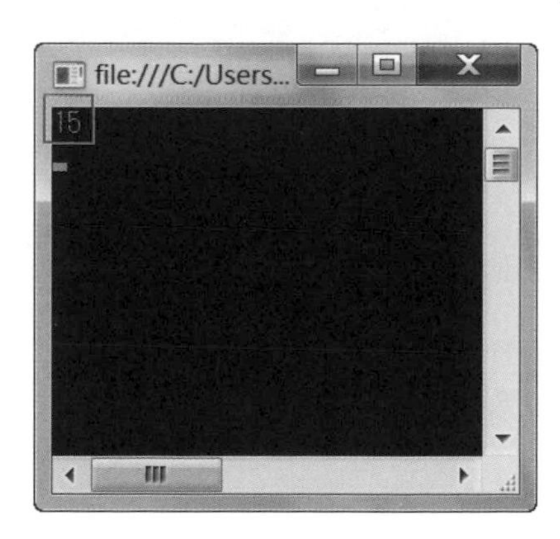

隨堂練習

撰寫一個程式，裡面宣告一個 Convert2F() 方法，用來將攝氏溫度轉換成華氏溫度並顯示結果，它的參數為攝氏溫度，沒有傳回值，執行結果如下 (提示：華氏溫度等於攝氏溫度乘以 1.8 再加上 32)。

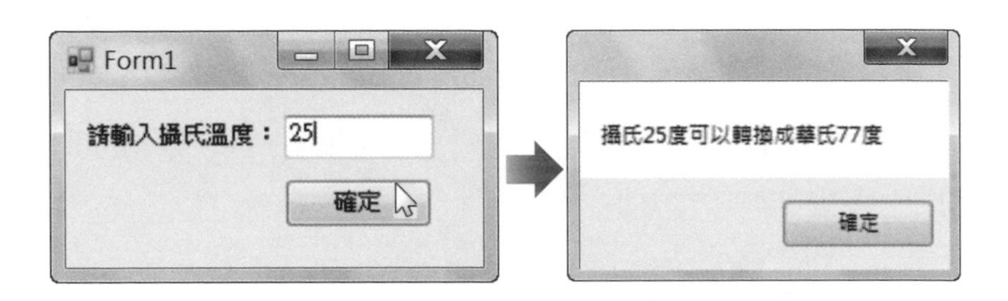

提示

```
private void button1_Click(object sender, EventArgs e)
{
    double C = System.Convert.ToDouble(textBox1.Text);
    Convert2F(C);                              // 呼叫 Convert2F() 方法轉換溫度並顯示結果
}

private void Convert2F(double DegreeC)
{
    double DegreeF = DegreeC * 1.8 + 32;
    MessageBox.Show(" 攝氏 " + DegreeC + " 度可以轉換成華氏 " + DegreeF + " 度 ");
}
```

首先，宣告一個名稱為 Convert2F 的方法，它會根據公式將參數由攝氏溫度轉換成華氏溫度，再以對話方塊顯示結果；接著，針對 [確定] 按鈕的 Click 事件撰寫處理程序，將使用者輸入的攝氏溫度轉換成 double 型別，然後指派給變數 C，再呼叫 Convert2F() 方法進行轉換並顯示結果。

隨堂練習

撰寫一個程式，裡面宣告一個 CircleArea() 方法，用來根據圓半徑計算圓面積，它的參數為圓半徑，傳回值為圓面積，執行結果如下。

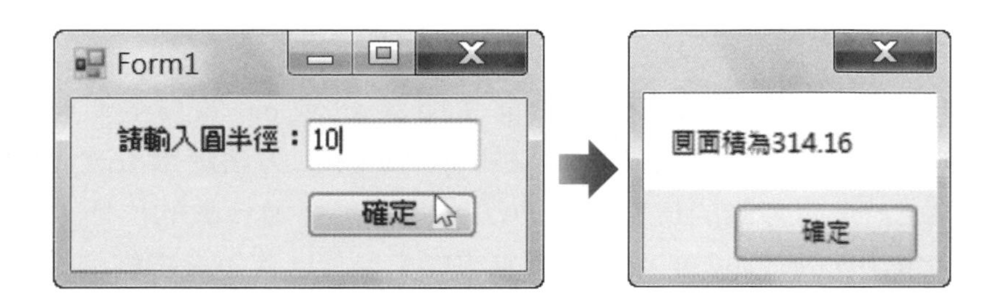

提示

```
private void button1_Click(object sender, EventArgs e)
{
   double R = System.Convert.ToDouble(textBox1.Text);   // 將輸入的圓半徑存放在變數 R
   // 呼叫方法計算圓面積，然後將結果轉換為字串，再顯示於對話方塊
   MessageBox.Show(" 圓面積為 " + CircleArea(R).ToString());
}

private double CircleArea(double Radius)                // 宣告用來計算圓面積的方法
{
   return Radius * Radius * 3.1416;                     // 使用 return 陳述式傳回圓面積
}
```

首先，宣告一個傳回值型別為 double、名稱為 CircleArea、有一個 double 參數的方法，用來根據圓半徑計算圓面積，參數為圓半徑，傳回值為圓面積；接著，針對 [確定] 按鈕的 Click 事件撰寫處理程序，將使用者輸入的圓半徑轉換成 double 型別並指派給變數 R，然後將變數 R 當作參數傳遞給 CircleArea() 方法，傳回值再顯示於對話方塊。

5-4 參數

我們可以藉由參數傳遞資料給方法，當參數的個數不只 1 個時，中間以逗號隔開，而在呼叫有參數的方法時，要注意參數的個數、順序及型別均須符合。

5-4-1 傳值呼叫

當我們宣告方法時，若沒有在參數前面加上 ref 或 out 關鍵字，表示參數使用預設的傳遞方式，即傳值呼叫 (call by value)，方法將無法改變參數的值，因為 C# 是將參數的值傳遞給方法，而不是傳遞參數的位址，如此一來，無論方法內的敘述如何改變傳遞進來的參數值，都不會影響到原來呼叫方法處的那個參數值，下面是一個例子。

\MyProj5-3\Program.cs

```
01:using System;
02:
03:namespace MyProj5_3
04:{
05:    class Program
06:    {
07:        static void Main(string[] args)
08:        {
09:            int Num = 1;
10:            Increase(Num);
11:            Console.WriteLine(" 方法執行完畢後原參數值為 " + Num);
12:        }
13:
14:        private static void Increase(int Result)
15:        {
16:            Console.WriteLine(" 方法剛被呼叫時的參數值為 " + Result);
17:            Result += 1;
18:            Console.WriteLine(" 方法執行完畢後的參數值為 " + Result);
19:        }
20:    }
21:}
```

首先，看到第 09 行，變數 Num 的值為 1；接著，第 10 行呼叫 Increase() 方法並將變數 Num 當作參數傳遞進去；繼續，跳到第 14 行宣告方法處，由於使用傳值呼叫，故參數 Result 的值等於第 10 行呼叫 Increase() 方法時所傳遞進去的參數值 1，也正因為是傳值呼叫，所以參數 Result 和第 10 行的變數 Num 雖然有相同的值，卻是兩個不同的變數，因此，即便 Increase() 方法改變了參數 Result 的值，變數 Num 的值也不會隨之改變。

接著，執行第 16 行，在執行視窗顯示「方法剛被呼叫時的參數值為 1」；繼續，執行第 17 行，將參數 Result 的值遞增 1，然後執行第 18 行，顯示「方法執行完畢後的參數值為 2」，此時參數 Result 的值為 2。

最後，方法執行完畢回到第 11 行，由於使用傳值呼叫，Num 和 Result 是兩個不同的變數，因此，即便參數 Result 的值由 1 遞增為 2，變數 Num 的值仍維持原來的 1，而顯示「方法執行完畢後原參數值為 1」。

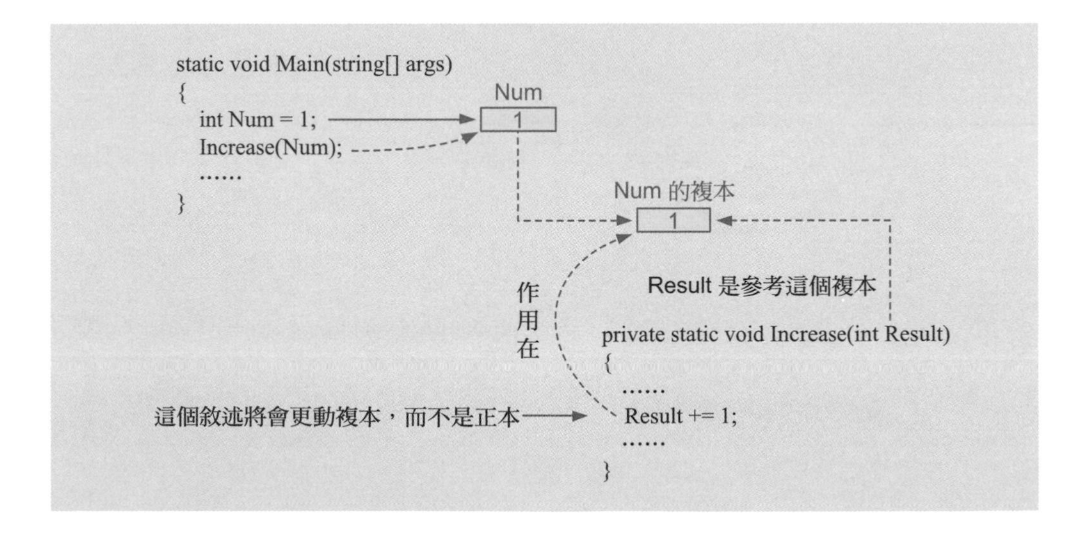

5-4-2 傳址呼叫

當我們宣告方法時，若在參數前面加上 ref 關鍵字，表示參數使用的傳遞方式為傳址呼叫 (call by reference)，方法將能夠改變參數的值，因為 C# 是將參數的位址傳遞給方法，而不是傳遞參數的值，如此一來，原來呼叫方法處的那個參數值也會隨之改變，因為它們指向相同位址。現在，我們將 <\MyProj5-3\Program.cs> 的第 10、14 行改寫成傳址呼叫：

```
10:Increase(ref Num);
...
14:private static void Increase(ref int Result)
```

A 第 16 行的執行結果
B 第 18 行的執行結果
C 第 11 行的執行結果

很明顯的，第 11 行的執行結果和之前使用傳值呼叫時不同，在變更為傳址呼叫後，Result 和 Num 是指向相同位址的變數，也就是同一個變數，因此，一旦 Result 的值變成 2，Num 的值也會隨之變更為 2。

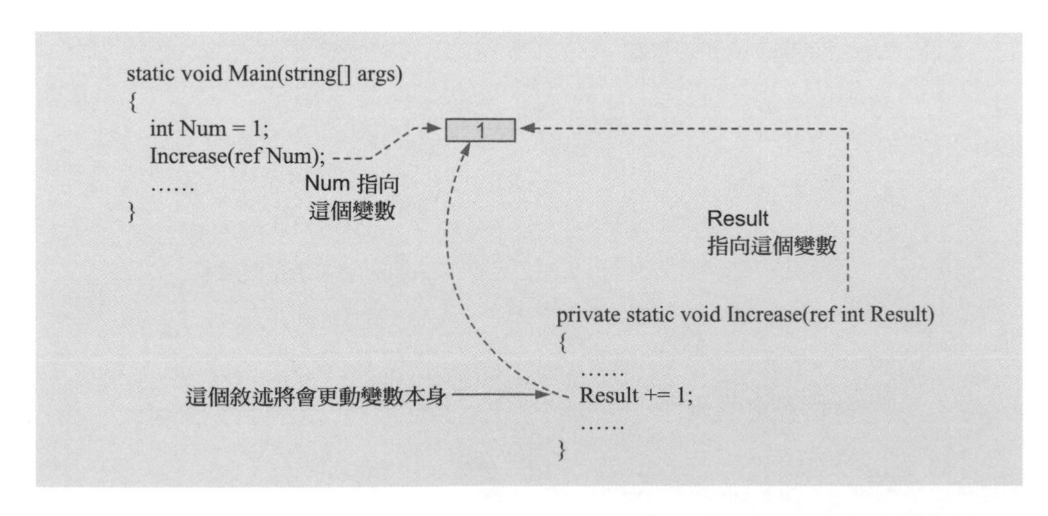

5-4-3 傳出呼叫

當我們宣告方法時，若在參數前面加上 out 關鍵字，表示參數使用的傳遞方式為傳出呼叫 (call by output)，方法將能夠改變參數的值，傳出呼叫和傳址呼叫的差別在於前者的參數在使用前無須初始化，而後者的參數在使用前必須初始化，下面是一個例子。

\MyProj5-4\Program.cs

```
01:using System;
02:
03:namespace MyProj5_4
04:{
05:    class Program
06:    {
07:        static void Main(string[] args)
08:        {
09:            int X;
10:            Method1(ref X);
11:            Console.WriteLine(" 經過方法呼叫後的 X 值為 " + X);
12:        }
13:
14:        private static void Method1(ref int A)
15:        {
16:            A = 1;
17:        }
18:    }
19:}
```

在這個例子中，由於我們將尚未初始化的變數以傳址呼叫的方式傳遞給方法，所以在編譯時會產生錯誤 (使用未指定的變數 X)，若要避免編譯錯誤，可以將第 14 行改為傳出呼叫：

```
private static void Method1(out int A)
```

同時第 10 行也要改寫成傳出呼叫：

```
Method1(out X);
```

重新執行一次程式，這次的執行結果如下，表示我們已經成功將尚未初始化的變數以傳出呼叫的方式傳遞給方法並設定其值。

備註

- 我們習慣將宣告方法時所宣告的參數稱為「形式參數」(formal parameter)，而呼叫方法時所傳遞的參數稱為「實際參數」(actual parameter)，例如第 14 行的 private static void Method1(ref int A) 所宣告的參數 A 為形式參數，而第 10 行的 Method1(ref X); 所傳遞的參數 X 為實際參數。
- 參數視同區域變數，它的生命週期和所在的方法相同，有效範圍也僅限於該方法。

5-4-4 傳遞陣列給方法

傳遞陣列給方法可以分成下列幾種情況來討論：

- 傳遞某個陣列元素給方法，此時，您可以將這個陣列元素當作一般的變數，傳值呼叫、傳址呼叫或傳出呼叫皆可，視實際情況而定。
- 將整個陣列當作參數傳遞給方法，此時，由於陣列屬於參考型別，因此，方法內的敘述可以改變陣列的元素值，但不能指派新的陣列給它，除非改為傳址呼叫或傳出呼叫，我們在 <MyProj5-4> 有示範過。

❖ 無法確定參數的個數，此時，您可以使用 params 關鍵字，將最後一個參數宣告為參數陣列 (parameter array)，以視實際情況傳遞不定個數的參數給方法。下面是一個例子，我們撰寫了一個 StudentScores() 方法，它的第一個參數為學生姓名，第二個參數為學生各個科目的分數，由於不確定到底有幾個科目，所以使用 params 關鍵字將第二個參數宣告為參數陣列，最後再將這些分數顯示出來。

\MyProj5-5\Program.cs

```
namespace MyProj5_5
{
    class Program
    {
        static void Main(string[] args)
        {
            StudentScores(" 小丸子 ", "90", "80", " 缺席 ", "70");        // 呼叫方法
        }

        private static void StudentScores(string Name, params string[] Scores)
        {
            Console.WriteLine(Name + " 的分數如下 :");
            for (int i = 0; i <= Scores.GetUpperBound(0); i++)             // 顯示參數陣列的值
                Console.WriteLine(Scores[i]);
        }
    }
}
```

我們也可以將呼叫方法的敘述 StudentScores(" 小丸子 ", "90", "80", " 缺席 ", "70"); 改寫成如下：

```
string Name = " 小丸子 ";
string[] Scores = new string[] {"90", "80", " 缺席 ", "70"};
StudentScores(Name, Scores);
```

此外，由於這個方法的第二個參數為參數陣列，不限定個數，因此，我們也可以撰寫如下的呼叫敘述：

```
StudentScores("Mary", "100", "60");
```

注意

當您使用 params 關鍵字宣告參數陣列時，請注意下列事項：

- 任何方法都只能有一個參數陣列，而且這個參數陣列必須是方法的最後一個參數。
- 參數陣列只接受傳值呼叫。
- 參數陣列會被視為一維陣列，所以各個元素的型別都必須相同。

備註

- 對於 sbyte、byte、short、ushort、int、uint、char、bool 等佔用較少記憶體空間的型別來說，傳值呼叫和傳址呼叫的效率都差不多，但是對於字串、陣列、類別或結構等型別來說，傳址呼叫的效率會比較好，因為它只要拷貝 4 個位元組 (32 位元平台) 或 8 個位元組 (64 位元平台) 的位址，而不必拷貝整個字串、陣列、類別或結構。
- 原則上，若不希望參數的值被改變，可以使用傳值呼叫；相反的，若希望藉由參數讓方法傳回某些值，可以使用傳址呼叫。

5-4-5 從方法傳回陣列

除了一般的資料之外，方法的傳回值也可以是陣列。下面是一個例子，其中 ExpValue() 方法會將參數的 1、2、3 次方存放在陣列，然後使用 return 陳述式傳回陣列，屆時只要將方法傳回的陣列指派給陣列變數，就可以存取該陣列了。

\MyProj5-6\Program.cs

```
namespace MyProj5_6
{
   class Program
   {
      static void Main(string[] args)
      {
         int[] ReturnArray;
         ReturnArray = ExpValue(10);             // 將方法的傳回值指派給陣列變數
         foreach (int Item in ReturnArray)       // 顯示陣列各個元素的值
            Console.WriteLine(Item);
      }
                                  宣告傳回值為陣列
      private static int[] ExpValue(int A)
      {
         int[] X = new int[3];
         X[0] = A;
         X[1] = A * A;           將參數的 1、2、3 次方存放在陣列
         X[2] = A * A * A;
         return X;     —— 將陣列當作方法的傳回值
      }
   }
}
```

```
file:///C:/Users...
10
100
1000
```

5-5 區域變數

區域變數 (local variable) 是在方法內宣告的變數，只有該方法內的敘述才能存取這個變數。以下面的程式碼為例，我們在 MySub() 方法內宣告變數 i (第 10 行)，那麼它就是一個區域變數，只有 MySub() 方法內的敘述 (第 11 行) 能夠存取變數 i，而 MySub() 方法外的敘述 (第 05 行) 無法存取變數 i。

```
01:class Program
02:{
03:   static void Main(string[] args)
04:   {
05:      Console.WriteLine(i);     ── MySub() 方法外的敘述無法存取區域變數 i，將
                                      會產生「名稱 'i' 不存在於目前內容中」錯誤。
06:   }
07:
08:   public static void MySub()
09:   {
10:      int i = 1;                ── 在 MySub() 方法內宣告區域變數 i
11:      Console.WriteLine(i);     ── 只有 MySub() 方法內的敘述能夠存取區域變數 i
12:   }
13:}
```

相反的，若我們在類別內宣告變數 i (第 03 行)，如下，那麼它就是一個成員變數，Main() 方法內的敘述 (第 06 行) 和 MySub() 方法內的敘述 (第 11 行) 皆能存取變數 i。

```
01:class Program
02:{
03:   static int i = 1;            ── 在類別內宣告成員變數 i
04:   static void Main(string[] args)
05:   {
06:      Console.WriteLine(i);     ── Main() 方法內的敘述能夠存取成員變數 i
07:   }
08:
```

```
09:  public static void MySub()
10:  {
11:      Console.WriteLine(i);  — MySub() 方法內的敘述亦能存取成員變數 i
12:  }
13:}
```

若我們在方法內宣告了與成員變數同名的區域變數，會怎麼樣呢？以下面的程式碼為例，我們在類別內宣告成員變數 i (第 03 行)，然後又在 Main() 方法內宣告區域變數 i (第 06 行)，顯然區域變數的名稱和成員變數的名稱相同，現在就請您猜猜看執行結果為何？

```
01:class Program
02:{
03:   static int i = 1;              — 在類別內宣告成員變數 i
04:   static void Main(string[] args)
05:   {
06:      int i = 100;                — 在 Main() 方法內宣告同名的區域變數 i
07:      Console.WriteLine(i);  — 遮蔽效應使得該敘述會顯示區域變數 i 的值 100
08:   }
09:}
```

正確答案是在執行視窗顯示區域變數 i 的值 100，之所以如此的原因是 C# 若在執行方法時遇到與成員變數同名的區域變數，將會參考方法內所宣告的區域變數，而忽略成員變數，這就是所謂遮蔽 (shadowing)。

備註

- 正因為只有宣告區域變數的方法才能存取該變數，所以即便在多個方法內宣告了同名的區域變數，C# 一樣可以正確存取，而不會產生混淆。
- 雖然在 do、for、foreach、while、if、switch、try…catch…finally 等區塊內宣告的變數亦屬於區域變數，但只有該區塊內的敘述能夠存取這個變數。

5-6 靜態變數

對於方法內宣告的區域變數來說，當我們呼叫方法時，區域變數會被建立，而在方法執行完畢後，區域變數就會被釋放，換句話說，區域變數的值並不會被保留下來。

以下面的程式碼為例，它會在執行視窗連續顯示兩個 1，第一個 1 是第一次呼叫 Add() 方法的結果，而第二個 1 是第二次呼叫 Add() 方法的結果。在第一次呼叫 Add() 方法時，區域變數 Result 的初始值為 0，加 1 後變成 1，於是顯示第一個 1，待方法執行完畢後，區域變數 Result 的值會被釋放而不會保留下來；接著又再度呼叫 Add() 方法，此時，區域變數 Result 的初始值仍為 0，加 1 後還是會得到 1，於是顯示第二個 1。

\MyProj5-7\Program.cs

Ⓐ 第一次呼叫 Add()
Ⓑ 第二次呼叫 Add()

```
namespace MyProj5_7
{
  class Program
  {
    static void Main(string[] args)
    {
      Add();                         // 呼叫 Add() 方法
      Add();                         // 呼叫 Add() 方法
    }

    private static void Add()
    {
      int Result = 0;                // 在方法內宣告區域變數 Result，初始值為 0
      Result = Result + 1;           // 將區域變數 Result 的值加 1
      Console.WriteLine(Result);     // 顯示區域變數 Result 的值
    }
  }
}
```

若想保留變數的值，可以在類別內使用 static 修飾字將它宣告為靜態變數 (static variable)。以下面的程式碼為例，它會在執行視窗顯示 1 和 2，其中 1 是第一次呼叫 Add() 方法的結果，而 2 是第二次呼叫 Add() 方法的結果。在第一次呼叫 Add() 方法時，靜態變數 Result 的初始值為 0，加 1 後變成 1，於是顯示 1，由於 Result 是一個靜態變數，所以在方法執行完畢後，Result 的值會被保留下來而不會被釋放；接著又再度呼叫 Add() 方法，此時，靜態變數 Result 的值為 1，加 1 後會得到 2，於是顯示 2。

同理，若我們第三次呼叫 Add() 方法，執行視窗會顯示多少呢？正確答案是 3，您答對了嗎？

\MyProj5-8\Program.cs

A 第一次呼叫 Add()
B 第二次呼叫 Add()

```
namespace MyProj5_8
{
  class Program
  {
    static int Result = 0;            // 在類別內宣告靜態變數 Result，初始值為 0

    static void Main(string[] args)
    {
      Add();                          // 呼叫 Add() 方法
      Add();                          // 呼叫 Add() 方法
    }

    private static void Add()
    {
      Result = Result + 1;            // 將靜態變數 Result 的值加 1
      Console.WriteLine(Result);      // 顯示靜態變數 Result 的值
    }
  }
}
```

5-7 遞迴函式

遞迴函式 (recursive function) 是可以呼叫自己本身的函式，若函式 f1() 呼叫函式 f2()，而函式 f2() 又在某種情況下呼叫函式 f1()，那麼函式 f1() 也可以算是一個遞迴函式。

遞迴函式通常可以被諸如 for、while、do 等迴圈取代，但由於遞迴函式的邏輯性、可讀性及彈性均比迴圈來得好，所以在很多時候，尤其是要撰寫遞迴演算法，還是會選擇使用遞迴函式。

下面是一個例子，它可以計算自然數的階乘，例如 5! = 1 * 2 * 3 * 4 * 5 = 120，在過去，我們是以 for 迴圈來撰寫，如下，但這有個缺點，就是它只能計算 5!，若要計算其它自然數的階乘，for 迴圈的變數 i 就要重新設定終止值，相當不方便，而且也沒有考慮到 0! 等於 1 的情況。

\MyProj5-9\Program.cs

```
namespace MyProj5_9
{
  class Program
  {
    static void Main(string[] args)
    {
      int Result = 1;
      for (int i = 1; i <= 5; i++)
          Result *= i;
       Console.WriteLine("5! = " + Result);
    }
  }
}
```

i 的終止值決定了要計算哪個自然數的階乘，本例為 5!

file:///C:/Users...

5! = 120

事實上，只要把握如下公式，我們可以使用遞迴函式來改寫這個程式：

當 N = 0 時，F(N) = N! = 0! = 1
當 N > 0 時，F(N) = N! = N * F(N - 1)
當 N < 0 時，F(N) = -1，表示 N 為負數，無法計算階乘

改寫的結果如下，很明顯的，遞迴函式比 for 迴圈來得有彈性，只要改變參數，就能計算不同自然數的階乘，而且連 0! 等於 1 和 N 為負數的情況都考慮到了。

\MyProj5-10\Program.cs

file:///C:/Users...

```
5! = 120
```

```
namespace MyProj5_10
{
    class Program
    {
        static void Main(string[] args)
        {
            Console.WriteLine("5! = " + F(5));
        }
        private static int F(int N)
        {
            if (N == 0)
                return 1;                    // 當 N = 0 時，F(N) = N! = 0! = 1
            else if (N > 0)
                return N * F(N - 1);         // 當 N > 0 時，F(N) = N! = N * F(N - 1)
            else
                return -1;                   // 當 N < 0 時，F(N) = -1，表示 N 為負數
        }
    }
}
```

透過呼叫 F() 方法和參數 5 便能計算出 5!

隨堂練習

撰寫一個程式，令它使用遞迴的觀念計算兩個自然數的最大公因數 (GCD)，例如計算 84 和 1080 的最大公因數，然後顯示出來，其公式如下：

當 N 可以整除 M 時，GCD(M, N) 等於 N
當 N 無法整除 M 時，GCD(M, N) 等於 GCD(N, M 除以 N 的餘數)

解答

\MyProj5-11\Program.cs

file:///C:/Users...
84和1080的最大公因數為12

```
namespace MyProj5_11
{
    class Program
    {
        static void Main(string[] args)
        {
            Console.WriteLine("84 和 1080 的最大公因數為 " + GCD(84, 1080));
        }

        private static int GCD(int M, int N)
        {
            if ((M % N) == 0)
                return N;
            else
                return GCD(N, M % N);
        }
    }
}
```

隨堂練習

撰寫一個程式，令它使用遞迴的觀念計算費氏 (Fibonacci) 數列的前 10 個數字，然後顯示出來，其公式如下：

當 N = 1 時，Fibo(N) = Fibo(1) = 1

當 N = 2 時，Fibo(N) = Fibo(2) = 1

當 N > 2 時，Fibo(N) = Fibo(N - 1) + Fibo(N - 2)

解答

\MyProj5-12\Program.cs

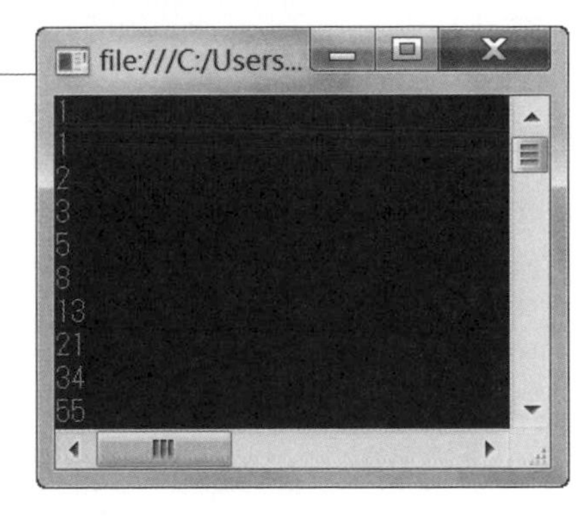


```
namespace MyProj5_12
{
   class Program
   {
      static void Main(string[] args)
      {
         for (int i = 1; i <= 10; i++)
            Console.WriteLine(Fibo(i));
      }

      private static int Fibo(int N)
      {
         if ((N == 1) | (N == 2))
            return 1;
         else
            return Fibo(N - 1) + Fibo(N - 2);
      }
   }
}
```

5-8 方法重載

C# 允許我們將方法加以重載 (overloading)，也就是在相同類別內宣告多個同名的方法，然後藉由不同的參數個數、不同的參數順序或不同的參數型別來加以區分。在將方法加以重載時，請遵守下列規則：

- 被重載之方法的名稱必須相同，但參數個數、參數順序或參數型別必須不同。
- 不能藉由不同的參數名稱或 ref、out 等關鍵字加以區分。
- 參數陣列會被視為無限個數的方法重載，例如 void M1(string X, params int[] Y) 就相當於下面的敘述：

```
void M1(string X)
void M1(string X, int Y)
void M1(string X, int Y1, int Y2)
void M1(string X, int Y1, int Y2, int Y3)…依此類推
```

- 不能藉由 public、private、protected、internal、protected internal、static 等修飾字加以區分，也不能藉由不同的傳回值型別來加以區分。

以下面的程式碼為例，我們宣告了兩個同名的方法 (第 11 ~ 14 行、第 16 ~ 19 行)，差別在於參數個數不同，第 1 個 Add() 方法可以傳回參數加 1 的值，而第 2 個 Add() 方法可以傳回兩個參數的和。

\MyProj5-13\Program.cs (下頁續 1/2)

```
01:namespace MyProj5_13
02:{
03:   class Program
04:   {
```

\MyProj5-13\Program.cs（接上頁 2/2）

```
05:     static void Main(string[] args)
06:     {
07:       Console.WriteLine(Add(10));          // 呼叫第 1 個 Add() 方法而顯示 11
08:       Console.WriteLine(Add(10, 5));       // 呼叫第 2 個 Add() 方法而顯示 15
09:     }
10:                                            1 個參數
11:     private static int Add(int X)
12:     {
13:       return ++X;
14:     }
15:                                            2 個參數
16:     private static int Add(int X, int Y)
17:     {
18:       return X + Y;
19:     }
20:  }
21:}
```

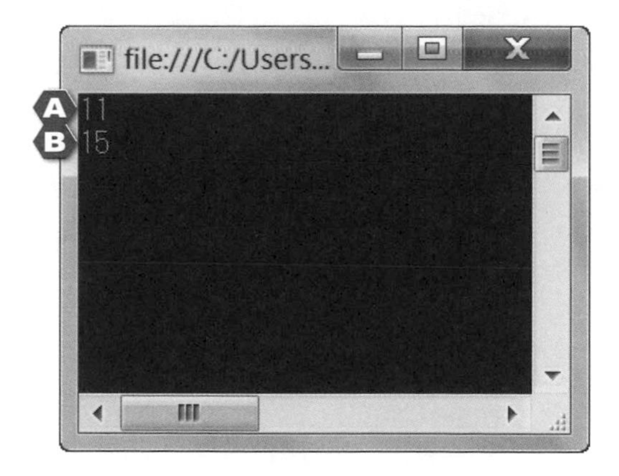

A 第 07 行的結果

B 第 08 行的結果

5-9 屬性與自動實作屬性

屬性 (property) 是用來描述物件的特質，但它和變數或欄位 (field) 不同，屬性無法被直接存取，必須透過存取子 (accessor) 進行存取，而且 C# 提供的存取子只有 get 和 set 兩個，get 可以傳回屬性值，set 可以設定屬性值。

我們可以使用如下語法在類別或結構內建立屬性及存取子：

```
[modifiers] type property_name
{
  [accessmodifier] get
  {
    // 在此撰寫 get 存取子的主體以傳回屬性值
  }

  [accessmodifier] set
  {
    // 在此撰寫 set 存取子的主體以設定屬性值
  }
}
```

❖ [*modifiers*]：和宣告變數一樣，我們也可以加上 public、private、protected、internal、protected internal 等存取修飾字宣告屬性的存取層級，預設為 private。此外，我們還可以加上 static、sealed、abstract、virtual、override、new、extern 等修飾字，其中 static 用來宣告靜態屬性。

❖ *type*：屬性的型別。

❖ *property_name*：屬性的名稱，必須是符合 C# 命名規則的識別字。

❖ [*accessmodifier*] get：宣告屬性的 get 存取子，以傳回屬性值，有需要時可以加上存取修飾字宣告 get 存取子的存取層級，但必須比屬性的存取層級嚴格。若要宣告唯讀屬性，那麼只要實作 get 存取子即可。

❖ [*accessmodifier*] set：宣告屬性的 set 存取子，以設定屬性值，有需要時可以加上存取修飾字宣告 set 存取子的存取層級，但必須比屬性的存取層級嚴格。若要宣告唯寫屬性，那麼只要實作 set 存取子即可。

❖ {、}：分別標示屬性的開頭與結尾。

以下面的程式碼為例，我們想要限制學生姓名和學生分數的存取方式，而且分數在 60 分以下的學生就給 60 分，超過 60 分的學生則維持原來的分數，為此，我們遂將 Name 和 Score 宣告為屬性，其它程式碼必須透過 get 存取子和 set 存取子才能加以存取。

\MyProj5-14\Program.cs (下頁續 1/2)

```
01:using System;
02:
03:namespace MyProj5_14
04:{
05:   public class Student
06:   {
07:      private string StudentName;                    // 學生姓名
08:      private int StudentScore;                      // 學生分數
09:
10:      public string Name
11:      {
12:         set
13:         {
14:            StudentName = value;
15:         }
16:         get
17:         {
18:            return StudentName;
19:         }
20:      }
21:
```

宣告 set 存取子

新的屬性值是經由隱含參數 value 以傳值呼叫的方式傳遞進去

宣告 get 存取子

宣告 Name 屬性以存取學生姓名

\MyProj5-14\Program.cs (接上頁 2/2)

```
22:     public int Score
23:     {
24:       set
25:       {
26:         if (value < 60) StudentScore = 60;
27:         else StudentScore = value;
28:       }
29:       get
30:       {
31:         return StudentScore;
32:       }
33:     }
34:   }
35:
36:   class Program
37:   {
38:     static void Main(string[] args)
39:     {
40:       Student ST = new Student();
41:       ST.Name = "Mary";
42:       ST.Score = 50;
43:       Console.WriteLine(ST.Name + " 的分數為 " + ST.Score);
44:     }
45:   }
46:}
```

若小於 60，就設定為 60

宣告 set 存取子

宣告 get 存取子

宣告 Score 屬性以存取學生分數

file:///C:/Users...
Mary的分數為60

❖ 10 ~ 20：宣告名稱為 Name 的屬性，其 set 存取子會將私有變數 StudentName 的值設定為隱含參數 value 的值，而其 get 存取子會傳回私有變數 StudentName 的值。

❖ 22 ~ 33：宣告名稱為 Score 的屬性，其 set 存取子會先檢查隱含參數 value 的值是否小於 60，是的話，就將私有變數 StudentScore 的值設定為 60，否的話，就將私有變數 StudentScore 的值設定為隱含參數 value 的值，而其 get 存取子會傳回私有變數 StudentScore 的值。

❖ 40 ~ 42：第 40 行是建立一個隸屬於 Student 類別的物件 ST，第 41 行是將物件 ST 的 Name 屬性設定為 "Mary"，第 42 行是要將物件 ST 的 Score 屬性設定為 50，由於小於 60，故得到 Score 屬性的值為 60。

從前面的例子可以看到，屬性的宣告其實相當累贅，尤其是 Name 屬性，而 Score 屬性因為包含額外的邏輯處理，還算情有可原。為了簡化屬性的語法，Visual C# 提供了自動實作屬性功能，藉由此功能，我們可以將 <\MyProj5-14\Program.cs> 中的 Student 類別改寫成如下，其中 Name 屬性就是自動實作屬性，編譯器會建立私有的匿名欄位支援該屬性：

```
public class Student
{
    private int StudentScore;                     // 學生分數
    public string Name {set; get;}                //Name 屬性，用來存取學生姓名
    public int Score                              //Score 屬性，用來存取學生分數
    {
       set
       {
          if (value < 60) StudentScore = 60;      // 若小於 60，就設定為 60
          else StudentScore = value;
       }
       get
       {
          return StudentScore;
       }
    }
}
```

學習評量

一、選擇題

(　　) 1. 下列敘述何者錯誤？

A. 方法具有可重複使用性

B. 事件程序通常處於閒置狀態，必須另外撰寫敘述來加以呼叫

C. 加入方法可以提高程式碼的可讀性

D. 方法會使程式碼的執行速度減慢

(　　) 2. 若沒有指定方法的存取層級，則預設為何？

A. private　B. protected　C. public　D. internal

(　　) 3. 若方法有多個參數，必須以哪種符號隔開？

A. ,　B. :　C. _　D. &

(　　) 4. D = Add(A, B, C); 敘述中的 A、B、C 稱為何？

A. 形式參數　B. 實際參數　C. 靜態參數　D. 區域參數

(　　) 5. 在方法內所宣告的變數稱為何？

A. 區塊變數　B. 模組變數　C. 全域變數　D. 區域變數

(　　) 6. 傳值呼叫允許方法內的敘述改變參數值，對不對？

A. 對　B. 不對

(　　) 7. 若要標示方法的開頭與結尾，必須使用哪個符號？

A. < >　B. [ ]　C. ( )　D. { }

(　　) 8. 若要宣告方法沒有傳回值，必須使用下列哪個關鍵字？

A. null　B. nothing　C. void　D. none

(　　) 9. 下列有關重載方法的敘述何者錯誤？

A. 被重載之方法的名稱必須相同

B. 被重載之方法的參數個數、參數順序或參數型別必須不同

C. params 參數陣列會被視為無限個數的重載方法

D. 我們可以藉由參數有無 ref 或 out 關鍵字來區分被重載之方法

(　　) 10. 在呼叫類別內的靜態方法時，無須建立其物件，對不對？

A. 對　　　　B. 不對

(　　) 11. 下列有關屬性的敘述何者錯誤？

A. set 存取子有一個隱含參數 value

B. 若要取得屬性的值必須透過 get 存取子

C. 唯寫屬性只能宣告 get 存取子，不能宣告 set 存取子

D. 屬性不同於一般的變數或欄位

(　　) 12. 傳出呼叫與傳址呼叫的差別在於前者的參數在使用之前必須初始化，而後者則無須這麼做，對不對？

A. 對　　　　B. 不對

(　　) 13. 對於陣列或類別來說，傳出呼叫的效率比傳值呼叫好，對不對？

A. 對　　　　B. 不對

(　　) 14. 若要指定參數為傳址呼叫，必須加上下列哪個關鍵字？

A. val　　　　B. addr　　　　C. out　　　　D. ref

(　　) 15. 在 Main() 方法呼叫 MySub(A, ref B) 後，A、B 的值分別為何？

```
public static void Main()
{
    int A = 100, B = 200;
    MySub(A, ref B);
}
private static void MySub(int X, ref int Y)
{
    X += 1;
    Y += 1;
}
```

A. 100、201　　B. 101、200

C. 101、201　　D. 100、200

學習評量

二、練習題

1. 撰寫一個可以傳回兩個參數中比較大之參數的方法，然後在 Main() 方法中呼叫這個方法傳回 -5 和 -3 兩個參數中比較大之參數並顯示出來。

2. 撰寫一個可以計算整數參數之四次方根的方法，然後在 Main() 方法中呼叫這個方法計算 4096 的四次方根並顯示出來 (提示：您可以使用 System.Math 類別的 Sqrt() 方法來求取平方根)。

```
private static double Calculate(int X)
{
   return System.Math.Sqrt(System.Math.Sqrt(X));
}
```

3. 撰寫一個方法，它可以將其一維陣列參數內各個元素的值加 1 後傳回該陣列，然後在 Main() 方法中呼叫這個方法將一維陣列 {10, 20, 30, 40, 50, 60} 內各個元素的值加 1 後傳回，並顯示出來。

4. 撰寫一個程式隨機產生七個介於 1 到 42 之間的亂數 (提示：您可以建立一個隸屬於 System.Random 類別的物件，其中參數是要讓建構函式將系統時間當作種子值，以便每次產生不同的亂數，至於 System.Random 類別的 Next() 方法則可以隨機產生介於兩個參數之間的亂數)。

```
public static void Main()
{
   System.Random MyRandom = new System.Random((int)DateTime.Now.Ticks);
   for(int i = 0; i <= 6; i++)
      Console.Write(MyRandom.Next(1, 42) + "  ");
}
```

5. 宣告三個同名方法，令其參數分別為圓的半徑、矩形的長與寬、梯形的上底 / 下底與高，傳回值分別為圓、矩形、梯形的面積，然後在 Main() 方法中分別呼叫這三個方法計算半徑為 10 的圓面積、長為 20 寬為 10 的矩形面積、上底為 30 下底為 20 高為 10 的梯形面積，並顯示出來。

例外處理

6-1 錯誤的類型

6-2 結構化例外處理

6-1 錯誤的類型

偵錯 (debugging) 對程式設計人員來說是必經的過程，無論是大型如 Microsoft Windows、Office 等商用軟體，或小型如我們所撰寫的 C# 程式，都可能發生錯誤，因此，任何程式在推出之前，都必須經過嚴密的測試與偵錯。

C# 程式常見的錯誤有下列幾種類型：

❖ 語法錯誤：這是在撰寫程式時所發生的錯誤，Visual Studio 會在您輸入程式碼的同時檢查是否有錯誤，例如拼錯字、誤用關鍵字、參數錯誤或遺漏分號等，然後出現波浪狀底線表示警告或在建置時顯示錯誤。對於語法錯誤，您可以根據 Visual Studio 的提示做修正。

❖ 執行期間錯誤：這是在程式建置完畢並執行時所發生的錯誤，導致執行期間錯誤的並不是語法問題，而是一些看起來似乎正確卻無法執行的敘述。舉例來說，您可能撰寫一行語法正確的敘述進行兩個整數相除，卻沒有考慮到除數不得為 0，使得程式在執行時發生 DivideByZeroException 例外而停止。對於執行期間錯誤，您可以根據執行結果顯示的錯誤訊息做修正，然後重新建置與執行。

❖ 邏輯錯誤：這是程式在使用時所發生的錯誤，例如使用者輸入不符合預期的資料，導致錯誤，或您在撰寫迴圈時沒有充分考慮到結束條件，導致陷入無窮迴圈。邏輯錯誤是最難修正的錯誤類型，因為您不見得瞭解導致錯誤的真正原因，但還是可以從執行結果不符合預期來判斷是否有邏輯錯誤。

當程式發生錯誤時，系統會根據不同的錯誤丟出不同的例外 (exception)，Visual C# 的例外均繼承自 System.Exception 類別，同時 System 命名空間還提供了其它例外類別，例如 OverflowException 類別用來表示數學運算導致溢位、DivideByZeroException 類別用來表示除數為 0、UnauthorizedAccessException 類別用來表示未經授權存取等。

6-2 結構化例外處理

事實上，在開發 C# 程式時，例外是經常會碰到的情況，若置之不理，程式將無法繼續執行。舉例來說，假設有個 C# 程式要求使用者輸入文字檔的路徑與檔名，然後開啟該檔案並加以讀取，程式本身的語法完全正確，問題在於使用者可能輸入錯誤的路徑與檔名，導致系統丟出 System.IO.FileNotFoundException 例外而終止程式。

這樣的結果通常不是我們所樂見的，比較好的例外處理方式是一旦開啟檔案失敗，就捕捉系統丟出的例外，然後要求使用者重新輸入路徑與檔名，讓程式能夠繼續執行。

至於要如何捕捉例外，可以使用 try…catch…finally，其語法如下：

```
try
{
  try_statements;
  [exit try;]
}
catch(exception_type variable_name)
{
  catch_statements;
  [exit try;]
}
finally
{
  finally_statements;
}
```

❖ try 區塊：try…catch…finally 必須放在可能發生錯誤的敘述周圍，而 *try_statements* 就是可能發生錯誤的敘述。若要強制離開 try 區塊或 catch 區塊，直接跳到 finally 區塊，可以加上 exit try; 敘述。

- ❖ catch 區塊：用來捕捉指定的例外，一旦有捕捉到，就會執行對應的 *catch_statements*，通常是用來處理例外的敘述。若要針對不同的例外做不同的處理，可以使用多個 catch 區塊，其中 *exception_type* 為捕捉到之例外物件的型別，*variable_name* 為捕捉到之例外物件的名稱，若 *exception_type* 省略不寫，表示為預設型別 System.Exception。

- ❖ finally 區塊：當要離開 try…catch…finally 時，無論有沒有發生例外，都會執行 *finally_statements*，通常是用來清除錯誤、顯示結果或收尾的敘述。

下面是一個例子，假設目前系統有一個唯讀檔案 C:\file1.txt，而第 10、11 行試圖開啟該檔案並寫入資料，導致系統丟出 UnauthorizedAccessException 例外，於是透過第 13 ~ 16 行的 catch 區塊捕捉此例外，然後透過第 21 ~ 24 行的 finally 區塊關閉檔案物件，以免檔案被鎖定。

\MyProj6-1\Program.cs (下頁續 1/2)

```
01:namespace MyProj6_1
02:{
03:  class Program
04:  {
05:    static void Main(string[] args)
06:    {
07:      System.IO.StreamWriter file = null;                    // 宣告檔案物件變數
08:      try
09:      {
10:        file = new System.IO.StreamWriter(@"C:\file1.txt");  // 建立檔案物件
11:        file.WriteLine("Hello, world!");                     // 寫入資料
12:      }
13:      catch (UnauthorizedAccessException e1)
14:      {
15:        System.Console.WriteLine(" 捕捉到 UnauthorizedAccessException
           例外，錯誤訊息為 " + e1.Message);
16:      }
```

\MyProj6-1\Program.cs (接上頁 2/2)

```
17:       catch (Exception e2)
18:       {
19:         Console.WriteLine(" 捕捉到其它例外，錯誤訊息為 " + e2.Message);
20:       }
21:       finally
22:       {
23:         if (file != null) file.Close();                    // 關閉檔案物件
24:       }
25:     }
26:   }
27:}
```

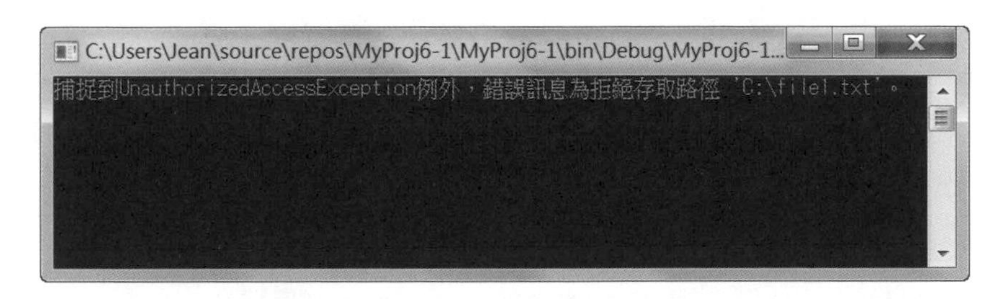

- 08 ~ 12：這是 try 區塊，其中第 10、11 行就是可能發生錯誤的敘述。
- 13 ~ 16：這是第一個 catch 區塊，用來捕捉 UnauthorizedAccessException 例外，一旦有捕捉到，就會執行第 15 行，透過例外物件 e1 的 Message 屬性顯示錯誤訊息，此處為「拒絕存取路徑 'C:\file1.txt'。」。
- 17 ~ 20：這是第二個 catch 區塊，用來捕捉其它例外，一旦有捕捉到，就會執行第 19 行，透過例外物件 e2 的 Message 屬性顯示錯誤訊息，不過，此處沒有捕捉到其它例外，所以不會執行第 19 行。
- 21 ~ 24：這是 finally 區塊，無論有沒有捕捉到例外，都會執行 finally 區塊裡面的敘述，也就是第 23 行，關閉檔案物件。有關如何在 C# 程式中存取檔案，第 9 章有完整的說明。

在前面的例子中，第 15、19 行都是透過例外物件的 Message 屬性取得錯誤訊息，除了此屬性，Exception 類別還提供了如下的屬性與方法。

屬性	說明
HelpLink	取得或設定與目前例外關聯的說明檔連結。
InnerException	取得發生目前例外的內部例外物件。
Message	取得描述目前例外的錯誤訊息。
Source	取得或設定發生例外的應用程式名稱或物件名稱。
StackTrace	在丟出目前例外時，取得呼叫堆疊上的字串表示方式。
TargetSite	取得丟出目前例外的方法。

方法	說明
Equals(*obj1*)、 Equals(*obj1*, *obj2*)	前者會判斷目前物件與參數是否相等，後者會判斷兩個參數是否相等，傳回值為 bool 型別。
GetBaseException()	傳回第一個例外。
GetHashCode()	產生一個雜湊碼 (hash code) 並傳回。
GetObjecData()	使用例外的資訊設定 SerializationInfo。
GetType()	傳回目前物件的型別。
ToString()	傳回代表目前物件的字串。

備註

除了系統丟出的例外，我們也可以透過 throw 敘述自行丟出例外，例如下面的敘述會丟出一個 OverflowException 例外，表示數學運算導致溢位：

```
throw new OverflowException();
```

隨堂練習

試問，下面的程式碼會在執行視窗顯示何種結果？

```
static void Main(string[] args)
{
    int X = 100, Y = 0, Z = 5;
    try
    {
        Z = X / Y;
    }
    catch (Exception e)
    {
        Console.WriteLine(" 捕捉到 " + e.GetType() + " 例外，錯誤訊息為 " + e.Message);
    }
    finally
    {
        Console.WriteLine("Z 的值為 " + Z);
    }
}
```

解答

執行結果如下圖，由於 Y 為 0 會使得 Z = X / Y; 發生錯誤，導致系統丟出 DivideByZeroException 例外，因此，所顯示的 Z 的值為其初始值 5。

學習評量

一、選擇題

(　　) 1. 當算術運算的結果太大超過範圍時，系統會丟出下列哪種例外？

A. DivideByZeroException

B. OverflowException

C. OutofMemoryException

D. ArgumentNullException

(　　) 2. 當找不到指定的檔案時，系統會丟出下列哪種例外？

A. ArgumentNullException

B. UnauthorizedAccessException

C. OutofMemoryException

D. FileNotFoundException

(　　) 3. 下列哪個區塊可以用來指定清除錯誤或收尾的敘述？

A. try　　B. catch

C. finally　　D. else

(　　) 4. 下列哪個區塊可以用來捕捉指定的例外？

A. try　　B. catch

C. finally　　D. else

(　　) 5. 我們可以透過例外物件的哪個屬性取得例外的相關訊息？

A. Source　　B. StackTrace

C. TargetSite　　D. Message

二、簡答題

1. 常見的程式設計錯誤有哪三種類型？

2. 撰寫一個敘述自行丟出一個 System.IO.FileNotFoundException 例外。

2 PART 視窗應用篇

Windows Forms 控制項（一）

7-1 認識 Windows Forms

7-2 設計階段的表單

7-3 執行階段的表單

7-4 文字編輯控制項

7-5 命令控制項

7-6 文字顯示控制項

7-7 影像控制項

7-8 清單控制項

7-1 認識 Windows Forms

Windows Forms 指的是視窗應用程式介面，隸屬於 System.Windows.Forms 命名空間，不僅功能強大，而且 .NET 平台的語言皆共用 Windows Forms 所提供的控制項與繪圖函式，不再像過去 C++ 是呼叫 Win32 API，而 Visual Basic 是使用 VB 表單。

對 Visual C# 來說，每個表單都是一個類別，儲存在副檔名為 .cs 的檔案，但是對 .NET Framework 來說，每個表單都是類別的物件，換句話說，我們在設計階段所建立的表單是一種類別，而在執行階段顯示表單時，則是以此類別做為樣板來建立表單。也正因為此種架構，當我們在專案加入表單時，可以選擇表單是要繼承自 System.Windows.Forms 命名空間所提供的 Form 類別或繼承自之前所建立的表單，進而加入其它功能或修改既有的行為。

我們可以透過表單提供資訊給使用者或接收使用者的輸入，而且表單可以是標準視窗、多重文件介面 (MDI) 視窗或對話方塊。建立表單的使用者介面最簡單的方式就是在表單上放置控制項，例如按鈕、文字方塊、核取方塊、標籤、影像方塊、下拉式清單、選項按鈕、樹狀檢視等，然後視實際需要設定控制項的屬性、定義其行為、定義其與使用者互動的事件及撰寫程式碼以回應事件。

表單預設是繼承自 System.Windows.Forms.Form 類別，其類別階層如下：

類別階層	說明
System.Object	所有 .NET 物件的基底類別
System.MarshalByRefObject	提供處理物件生命週期的程式碼
System.ComponentModel.Component	提供 IComponent 介面的實作
System.Windows.Forms.Control	所有視覺介面元件的基底類別
System.Windows.Forms.ScrollableControl	提供自動捲動功能
System.Windows.Forms.ContainerControl	允許一個元件包含其它控制項
System.Windows.Forms.Form	應用程式的主視窗 (即表單)

7-2 設計階段的表單

7-2-1 建立表單

建立表單最簡單的方式是以 [Windows Forms App] 範本建立專案，請啟動 Visual Studio，然後選取 [檔案] \ [新增] \ [專案]，再依照下圖操作。

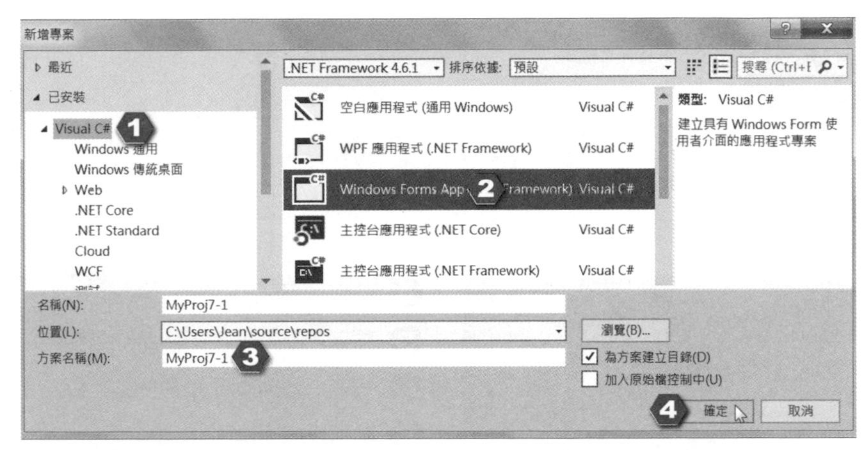

❶ 選擇 [Visual C#]　❷ 選擇 [Windows Forms App]　❸ 輸入專案名稱　❹ 按 [確定]

若要設定應用程式在一開始執行時必須先載入某個表單，可以在方案總管內找到該專案，按一下滑鼠右鍵，然後選取 [屬性]，再依照下圖操作。

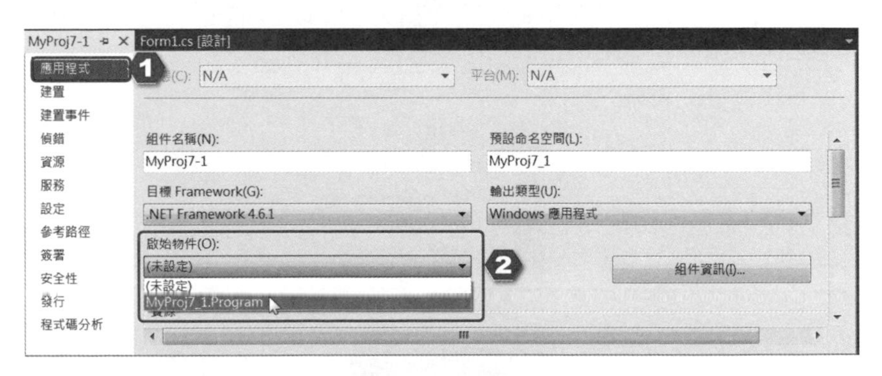

❶ 點取 [應用程式] 標籤　❷ 在此欄位選取啟始物件

7-2-2 設定表單的屬性

若要設定表單的屬性，可以選取該表單，屬性視窗就會列出其常用屬性供您查看或修改。下圖是關於表單外觀的屬性，包括背景色彩、前景色彩、背景影像、游標等，若要查看視窗樣式、配置、設計、行為等屬性，可以移動右邊的垂直捲軸，以下就為您介紹一些常用屬性。

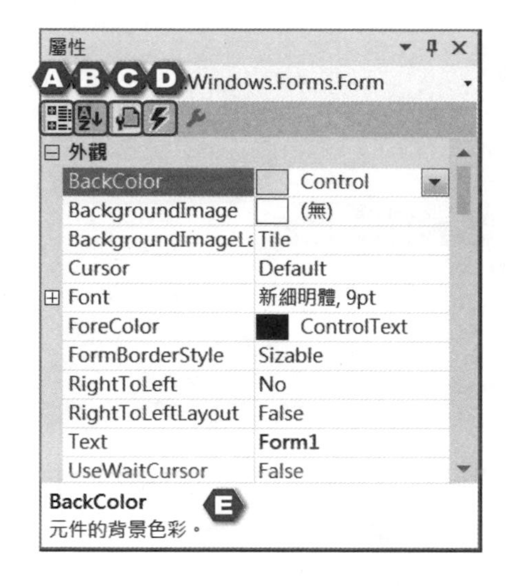

A 點取此鈕可以依照分類排列

B 點取此鈕可以依照字母順序排列

C 點取此鈕可以列出屬性

D 點取此鈕可以列出事件

E 此處會顯示選取之屬性的相關說明

外觀

❖ BackColor：若要設定表單的背景色彩，可以選取此屬性，然後點取欄位右邊的箭頭，就會出現清單供您選擇，如下圖。

❖ ForeColor：若要設定表單的前景色彩，可以選取此屬性，然後點取欄位右邊的箭頭，就會出現清單供您選擇。

❖ BackgroundImage：若要設定表單的背景影像 (預設值為 [無])，可以選取此屬性，然後點取欄位右邊的 ... 按鈕，再於 [選取資源] 對話方塊中設定圖片的路徑及檔名。

❖ BackgroundImageLayout：設定表單背景影像的配置方式。

❖ Cursor：若要設定指標出現在表單內的樣式 (預設值為)，可以選取此屬性，然後點取欄位右邊的箭頭，就會出現清單供您選擇。

❖ Font：若要設定表單的字型、字型樣式、大小、刪除線或底線 (預設值為新細明體、標準、9 點)，可以選取此屬性，然後點取欄位右邊的 ... 按鈕，再於 [字型] 對話方塊中做設定。

❖ Text：若要設定表單的標題列文字，可以設定此屬性的值。

❖ UseWaitCursor：若要顯示等待指標，可以將此屬性設定為 [True]。

❖ FormBorderStyle：若要設定表單的框線樣式，可以選取此屬性，然後點取欄位右邊的箭頭，就會出現如圖 (一) 的清單供您選擇，其中 Sizable 與 SizableToolWindow 兩種框線樣式允許使用者改變表單的大小，預設值為 Sizable，如圖 (二)，而 None 則如圖 (三)。

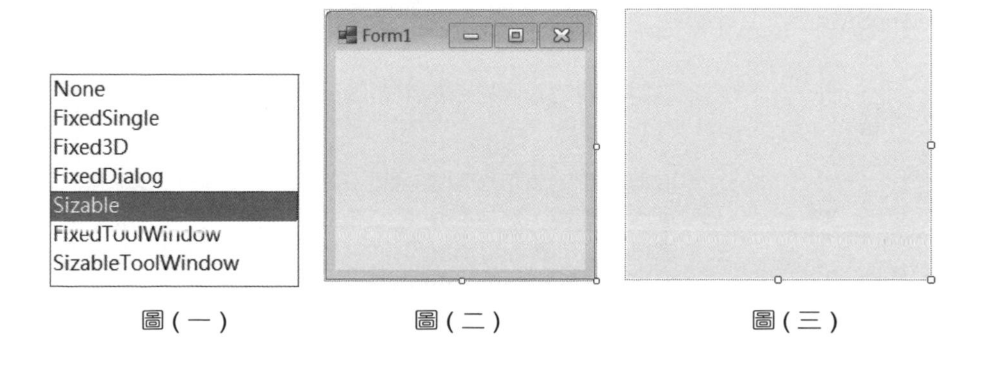

圖 (一)　圖 (二)　圖 (三)

視窗樣式

屬性	說明
ControlBox	取得或設定是否在表單的標題列顯示圖示、最大化、最小化、關閉等按鈕，預設值為 [True]。
HelpButton	取得或設定是否在表單的標題列顯示 [說明] 按鈕，預設值為 [False]，只有在沒有顯示最大化及最小化按鈕時會顯示 [說明] 按鈕。
Icon	取得或設定表單的圖示，預設值為 ，若要自訂圖示，可以選取此屬性，然後點取欄位右邊的 按鈕，再於 [開啟舊檔] 對話方塊中選擇圖示的路徑及檔名 (副檔名為 .ico)。
IsMdiContainer	取得或設定表單是否為多重文件介面 (MDI) 子表單的容器，預設值為 [False]。
MainMenuStrip	取得或設定顯示在表單中的功能表，預設值為 [無]。
MaximizeBox	取得或設定是否在表單的標題列顯示最大化按鈕，預設值為 [True]。
MinimizeBox	取得或設定是否在表單的標題列顯示最小化按鈕，預設值為 [True]。
Opacity	取得或設定表單的透明度，預設值為 [100%]，百分比愈小，表單的透明度就愈高，當設定為 0% 時，表示為透明表單。
ShowIcon	取得或設定是否在表單的標題列顯示圖示，預設值為 [True]。
ShowInTaskBar	取得或設定表單是否顯示在工作列，預設值為 [True]。
SizeGripStyle	取得或設定表單的右下角是否顯示可調整大小的底框樣式 ，預設值為 [Auto]。
TopMost	取得或設定表單是否顯示為應用程式的最上層表單，預設值為 [False]。
TransparencyKey	取得或設定表示表單透明區域的色彩，在進行設定時，只要選取此屬性，然後點取欄位右邊的箭頭，就會出現清單供您選擇，若不要使用系統預設的色彩，可以點取 [自訂] 標籤，然後在 [自訂] 標籤頁中做選擇。

配置

屬性	說明
AutoScaleMode	取得或設定表單的自動縮放比例模式，[Dpi] 表示為顯示器解析度的相對比例，[Font] 表示為正在使用之字型尺寸 (Dimension) 的相對比例，[Inherit] 表示根據父類別的自動縮放比例模式，[None] 表示停用自動縮放比例，預設值為 [Font]。
AutoSizeMode	取得或設定表單的自動調整大小模式，[GrowAndShrink] 表示會自動調整大小以符合其內容，[GrowOnly] 表示會自動增大以符合其內容，但不會縮小成比其 Size 屬性還要小的值，預設值為 [GrowOnly]。
AutoScroll	取得或設定表單是否啟用自動捲動，預設值為 [False]。
AutoScrollMargin	取得或設定自動捲動邊界的大小。
AutoScrollMinSize	取得或設定自動捲動大小的最小值。
Location	取得或設定表單左上角的座標。
MaximumSize	取得或設定表單所能調整的大小上限。
MinimumSize	取得或設定表單所能調整的大小下限。
Padding	取得或設定表單內的留白距離。
Size	取得或設定表單的大小。
StartPosition	取得或設定表單在執行階段的起始位置，有 [Manual]、[CenterScreen]、[WindowsDefaultLocation] 、[CenterParent]、[WindowsDefaultBounds] 等設定值，若要自訂起始位置，必須設定為 [Manual]，然後設定 Location 屬性的值。
WindowState	取得或設定表單的視窗狀態，有 [Nomal]、[Minimized]、[Maximized] 等設定值，預設值為 [Normal]。

設計

屬性	說明
Name	取得或設定表單的名稱，以供程式碼進行存取。

行為

屬性	說明
AllowDrop	取得或設定表單能否接受拖曳上來的資料，預設值為 [False]。
ContextMenuStrip	取得或設定與表單關聯的快顯功能表，預設值為 [無]。
Enabled	取得或設定表單能否回應使用者互動，預設值為 [True]。
ImeMode	取得或設定表單的輸入法模式，預設值為 [No Control]。

其它

屬性	說明
AcceptButton	若要設定當使用者按下 [Enter] 鍵時，無論表單上哪個控制項取得焦點，都會按一下接受按鈕，那麼可以將這個屬性設定為該按鈕的名稱，預設值為 [無]。
CancelButton	若要設定當使用者按下 [Esc] 鍵時，無論表單上哪個控制項取得焦點，都會按一下取消按鈕，那麼可以將這個屬性設定為該按鈕的名稱，預設值為 [無]。

隨堂練習

設定表單的屬性，令它呈現如右圖的結果，其中標題列的文字為「我的表單」、表單大小 200×200、不顯示最大化按鈕及最小化按鈕、3D 框線、背景色彩為系統提供的 Info、顯示為應用程式的最上層表單，最後再將透明度設定為 50%，看看透明表單的效果。

7-3 執行階段的表單

執行階段的表單就像所有物件一樣，會有建立與終止的時候，在此，我們僅簡單列出 System.Windows.Forms.Form 類別比較重要的方法與事件供您參考，有需要的讀者可以自行查閱 MSDN 文件。

方法	說明
Form f = new Form();	呼叫表單的建構函式 New() 建立一個表單的物件，這個動作會觸發 Load 事件。
f.Show();	呼叫 Show() 方法顯示表單，此時會觸發 HandleCreated、Load、VisibleChanged、Activated 等事件，其中 HandleCreated 是在表單第一次顯示時才會觸發。
f.Activate();	呼叫 Activate() 方法令表單取得焦點，此時會觸發 Activated 事件。
f.Hide();	呼叫 Hide() 方法隱藏表單，此時會觸發 Deactivate、VisibleChanged 等事件。
f = null;	等待垃圾收集器自動呼叫解構函式 Finalize() 釋放表單佔用的系統資源，這個動作並不會觸發任何事件。
f.Dispose();	呼叫解構函式 Dispose() 釋放表單佔用的系統資源，這個動作並不會觸發任何事件。
f.Close();	呼叫 Close() 方法關閉表單並呼叫解構函式 Dispose() 釋放表單佔用的系統資源，此時會觸發 Deactivate、Closing、Closed、VisibleChanged、HandleDestroyed、Disposed 等事件。

由於 Windows 的運作模式屬於事件驅動，因此，表單與控制項都會預先定義一組事件，供使用者撰寫處理程序，一旦產生事件，就呼叫對應的處理程序。

雖然表單與控制項的事件相當多，但其中有許多是相同的，例如多數控制項會預先定義 Click 事件，一旦使用者按一下控制項，就會執行 Click 事件的處理程序。此外，許多事件會跟其它事件一起產生，例如在產生 DoubleClick 事件的同時，也會一起產生 MouseDown、MouseUp 和 Click 事件。

表單與控制項比較常見的事件如下：

事件	說明
Activated	觸發於表單以程式碼或由使用者啟動時
BackcolorChanged	觸發於 Backcolor 屬性的值變更時
Click	觸發於使用者按一下控制項時
Closed	觸發於表單已經關閉時
Closing	觸發於表單正在關閉時
FormClosed	觸發於表單關閉之後
FormClosing	觸發於表單關閉之前
ControlAdded	觸發於加入控制項時
ControlRemoved	觸發於移除控制項時
CursorChanged	觸發於 Cursor 屬性的值變更時
Deactivate	觸發於表單失去焦點且不是作用中時
DoubleClick	觸發於使用者按兩下控制項時
DragDrop	觸發於物件完成拖曳控制項時
DragEnter	觸發於物件拖曳進入控制項時
DragLeave	觸發於物件拖曳離開控制項時
DragOver	觸發於物件拖曳到控制項時
Enter	觸發於輸入焦點進入控制項時
GotFocus	觸發於控制項取得焦點時
HandleCreated	觸發於建立控制項的控制代碼時
HandleDestroyed	觸發於摧毀控制項的控制代碼時
HelpRequested	觸發於使用者要求控制項的說明時
KeyDown	觸發於控制項取得焦點並按下按鍵時
KeyPress	觸發於控制項取得焦點並按住按鍵時
KeyUp	觸發於控制項取得焦點並放開按鍵時，按下按鍵到放開按鍵時，依序會觸發 KeyDown、KeyPress、KeyUp 事件

事件	說明
Layout	觸發於控制項應重新調整其子控制項的位置時
Leave	觸發於輸入焦點離開控制項時
Load	觸發於表單第一次顯示時
LocationChanged	觸發於 Location 屬性的值變更時
LostFocus	觸發於控制項失去焦點時
MenuComplete	觸發於表單的功能表失去焦點時
MenuStart	觸發於表單的功能表取得焦點時
Move	觸發於控制項移動時
MouseDown	觸發於滑鼠指標位於控制項並按下按鍵時
MouseEnter	觸發於滑鼠指標進入控制項時
MouseHover	觸發於滑鼠指標停留在控制項時
MouseLeave	觸發於滑鼠指標離開控制項時
MouseMove	觸發於滑鼠指標移至控制項時
MouseUp	觸發於滑鼠指標位於控制項並放開按鍵時
MouseWheel	觸發於控制項取得焦點並移動滑鼠滾輪時
MouseCaptureChanged	觸發於控制項失去滑鼠指標時
MouseClick	觸發於滑鼠指標在控制項按一下時
MouseDoubleClick	觸發於滑鼠指標在控制項按兩下時
Paint	觸發於重繪控制項時
Resize	觸發於控制項的大小變更時
SizeChanged	觸發於 Size 屬性的值變更時
TextChanged	觸發於 Text 屬性的值變更時
Validated	觸發於控制項完成驗證時
Validating	觸發於控制項正在進行驗證時
VisibleChanged	觸發於 Visible 屬性的值變更時

7-4 文字編輯控制項

7-4-1 TextBox（文字方塊）

TextBox 控制項可以用來取得使用者輸入的文字 (單行或多行)，通常允許編輯文字，亦可設定為唯讀。

插入 TextBox 控制項

在工具箱的 [TextBox] 按兩下，文字方塊會出現在表單左上角，若要調整位置，可以拖曳到適當的位置；若要調整大小，可以拖曳兩側的空心小方塊；若要變更為多行，可以按一下文字方塊上面的 ▶，然後核取 [MultiLine]。

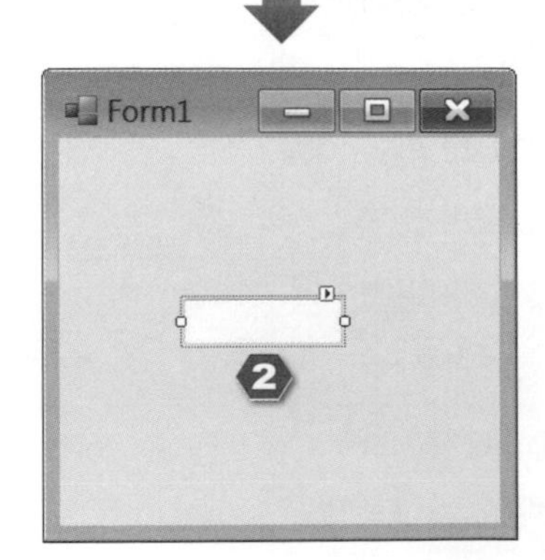

❶ 文字方塊預設出現在此
❷ 將之拖曳到適當的位置

設定 TextBox 控制項的屬性

若要設定 TextBox 控制項的屬性，可以選取該控制項，屬性視窗就會列出其常用屬性供您查看或修改。下圖是關於 TextBox 控制項外觀的屬性，包括背景色彩、框線樣式、游標、字型等，若要查看其它屬性，可以移動右邊的捲軸。由於 TextBox 控制項有不少屬性的意義和表單相同，因此，我們僅簡單列表說明。

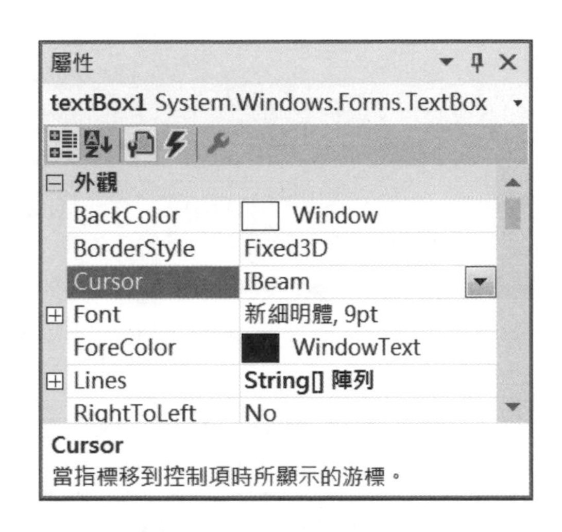

屬性	說明
外觀	
BackColor	若要設定 TextBox 的背景色彩，可以選取此屬性，然後點取欄位右邊的箭頭，就會出現清單供您選擇。
BorderStyle	取得或設定 TextBox 的框線樣式，有 [None]（無）、[FixedSingle]、[Fixed3D]，預設值為 [Fixed3D]。
Cursor	若要設定游標出現在 TextBox 的樣式（預設值為 I ），可以選取此屬性，然後點取欄位右邊的箭頭，就會出現清單供您選擇。
Font	取得或設定 TextBox 的字型、樣式、大小、刪除線或底線。
ForeColor	若要設定 TextBox 的前景色彩，可以選取此屬性，然後點取欄位右邊的箭頭，就會出現清單供您選擇。

屬性	說明
ScrollBars	取得或設定多行文字方塊是否顯示捲軸，有 [None] (無)、[Horizontal] (水平捲軸)、[Vertical] (垂直捲軸)、[Both] (兩者) 等設定值，預設值為 [None]。
Text	取得或設定 TextBox 內的文字。
TextAlign	取得或設定 TextBox 內的文字對齊方式，有 [Left] (靠左)、[Right] (靠右)、[Center] (置中) 等設定值，預設值為 [Left]。
行為	
AcceptsReturn	取得或設定在多行文字方塊內按下 [Enter] 鍵時，是否會建立新行，而不是啟動預設按鈕，預設值為 [False]。
AcceptsTab	取得或設定在多行文字方塊內按下 [Tab] 鍵時，是否會輸入 [Tab] 字元，而不是將焦點移至定位鍵順序的下一個控制項，預設值為 [False]。
AllowDrop	取得或設定 TextBox 能否接受拖曳上來的資料，預設值為 [False]。
CharacterCasting	取得或設定在 TextBox 內輸入文字時是否轉換大小寫，有 [Normal]、[Upper]、[Lower] 等設定值，預設值為 [Normal]。
ContextMenuStrip	取得或設定與 TextBox 關聯的快顯功能表，預設值為 [無]。
Enabled	取得或設定 TextBox 能否回應使用者互動，預設值為 [True]。
HideSelection	取得或設定當 TextBox 失去焦點時是否仍以反白顯示 TextBox 內選取的文字，預設值為 [True]。
MaxLength	取得或設定能夠輸入 TextBox 的最大字元數，預設值為 32767。
Multiline	取得或設定 TextBox 是否為多行文字方塊，預設值為 [False]。當 Multiline 屬性為 [True] 且 [ScrollBars] 屬性為 [Vertical] 或 [Both] 時，TextBox 就會出現垂直捲軸。
PasswordChar	取得或設定在單行文字方塊內用來遮罩密碼的字元，例如在此屬性輸入星號 *，那麼無論使用者輸入什麼，都會顯示 *。
ReadOnly	取得或設定 TextBox 內的文字是否為唯讀，預設值為 [False]。

屬性	說明
TabIndex	取得或設定 TextBox 的定位鍵 (Tab) 順序。
TabStop	取得或設定使用者能否使用 [Tab] 鍵將焦點移至此控制項，預設值為 [True]。
Visible	取得或設定是否顯示此控制項，預設值為 [True]。
WordWrap	取得或設定多行文字方塊是否會在必要時自動將文字換行到下一行的開頭，預設值為 [True]。當 WordWrap 屬性為 [False] 且 [ScrollBars] 屬性為 [Horizontal] 或 [Both] 時，TextBox 就會出現水平捲軸。
UseSystemPasswordChar	取得或設定 TextBox 內的文字是否應該顯示為系統預設的密碼字元，預設值為 [False]。
配置	
Anchor	取得或設定 TextBox 的哪些邊緣要錨定至其容器邊緣。
Dock	取得或設定 TextBox 所停駐的父容器邊緣。
Location	取得或設定對應至控制項容器左上角之控制項左上角的座標。
Size	取得或設定 TextBox 的高度與寬度。
Margin	取得或設定控制項之間的距離。
MaximumSize	取得或設定控制項的大小上限。
MinimumSize	取得或設定控制項的大小下限。
其它	
AutoCompleteCustomSource	取得或設定自訂的自動完成功能。
AutoCompleteMode	取得或設定自動完成功能如何套用到控制項，[None] 表示停用，[Suggest] 會以清單顯示建議完成字串，[Append] 會自動將最有可能的字串附加到文字後面，[SuggestAppend] 會以清單顯示建議完成字串並自動將最有可能的字串附加到文字後面，預設值為 [None]。
AutoCompleteSource	取得或設定自動完成功能的字串來源，只要點取欄位右邊的箭頭，就會出現清單供您選擇，預設值為 [None]。

隨堂練習

設定 TextBox 控制項的屬性，令它呈現如下結果，其中背景色彩為 DeepSkyBlue、前景色彩為 White、字型為標楷體、字型大小為 12、置中對齊，最後再設定為唯讀，看看文字方塊是否真的不允許使用者輸入資料。

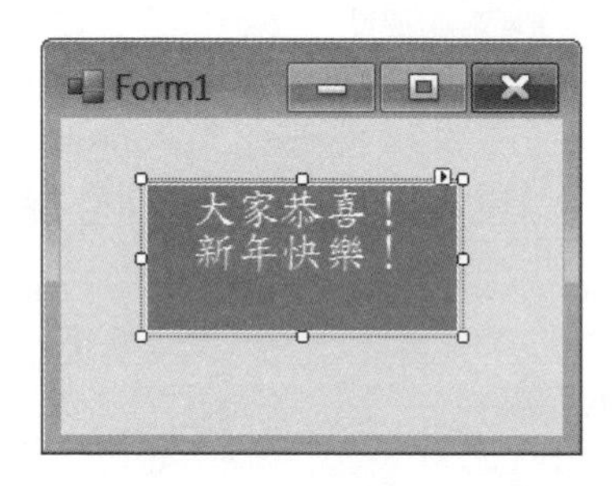

注意

- 在預設的情況下，若 TextBox 內有文字，那麼在執行階段時，TextBox 內的文字會反白，例如 TextBox1 ，如欲設定反白文字的起始位置及文字個數，可以設定 SelectionStart 和 SelectionLength 兩個屬性，由於這兩個屬性沒有列在屬性視窗，我們必須在程式碼內做設定。舉例來說，假設在程式碼內加上如下事件程序，將插入點的起始位置設定為第 4 個文字，選取的文字個數設定為 2，那麼 TextBox 在執行階段時將呈現 TextBox1 ：

```
private void textBox1_Enter(object sender, EventArgs e)
{
  textBox1.SelectionStart = 3;
  textBox1.SelectionLength = 2;
}
```

- TextBox 控制項提供了「自動完成」功能，若要設定「自動完成」功能的字串來源，可以點取 AutoCompleteSource 屬性右邊的箭頭，然後從清單中選擇 AllSystemSources、AllUrl、CustomSource、FileSystem、FileSystemDirectories、HistoryList、ListItems 或 None。

7-4-2 RichTextBox

RichTextBox 控制項可以用來顯示、輸入與處理具有格式的文字，它的功能和 TextBox 控制項相同，但是多了顯示字型、色彩及連結、從檔案載入文字及內嵌影像、復原及取消復原編輯作業、尋找指定的字元等功能，我們可以使用 RichTextBox 控制項建立類似 WordPad、Word 等文書處理程式。

若要設定 RichTextBox 控制項的屬性，可以選取該控制項，屬性視窗就會列出其常用屬性供您查看或修改，基本上，它的屬性和 TextBox 控制項大致相同，比較特別的屬性則如下：

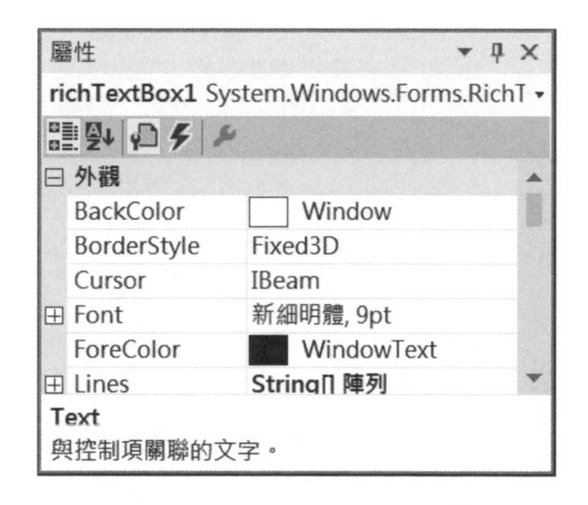

屬性	說明
AutoWordSelection	取得或設定 RichTextBox 是否啟用自動文字選取，預設值為 [False]。
BulletIndent	當文字套用項目符號樣式時，取得或設定用於 RichTextBox 內的縮排（像素數），預設值為 [0]，也就是沒有縮排。
DetectUrls	取得或設定 RichTextBox 是否自動將網址格式化，預設值為 [True]。
EnableAutoDragDrop	取得或設定是否啟用文字、影像或其它資料的拖曳功能，預設值為 [False]。
ShowSelectionMargin	取得或設定是否顯示選取範圍邊界，預設值為 [False]。
ZoomFactor	取得或設定 RichTextBox 目前的縮放層級，預設值為 [1]。

除了前面介紹的屬性，RichTextBox 控制項還提供很多格式化屬性，如下，這些屬性沒有列在屬性視窗，您只能在程式碼內做設定。

屬性	說明
SelectedText	取得或設定 RichTextBox 內被選取的文字。
SelectionAlignment	取得或設定套用於目前選取範圍或插入點的對齊方式，有 [Left]（靠左）、[Right]（靠右）、[Center]（置中）等設定值。
SelectionBullet	取得或設定項目符號樣式是否套用於目前選取範圍或插入點，預設值為 [False]。
SelectionCharOffset	取得或設定 RichTextBox 內的文字是否為上標或下標，設定值為 -2000 ~ 2000 的整數，0 為一般文字，大於 0 表示為上標，小於 0 表示為下標。
SelectionColor	取得或設定目前文字選取範圍或插入點的文字色彩。
SelectionFont	取得或設定目前文字選取範圍或插入點的文字字型。
SelectionIndent	取得或設定控制項左邊緣和文字左邊緣的間距（像素數），也就是左邊縮排。
SelectionHangingIndent	取得或設定段落第一行文字左邊緣和同一段落中後續幾行左邊緣的間距（像素數），也就是除了首行之外其它均縮排。
SelectionRightIndent	取得或設定控制項右邊緣和文字右邊緣的間距（像素數），也就是右邊縮排。
SelectionStart	取得或設定 RichTextBox 內被選取的文字起始位置。
SelectionLength	取得或設定 RichTextBox 內被選取的文字長度。
SelectionProtected	取得或設定目前文字選取範圍是否受到保護，預設值為 [False]。
SelectionType	取得 RichTextBox 內選取項目的類型。
SelectionTabs	取得或設定 RichTextBox 內絕對定位鍵停駐點 (Tab Stop) 的位置。

隨堂練習

設定 RichTextBox 控制項的屬性，令它呈現如下結果，其中第一個 RichTextBox 控制項有設定項目符號且縮排 10 像素，而第二個 RichTextBox 控制項則設定除了首行之外的其它行均縮排 15 像素。

提示 <MyProj7-1>

```
private void richTextBox1_Enter(object sender, EventArgs e)
{
    richTextBox1.SelectionBullet = true;
    richTextBox1.BulletIndent = 10;
}

private void richTextBox2_Enter(object sender, EventArgs e)
{
    richTextBox2.SelectionHangingIndent = 15;
}
```

7-4-3 MaskedTextBox

MaskedTextBox 控制項可以透過遮罩驗證使用者輸入的資料是否符合指定的規則，由於它的多數屬性和 TextBox 控制項相同，因此，我們僅針對比較特別的屬性列表說明。

<table>
<tr><th>屬性</th><th>說明</th></tr>
<tr><td>PromptChar</td><td>取得或設定提示使用者輸入資料的字元，預設值為 _。</td></tr>
<tr><td>AllowPromptAsInput</td><td>取得或設定使用者在輸入資料時，是否可以輸入 PromptChar 屬性設定的提示字元，預設值為 [True]。</td></tr>
<tr><td>AsciiOnly</td><td>取得或設定 MaskedTextBox 控制項是否只接受 ASCII 字元，預設值為 [False]，表示能夠輸入 ASCII 以外的字元。</td></tr>
<tr><td>BeepOnError</td><td>取得或設定是否在使用者輸入不合法的字元時發出系統嗶嗶聲，預設值為 [False]，表示不發出嗶嗶聲。</td></tr>
<tr><td>Mask</td><td>取得或設定所要使用的遮罩，其格式化字元如下：
• 0：0-9 的單位數數字 (必要項)。
• 9：數字或空格 (選擇項)。
• #：數字或空格 (選擇項)，允許使用 + 和 – 。
• L：英文字母 a-z 和 A-Z (必要項)。
• ?：英文字母 a-z 和 A-Z (選擇項)。
• &：字元 (必要項)。
• C：字元 (選擇項)，任何非控制字元。
• a：英數字元 (選擇項)。
• .：小數點預留位置。
• ,：千分位符號預留位置。
• :：時間分隔符號。
• /：日期分隔符號。
• $：貨幣符號。
• <：將之後的所有字元轉換成小寫。
• >：將之後的所有字元轉換成大寫。
• |：停用之前的 > 或 <。
• \：逸出字元，\\ 表示反斜線。</td></tr>
</table>

隨堂練習

設定 MaskedTextBox 控制項的屬性，令它呈現如下結果，使用者只能輸入西元年月日，否則會發出嗶嗶聲。

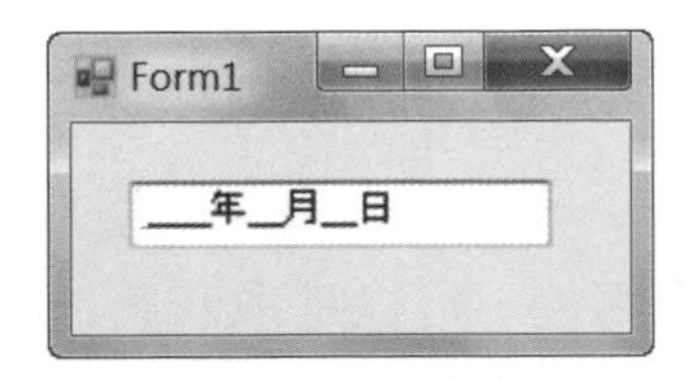

提示 <MyProj7-2>

❖ MaskedTextBox 控制項的 BeepOnError 屬性要設定為 [True]。

❖ 點取 Mask 屬性右邊的 [...] 按鈕，然後在 [輸入遮罩] 對話方塊中選取遮罩方式，再按 [確定]。若要自訂遮罩方式，可以選取 [< 自訂 >]，然後自行輸入遮罩字串，例如 $999,999.00 表示 0-999999 的貨幣值 (包含千分位符號)；(99)-0000-0000 表示八碼地區的電話號碼，區碼為選擇項，若使用者不想輸入選擇性字元，可以輸入空格。

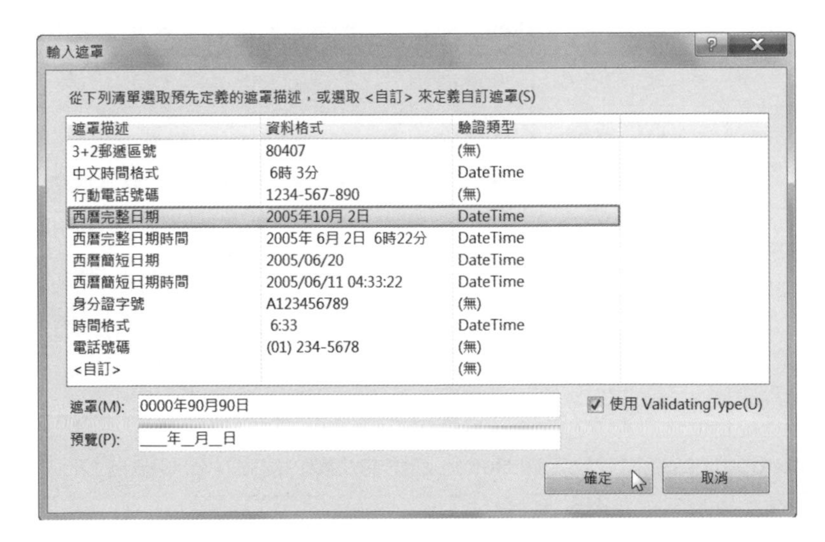

7-5 命令控制項

7-5-1 Button（按鈕）

Button 控制項可以用來執行、終止或中斷動作，當我們按一下按鈕時，會觸發 Click 事件，因此，若我們希望在按一下按鈕後，就執行某個動作，那麼可以將這個動作寫進按鈕的 Click 事件程序。

若要設定 Button 控制項的屬性，可以選取該控制項，屬性視窗就會列出其常用屬性供您查看或修改。由於 Button 控制項有不少屬性的意義和表單相同，因此，我們僅針對比較特別的屬性列表說明。

屬性	說明
FlatStyle	取得或設定 Button 的平面樣式外觀，有 [Flat]、[PopUp]、[Standard]、[System] 等設定值。
UseMnemonic	取得或設定是否將 Text 屬性的 & 字元解譯為快速鍵的前置字元，預設值為 [True]。
Image	取得或設定 Button 所顯示的影像，預設值為 [無]。
ImageAlign	取得或設定 Button 的影像對齊方式，預設值為 [MiddleCenter]。
ImageIndex	取得或設定 Button 所顯示之影像的影像清單索引，預設值為 [無]。
ImageList	取得或設定 Button 所顯示之影像的影像清單，預設值為 [無]。
Text	取得或設定 Button 的文字。
TextAlign	取得或設定 Button 的文字對齊方式，預設值為 [MiddleCenter]。
DialogResult	取得或設定當按下 Button 時傳回父表單的值，有 [None]、[OK]、[Cancel]、[Abort]、[Retry]、[Ignore]、[Yes]、[No] 等設定值。
Enabled	取得或設定 Button 能否回應使用者互動，預設值為 [True]。
Visible	取得或設定是否顯示此控制項，預設值為 [True]。
AllowDrop	取得或設定 Button 能否接受拖曳上來的資料，預設值為 [False]。
ContextMenuStrip	取得或設定與 Button 關聯的快顯功能表，預設值為 [無]。

隨堂練習

設定 Button 的屬性，令它呈現如下結果，其中第一個 Button 的背景色彩為 MistyRose、前景色彩為 Red、樣式為 PopUp、字型為新細明體 12pt，而第二個 Button 的樣式為 Flat、字型為標楷體 12pt。

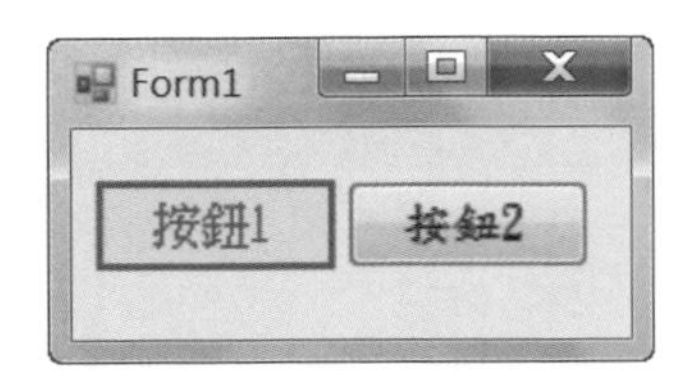

注意

- 若要設定當使用者按下 [Enter] 鍵時，無論表單上哪個控制項取得焦點，都會按一下 [接受] 按鈕，那麼可以將表單的 AcceptButton 屬性設定為該按鈕的名稱。不過，有個例外是當取得焦點的控制項為另一個按鈕時，那麼按下 [Enter] 鍵將會是按下取得焦點的按鈕。
- 若要設定當使用者按下 [Esc] 鍵時，無論表單上哪個控制項取得焦點，都會按一下 [取消] 按鈕，那麼可以將表單的 CancelButton 屬性設定為該按鈕的名稱，此種按鈕通常可以透過程式設計成讓使用者快速結束作業，而不必做任何確認的動作。
- 若希望在使用者按下按鈕後，就執行某個動作，可以針對這個按鈕的 Click 事件撰寫處理程序，其步驟是先選取按鈕，接著在屬性視窗中點取 [事件] 按鈕，然後在 Click 事件按兩下，程式碼視窗就會自動出現諸如 button1_Click 的程序，然後在此程序的主體撰寫欲執行的動作即可。
- 由於篇幅有限，所以本章只會條列控制項比較常用的屬性、方法與事件供您參考，若您需要完整的說明，請自行查閱 MSDN 文件。

7-5-2 NotifyIcon（通知圖示）

NotifyIcon 控制項可以在工作列的通知區域顯示圖示，表示在背景執行或沒有使用者介面的處理序，例如網路連線狀態。由於該控制項不是顯示在表單上，因此，當您在工具箱的 NotifyIcon 控制項按兩下時，它會出現在 Windows Forms 設計工具下方的匣中，若要設定其屬性，可以選取該控制項，屬性視窗就會列出其常用屬性供您查看或修改，比較重要的屬性如下：

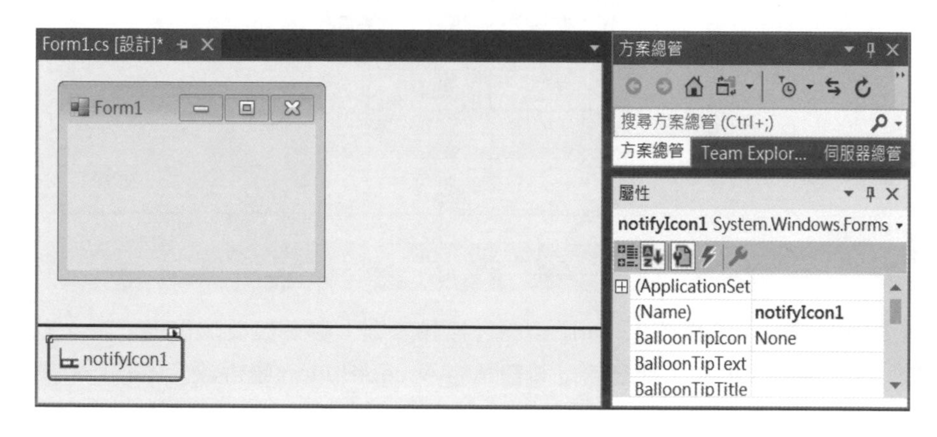

屬性	說明
Icon	設定 NotifyIcon 控制項的圖示 (副檔名須為 .ico)。
Text	設定 NotifyIcon 控制項的提示文字。
BalloonTipIcon	設定 NotifyIcon 控制項的氣球提示圖示。
BalloonTipText	設定 NotifyIcon 控制項的氣球提示文字。
BalloonTipTitle	設定 NotifyIcon 控制項的氣球提示標題。

以下圖為例，圖示為 Icon1.ico、提示文字為「我的防毒程式」，若要在按兩下此圖示時執行某些動作，可以撰寫其 DoubleClick 事件的處理程序。

7-6 文字顯示控制項

7-6-1 Label（標籤）

Label 控制項可以用來顯示無法由使用者編輯的文字或影像，例如顯示文字要求使用者進行指定的動作。若要設定 Label 控制項的屬性，可以選取該控制項，屬性視窗就會列出其常用屬性供您查看或修改。由於 Label 控制項有不少屬性的意義和表單相同，因此，我們僅針對比較特別的屬性列表說明。

屬性	說明
BorderStyle	取得或設定 Label 的框線樣式，有 [None] (無)、[FixedSingle] (單線條)、[Fixed3D] (3D 線條)，預設值為 [None]。
Cursor	設定游標出現在 Label 內的樣式 (預設值為 ↖)。
Font	若要設定 Label 的字型、字型樣式、大小、刪除線或底線 (預設值為新細明體、標準、9 點)，可以設定此屬性。
FlatStyle	取得或設定 Label 的平面樣式外觀，有 [Flat]、[PopUp]、[Standard]、[System]，預設值為 [Standard]。
Image	取得或設定 Label 所顯示的影像，預設值為 [無]。
ImageAlign	取得或設定 Label 的影像對齊方式，預設值為 [MiddleCenter]。
ImageIndex	取得或設定 Label 所顯示之影像的影像清單索引，預設值為 [無]。
ImageList	取得或設定 Label 所顯示之影像的影像清單，預設值為 [無]。
Text	取得或設定 Label 的文字。
TextAlign	取得或設定 Label 的文字對齊方式，預設值為 [TopLeft]。
UseMnemonic	取得或設定是否將 Text 屬性的 & 字元解譯為快速鍵的前置字元，預設值為 [True]。
AutoSize	取得或設定 Label 是否自動調整大小以符合其內容，預設值為 [True]。
AutoEllipsis	取得或設定是否要在 AutoSize 屬性為 [False] 時以省略符號 … 表示還有其它標籤文字，預設值為 [False]。
Enabled	取得或設定 Label 能否回應使用者互動，預設值為 [True]。
Visible	取得或設定是否顯示控制項，預設值為 [True]。

隨堂練習

設定 Label 控制項與 TextBox 控制項的屬性，令它呈現如下結果，當使用者按下 [Alt] 鍵加上第一個 Label 控制項內有底線的字元 [1] 時，就會將焦點移至第一個 TextBox 控制項；同理，當使用者按下 [Alt] 鍵加上第二個 Label 控制項內有底線的字元 [2] 時，就會將焦點移至第二個 TextBox 控制項。

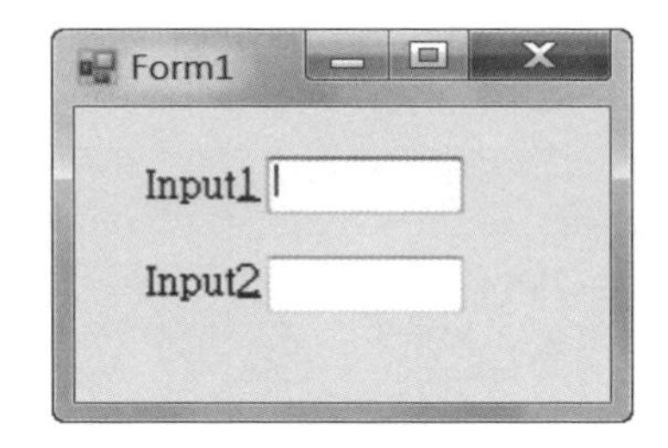

提示

- ❖ 兩個 Label 控制項的 UseMnemonic 屬性都必須設定為 [True]。
- ❖ 第一個 Label 控制項的 Text 屬性必須設定為 [Input&1]，第二個 Label 控制項的 Text 屬性必須設定為 [Input&2]，藉由 & 字元分別將字元 1 和字元 2 設定為快速鍵。
- ❖ 由於第一個 Label 控制項是要設定第一個 TextBox 控制項的快速鍵，因此，第一個 Label 控制項的 TabIndex 屬性必須比第一個 TextBox 控制項的 TabIndex 屬性小；同理，第二個 Label 控制項的 TabIndex 屬性也必須比第二個 TextBox 控制項的 TabIndex 屬性小；此處是將第一、二個 Label 控制項、第一、二個 TextBox 控制項的 TabIndex 屬性分別設定為 [0]、[2]、[1]、[3]。

7-6-2 LinkLabel（超連結標籤）

LinkLabel 控制項可以用來顯示超連結樣式的標籤文字，並設定當使用者按下 LinkLabel 控制項時，就執行指定的動作，例如開啟另一個表單或以瀏覽器開啟網址。

若要設定 LinkLabel 控制項的屬性，可以選取該控制項，屬性視窗就會列出其常用屬性供您查看或修改。由於 LinkLabel 控制項有諸多屬性的意義和 Label 控制項相同，因此，我們僅針對比較特別的屬性列表說明。

屬性	說明
ActiveLinkColor	取得或設定點按超連結時所顯示的色彩，預設值為紅色。
DiabledLinkColor	取得或設定停用之超連結的色彩，預設值為灰色。
LinkColor	取得或設定超連結的色彩，預設值為藍色。
LinkVisited	取得或設定是否將超連結顯示為已瀏覽，預設值為 [False]。
VisitedLinkColor	取得或設定已瀏覽之超連結的色彩，預設值為紫色。
LinkBehavior	取得或設定超連結的行為，有 [SystemDefault]（系統預設）、[AlwaysUnderline]（永遠顯示底線）、[HoverUnderline]（指標停留時才顯示底線）、[NeverUnderline]（永遠不顯示底線）。
LinkArea	取得或設定做為超連結的文字範圍，只要點取欄位右邊的 ... 按鈕，然後在 [LinkArea 編輯器] 對話方塊中選取文字範圍即可。 LinkArea 編輯器 選取要產生連結的文字範圍(R): 開啟另一個表單請點取此處 確定 取消

隨堂練習

設計如下表單，當點取第一個「點取此處」超連結時，將會以預設的瀏覽器開啟 Yahoo! 奇摩網站 (https://tw.yahoo.com/)，當點取第二個「點取此處」超連結時，將會開啟另一個表單。

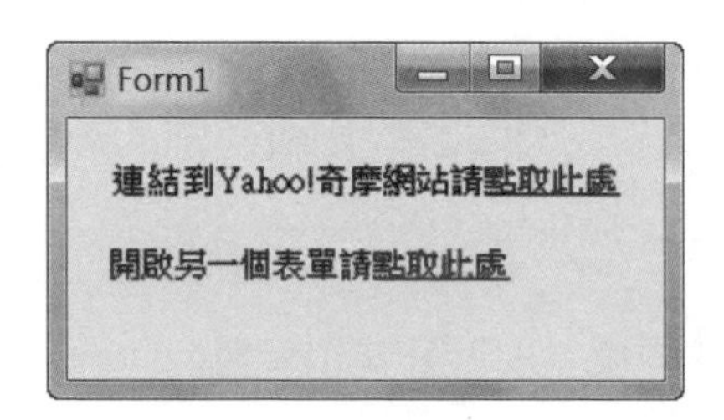

提示 <MyProj7-3>

```
private void linkLabel1_LinkClicked(object sender, LinkLabelLinkClickedEventArgs e)
{
  // 將 LinkVisited 屬性設定為 true，令超連結變成已瀏覽的超連結色彩
  linkLabel1.LinkVisited = true;

  // 呼叫 Process.Start() 方法以預設的瀏覽器開啟指定的網址
  System.Diagnostics.Process.Start("https://tw.yahoo.com/");
}

private void linkLabel2_LinkClicked(object sender, LinkLabelLinkClickedEventArgs e)
{
  linkLabel2.LinkVisited = true;
  Form f = new Form();                  // 建立另一個表單
  f.Show();                             // 呼叫 Show() 方法顯示表單
}
```

7-7 影像控制項

7-7-1 PictureBox（影像方塊）

PictureBox 控制項可以用來顯示 BMP、GIF、JPEG、WMF、PNG 等格式的圖片，若要設定 PictureBox 控制項的屬性，可以選取該控制項，屬性視窗就會列出其常用屬性供您查看或修改，比較重要的屬性則如下。

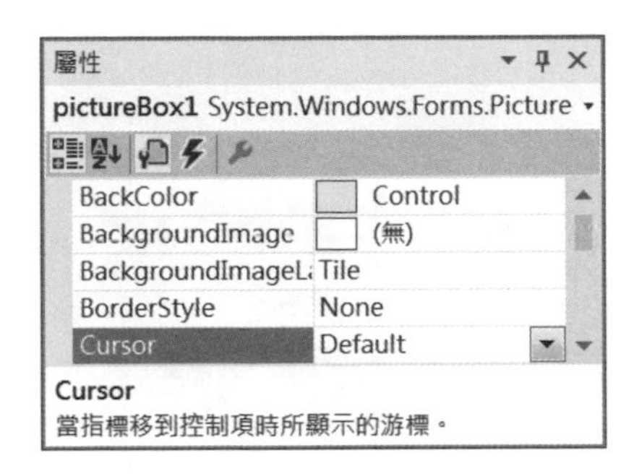

屬性	說明
BackColor	設定 PictureBox 的背景色彩。
BackgroundImage	設定 PictureBox 的背景影像。
BackgroundImageLayout	取得或設定 ImageLayout 列舉型別所定義的背景影像配置，有 [Center]（在控制項的用戶端矩形內影像靠中對齊）、[None]（影像靠左上對齊）、[Stretch]（展開影像）、[Tile]（並排顯示影像）、[Zoom]（放大影像）等設定值。
BorderStyle	取得或設定 PictureBox 的框線樣式，有 [None]（無）、[FixedSingle]、[Fixed3D]，預設值為 [None]。
Image	取得或設定 PictureBox 所顯示的影像，預設值為 [無]。
ContextMenuStrip	取得或設定與 PictureBox 關聯的快顯功能表，預設值為 [無]。
Enabled	取得或設定能否回應使用者互動，預設值為 [True]。
SizeMode	取得或設定影像的顯示方式。
Visible	取得或設定是否顯示控制項，預設值為 [True]。

隨堂練習

設計如下表單，裡面有三個 PictureBox 控制項，當點取第一個 PictureBox 控制項時，會顯示第三個 PictureBox 控制項 (即小鳥圖片)；相反的，當點取第二個 PictureBox 控制項時，會隱藏第三個 PictureBox 控制項。這三個 PictureBox 控制項的 [Image] 屬性分別為 img1.bmp、img2.bmp、img3.jpg。

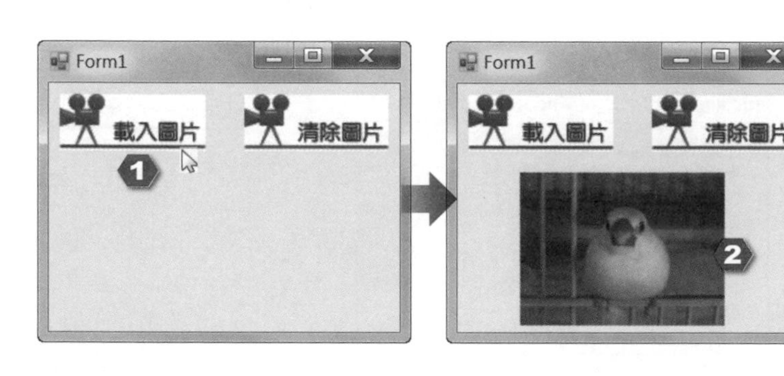

1 點取第一張圖片
2 顯示小鳥圖片

提示 <MyProj7-4>

❖ 將第一個 PictureBox 控制項的 Click 事件程序撰寫成如下：

```
private void pictureBox1_Click(object sender, EventArgs e)
{
   pictureBox3.Visible = true;
}
```

❖ 將第二個 PictureBox 控制項的 Click 事件程序撰寫成如下：

```
private void pictureBox2_Click(object sender, EventArgs e)
{
   pictureBox3.Visible = false;
}
```

7-7-2 ImageList（影像清單）

ImageList 控制項可以用來儲存影像清單，以便稍後經由其它控制項顯示，例 如 ListView、ToolStrip、TreeView、TabControl、Button、CheckBox、RadioButton 和 Label 等控制項均能搭配 ImageList 控制項來儲存影像清單。若要設定 ImageList 控制項的屬性，可以選取該控制項，屬性視窗就會列出其常用屬性供您查看或修改，比較重要的屬性則如下。

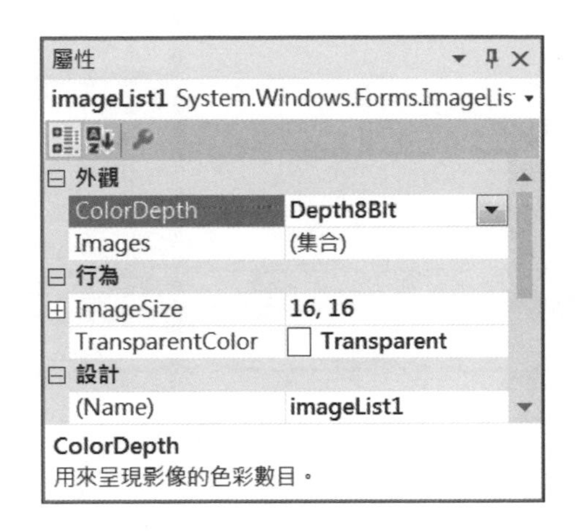

屬性	說明
外觀	
ColorDepth	取得或設定影像清單的色彩深度，即影像可用的色彩數，預設值為 [Depth8Bit]。
Images	取得或設定影像清單。
行為	
ImageSize	取得或設定影像清單中的影像大小，預設值為 [16, 16]，影像最大為 [256, 256]。
TransparentColor	取得或設定哪個色彩會被當作透明色彩，預設值為 [Transparent]。

現在，我們就來示範如何建立影像清單，請您也跟著一起做：

1. 新增一個名稱為 MyProj7-5 的 Windows Forms 應用程式。
2. 在工具箱的 [元件] 分類中找到 ImageList 控制項並按兩下，該控制項的圖示會出現在表單下方的匣中，請加以選取，然後依照下圖操作。

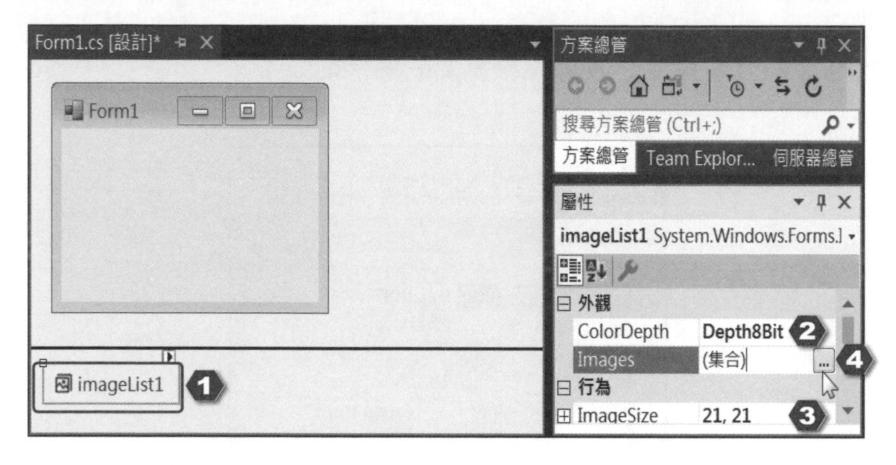

❶ 選取此控制項
❷ 設定色彩深度
❸ 設定圖示大小
❹ 點取此鈕

3. 出現 [影像集合編輯器] 對話方塊，請點取 [加入] 按鈕。

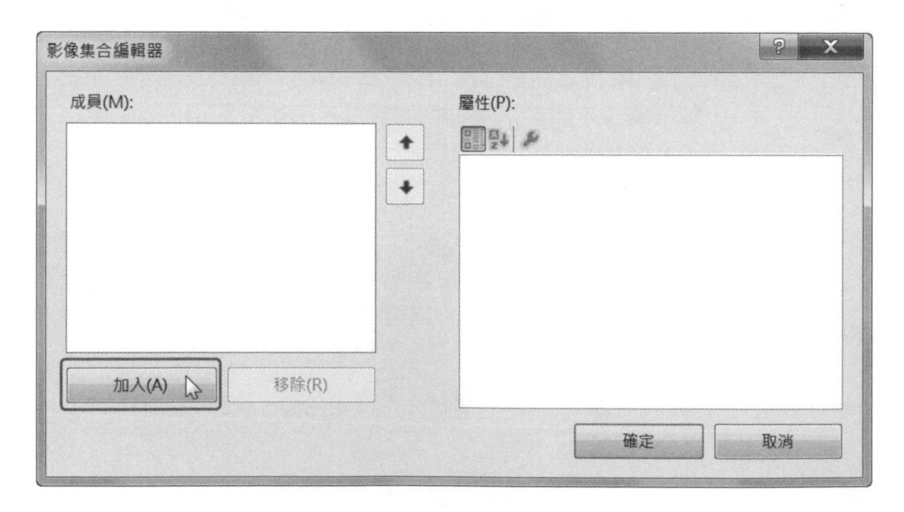

4. 選擇要做為影像清單的圖檔名稱，例如 icon1.bmp ~ icon5.bmp 等 5 張圖片，然後按 [開啟舊檔]。

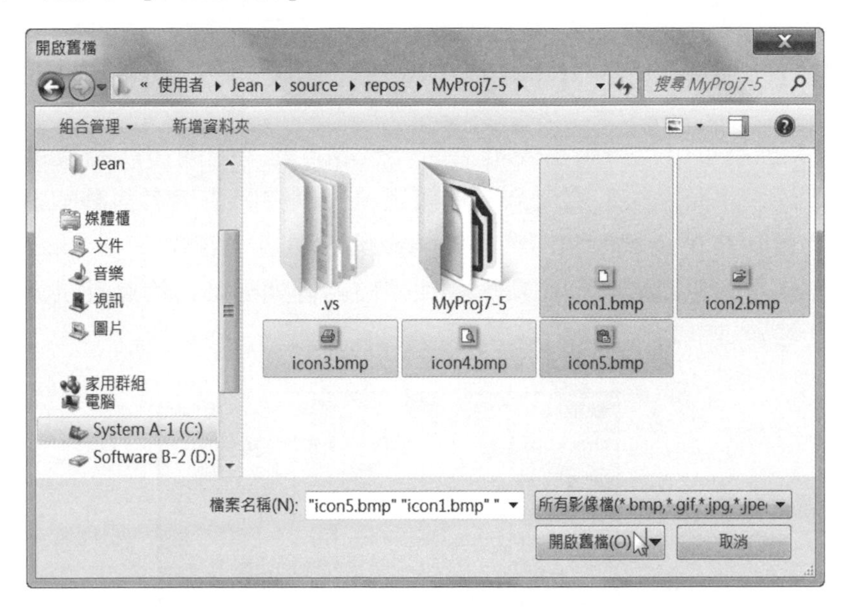

5. [影像集合編輯器] 對話方塊中出現剛才選取的 5 張圖片，請按 [確定]。

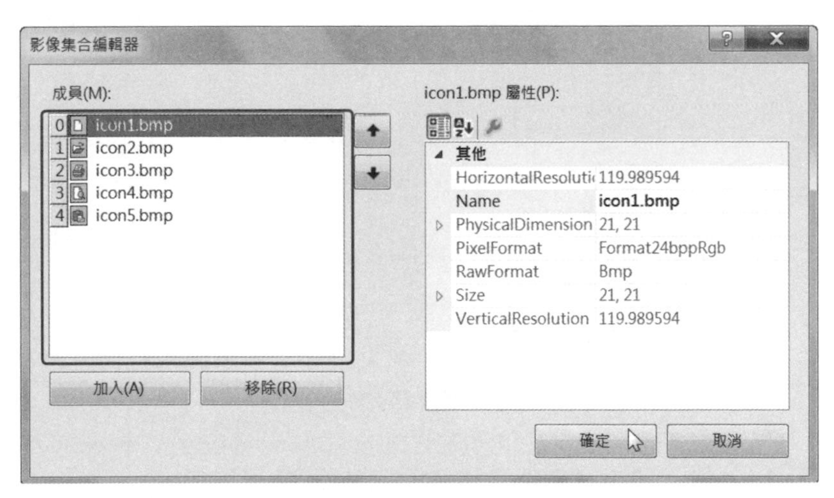

6. 影像清單建立完畢後，即可供 ListView、ToolStrip、TreeView、TabControl、Button、CheckBox、RadioButton、Label 等控制項使用。

7-8 清單控制項

7-8-1 CheckBox（核取方塊）

CheckBox 控制項可以用來在表單上插入核取方塊，它就像能夠複選的選擇題，我們通常會藉由核取方塊列出數個選項，以詢問使用者喜歡閱讀哪幾類書籍、喜歡從事哪幾類休閒活動等能夠複選的問題。若要設定 CheckBox 控制項的屬性，可以選取該控制項，屬性視窗就會列出其常用屬性供您查看或修改，比較重要的屬性則如下。

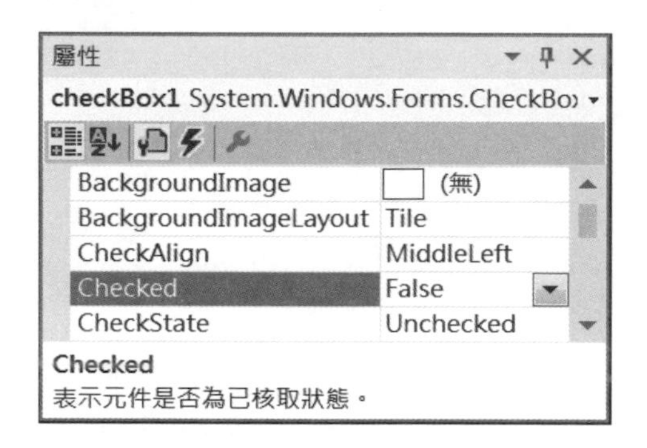

屬性	說明
Appearance	取得或設定 CheckBox 的外觀，有 [Normal] 和 [Button] 等設定值，預設值為 [Normal]。
CheckAlign	取得或設定 CheckBox 的對齊方式，預設值為 [MiddleLeft]。
Checked	取得或設定 CheckBox 是否已核取，預設值為 [False]。
CheckState	取得或設定 CheckBox 的核取狀態，有 [Unchecked]（未核取）、[Checked]（已核取）、[Indeterminate]（不確定）等設定值。
AutoCheck	取得或設定當按一下核取方塊時，Checked 屬性、CheckState 屬性及 CheckBox 的外觀是否會自動變更，預設值為 [True]。
ThreeState	取得或設定 CheckBox 是否允許三種狀態，預設值為 [False]，表示只有已核取及未核取兩種狀態，若設定為 [True]，表示有已核取、未核取及不確定三種狀態。

隨堂練習

設計如下表單，其中每個 CheckBox 控制項都是一張圖片，核取完畢後按下 [確定]，就會出現對話方塊顯示使用者核取哪些早餐種類。

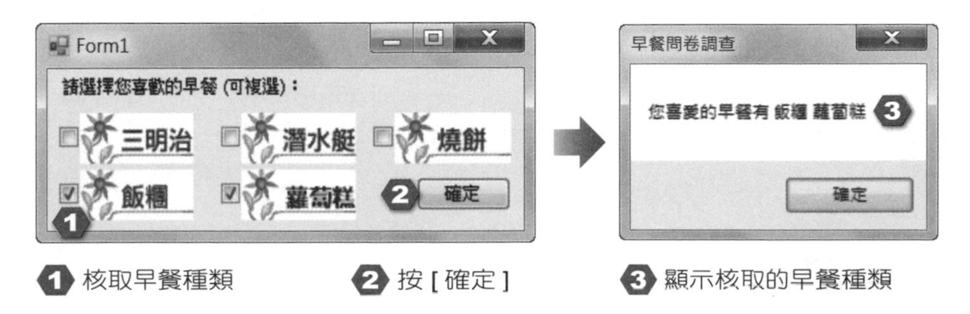

❶ 核取早餐種類 ❷ 按 [確定] ❸ 顯示核取的早餐種類

提示 <MyProj7-6>

1. 設定早餐圖片的影像清單為 imageList1 (menu1.bmp ~ menu5.bmp)。
2. 插入第一個核取方塊，然後清除 [Text] 屬性，將 [ImageList] 屬性設定為影像清單 imageList1，將 [ImageIndex] 屬性設定為 0，就會顯示第一張圖片，其它核取方塊的設定方式請依此類推。

```
private void button1_Click(object sender, EventArgs e)
{
    string Prefer = " 您喜愛的早餐有 ";
    if (checkBox1.Checked) Prefer += " 三明治 ";
    if (checkBox2.Checked) Prefer += " 潛水艇 ";
    if (checkBox3.Checked) Prefer += " 燒餅 ";
    if (checkBox4.Checked) Prefer += " 飯糰 ";
    if (checkBox5.Checked) Prefer += " 蘿蔔糕 ";
    MessageBox.Show(Prefer, " 早餐問卷調查 ");
}
```

7-8-2 RadioButton（選項按鈕）

RadioButton 控制項可以用來在表單上插入選項按鈕，它就像只能單選的選擇題，我們通常會藉由選項按鈕列出數個選項，以詢問使用者的年齡層、最高學歷、已婚、未婚等只有一個答案的問題。

若要設定 RadioButton 控制項的屬性，可以選取該控制項，屬性視窗就會列出其常用屬性供您查看或修改。由於 RadioButton 控制項的屬性和 CheckBox 控制項大致相同，此處不再重複說明。

隨堂練習

將前一個隨堂練習的核取方塊改成只能單選的選項按鈕，令其執行結果如下 (請使用 ImageList 控制項設定 RadioButton 控制項的圖片，圖檔為 menu1.bmp ~ menu5.bmp)。

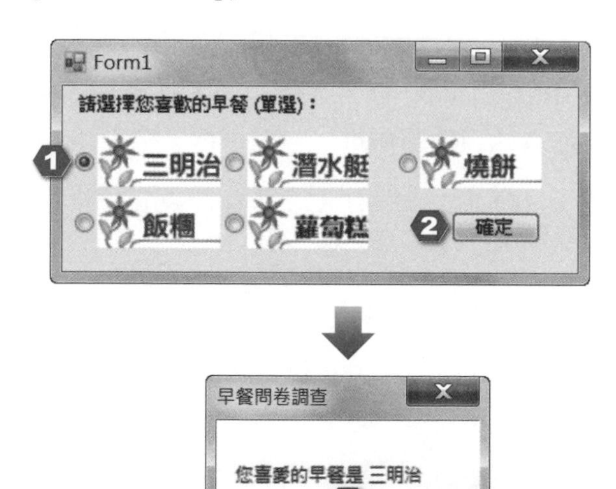

1 核取早餐種類
2 按 [確定]
3 顯示核取的早餐種類

7-8-3 ListBox（清單方塊）

ListBox 控制項可以用來在表單上插入清單方塊，它允許使用者從清單中選擇一個或多個項目，我們通常會藉由清單方塊讓使用者選擇關於自己的興趣、年薪、最高學歷等資訊。

若要設定 ListBox 控制項的屬性，可以選取該控制項，屬性視窗就會列出其常用屬性供您查看或修改，比較特別的屬性則如下。

屬性	說明
ColumnWidth	取得或設定當 ListBox 以多欄形式顯示項目時，每欄資料的寬度，預設值為 [0]，表示使用預設寬度。
HorizontalExtent	取得或設定 ListBox 的水平捲軸可以捲動的寬度，預設值為 [0]。
HorizontalScrollBar	取得或設定是否顯示水平捲軸，預設值為 [False]。若要顯示水平捲軸，必須將此屬性和 ScrollAlwaysVisible 屬性設定為 [True]。
IntegralHeight	取得或設定 ListBox 是否調整大小以顯示完整項目，預設值為 [True]。
MultiColumn	取得或設定 ListBox 是否以多欄形式顯示項目，預設值為 [False]。
ScrollAlwaysVisible	取得或設定是否永遠顯示垂直捲軸，預設值為 [False]。
SelectedIndex	取得或設定目前選取項目的索引，-1 表示沒有選取任何項目。
SelectedIndices	取得目前選取項目的索引集合。
SelectedItem	取得或設定目前選取項目。
SelectedItems	取得目前選取項目的集合。
SelectionMode	取得或設定選取項目的模式，預設值為 [One]。
Sorted	取得或設定項目是否依照字母順序排列，預設值為 [False]。

隨堂練習

設計如下表單，清單方塊內有「博士」、「研究所」、「大專」、「高中」、「國中」、「國小」、「無」等項目，只允許單選。

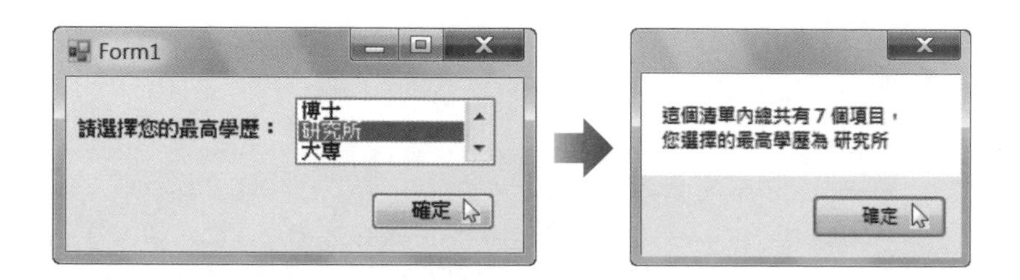

提示

您可以在屬性視窗的 Items 集合欄位新增或移除清單方塊內的項目，然後使用 Items.Count 和 SelectedItem 兩個屬性取得項目個數及被選取項目的值。

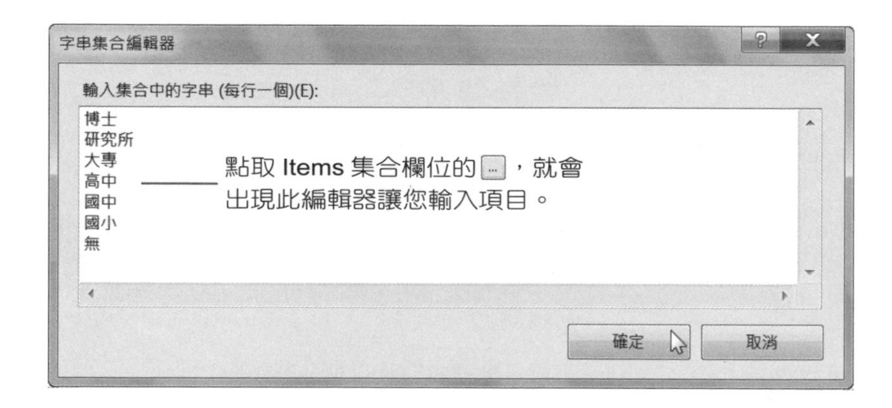


```
private void button1_Click(object sender, EventArgs e)
{
  MessageBox.Show(" 這個清單方塊內總共有 " + listBox1.Items.Count.ToString() +
    " 個項目，\r\n 您選擇的最高學歷為 " + listBox1.SelectedItem.ToString());
}
```

隨堂練習

設計如下表單，清單方塊內有「釣魚」、「球類」、「閱讀」、「音樂」、「慢跑」、「登山」、「游泳」、「繪畫」等項目，允許複選。

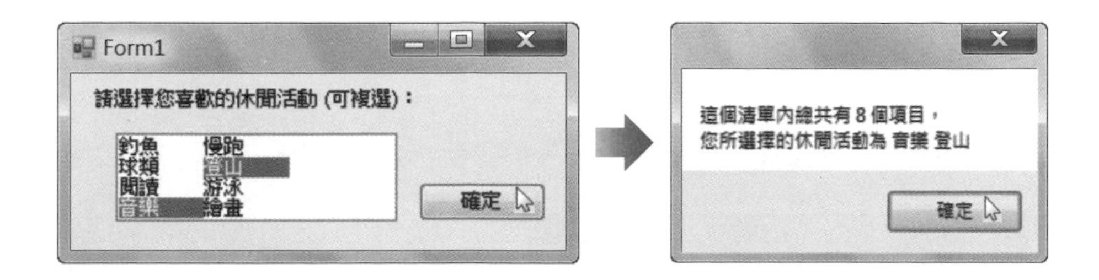

提示

- 在 Windows Forms 設計工具中，我們可以在屬性視窗的 Items 集合欄位新增或移除項目，而在程式碼檢視中，我們則可以透過 Items.Count 屬性取得 ListBox 控制項的項目個數，或透過 Items.Add()、Items.Insert()、Items.Clear()、Items.Remove() 等方法來新增、插入、清除或移除項目。

- 若要取得清單方塊的項目個數、被選取的項目個數、第 i + 1 個被選取項目的值、被選取項目的索引集合，可以使用 Items.Count、SelectedItems.Count、SelectedItems[i].ToString()、SelectedIndices 等屬性。

```
private void button1_Click(object sender, EventArgs e)
{
    string Msg = " 這個清單方塊內總共有 " + listBox1.Items.Count.ToString() +
      " 個項目，\r\n 您所選擇的休閒活動為 ";
    for(int i = 0; i < listBox1.SelectedItems.Count; i++)
      Msg = Msg + listBox1.SelectedItems[i].ToString() + " ";
    MessageBox.Show(Msg);
}
```

7-8-4 CheckedListBox（核取清單方塊）

CheckedListBox 控制項其實就是結合了 CheckBox 和 ListBox 兩個控制項，此處不再重複說明，請您直接做個隨堂練習吧。

隨堂練習

將前一個隨堂練習改成核取清單方塊，令其執行結果如下。

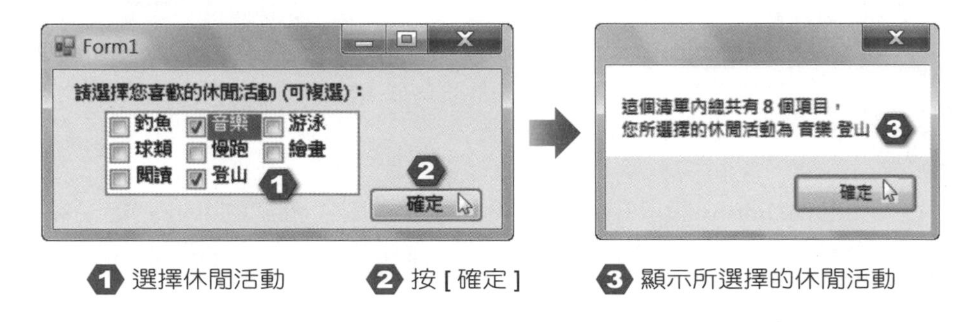

❶ 選擇休閒活動　❷ 按 [確定]　❸ 顯示所選擇的休閒活動

提示

若要取得清單方塊的項目個數、被核取的項目個數、第 i + 1 個被核取項目的值、被核取項目的索引集合，可以使用 Items.Count、CheckedItems.Count、CheckedItems[i].ToString()、CheckedIndices 等屬性。

```
private void button1_Click(object sender, EventArgs e)
{
    string Msg = " 這個清單方塊內總共有 " + checkedListBox1.Items.Count.ToString() +
        " 個項目，\r\n 您所選擇的休閒活動為 ";
    for(int i = 0; i < checkedListBox1.CheckedItems.Count; i++)
        Msg = Msg + checkedListBox1.CheckedItems[i].ToString() + " ";
    MessageBox.Show(Msg);
}
```

7-8-5 ComboBox（下拉式清單）

ComboBox 控制項可以用來在表單上插入下拉式清單，讓使用者從清單中選擇一個項目，其設定方式和 CheckBox、ListBox 等控制項相似，不同的是它和 TextBox 控制項一樣支援「自動完成」功能的屬性，其中 AutoCompleteMode 屬性用來設定自動完成功能如何套用到控制項，AutoCompleteSource 屬性用來設定自動完成功能的字串來源，AutoCompleteCustomSource 屬性用來設定自訂的自動完成功能。

設計一個表單，令其執行結果如下。

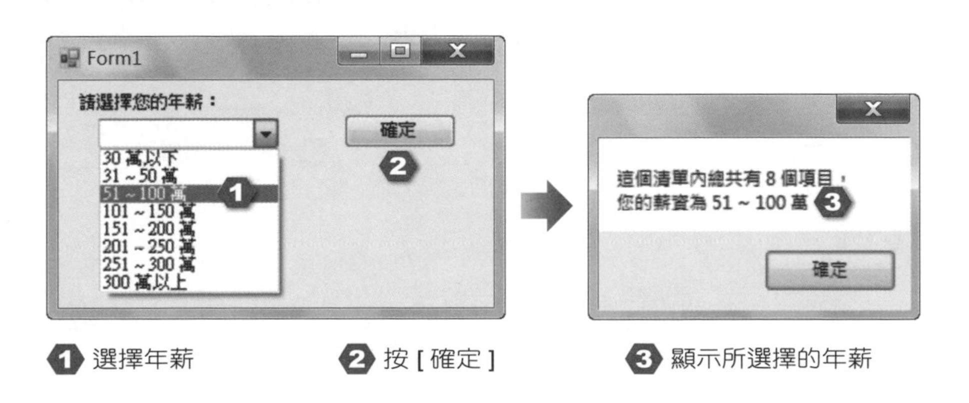

❶ 選擇年薪　❷ 按 [確定]　❸ 顯示所選擇的年薪

提示

```
private void button1_Click(object sender, EventArgs e)
{
    MessageBox.Show(" 這個清單方塊內總共有 " + comboBox1.Items.Count.ToString() +
        " 個項目，\r\n 您的薪資為 " + comboBox1.SelectedItem.ToString());
}
```

7-8-6 DomainUpDown

DomainUpDown 控制項可以用來在表單上插入一個由上下箭頭來做選擇的清單，其設定方式和 CheckBox、ListBox、ComboBox 等控制項相似，此處不再重複說明，請您直接做個隨堂練習吧。

隨堂練習

將前一個隨堂練習改成 DomainUpDown 控制項，令其執行結果如下。

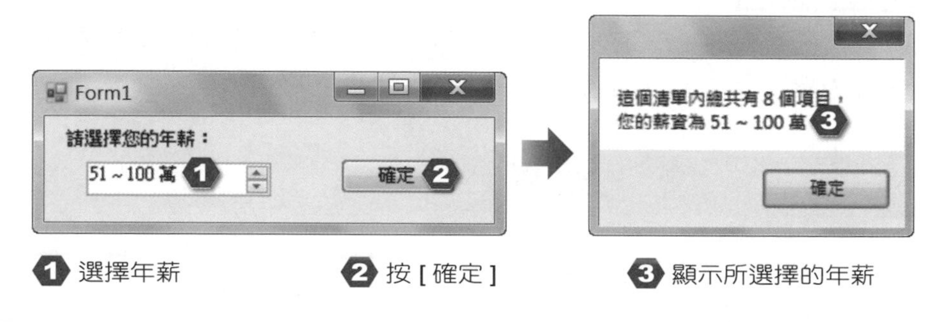

提示

若要取得清單方塊的項目個數、選取項目的值及選取項目的索引，可以使用 Items.Count、Items.SelectedItem、Items.SelectedIndex 等屬性。

```
private void button1_Click(object sender, EventArgs e)
{
   MessageBox.Show(" 這個清單方塊內總共有 " +
      domainUpDown1.Items.Count.ToString() +
      " 個項目，\r\n 您的薪資為 " + domainUpDown1.SelectedItem.ToString());
}
```

7-8-7 NumericUpDown

NumericUpDown 控制項可以用來在表單上插入一個由上下箭頭來遞增或遞減數字的清單，其設定方式和 DomainUpDown 控制項相似，此處不再重複說明，請您直接做個隨堂練習吧。

隨堂練習

設計一個表單，令其執行結果如下，NumericUpDown 控制項的初始值為 20。

❶ 輸入年齡 (初始值為 20，按上下箭頭可以遞增 1 或遞減 1

❷ 按 [確定]

❸ 顯示此訊息

提示

```
private void button1_Click(object sender, EventArgs e)
{
    MessageBox.Show(" 您的年齡為 " + numericUpDown1.Value.ToString());
}
```

備註

NumericUpDown 控制項有幾個實用的屬性，例如 DecimalPlaces 屬性可以設定小數點的位數，預設值為 [0]；Increment 屬性可以設定按上下箭頭每次會遞增或遞減多少數量，預設值為 [1]；若要在程式碼內令 NumericUpDown 控制項遞增或遞減 Increment 屬性所設定的數量，可以呼叫 UpButton() 或 DownButton() 方法。

7-8-8 ListView（清單檢視）

ListView 控制項可以用來在表單上插入清單檢視，就像 Windows 檔案總管右窗格的使用者介面一樣，提供了大圖示、小圖示、清單、詳細資料、內容等檢視模式。

若要設定 ListView 控制項的屬性，可以選取該控制項，屬性視窗就會列出其常用屬性供您查看或修改。由於 ListView 控制項有諸多屬性的意義和前面介紹的控制項相同，因此，我們僅針對比較特別的屬性列表說明。

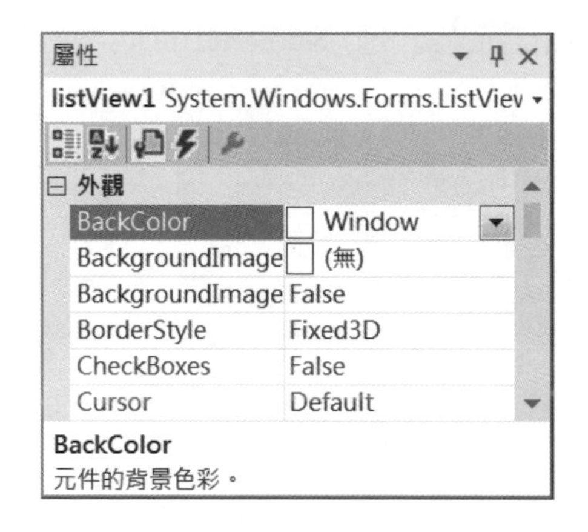

屬性	說明
CheckBoxes	取得或設定項目旁邊是否顯示核取方塊，預設值為 [False]。
CheckedIndices	取得選取項目的索引集合。
CheckedItems	取得選取項目的集合。
FullRowSelect	取得或設定按一下項目時是否會選取其所有子項目，預設值為 [False]。
GridLines	取得或設定項目與子項目的資料列和資料行之間是否顯示格線，預設值為 [False]。
View	取得或設定 ListView 的檢視模式，有 [LargeIcon]（大圖示）、[SmallIcon]（小圖示）、[List]（清單）、[Details]（詳細資料）、[Tile]（內容），預設值為 [LargeIcon]。

屬性	說明
AutoArrange	取得或設定是否自動排列圖示，預設值為 [False]。
Activation	取得或設定使用者必須採取何種動作才能開啟項目，有 [Standard]、[OneClick]（按一下）、[TwoClick]（按兩下）等設定值，預設值為 [Standard]。
AllowColumnReorder	取得或設定使用者是否可以拖曳資料行標題，將 ListView 內的資料行重新排列，預設值為 [False]。
Columns	取得 ListView 顯示的所有資料行標題集合。
HeaderStyle	取得或設定資料行行首的樣式，有 [None]、[Clickable]、[Nonclickable] 等設定值，預設值為 [Clickable]。
HideSelection	取得或設定當 ListView 失去焦點時，選取的項目是否仍反白顯示，預設值為 [True]。
HoverSelection	取得或設定當指標在項目上方停留數秒時，是否要自動選取項目，預設值為 [False]。
Items	取得所有項目的集合。
LabelEdit	取得或設定使用者是否能編輯項目的標籤，預設值為 [False]。
LabelWrap	取得或設定當項目顯示為圖示時，項目標籤是否要換行，預設值為 [True]。
LargeImageList	取得或設定顯示為大圖示時的影像清單 (ImageList)。
MultiSelect	取得或設定是否允許選取多個項目，預設值為 [True]。
Scrollable	取得或設定當沒有足夠空間來顯示所有項目時，是否要顯示捲軸，預設值為 [True]。
SmallImageList	取得或設定顯示為小圖示時的影像清單 (ImageList)。
Sorting	取得或設定項目的排序方式，有 [None]（無）、[Ascending]（遞增）、[Descending]（遞減），預設值為 [None]。
StateImageList	取得或設定清單檢視模式要額外顯示的影像清單，通常是出現在大圖示或小圖示的旁邊，用來表示其狀態。
OwnerDraw	取得或設定要由作業系統或您所提供的程式碼繪製 ListView，預設值為 [False]，表示要由作業系統繪製。
BackgroundImageTiled	取得或設定 ListView 的背景影像是否應該並排顯示，預設值為 [False]。

隨堂練習

設計一個 ListView 控制項，令其大圖示、小圖示、清單、詳細資料、內容等檢視模式如下。

提示 <MyProj7-7>

1. 設定大圖示與小圖示的影像清單為 imageList1 (big1.bmp ~ big4.bmp)、imageList2 (small1.bmp ~ small4.bmp)，然後將 ListView 控制項的 LargeImageList 與 SmallImageList 屬性設定為 [imageList1]、[imageList2]。

2. 點取 Items 屬性欄位的 [...] 按鈕，然後加入如下的四個項目。

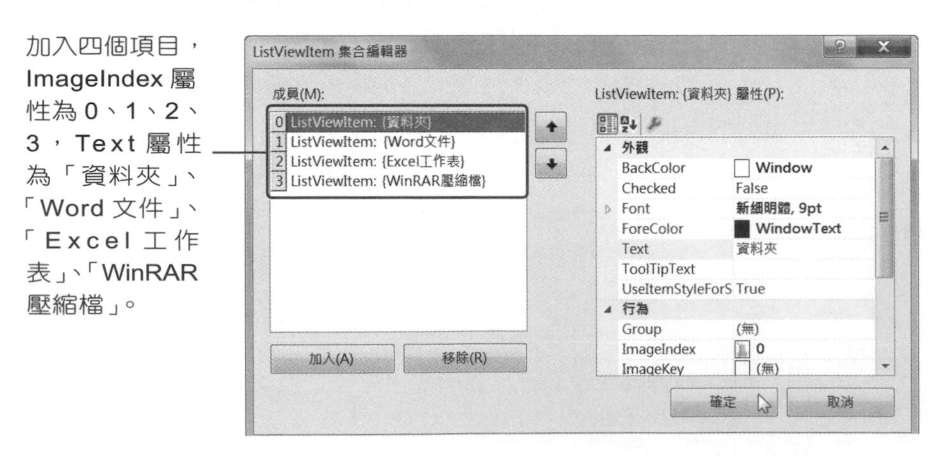

3. 將 ListView 控制項的 Vicw 屬性設定為 [LargcIcon]、[SmallIcon]、[List]、[Details]、[Tile]，就可以在表單內看到大圖示、小圖示、清單、詳細資料或內容檢視模式，但詳細資料檢視模式的資料行標題仍是空白，請點取 Columns 屬性欄位的 [...] 按鈕，然後加入如下的三個資料行標題。

加入三個資料行標題，Text 屬性為「名稱」、「應用程式」、「副檔名」，Width 屬性為 120、90、90。

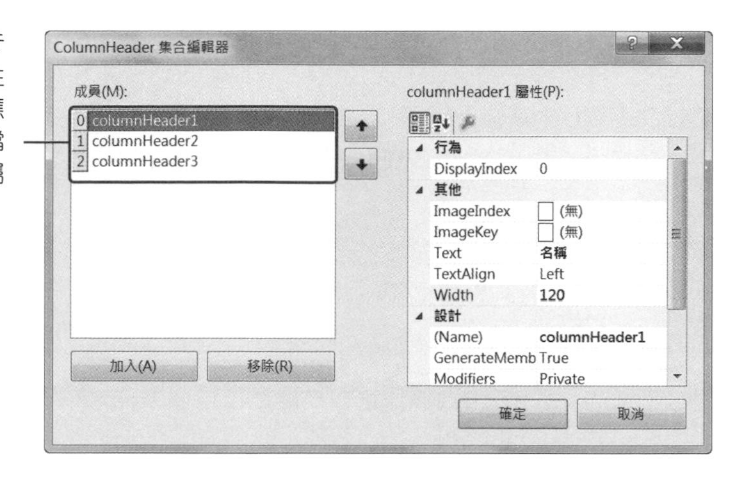

4. 最後要設定每個項目在詳細資料檢視模式中的資料行文字，請再度點取 Items 屬性欄位的 [...] 按鈕，從 [成員] 欄位選取第一個項目，然後點取 SubItems 屬性欄位的 [...] 按鈕，加入如下的兩個成員，完畢後其它項目亦仿照此步驟設定其資料行文字。

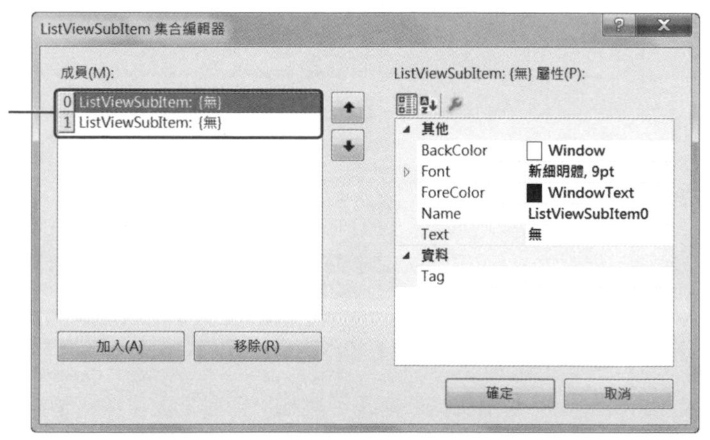

7-8-9 TreeView（樹狀檢視）

TreeView 控制項可以用來顯示節點的階層架構，就像 Windows 檔案總管的左窗格一樣，每個節點可能包含其它節點，稱為子節點 (child node)，而包含子節點的節點可以展開或摺疊顯示，稱為父節點 (parent node)。

若要設定 TreeView 控制項的屬性，可以選取該控制項，屬性視窗就會列出其常用屬性供您查看或修改。由於 TreeView 控制項有諸多屬性的意義和前面介紹的控制項相同，因此，我們僅針對比較特別的屬性列表說明。

屬性	說明
CheckBoxes	取得或設定項目旁邊是否要顯示核取方塊，預設值為 [False]。
ItemHeight	取得或設定每個樹狀節點的高度，預設值為 [14]。
FullRowSelect	取得或設定選取範圍是否跨過 TreeView 的寬度，預設值為 [False]。
HideSelection	取得或設定當 TreeView 失去焦點時，選取的樹狀節點是否仍以反白顯示，預設值為 [True]。
HotTracking	取得或設定當指標經過樹狀節點的標籤時，該標籤是否顯示成超連結的外觀，預設值為 [False]。
Indent	取得或設定每個子樹狀節點層的縮排間距，預設值為 [19]。
LabelEdit	取得或設定是否允許使用者編輯樹狀節點的標籤，預設值為 [False]。
Nodes	取得樹狀節點集合。
PathSeparator	取得或設定樹狀節點路徑使用的分隔符號，預設值為 \。
Scrollable	取得或設定當沒有足夠空間顯示所有樹狀節點時，是否要顯示捲軸，預設值為 [True]。
ShowLines	取得或設定是否顯示節點連接線，預設值為 [True]。
ShowPlusMinus	取得或設定包含子樹狀節點的樹狀節點旁邊是否顯示加號 (+) 和減號 (-) 按鈕，預設值為 [True]。
Sorted	取得或設定是否將樹狀節點加以排序，預設值為 [False]。

屬性	說明
ShowRootLines	取得或設定是否在位於 TreeView 根部的樹狀節點之間繪製線條，預設值為 [True]。
DrawMode	取得或設定繪製 TreeView 的模式，有 [Normal] (由作業系統繪製)、[OwnerDrawAll](手動繪製)、[OwnerDrawText](手動繪製標籤) 等設定值，預設值為 [Normal]。
ShowNodeToolTips	取得或設定當指標停留於 TreeNode 時是否顯示工具提示，預設值為 [False]。

隨堂練習

設計如下的 TreeView 控制項。

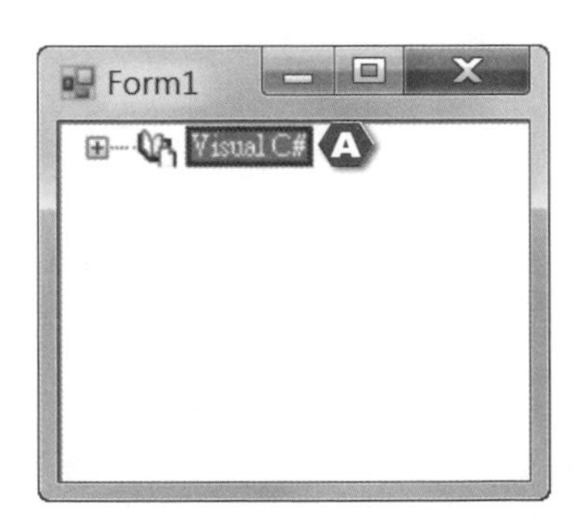

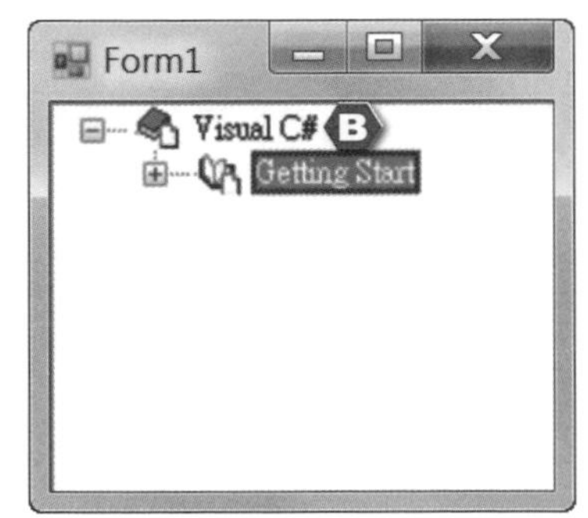

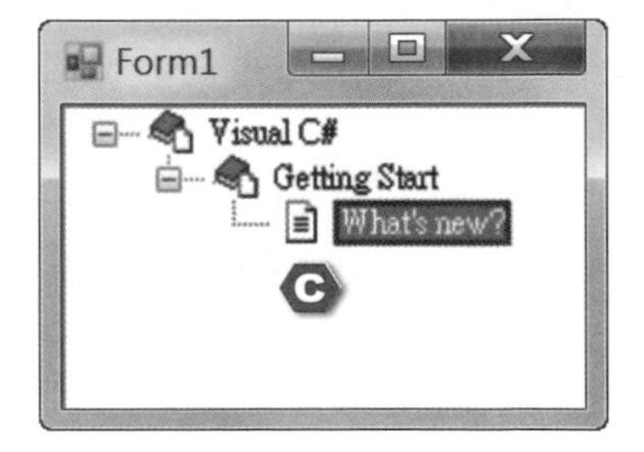

A 選取時會呈現打開的圖示

B 沒有選取時會呈現闔起的圖示

C 全部展開的結果

提示 <MyProj7-8>

1. 插入 ImageList 控制項 (imageList1) 並設定影像清單，圖檔為 tree1.bmp 、tree2.bmp 、tree3.bmp ，每張圖片的大小為 20×16。
2. 將 TreeView 控制項的 ImageList 屬性設定為 [imageList1]。
3. 點取 Nodes 屬性欄位的 按鈕，然後依照下圖操作加入根節點。

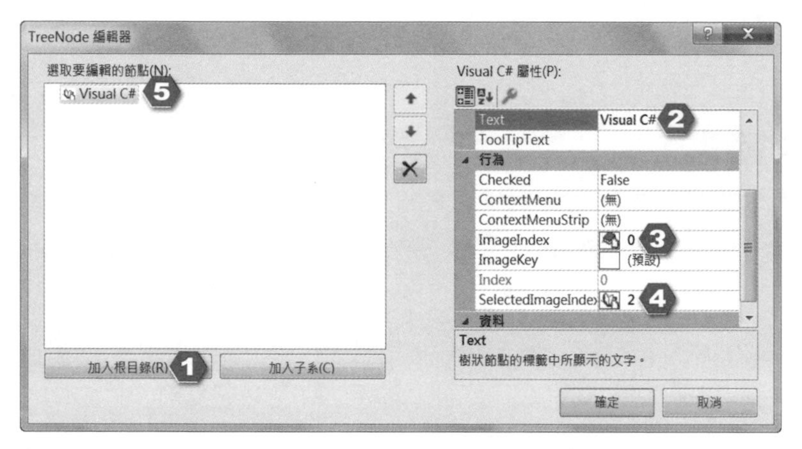

❶ 點取此鈕 ❷ 輸入標籤 ❸ 選擇圖示 ❹ 選擇被選取時的圖示 ❺ 出現結果

4. 依照下圖操作加入子節點。

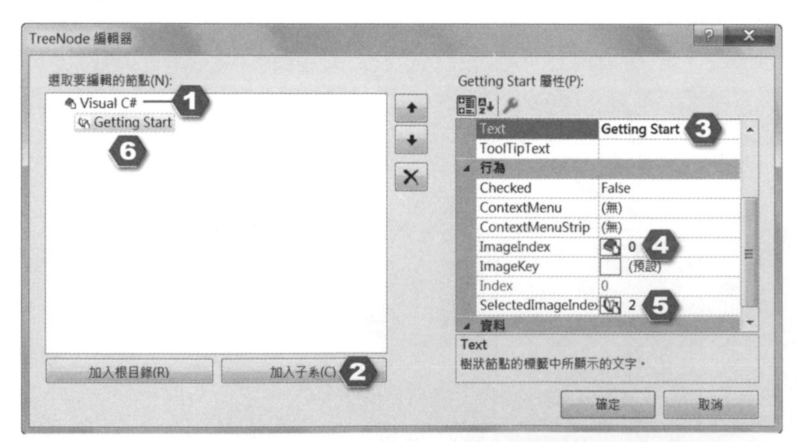

❶ 選取父節點 ❸ 選取子節點並輸入標籤 ❺ 選擇被選取時的圖示
❷ 點取此鈕 ❹ 選擇圖示 ❻ 出現結果

5. 依照下圖操作加入子節點。

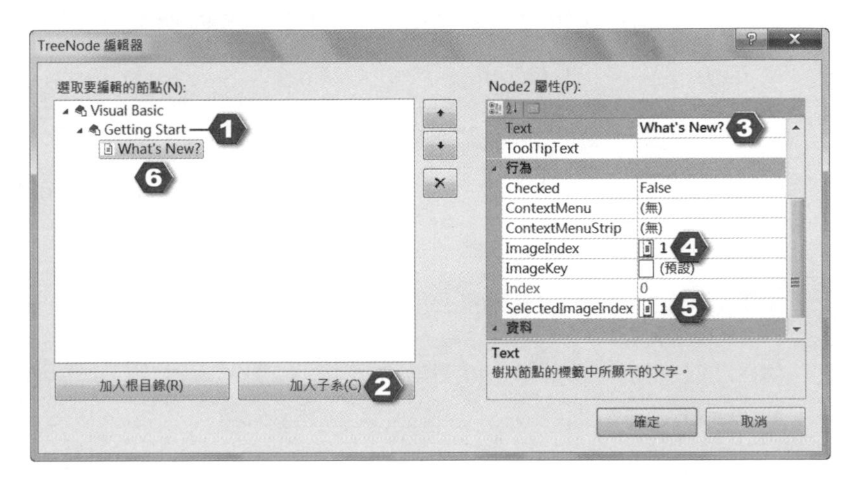

❶ 選取父節點 ❸ 選取子節點並輸入標籤 ❺ 選擇被選取時的圖示
❷ 點取此鈕 ❹ 選擇圖示 ❻ 出現結果

注意

➤ 若要取得 TreeView 內被選取之節點的標籤，可以透過下列程式碼：

```
private void treeView1_AfterSelect(object sender, TreeViewEventArgs e)
{
  MessageBox.Show(e.Node.Text);
}
```

➤ 若不是要取得被選取之節點的標籤，而是要取得其索引，那麼可以改用 Index 屬性。

➤ 由於篇幅有限，所以本節只會條列 TreeView 控制項比較常用的屬性，若需要完整的說明，請自行查閱 MSDN 文件，TreeView 控制項隸屬於 System.Windows.Forms.TreeView 類別。

學習評量

一、選擇題

(　　) 1. 我們可以使用下列哪個屬性設定表單的標題列文字？

A. Cursor　B. Caption　C. Font　D. Text

(　　) 2. 下列哪種表單的框線樣式不會在標題列顯示圖示？

A. FixedSingle　B. None　C. Sizable　D. Fixed3D

(　　) 3. 我們可以使用下列哪個屬性設定表單的透明度？

A. ForeColor　B. Transparency　C. Opacity　D. AllowDrop

(　　) 4. 在呼叫 Form 類別的 Close() 方法關閉表單時並不會觸發哪個事件？

A. Deactivate　B. Load　C. Disposed　D. Closing

(　　) 5. 若表單不是第一次顯示，下列哪個事件不會被觸發？

A. VisibleChanged　B. Activated

C. Load　D. HandleCreated

(　　) 6. 下列哪個事件會觸發於完成拖曳控制項時？

A. DragDrop　B. DragEnter　C. DragLeave　D. DragOver

(　　) 7. 下列哪個事件會觸發於指標停留在控制項時？

A. MouseWheel　B. MouseUp

C. MouseHover　D. MouseMove

(　　) 8. 下列哪個事件會觸發於重繪控制項時？

A. Paint　B. SizeChanged

C. MouseHover　D. Resize

(　　) 9. 我們可以使用下列哪個屬性將 TextBox 設定為多行文字方塊？

A. ScrollBars　B. Text

C. Multiline　D. MaxLength

(　　) 10. 我們可以使用下列哪個屬性在 RichTextBox 套用項目符號？

A. DetectUrls　B. SelectionBullet

C. ZoomFactor　D. BulletIndent

(　　) 11. 我們可以使用哪個控制項在工作列的狀態通知區域中顯示圖示？

A. NotifyIcon　B. PictureBox　C. StatusStrip　D. ImageList

(　　) 12. 我們可以使用下列哪個屬性設定 TreeView 內每個樹狀節點的圖片？

A. DisplayStyle　B. ImageAlign　C. Text　D. ImageList

(　　) 13. 下列哪個控制項不允許複選？

A. CheckedBoxList　B. RadioButton

C. CheckBox　D. ListBox

(　　) 14. 我們可以使用下列哪個屬性設定 CheckBox 為已被核取？

A. CheckAlign　B. AutoCheck

C. CheckState　D. Checked

(　　) 15. 我們可以使用下列哪個屬性取得包含 ListBox 內所有目前選取項目的集合？

A. SelectionMode　B. SelectedIndices

C. SelectedItems　D. SelectedItem

(　　) 16. 我們可以使用下列哪個屬性設定在 NumericUpDown 按上下箭頭時每次會遞增或遞減多少數量？

A. Separator　B. Increment　C. Count　D. Hexadecimal

(　　) 17. 我們可以使用下列哪個控制項在表單上插入清單檢視？

A. ListView　B. TreeView　C. ComboBox　D. ListBox

(　　) 18. 我們可以使用下列哪個屬性設定 TreeView 內每個樹狀節點的高度？

A. Nodes　B. PathSeparator　C. ItemHeight　D. HotTracking

(　　) 19. 當選取 ListBox 內第一個項目時，SelectedIndex 屬性的值為何？

A. -1　B. 1　C. 2　D. 0

(　　) 20. 我們可以使用下列哪個屬性將 CheckedListBox 內的項目排序？

A. SelectionMode　B. SelectedItem

C. Sorting　D. Sorted

學習評量

二、練習題

1. 撰寫一個程式，令其執行結果如下。

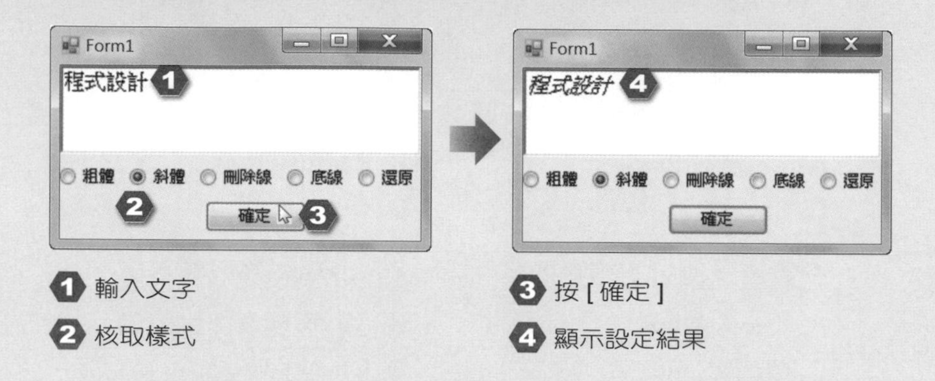

❶ 輸入文字
❷ 核取樣式
❸ 按 [確定]
❹ 顯示設定結果

2. 撰寫一個程式，令其執行結果如下。

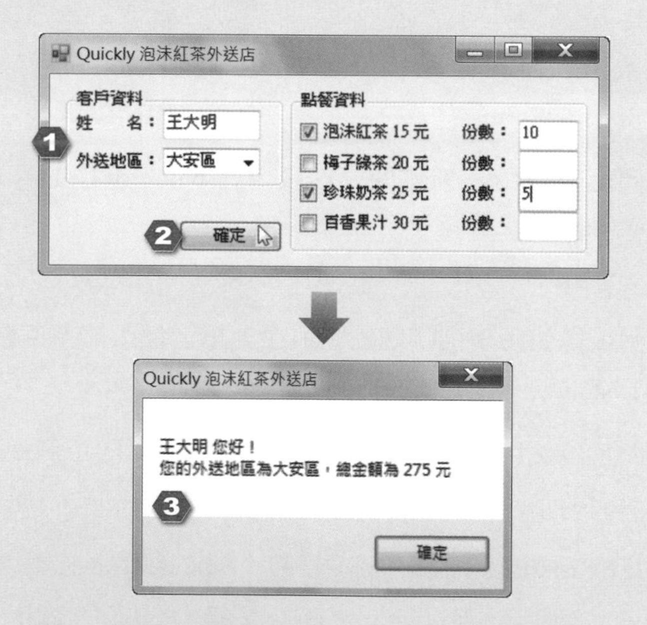

❶ 輸入姓名、選擇外送地區（大安區、文山區、中正區、松山區、信義區）及點餐資料
❷ 按 [確定]
❸ 顯示客戶姓名、外送地區及總金額

Windows Forms 控制項（二）

8-1 日期時間控制項

8-2 功能表、工具列與狀態列控制項

8-3 容器控制項

8-4 對話方塊控制項

8-5 其它控制項

8-6 GDI+ 繪圖

8-7 列印支援

8-1 日期時間控制項

我們已經在第 7 章介紹了文字編輯控制項、命令控制項、文字顯示控制項、影像控制項及清單控制項，本章將繼續介紹其它實用的控制項。

8-1-1 DateTimePicker（日期時間選取器）

DateTimePicker 控制項可以用來選取日期時間，比較重要的屬性如下。

屬性	說明
Format	取得或設定日期時間的顯示格式，預設值為 [Long]。
ShowUpDown	取得或設定能否使用上下按鈕調整日期時間，預設值為 [False]。
MaxDate	取得或設定可選取的日期時間上限，預設值為 [9998/12/31]。
MinDate	取得或設定可選取的日期時間下限，預設值為 [1753/1/1]。
Value	取得或設定選取的日期時間。

隨堂練習

設計一個表單，令其執行結果如下 (提示：您可以使用 DateTimePicker 控制項的 CloseUp 事件和 Value 屬性，在選取日期完成後顯示結果)。<MyProj8-1>

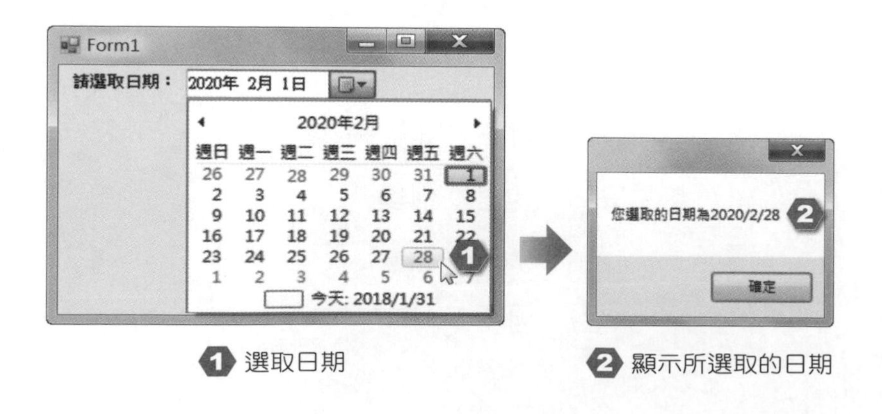

❶ 選取日期　❷ 顯示所選取的日期

8-1-2 MonthCalendar（月曆）

MonthCalendar 控制項可以用來檢視並選取日期，但和 DateTimePicker 控制項不同的是它可以用來選取一段日期範圍，而 DateTimePicker 控制項可以用來選取一個日期時間，比較重要的屬性如下。

屬性	說明
CalendarDimentions	取得或設定所顯示月份的欄數和列數，預設值為 [1,1]，表示顯示一個月的月曆，而 [2,3] 表示顯示六個月的月曆。
TitleBackcolor	取得或設定月曆標題區的背景色彩。
TitleForecolor	取得或設定月曆標題區的前景色彩。
TrailingForeColor	取得或設定非本月日期顯示的色彩。
FirstDayOfWeek	取得或設定月曆所顯示之一週的第一天，預設值為 [Default]，表示取決於作業系統的設定。
MaxDate	取得或設定可選取的日期上限，預設值為 [9998/12/31]。
MinDate	取得或設定可選取的日期下限，預設值為 [1753/1/1]。
MaxSelectionCount	取得或設定最多可選取的天數，預設值為 [7]。
ScrollChange	取得或設定按上個月或下個月按鈕要跳幾個月，預設值為 [0]。
SelectionEnd	取得或設定選取範圍的結束日期。
SelectionStart	取得或設定選取範圍的開始日期。
SelectionRange	取得或設定選取範圍。
ShowToday	取得或設定是否將 TodayDate 屬性設定的日期顯示在月曆下方，預設值為 [True]。
ShowTodayCircle	取得或設定是否要圈出今天日期，預設值為 [True]。
ShowWeekNumbers	取得或設定是否在每列日期左方顯示週數，預設值為 [False]。
TodayDate	取得或設定今天的日期。

隨堂練習

設計一個表單，令其執行結果如下。

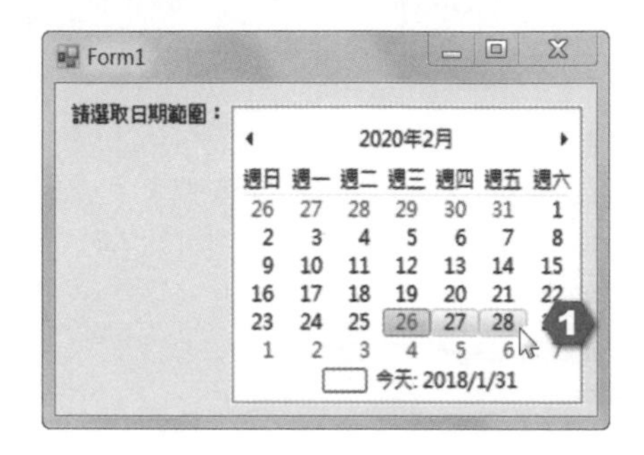

1 選取一段日期範圍

2 顯示所選取的日期範圍

提示 <MyProj8-2>

您可以使用 MonthCalendar 控制項的 DateSelected 事件和 SelectionStart、SelectionEnd 兩個屬性，在選取日期範圍完成後顯示結果。

```
private void monthCalendar1_DateSelected(object sender, DateRangeEventArgs e)
{
  MessageBox.Show(" 您選取的日期範圍為 " +
    monthCalendar1.SelectionStart.ToShortDateString() +
    " ~ " + monthCalendar1.SelectionEnd.ToShortDateString());
}
```

8-2 功能表、工具列與狀態列控制項

8-2-1 MenuStrip（功能表）

MenuStrip 控制項可以用來在表單上建立功能表，如下：

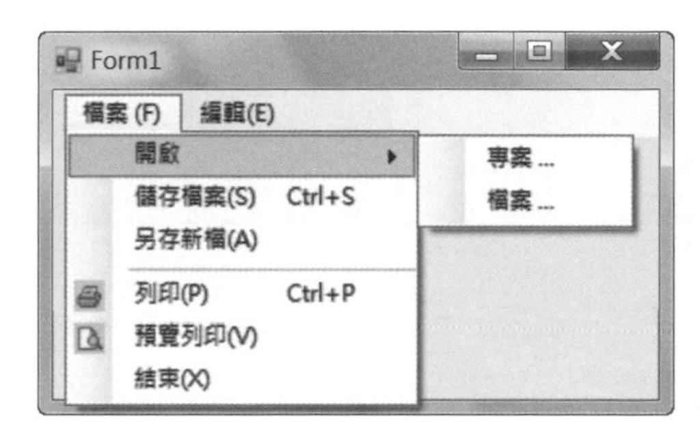

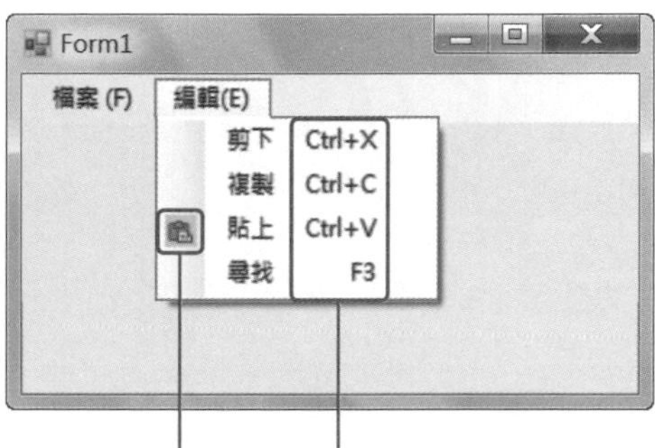

功能圖示　這些是快速鍵 (shortcut)

我們可以依照如下步驟建立這個功能表，請您也跟著一起做：

1. 在工具箱的 [功能表與工具列] 分類中找到 MenuStrip 控制項，然後按兩下，MenuStrip 控制項的圖示就會出現在表單下方的匣中。
2. 依照下圖操作輸入第一個功能表的文字。

❶ 選取此圖示　❷ 點取此處　❸ 選取 [MenuItem]

3. 功能表內隨即新增一個文字為 "ToolStripMenuItem1" 的項目，請選取該項目，然後在屬性視窗將其 [Text] 屬性修改成「檔案 (&F)」，其中 & 符號的作用是將後面的字元 F 設定為快速鍵，日後使用者只要按下 [Alt] + [F] 鍵，就可以開啟這個項目。

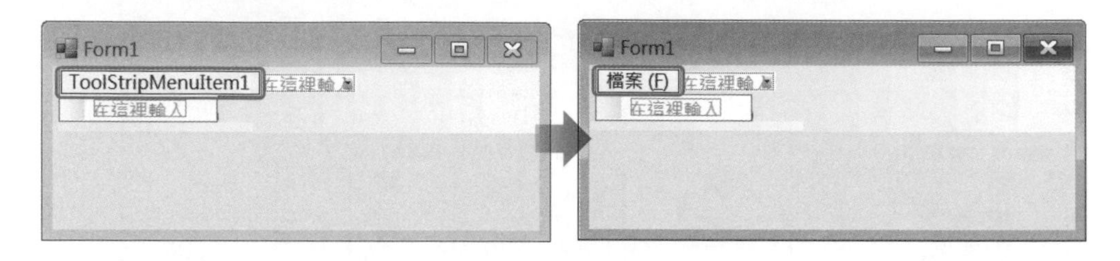

功能表內的項目屬於 ToolStripMenuItem 控制項，比較重要的屬性如下。

屬性	說明
Checked	取得或設定項目是否被核取，核取的項目會顯示 ✓ 或 • 符號，當項目有顯示圖示時，就不會顯示 ✓ 或 • 符號。
CheckState	取得或設定項目的核取狀態，[Unchecked] 表示未核取，[Checked] 表示已核取，功能文字前面會顯示 ✓ 符號，[Indeterminate] 表示不確定，功能文字前面會顯示 • 符號。
DisplayStyle	取得或設定功能項目顯示的樣式，[ImageAndText] 會顯示圖示及文字，[Image] 只顯示圖示，[Text] 只顯示文字，[None] 不顯示圖示及文字，預設值為 [ImageAndText]。
Text	取得或設定項目的文字。
TextAlign	取得或設定項目文字的對齊方式，預設值為 [MiddleCenter]。
TextDirection	取得或設定項目文字的顯示方向，預設值為 [Horizontal]，表示水平顯示，[Vertical90] 表示旋轉 90°，[Vertical270] 表示旋轉 270°。
Image	取得或設定項目的圖示。
DropDownItems	取得或設定所有項目。

屬性	說明
ImageAlign	取得或設定項目圖示的對齊方式，預設值為 [MiddleCenter]。
ImageScaling	取得或設定項目圖示是否自動調整大小以放入項目中。
ImageTransparentColor	取得或設定項目圖示的哪個色彩會被當作透明色彩。
ShortcutKeyDisplayString	取得或設定快速鍵文字，項目只有在 ShowShortcutKeys 屬性為 [True] 時會顯示快速鍵。若設定此屬性，項目顯示的快速鍵會以此屬性來表示，否則會顯示 ShortcutKeys 屬性設定的快速鍵。
AutoSize	取得或設定項目是否會視功能文字的長短自動調整其大小，預設值為 [True]。
AutoToolTip	取得或設定項目是否顯示工具提示，若要顯示工具提示，MenuStrip 控制項的 ShowItemToolTips 屬性須為 [True]。
CheckOnClick	取得或設定當按一下項目時，是否自動變更核取狀態，預設值為 [False]。
Enabled	取得或設定是否啟用項目，若要停用，可以設定為 [False]，項目即會以灰色字顯示且無法點按。
ToolTipText	取得或設定項目的提示文字，若沒有設定此屬性且 AutoToolTip 屬性為 [True]，Text 屬性設定的文字會成為工具提示，如欲顯示工具提示，MenuStrip 控制項的 ShowItemToolTips 屬性須設定為 [True]。
Visible	取得或設定是否顯示項目，若要隱藏，可以設定為 [False]。
ShortcutKeys	取得或設定項目的快速鍵組合，只要按下其快速鍵組合，即可執行該項目的功能。
ShowShortcutKeys	取得或設定項目是否顯示快速鍵組合，[False] 表示不顯示。請注意，若使用 ShortcutKeys 屬性設定快速鍵組合，但將 ShowShortcutKeys 屬性設定為 [False] 來隱藏快速鍵組合，快速鍵仍有效。

4. 輸入第一個功能表的第一個項目，然後輸入其子功能表的項目。

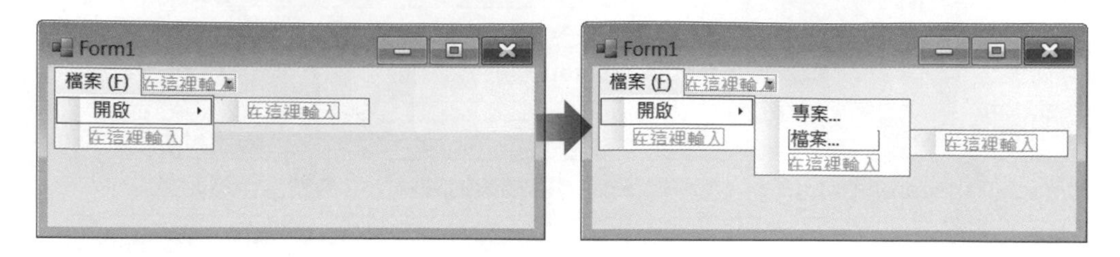

5. 在第一、二個主功能表內輸入如下項目，其中在「列印 (P)」項目上方有個分隔符號，您可以在此項目按一下滑鼠右鍵，然後選取 [插入] \ [Separator]；此外，「列印 (P)」、「預覽列印 (V)」、「貼上」等項目均有顯示圖示，其圖檔為 print.bmp、preview.bmp、paste.bmp；最後，依照下圖設定各個項目。

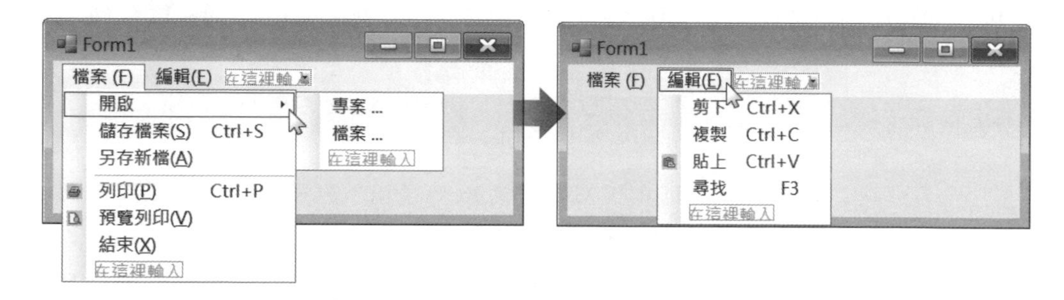

6. 功能表設定完畢後，您就可以針對各個項目撰寫對應的程式碼。

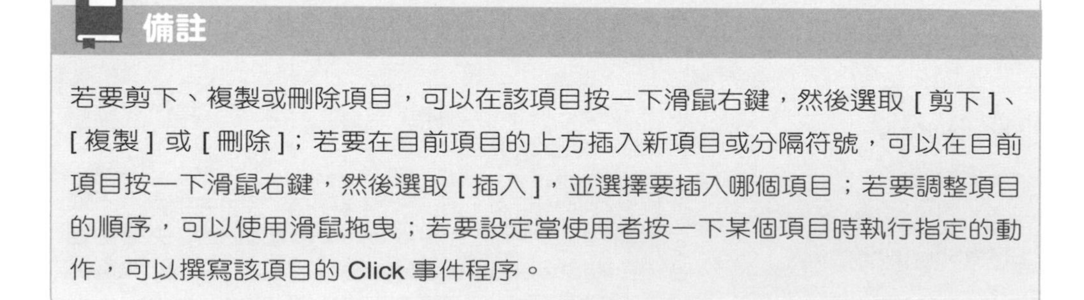

備註

若要剪下、複製或刪除項目，可以在該項目按一下滑鼠右鍵，然後選取 [剪下]、[複製] 或 [刪除]；若要在目前項目的上方插入新項目或分隔符號，可以在目前項目按一下滑鼠右鍵，然後選取 [插入]，並選擇要插入哪個項目；若要調整項目的順序，可以使用滑鼠拖曳；若要設定當使用者按一下某個項目時執行指定的動作，可以撰寫該項目的 Click 事件程序。

8-2-2 ContextMenuStrip（快顯功能表）

ContextMenuStrip 控制項可以用來在表單上建立快顯功能表，也就是當使用者在某個元件按一下滑鼠右鍵時所出現的功能表，裡面有與該元件關聯的命令，比方說，資料夾的快顯功能表內通常有開啟、檔案總管、重新命名、搜尋、剪下、複製、貼上等命令。

由於 ContextMenuStrip 控制項的建立方式和 MainMenuStrip 控制項相似，此處不再重複說明，要提醒您的是快顯功能表通常與按鈕、標籤、影像方塊、核取方塊、選項按鈕等元件連結在一起，因此，想要設定這些元件的快顯功能表，就是將其 ContextMenuStrip 屬性設定為事先建立的 ContextMenuStrip 控制項即可。

隨堂練習

在表單上放置一個 PictureBox 控制項，令其快顯功能表如下，請使用您自己的圖檔或照片完成這個練習。<MyProj8-3>

在圖片按一下滑鼠右鍵就會出現此快顯功能表

8-2-3 ToolStrip（工具列）

ToolStrip 控制項可以用來在表單上建立工具列，下圖為 Visual Studio 的工具列，使用者只要點取工具鈕，就可以執行對應的功能。

由於 ToolStrip 控制項的建立方式和 MainMenuStrip 控制項相似，此處不再重複說明，我們直接來看個例子 <MyProj8-4>，請您也跟著一起做：

1. 在工具箱的 [功能表與工具列] 分類中找到 ToolStrip 控制項，然後按兩下，ToolStrip 控制項的圖示就會出現在表單下方的匣中。
2. 選取 ToolStrip 控制項的圖示，然後依照下圖操作，建立常用的工具鈕。

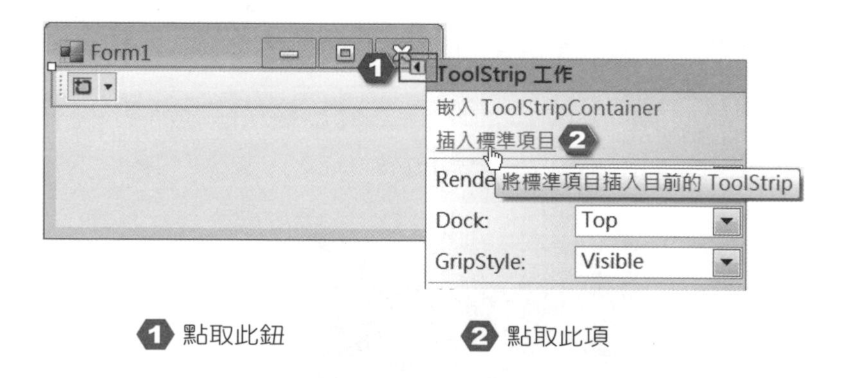

3. 工具列自動建立了新增、開啟、儲存、列印、剪下、複製、貼上、說明等標準的工具鈕，若要刪除某個工具鈕，可以在該工具鈕按一下滑鼠右鍵，然後從快顯功能表中選取 [刪除]。

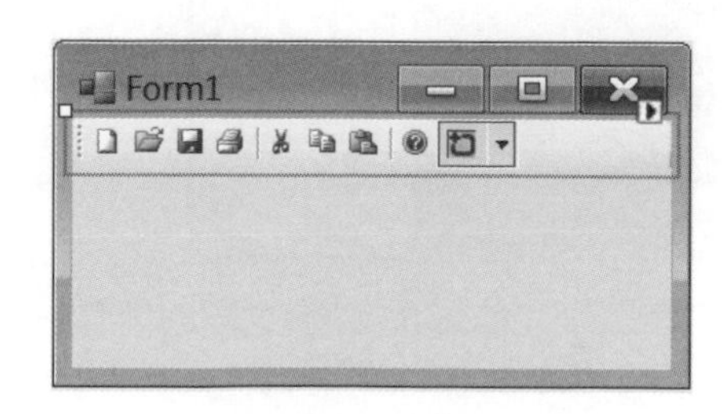

4. 假設我們希望在「列印」工具鈕前面加入「預覽列印」工具鈕，那麼可以點取 [加入 ToolStripButton] 清單鈕，然後選擇 [Button]。

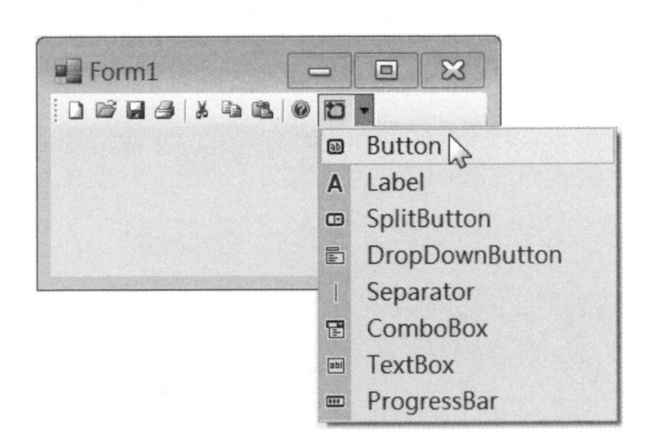

5. 選取步驟 4. 新增的工具鈕，接著點取 [Image] 欄位右邊的 ... 按鈕，在 [選取資源] 對話方塊中匯入 preview.bmp，以設定工具鈕的圖示，然後將 [Text] 屬性設定為「預覽列印 (&V)」，再按住滑鼠左鍵將工具鈕拖曳到「列印」工具鈕的前面，得到如下結果。

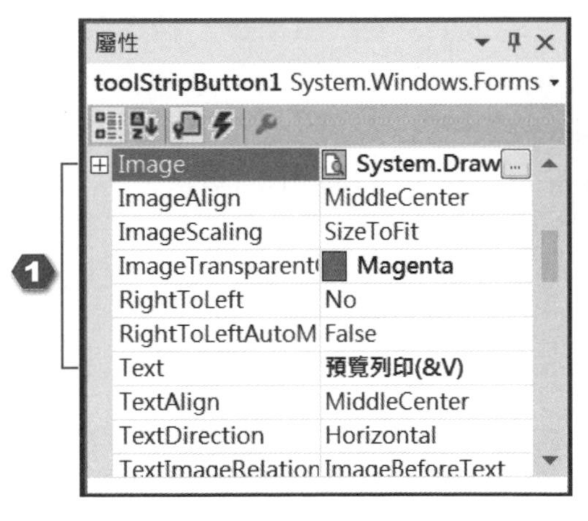

❶ 設定工具鈕的 Image 和 Text 屬性 ❷ 將工具鈕拖曳到此處

6. 工具列設定完畢後，您就可以針對各個工具鈕撰寫對應的程式碼。

8-2-4 StatusStrip（狀態列）

StatusStrip 控制項可以用來在表單上顯示狀態列，通常是位於視窗下方，例如 Microsoft Word 會在狀態列顯示頁面位置、章節位置、編輯模式等資訊。

我們可以依照如下步驟建立下圖的狀態列 <MyProj8-5>，請您也跟著一起做：

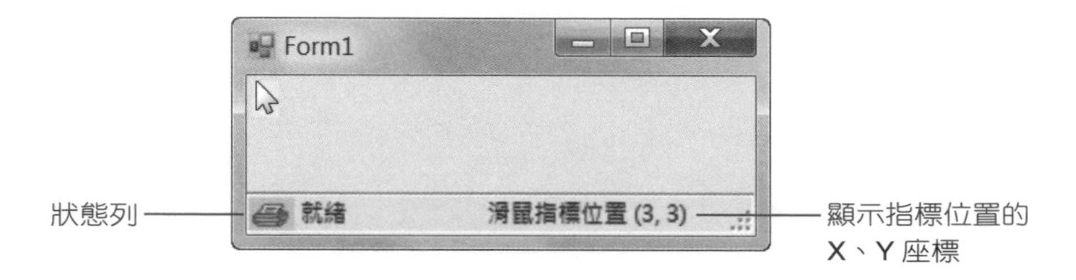

1. 首先，在工具箱的 [功能表與工具列] 分類中找到 StatusStrip 控制項，然後按兩下，StatusStrip 控制項的圖示就會出現在表單下方的匣中。
2. 接著，我們要在狀態列建立第一個狀態，請選取 StatusStrip 控制項，然後點按 [加入 ToolStripStatusLabel] 清單鈕，選取 [StatusLabel]。狀態列隨即新增一個文字為 "ToolStripStatusLabel1" 的狀態標籤，請選取該狀態標籤，然後在屬性視窗將其 [Text] 屬性修改成「就緒」，[TextAlign] 屬性設定為 [MiddleLeft]，[AutoSize] 屬性設定為 [False]，[Size] 屬性設定為 120, 24，[Image] 屬性設定為 print.bmp，得到如下結果。

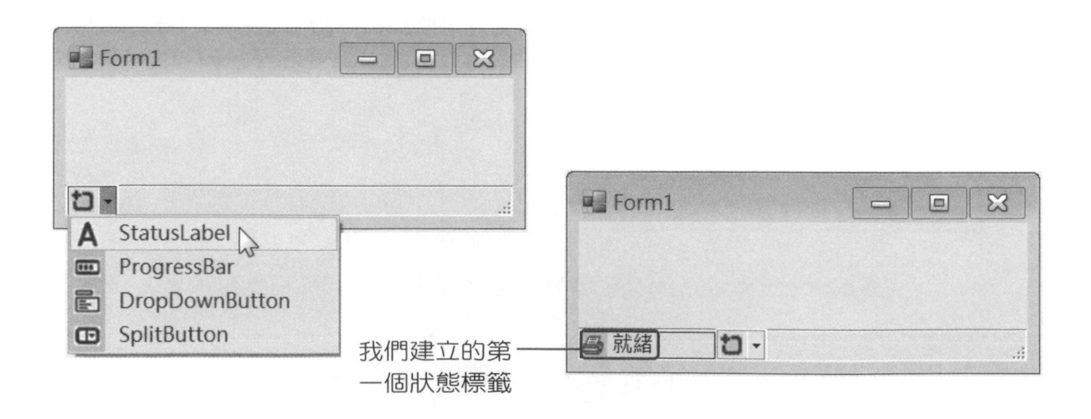

狀態標籤屬於 StatusStripStatusLabel 控制項，比較重要的屬性如下。

屬性	說明
ActiveLinkColor	取得或設定點按超連結時顯示的色彩，預設值為紅色。
BorderSides	取得或設定哪個邊框要顯示框線，預設值為 [None]。
BorderStyle	取得或設定框線樣式。
DisplayStyle	取得或設定狀態標籤的顯示樣式，預設值為 [ImageAndText]（顯示圖示及文字）。
Image	取得或設定狀態標籤的圖示。
ImageAlign	取得或設定狀態標籤圖示的對齊方式，預設值為 [MiddleCenter]。
ImageScaling	取得或設定狀態標籤圖示是否自動調整大小以放入標籤中，[SizeToFit] 表示自動調整大小。
ImageTransparentColor	取得或設定狀態標籤圖示的哪個色彩會被當作透明色彩。
LinkColor	取得或設定超連結的色彩，預設值為藍色。
LinkVisited	取得或設定是否將超連結顯示為已瀏覽，預設值為 [False]。
Spring	取得或設定當表單調整大小時，狀態標籤是否會自動填滿可用空間，預設值為 [False]。
Text	取得或設定狀態標籤的文字。
TextAlign	取得或設定狀態標籤文字的對齊方式，預設值為 [MiddleCenter]（水平垂直置中）。
TextDirection	取得或設定狀態標籤文字的顯示方向，預設值為 [Horizontal]，表示水平顯示，[Vertical90] 表示旋轉 90°，[Vertical270] 表示旋轉 270°。
AutoSize	取得或設定狀態標籤是否會視標籤文字的長短自動調整其大小，預設值為 [True]。
IsLink	取得或設定狀態標籤是否為超連結，預設值為 [False]。

屬性	說明
AutoToolTip	取得或設定狀態標籤是否顯示工具提示，若要顯示，StatusStrip 控制項的 ShowItemToolTips 屬性須為 [True]。
Enabled	取得或設定是否啟用狀態標籤，停用的話會以灰色字顯示。
VisitedLinkColor	取得或設定已瀏覽超連結的色彩，預設值為紫色。
LinkBehavior	取得或設定超連結的行為，有 [SystemDefault] (系統預設)、[AlwaysUnderline] (永遠顯示底線)、[HoverUnderline] (指標停留時才顯示底線)、[NeverUnderline] (永遠不顯示底線)。
ToolTipText	取得或設定狀態標籤的提示文字，若沒有設定此屬性且 AutoToolTip 為 [True]，那麼 Text 屬性設定的文字會成為工具提示。

3. 繼續，我們要在狀態列建立第二個狀態標籤，請選取 StatusStrip 控制項，然後點按 [加入 ToolStripStatusLabel] 清單鈕，選取 [StatusLabel]，建立如下的狀態標籤。

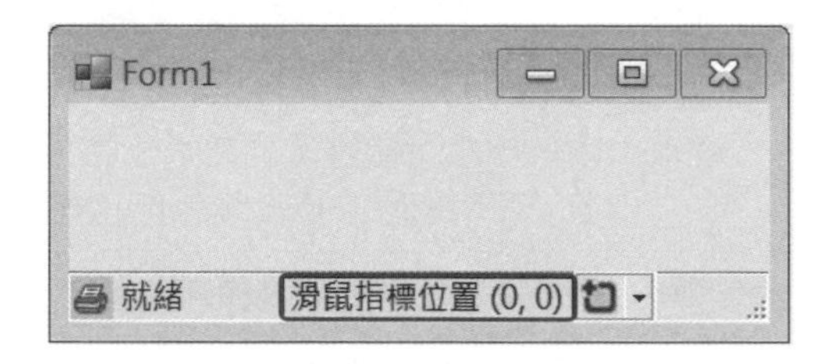

4. 由於我們希望在移動滑鼠時，第二個狀態標籤會顯示指標位置的 X、Y 座標，因此，我們針對表單的 MouseMove 事件撰寫如下的處理程序。

```
private void Form1_MouseMove(object sender, MouseEventArgs e)
{
  toolStripStatusLabel2.Text = " 滑鼠指標位置 (" + e.X.ToString() + ", " + e.Y.ToString() + ")";
}
```

8-3 容器控制項

8-3-1 GroupBox（群組方塊）

GroupBox 控制項可以用來在表單上插入群組方塊，以放置性質相似的表單欄位，比方說，我們可以將客戶的姓名、生日、性別、年齡等個人資料放置在一個群組方塊，然後將客戶希望購屋的區域、預算、屋齡等購屋需求放置在另一個群組方塊，如此一來，表單欄位便會依照性質放置，以利閱讀。由於 GroupBox 控制項的屬性和表單的屬性大同小異，此處不再重複說明，請您直接接做個隨堂練習吧。

隨堂練習

設計如下表單，裡面有兩個 GroupBox 控制項，其標題分別為「個人資料」和「購屋需求」，GroupBox 控制項內又有 Label、RadioBox、TextBox、CheckBox、DateTimePicker、NumericUpDown、ComboBox 等控制項 (提示：您可以使用 GroupBox 控制項的 Text 屬性設定其標題；預算欄位有四個選項，分別是「500 萬以下」、「501~1000 萬」、「1001~2000 萬」、「2000 萬以上」)。

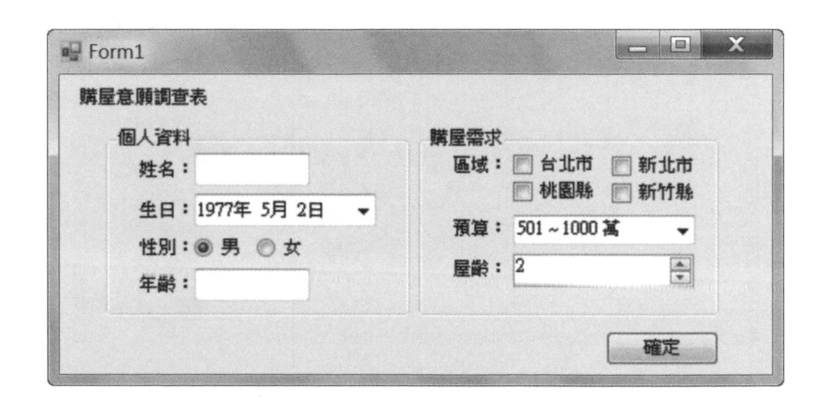

8-3-2 Panel（面板）

Panel 控制項的用途和 GroupBox 控制項一樣是將性質相似的表單欄位放置在一個群組，不同的是 Panel 控制項能夠擁有捲軸，只要將其 AutoScroll 屬性設定為 [True] 即可，下面是一個例子，請您試著動手做做看。

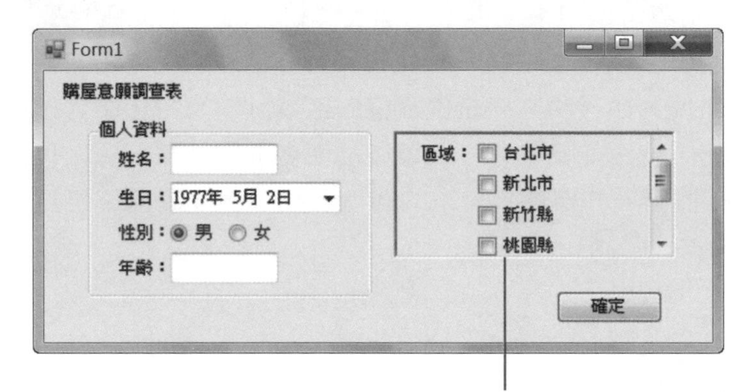

AutoScroll 屬性的值為 True，BorderStyle 屬性的值為 Fixed3D，亦可視實際情況設定背景色彩或背景圖片。

8-3-3 FlowLayoutPanel

FlowLayoutPanel 控制項的用途和 Panel 控制項一樣是將性質相似的表單欄位放置在一個群組，它們均能擁有捲軸，不同的是 FlowLayoutPanel 控制項可以藉由其 FlowDirection 屬性設定以水平或垂直的資料流動方向排列表單內容，下面是一個例子，請您試著動手做做看。

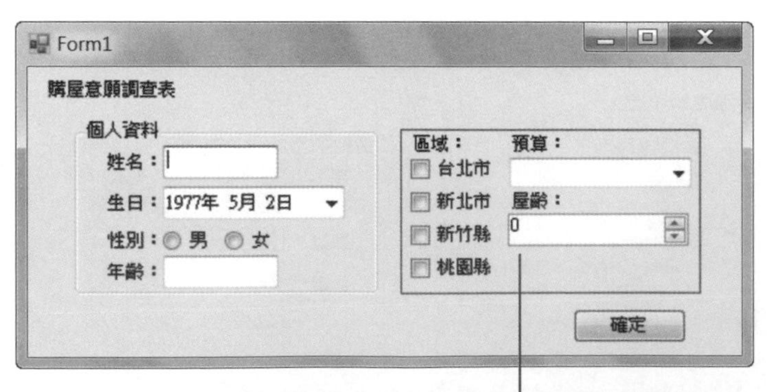

FlowDirection 屬性的值為 TopDown，BorderStyle 屬性值為 FixedSingle，亦可視實際情況設定背景色彩或背景圖片。

8-3-4 TableLayoutPanel

TableLayoutPanel 控制項是在格線中排列表單內容，其配置方式會在表單大小或內容大小變更時自動調整，下面是一個例子，請您試著動手做做看。

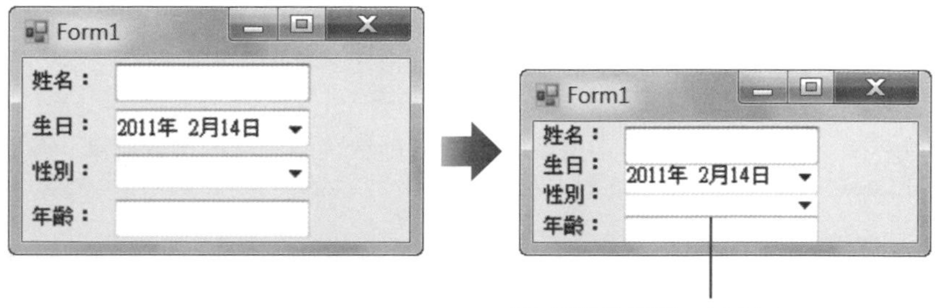

8-3-5 SplitContainer

SplitContainer 控制項包含兩個可移動的分隔列所分隔的面板，當指標移到分隔線時，指標的外觀會變成 ，此時可以藉由拖曳分隔線重新分配分隔列的寬度或高度，下面是一個例子，請您試著動手做做看。

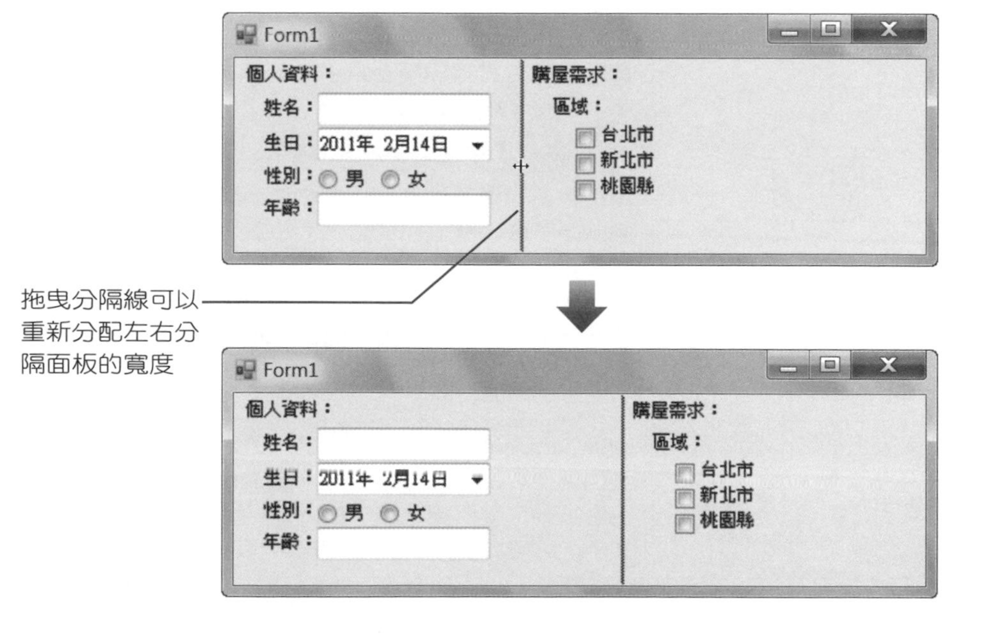

8-3-6 TabControl

TabControl 控制項可以用來產生包含多個標籤頁的對話方塊，Windows 的顯示器內容表、檔案內容表或資料夾內容表都是包含多個標籤頁的對話方塊，比較重要的屬性如下。

屬性	說明
ImageList	取得或設定欲顯示在索引標籤的影像清單，預設值為 [無]。
Alignment	取得或設定索引標籤顯示的位置，[Top] 會顯示在 TabControl 的上方、[Bottom] 會顯示在 TabControl 下方、[Left] 會顯示在 TabControl 左方、[Right] 表示會在 TabControl 右方，預設值為 [Top]。
Appearance	取得或設定索引標籤的外觀。
ContextMenuStrip	取得或設定與 TabControl 關聯的快顯功能表，預設值為 [無]。
ItemSize	取得或設定索引標籤的大小。
Multiline	取得或設定能否顯示一列以上的索引標籤，預設值為 [False]。
ShowToolTips	取得或設定當指標移至索引標籤時，是否顯示提示文字，預設值為 [False]。
SizeMode	取得或設定調整索引標籤大小的方式，[Normal] 表示調整索引標籤的寬度，令它能夠顯示索引標籤的文字，但不會調整索引標籤的大小以填滿容器控制項的整個寬度；[FillToRight] 表示調整索引標籤的寬度，令它填滿容器控制項的整個寬度；[Fixed] 表示索引標籤的寬度均相同，預設值為 [Normal]。
TabCount	取得索引標籤的數目。
TabPages	取得 TabControl 的標籤頁集合，這是 TabControl 最重要的屬性，每個標籤頁都是一個 TabPage 物件，當使用者按一下索引標籤時，TabPage 物件就會產生 Click 事件，您可以視實際情況撰寫事件程序。

隨堂練習

設計如下表單，令其 TabControl 控制項包含 5 個標籤頁。

提示 <MyProj8-6>

您可以點取 TabPages 屬性欄位右邊的 [...] 按鈕來加入索引標籤，如下。

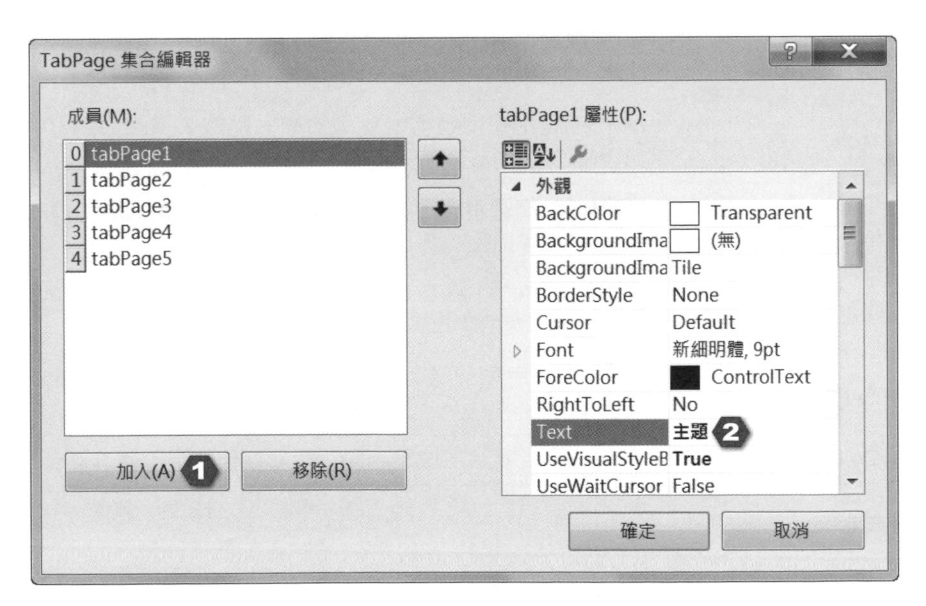

1 按 [加入]　　2 設定索引標籤的文字

8-4 對話方塊控制項

8-4-1 FontDialog（字型對話方塊）

FontDialog 控制項可以用來顯示字型對話方塊，讓使用者從中選取字型、大小或粗體、斜體等樣式、刪除線、底線等效果，比較重要的屬性如下。

屬性	說明
AllowSimulations	取得或設定對話方塊是否允許繪圖裝置介面 (GDI，Graphics Device Interface) 字型模擬，預設值為 [True]。
AllowVectorFonts	取得或設定對話方塊是否允許選取向量字型，預設值為 [True]。
AllowVerticalFonts	取得或設定對話方塊能否同時顯示垂直和水平字型，或只顯示水平字型，預設值為 [True]。
Color	取得或設定選取的字型色彩，預設值為 [Black]。
Font	取得或設定選取的字型，預設值為 [新細明體 , 9pt]。
FontMustExist	取得或設定當使用者嘗試選取不存在的字型或樣式時，對話方塊是否指示錯誤情況，預設值為 [False]。
MaxSize	取得或設定使用者可以選取的最大點數，預設值為 [0]，表示可以將字型設到最大點數。
MinSize	取得或設定使用者可以選取的最小點數，預設值為 [0] ，表示可以將字型設到最小點數。
ScriptsOnly	取得或設定對話方塊是否排除所有非 OEM、Symbol 和 ANSI 字元集的字型，預設值為 [False]。
ShowApply	取得或設定對話方塊是否顯示 [套用] 按鈕，預設值為 [False]。
ShowColor	取得或設定對話方塊是否顯示色彩欄位，預設值為 [False]。
ShowEffects	取得或設定對話方塊是否顯示刪除線、底線等效果，預設值為 [True]。
ShowHelp	取得或設定對話方塊是否顯示 [說明] 按鈕，預設值為 [False]。

隨堂練習

在表單上放置標籤、按鈕和字型對話方塊，令其執行結果如下。

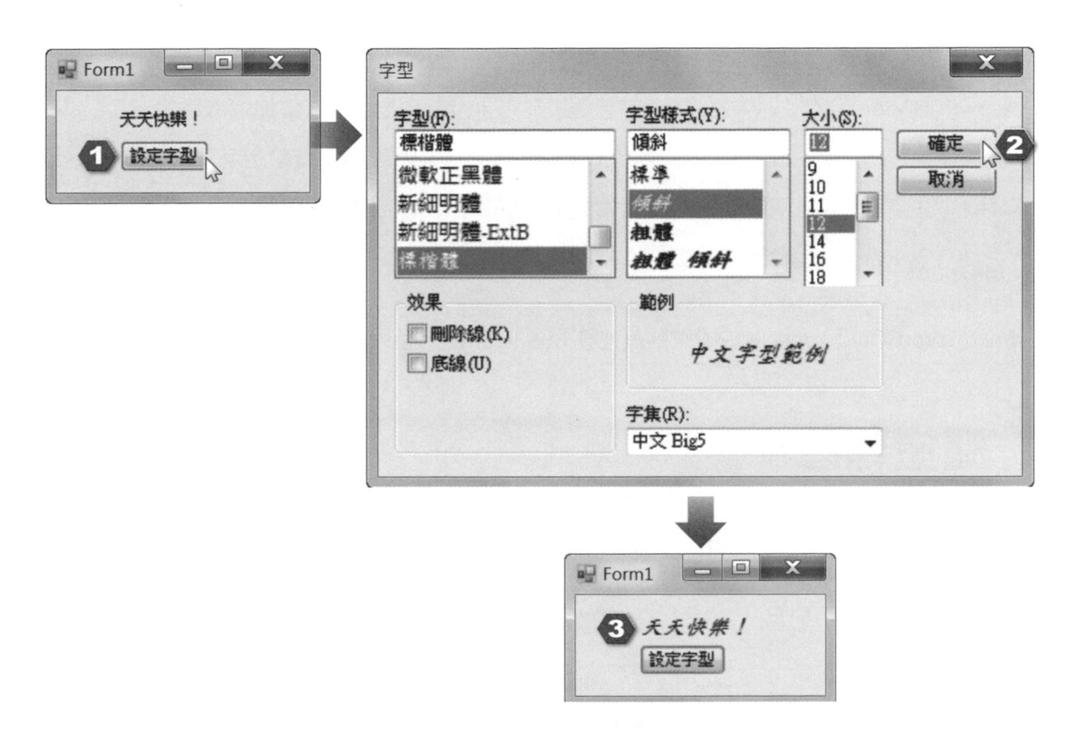

1. 點取此鈕
2. 設定為標楷體、12pt、傾斜，然後按 [確定]。
3. 成功套用指定的字型樣式

提示 <MyProj8-7>

```
private void button1_Click(object sender, EventArgs e)
{
    fontDialog1.ShowDialog();                  // 呼叫 ShowDialog() 方法顯示對話方塊
    label1.Font = fontDialog1.Font;            // 將標籤的字型設定為選取的字型
}
```

8-4-2 ColorDialog（色彩對話方塊）

ColorDialog 控制項可以用來顯示色彩對話方塊，讓使用者從調色盤選取色彩或將自訂色彩加入調色盤，比較重要的屬性如下。

屬性	說明
AllowFullOpen	取得或設定使用者能否點取 [定義自訂色彩] 按鈕選取色彩。
AnyColor	取得或設定對話方塊是否顯示基本色彩的所有可用色彩。
Color	取得或設定使用者所選取的色彩，預設值為 [Black]。
FullOpen	取得或設定開啟對話方塊時能否看到用來建立自訂色彩的自訂色彩區域。
SolidColorOnly	取得或設定對話方塊是否限制使用者只能選取純色。

隨堂練習

在表單上放置標籤、按鈕和色彩對話方塊，令其執行結果如下。<MyProj8-8>

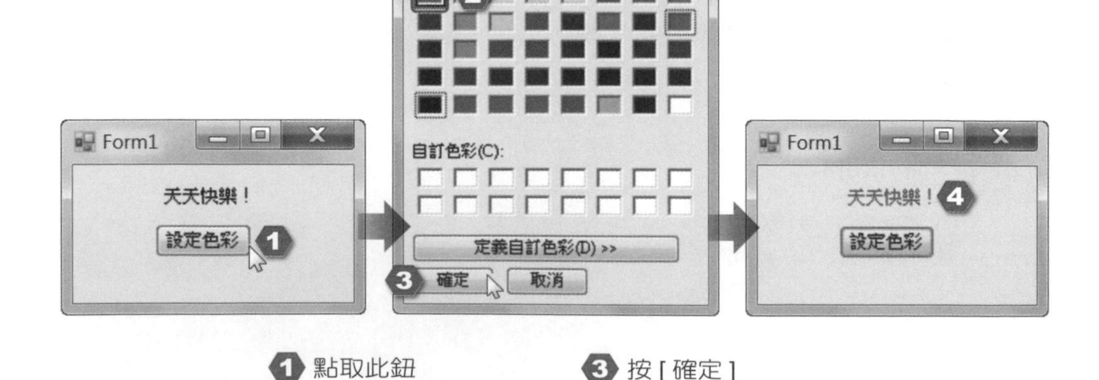

1 點取此鈕
2 選擇色彩
3 按 [確定]
4 成功套用指定的色彩

8-4-3 SaveFileDialog（另存新檔對話方塊）

SaveFileDialog 控制項可以用來顯示另存新檔對話方塊，讓使用者從中選取要儲存的檔案，比較重要的屬性如下。

屬性	說明
AddExtension	取得或設定當使用者遺漏副檔名時，對話方塊是否自動加入副檔名，預設值為 [True]。
CheckFileExists	取得或設定當使用者指定不存在的檔名時，對話方塊是否顯示警告訊息，預設值為 [False]。
CheckPathExists	取得或設定當使用者指定不存在的路徑時，對話方塊是否顯示警告訊息，預設值為 [True]。
CreatePrompt	取得或設定當使用者指定不存在的檔案時，對話方塊是否提示使用者即將建立檔案，預設值為 [False]。
DefaultExt	取得或設定預設的副檔名。
DereferenceLinks	取得或設定對話方塊是傳回捷徑所參照的位置或捷徑的位置。
FileName	取得或設定對話方塊內被選取的檔案名稱，包含路徑。
FileNames	取得或設定對話方塊內被選取的所有檔案名稱，包含路徑。
Filter	取得或設定檔案名稱篩選字串，以決定出現在對話方塊內 [檔案類型] 或 [存檔類型] 欄位的選項，例如 "Word 文件 (*.docx)|*.docx|網頁 (*.html; *.htm)|*.html;*.htm"。
FilterIndex	取得或設定對話方塊目前選取之篩選條件的索引。
InitialDirectory	取得或設定對話方塊所顯示的初始目錄，預設為「我的文件」。
OverwritePrompt	取得或設定當使用者指定已存在的檔名時，是否顯示對話方塊警告使用者即將覆寫既有檔案，預設值為 [True]。
Title	取得或設定對話方塊的標題。
RestoreDirectory	取得或設定對話方塊是否在關閉前還原目前目錄。
ShowHelp	取得或設定是否在對話方塊內顯示 [說明] 按鈕。
ValidateNames	取得或設定對話方塊是否只接受有效的檔案名稱。

隨堂練習

設計一個表單，令其執行結果如下。

❶ 輸入文字
❷ 按 [儲存檔案]
❸ 輸入檔名
❹ 選擇存檔類型 (這些類型是透過 Filter 屬性所建立)
❺ 按 [存檔] 就會將輸入的文字以指定的檔名儲存

提示 <MyProj8-9>

1. 在表單上插入文字方塊、按鈕和 SaveFileDialog 控制項，然後將 SaveFileDialog 控制項的 Filter 屬性設定為 "Word 文件 (*.docx)|*.docx| 網頁 (*.html; *.htm)|*.html;*.htm| 純文字 (*.txt)|*.txt| 所有檔案 (*.*)|*.*"，令其 [存檔類型] 欄位顯示四種檔案類型讓使用者選擇。

2. 撰寫如下程式碼，其中 SaveFileDialog1_FileOk() 事件程序會在使用者點取對話方塊的 [存檔] 按鈕時自動執行，而第 09 行會根據使用者輸入的檔案名稱及路徑建立並開啟文字檔。

   此例是在「我的文件」資料夾內建立並開啟 file1.txt 文字檔，然後將使用者在文字方塊內輸入的文字寫入此文字檔，若該檔案已經存在，就加以覆寫。有關檔案存取的方式，第 9 章有進一步的說明。

```
01: private void button1_Click(object sender, EventArgs e)
02:{
03:   // 呼叫此方法顯示另存新檔對話方塊
04:   saveFileDialog1.ShowDialog();
05:}
06:
07: private void saveFileDialog1_FileOk(object sender, CancelEventArgs e)
08:{
09:   System.IO.StreamWriter objWriter =
        new System.IO.StreamWriter(saveFileDialog1.FileName);
10:   objWriter.WriteLine(textBox1.Text);
11:   objWriter.Close();
12:}
```

備註

- 當使用者點取 [另存新檔] 對話方塊的 [儲存] 按鈕時，會產生 FileOk 事件，而當使用者點取 [另存新檔] 對話方塊的 [說明] 按鈕時，則會產生 HelpRequest 事件。
- SaveFileDialog 類別提供了 OpenFile() 方法，可以開啟其 FileName 屬性指定的檔案，傳回值為 System.IO.Stream 物件。

8-4-4 OpenFileDialog（開啟舊檔對話方塊）

OpenFileDialog 控制項可以用來顯示開啟舊檔對話方塊，讓使用者從中選取要開啟的檔案，其屬性和 SaveFileDialog 控制項大致相同，此處不再重複說明。

隨堂練習

設計一個表單，令其執行結果如下。

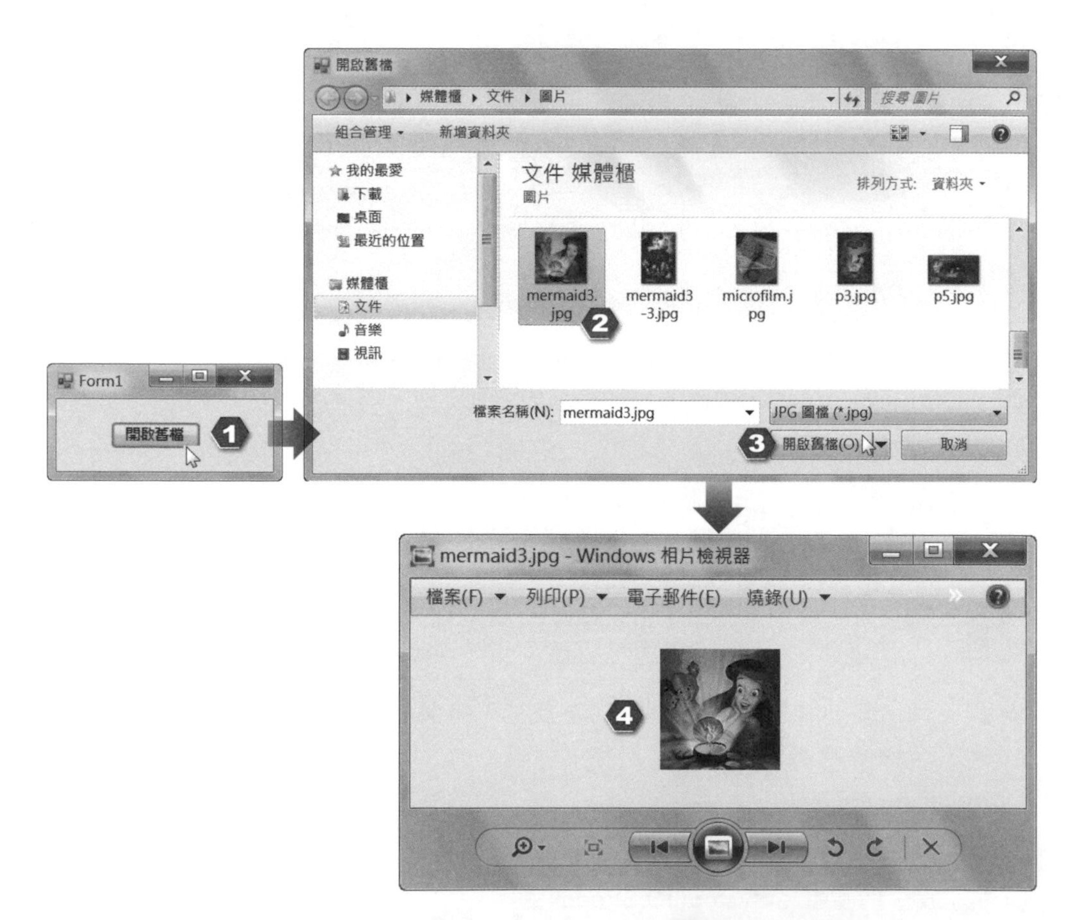

❶ 點取此鈕　　❸ 按 [開啟舊檔]

❷ 選取檔案　　❹ 以預設的應用程式開啟檔案

提示 <MyProj8-10>

撰寫如下程式碼，其中第 10 行會顯示開啟舊檔對話方塊，而第 12 行會以預設的應用程式開啟使用者選取的檔案。

```
01:public partial class Form1 : Form
02:{
03:    public Form1()
04:    {
05:        InitializeComponent();
06:    }
07:    private void button1_Click(object sender, EventArgs e)
08:    {
09:        // 呼叫此方法顯示對話方塊
10:        openFileDialog1.ShowDialog();
11:        // 以預設的應用程式開啟檔案
12:        System.Diagnostics.Process.Start(openFileDialog1.FileName);
13:    }
14:}
```

8-4-5 FolderBrowserDialog（瀏覽資料夾對話方塊）

FolderBrowserDialog 控制項可以用來顯示瀏覽資料夾對話方塊，讓使用者從中選取瀏覽資料夾，其屬性和 SaveFileDialog 控制項大致相同，比較不同的屬性如下。

屬性	說明
Description	取得或設定對話方塊的描述文字。
RootFolder	取得或設定對話方塊顯示時，使用哪個資料夾做為根資料夾，預設值為 [Desktop]（桌面）。
SelectedPath	取得或設定使用者選取的資料夾路徑。
ShowNewFolderButton	取得或設定是否在對話方塊中顯示 [建立新資料夾] 按鈕，預設值為 [True]。

隨堂練習

設計一個表單，令其執行結果如下。

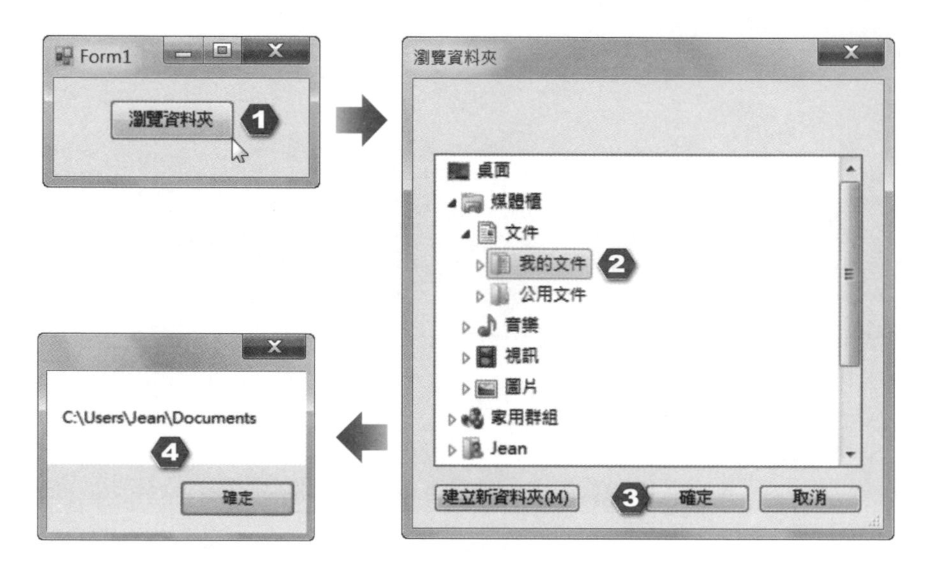

❶ 點取此鈕
❷ 選取資料夾
❸ 按 [確定]
❹ 以對話方塊顯示選取的資料夾路徑

提示 <MyProj8-11>

```
private void button1_Click(object sender, EventArgs e)
{
  // 呼叫此方法顯示瀏覽資料夾對話方塊
  folderBrowserDialog1.ShowDialog();
  // 以對話方塊顯示選取的資料夾路徑
  MessageBox.Show(folderBrowserDialog1.SelectedPath);
}
```

8-5 其它控制項

8-5-1 ProgressBar（進度列）

ProgressBar 控制項可以在一個水平列中顯示適當的矩形數目指示處理序 (process) 的進度，當處理序完成時，水平列會被填滿。

ProgressBar 控制項通常用來讓使用者瞭解完成長時間處理序所需等待的時間，例如讀寫大型檔案，比較重要的屬性如下。

屬性	說明
MarqueeAnimationSpeed	取得或設定跑馬燈移動的速度 (以毫秒為單位)，此屬性只有在 [Style] 屬性為 [Marquee] 時有效。
Maximum	取得或設定範圍的最大值，預設值為 [100]。
Minimum	取得或設定範圍的最小值，預設值為 [0]。
Step	取得或設定當呼叫 PerformStep() 方法更新進度列時，目前位置的增量，預設值為 [10]。
Style	取得或設定進度列表示進度所用的方式，當進度列是以跑馬燈 (Marquee) 形式呈現時，不可以使用 ProgressBar 控制項的 PerformStep() 方法。
Value	取得或設定進度列的目前位置。

8-5-2 Timer（計時器）

Timer 控制項是一個定期引發事件的元件，也就是所謂的計時器，間隔長短取決於其 Interval 屬性，以毫秒為單位，1000 毫秒等於 1 秒，一旦啟用這個元件 (Enabled 屬性設定為 True)，每個間隔都會引發 Tick 事件，而我們就是要在 Tick 事件程序內加入所要執行的程式碼。

此外，Timer 控制項還有下列兩個重要的方法：

❖ Start()：開啟計時器。

❖ Stop()：關閉計時器。

隨堂練習

設計如下表單，進度列的最大值為 100、最小值為 0，每隔 1 秒鐘會自動增量 10%，因而多顯示一個藍色矩形，直到藍色矩形填滿整個進度列。

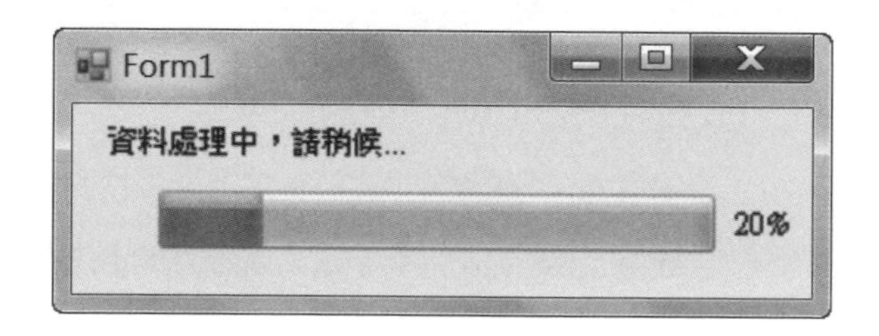

提示 <MyProj8-12>

為了完成此練習，我們必須使用 Timer 控制項，令它每隔 1 秒鐘觸發一次 Tick 事件，也就是將 Timer 控制項的 [Enabled] 屬性設定為 True，[Interval] 屬性設定為 200 (毫秒)，然後針對 Timer 控制項的 Tick 事件撰寫如下的處理程序：

```
private void timer1_Tick(object sender, EventArgs e)
{
    progressBar1.PerformStep();
    label2.Text = progressBar1.Value.ToString() + "%";
}
```

8-5-3 TrackBar（滑動軸）

TrackBar 控制項可以用來以視覺方式調整數字設定，由縮圖 (滑動軸) 與刻度標記兩個部分所組成，縮圖指的是可以調整的部分，其位置對應了 Value 屬性，而刻度標記指的是有著固定間距的視覺指示器。由於 Trackbar 控制項有諸多屬性的意義和表單相同，因此，我們僅針對比較特別的屬性列表說明。

屬性	說明
Orientation	取得或設定 TrackBar 的顯示方向，預設值為 [Horizontal] (水平)。
LargeChange	取得或設定當使用者以 [PageUp]、[PageDown] 鍵在 TrackBar 做大距離移動時，Value 屬性增加或減少的數值，預設值為 [5]。
SmallChange	取得或設定當使用者以左右鍵在 TrackBar 做小距離移動時，Value 屬性增加或減少的數值，預設值為 [1]。
TickFrequency	取得或設定 TrackBar 上描繪的刻度間距，預設值為 [1]。
TickStyle	取得或設定刻度標記在 TrackBar 上的顯示方式。
Maximum	取得或設定 TrackBar 可使用的刻度標記上限，預設值為 [10]。
Minimum	取得或設定 TrackBar 可使用的刻度標記下限，預設值為 [0]。
Value	取得或設定 TrackBar 上滑動軸的目前位置，預設值為 [0]。

隨堂練習

設計一個表單，令其執行結果如下，一旦調整滑動軸，就會顯示滑動軸目前的位置 (提示：您可以使用 TrackBar 的 Scroll 事件完成此練習)。
<MyProj8-13>

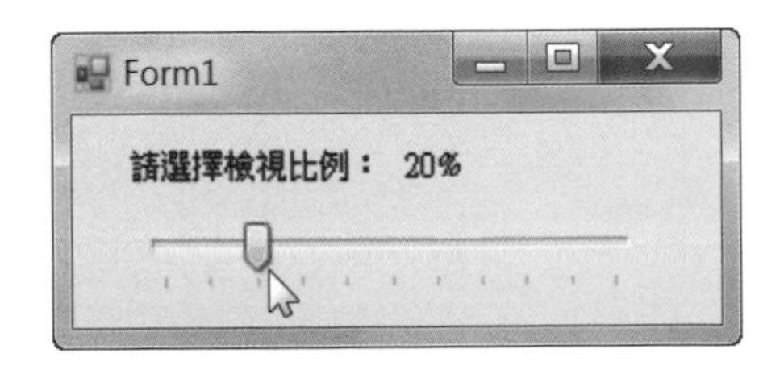

8-6 GDI+ 繪圖

GDI+ 是 GDI (Graphics Device Interface) 的新版，可以讓使用者建立圖形、繪製線條、形狀、文字，並將圖形影像當作物件管理。

GDI+ 的基本繪圖功能是存放在 System.Drawing 命名空間，部分成員和 Win32 GDI 函式相似，而進階繪圖功能則是存放在 System.Drawing.Drawing2D、System.Drawing.Imaging 和 System.Drawing.Text 命名空間。

諸如 Bitmap (點陣圖)、Brush (筆刷)、Brushes、SolidBrush、Font、Graphics (GDI+ 繪圖介面)、Icon (圖示)、Image (影像)、Pen (畫筆)、Pens、Region、SystemBrushes、SystemColors、SystemPens、SystemIcons 等類別及 Color、Point、Rectangle、Size 等結構均隸屬於 System.Drawing 命名空間。

8-6-1 建立 Graphics 物件

在使用 GDI+ 繪製線條、形狀、文字，並將圖形影像當作物件管理之前，您必須先建立 Graphics 物件，這個物件代表的是 GDI+ 的繪圖介面，就像畫布一樣。建立 Graphics 物件的方式有下列兩種：

❖ 從表單或控制項的 Paint 事件程序的 PaintEventArgs 參數取得 Graphics 物件的參考，例如在下面的程式碼中，表單 Form1 的 Paint 事件程序的 PaintEventArgs 參數叫做 e，而我們就是從這個參數取得 Graphics 物件的參考：

```
private void Form1_Paint(object sender, PaintEventArgs e)
{
   Graphics MyGraphics = e.Graphics;
   // 接下來可以撰寫進行繪圖的程式碼
}
```

先選取表單，然後在屬性視窗點取 [事件] 按鈕，再於 [Paint] 事件按兩下，就會自動在程式碼視窗插入此程序。

❖ 使用 CreateGraphics() 方法建立 Graphics 物件，如下：

```
private void Form1_Paint(object sender, PaintEventArgs e)
{
   Graphics MyGraphics = this.CreateGraphics();
   // 接下來可以撰寫進行繪圖的程式碼
}
```

8-6-2 建立色彩、筆畫與筆刷

成功建立 Graphics 物件後，我們還要定義用來繪圖的色彩、畫筆與筆刷，才能進一步繪製出線條、形狀、文字與圖形。

建立色彩

系統預設的色彩是由 System.Drawing.Color 結構所提供，包括 Black、Red、Green、Blue、Pink、White 等數十種色彩，只要在程式碼視窗輸入 Color. 或 System.Drawing.Color.，就會自動出現清單讓您選擇。若要自訂色彩，可以使用 Color.FromArgb() 方法指定色彩中紅、綠、藍三色的濃度，例如：

```
Color MyColor = Color.FromArgb(0, 255, 0);                    // 此色彩為綠色
```

備註

- Color.FromArgb() 方法的三個參數必須介於 0 ~ 255 之間，其中 0 表示缺少該色彩，255 表示最多該色彩，故 Color.FromArgb(0, 0, 0) 為黑色，而 Color.FromArgb(255, 255, 255) 為白色。
- Color.FromArgb() 方法也可以指定透明度，例如 Color MyColor = Color.FromArgb(127, 255, 0, 0); 會建立紅色且約 50% 透明的色彩，其中第一個參數為透明度，值必須介於 0 ~ 255 之間。

建立畫筆

畫筆是隸屬於 System.Drawing.Pen 類別的物件，可以用來繪製線條和勾畫形狀，其宣告方式如下，建構函式的參數有兩個，分別為畫筆的色彩及寬度 (以像素為單位，若省略不寫，表示為 1 像素)：

```
Pen myPen = new Pen(Color.Black, 5);
```

建立筆刷

筆刷是隸屬於 System.Drawing.Brush 類別的物件，可以用來填滿形狀或繪製文字，其類型如下。

筆刷	說明
SolidBrush	這是最簡單的筆刷形式，用來繪製純色，例如 SolidBrush MyBrush = new SolidBrush(Color.Red); 是將筆刷設定為紅色。
HatchBrush	與 SolidBrush 相似，但允許使用者選取不同的預設圖樣進行繪製，而不只是純色，例如 HatchBrush MyBrush = new HatchBrush(HatchStyle.Plaid, Color.Red, Color.Blue); 是將筆刷設定為格子圖樣，前景色彩為紅色，背景色彩為藍色。由於 HatchBrush 隸屬於 System.Drawing.Drawing2D 命名空間，為了方便起見，建議使用 using 陳述式匯入此命名空間。
TextureBrush	使用紋理 (圖片) 進行繪製，例如 TextureBrush MyBrush = new TextureBrush(new Bitmap(@"D:\img1.bmp"));。
LinearGradientBrush	使用雙色漸層進行繪製，例如 LinearGradientBrush MyBrush = new LinearGradientBrush(ClientRectangle, Color.Red, Color.Yellow, LinearGradientMode.Vertical); 是將筆刷設定為以垂直方向從紅色逐漸混成黃色的漸層。由於 LinearGradientBrush 隸屬於 System.Drawing.Drawing2D 命名空間，為了方便起見，建議使用 using 陳述式匯入此命名空間。
PathGradientBrush	使用複雜的混色漸層進行繪製。

8-6-3 繪製線條與形狀

我們可以使用 System.Drawing.Graphics 類別所提供的方法繪製線條與形狀，不過，在列出常用的方法之前，我們先來介紹 Point 結構和 Rectangle 結構，這兩個結構均隸屬於 System.Drawing 命名空間，可以用來存放多個點的座標及矩形的座標，其宣告方式如下：

```
Point[] MyPoint = {new Point(x1, y1), new Point(x2, y2), new Point(x3, y3)...};
Rectangle MyRec = new Rectangle(x, y, w, h);    //x, y 為左上角座標 ; w 為寬度 , h 為高度
```

方法	說明
DrawBezier (*pen*, *pt1*, *pt2*, *pt3*, *pt4*)	以 *pen* 畫筆繪製由 *pt1*、*pt2*、*pt3*、*pt4* 四個點所構成的貝茲曲線。
DrawCurve (*pen*, *points*)	以 *pen* 畫筆繪製由 *points* 陣列指定的點所構成的曲線。
DrawClosedCurve (*pen*, *points*)	以 *pen* 畫筆繪製由 *points* 陣列指定的點所構成的封閉曲線。
DrawEllipse (*pen*, *x*, *y*, *width*, *height*)	以 *pen* 畫筆從座標 x、y 處繪製寬度為 *width*、高度為 *height* 的橢圓形，若寬度和高度相同，表示為圓形。
DrawLine (*pen*, *x1*, *y1*, *x2*, *y2*)	以 *pen* 畫筆繪製從座標 *x1*、*y1* 到座標 *x2*、*y2* 的直線。
DrawPolygon (*pen*, *points*)	以 *pen* 畫筆繪製由 *points* 陣列指定的點所構成的多邊形。
DrawRectangle (*pen*, *x*, *y*, *width*, *height*)	以 *pen* 畫筆從座標 x、y 處繪製寬度為 *width*、高度為 *height* 的矩形，若寬度和高度相同，表示為正方形。
DrawArc (*pen*, *x*, *y*, *width*, *height*, *startAngle*, *sweepAngle*)	以 *pen* 畫筆從座標 x、y 處繪製寬度為 *width*、高度為 *height* 的圓弧，而且要開始繪製的角度為 *startAngle*（相對於 X 軸）、要經過的角度為 *sweepAngle*（順時針方向），負數表示為逆時針方向。 270° 225° 315° 180° 0° 135° 90° 45°

方法	說明
DrawPie(*pen*, *x*, *y*, *width*, *height*, *startAngle*, *sweepAngle*)	以 *pen* 畫筆從座標 *x*、*y* 處繪製寬度為 *width*、高度為 *height* 的派形，而且要開始繪製的角度為 *startAngle*（相對於 X 軸）、要經過的角度為 *sweepAngle*（順時針方向），這個方法的參數和 DrawArc() 方法相同。
FillClosedCurve (*brush*, *points*)	以 *brush* 筆刷填滿由 *points* 陣列指定的點所構成的封閉曲線。
FillEllipse (*brush*, *x*, *y*, *width*, *height*)	以 *brush* 筆刷從座標 *x*、*y* 處填滿寬度為 *width*、高度為 *height* 的橢圓形。
FillPie (*brush*, *x*, *y*, *width*, *height*, *startAngle*, *sweepAngle*)	以 *brush* 筆刷從座標 *x*、*y* 處填滿寬度為 *width*、高度為 *height* 的派形，而且要開始繪製的角度為 *startAngle*（相對於 X 軸）、要經過的角度為 *sweepAngle*（順時針方向）。
FillPolygon(*brush*, *points*)	以 *brush* 筆刷填滿由 *points* 陣列指定的點所構成的多邊形。
FillRectangle (*brush*, *x*, *y*, *width*, *height*)	以 *brush* 筆刷從座標 *x*、*y* 處填滿寬度為 *width*、高度為 *height* 的矩形，若寬度和高度相同，表示為正方形。
ResetTransform()	還原以 RotateTransform()、ScaleTransform()、TranslateTransform() 等方法所做過的變形設定。
RotateTransform(*angle*)	將繪圖的角度旋轉 *angle* 度。
ScaleTransform(*sw*, *sh*)	將繪圖的寬度縮放比例設定為 *sw*，高度縮放比例設定為 *sh*。
TranslateTransform (*dx*, *dy*)	將繪圖的座標向右位移 *dx* 點及向下位移 *dy* 點，若為負數，表示為反方向。
Clear(*color*)	清除整個繪圖介面並使用指定的背景色彩 *color* 加以填滿。
Dispose()	釋放這個 Graphics 物件佔用的資源。
Save()	儲存這個 Graphics 物件的目前狀態。

備註

我們可以將繪製線條與形狀的步驟做個總結：首先，建立 Graphices 物件；接著，定義用來繪圖的色彩、畫筆與筆刷；最後，呼叫 Graphics 物件提供的方法進行繪圖，例如 DrawLine() 可以繪製線條、FillPolygon() 可以填滿多邊形。

隨堂練習

(1) 依照指示在表單上繪製如下的線條或形狀，裡面定義了三種畫筆，色彩分別為 Red、Blue、Green，寬度分別為 1、3、5 個像素。

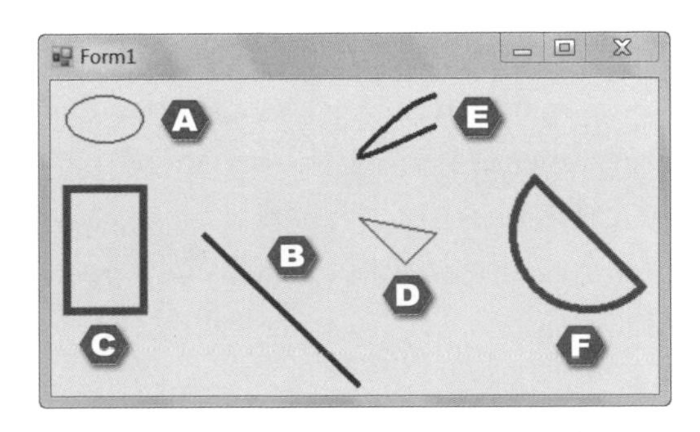

A 畫筆 1、座標為 (10,10)、寬度為 50、高度為 30 的橢圓

B 畫筆 2、連接座標為 (100, 100)、(200,200) 的直線

C 畫筆 3、左上角座標為 (10,70)、寬度為 50、高度為 80 的矩形

D 畫筆 1、連接座標為 (250,100)、(230,120)、(200,90) 的多邊形

E 畫筆 2、座標為 (250,10)、(230, 20)、(200, 50)、(250,30) 的曲線

F 畫筆 3、座標為 (300,50)、寬度高度為 50、開始角度為 45、經過角度為 180 的派形

(2) 依照指示將前一個隨堂練習的封閉圖形填滿色彩。

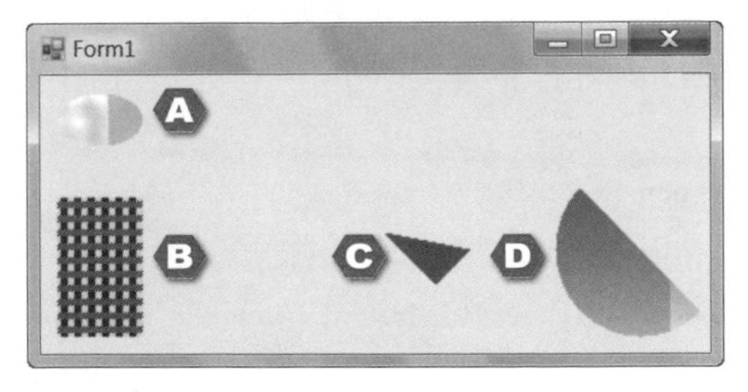

A 以紋理筆刷進行繪製，圖檔為 bg2.bmp

B 筆刷為格子圖樣，前景色彩為黃色，背景色彩為藍色

C 筆刷為紅色

D 筆刷為垂直方向從紅色逐漸混成黃色的漸層

提示

(1) <MyProj8-14>

```
private void Form1_Paint(object sender, PaintEventArgs e)
{
  Graphics MyGraphics = e.Graphics;                                    // 建立 Graphics 物件
  Pen MyPen1 = new Pen(Color.Red, 1);                                  // 定義畫筆
  Pen MyPen2 = new Pen(Color.Blue, 3);
  Pen MyPen3 = new Pen(Color.Green, 5);
  Point[] MyPoint1 = { new Point(250, 100), new Point(230, 120), new Point(200, 90) };
  Point[] MyPoint2 = { new Point(250, 10), new Point(230, 20), new Point(200, 50), new
   Point(250, 30) };
  MyGraphics.DrawEllipse(MyPen1, 10, 10, 50, 30);                      // 繪製橢圓
  MyGraphics.DrawLine(MyPen2, 100, 100, 200, 200);                     // 繪製直線
  MyGraphics.DrawRectangle(MyPen3, 10, 70, 50, 80);                    // 繪製矩形
  MyGraphics.DrawPolygon(MyPen1, MyPoint1);                            // 繪製多邊形
  MyGraphics.DrawCurve(MyPen2, MyPoint2);                              // 繪製曲線
  MyGraphics.DrawPie(MyPen3, 300, 50, 100, 100, 45, 180);              // 繪製派形
}
```

(2) 這四個筆刷可以宣告成如下，同時別忘了使用 using 陳述式匯入 System.Drawing.Drawing2D 命名空間。<MyProj8-14a>

```
SolidBrush MyBrush1 = new SolidBrush(Color.Red);
HatchBrush MyBrush2 = new HatchBrush(HatchStyle.Plaid, Color.Yellow, Color.Blue);
TextureBrush MyBrush3 = new TextureBrush(new Bitmap(@"D:\bg2.bmp"));
LinearGradientBrush MyBrush4 = new LinearGradientBrush(ClientRectangle, Color.Red,
 Color.Yellow, LinearGradientMode.Vertical);
```

此路徑請依照實際情況指定

隨堂練習

依照指示在表單上繪製如下圖形，前者是繪製 10 個圓形，每個圓形之間位移 10 像素，後者是繪製 36 個矩形，每個矩形之間旋轉 10 度。

提示 <MyProj8-15>

```
Graphics MyGraphics = e.Graphics;
Pen MyPen = new Pen(Color.Black, 1);
for (int i = 1; i <= 10; i++)
{
    MyGraphics.DrawEllipse(MyPen, 10, 10, 80, 80);
    MyGraphics.TranslateTransform(10, 0);
}
MyGraphics.ResetTransform();
MyGraphics.TranslateTransform(300, 100);
for (int i = 1; i <= 36; i++)
{
    MyGraphics.DrawRectangle(MyPen, 10, 10, 50, 50);
    MyGraphics.RotateTransform(10);
}
```

8-6-4 繪製文字

您可以依照如下步驟繪製文字：

1. 建立 Graphices 物件。
2. 建立用來繪製文字的筆刷。
3. 建立用來繪製文字的字型，例如下面的敘述是建立一個隸屬於 System.Drawing.Font 類別的物件，其字型為標楷體、大小為 20 點、樣式為斜體。除了斜體，您也可以設定粗體、一般、刪除線、底線等樣式。

```
Font MyFont = new Font(" 標楷體 ", 20, FontStyle.Italic);
```

4. 呼叫 Graphics 物件提供的 DrawString() 方法繪製文字，例如下面的敘述是以 MyFont 字型和 MyBrush 筆刷從座標 (10,10) 繪製文字。

```
MyGraphics.DrawString("Visual C# 程式設計 ", MyFont, MyBrush, 10, 10);
```

將前面的步驟整合在一起，就可以得到如下結果。<MyProj8-16>

```
private void Form1_Paint(object sender, PaintEventArgs e)
{
   Graphics MyGraphics = e.Graphics;
   LinearGradientBrush MyBrush = new LinearGradientBrush(ClientRectangle,
     Color.Red, Color.Yellow, LinearGradientMode.Horizontal);
   Font MyFont = new Font(" 標楷體 ", 20, FontStyle.Italic);
   MyGraphics.DrawString("Visual C# 程式設計 ", MyFont, MyBrush, 10, 10);
}
```

8-6-5 顯示圖像

您可以依照如下步驟顯示影像：

1. 建立 Graphices 物件。
2. 建立用來表示欲顯示之影像的物件，例如下面的敘述是建立一個隸屬於 System.Drawing.Bitmap 類別的物件，且參數為影像的路徑及檔名：

```
Bitmap MyBitmap = new Bitmap(@"D:\img3.jpg");
```

3. 呼叫 Graphics 物件提供的 DrawImage() 方法繪製圖形，例如下面的敘述是從座標 (10, 10) 顯示 MyBitmap 物件指定的影像：

```
MyGraphics.DrawImage(MyBitmap, 10, 10);
```

將前面的步驟整合在一起，就可以得到如下結果。

```
private void Form1_Paint(object sender, PaintEventArgs e)
{
    Graphics MyGraphics = e.Graphics;
    Bitmap myBitmap = new Bitmap(@"D:\img3.jpg");
    MyGraphics.DrawImage(myBitmap, 10, 10);
}
```

此路徑請依照實際情況指定

註：若要將 Bitmap 物件存檔，可以呼叫 Bitmap.Save(*filename*) 方法，參數 *filename* 為存檔路徑及名稱。

8-7 列印支援

為了讓您瞭解 Windows Forms 的列印支援，我們直接來看個例子，在這個例子中，使用者可以在文字方塊內輸入文字，然後點取 [預覽列印] 按鈕進行預覽，或點取 [列印] 按鈕進行列印。

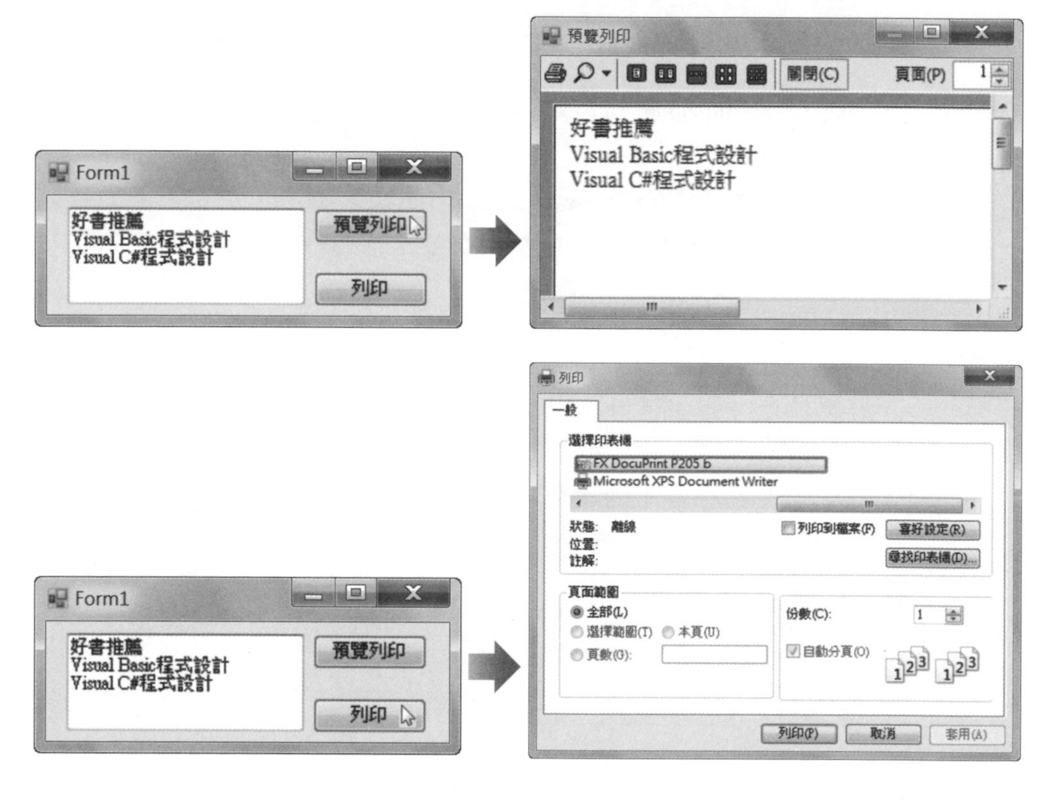

現在，請您跟著我們一起做：<MyProj8-17>

1. 首先，在表單上放置一個空白文字方塊 textBox1 與兩個按鈕，button1 的文字為「預覽列印」、button2 的文字為「列印」。

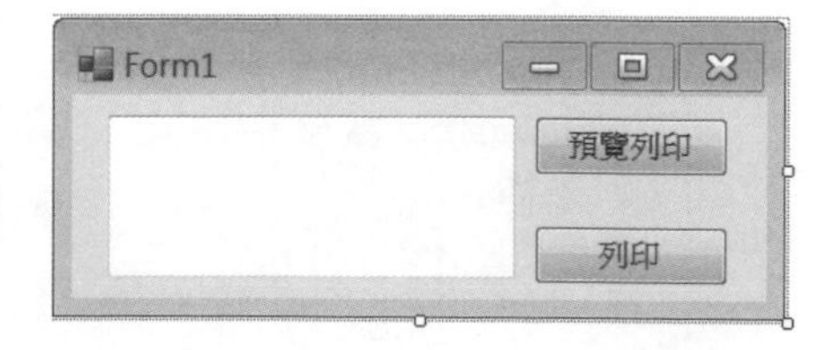

2. 從工具箱的［列印］分類中找到 PrintDocument、PrintPreviewDialog、PrintDialog 等三個控制項，然後各自按兩下，這三個控制項的圖示會出現在表單下方的匣中，其中 printDocument1 用來表示欲進行列印的文件，printPreviewDialog1 用來顯示預覽列印對話方塊，printDialog1 用來顯示列印對話方塊。

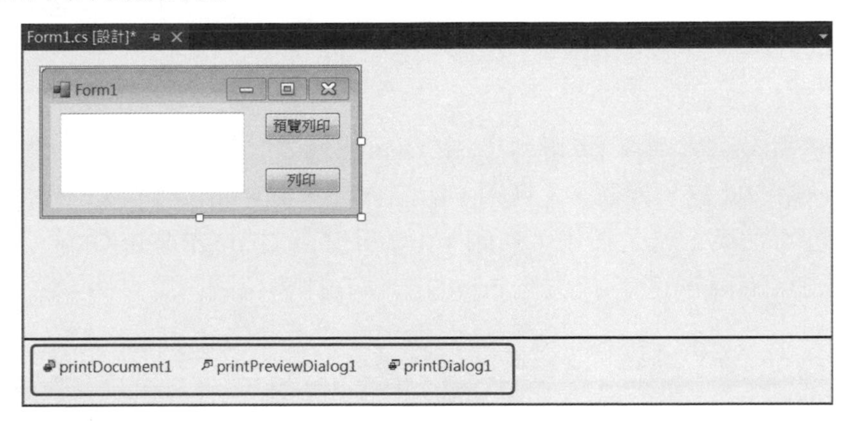

3. 將 printPreviewDialog1 和 printDialog1 兩個控制項的 Document 屬性設定為 printDocument1，表示欲進行預覽及列印的文件為 printDocument1。

4. 在程式碼視窗撰寫 printDocument1 的 PrintPage 事件程序，裡面包括建立 Graphics 物件、筆刷物件 MyBrush、字型物件 MyFont，然後呼叫 DrawString() 方法以 MyFont 字型及 MyBrush 筆刷從座標 (10,10) 繪製使用者在文字方塊內所輸入的文字。

```
private void printDocument1_PrintPage(object sender, System.Drawing.Printing.PrintPageEventArgs e)
{
  Graphics MyGraphics = e.Graphics;
  SolidBrush MyBrush = new SolidBrush(Color.Black);
  Font MyFont = new Font(" 新細明體 ", 12);
  MyGraphics.DrawString(textBox1.Text, MyFont, MyBrush, 10, 10);
}
```

5. 在程式碼視窗撰寫 [預覽列印] 按鈕 (button1) 的 Click 事件程序，令使用者一點取此鈕，就顯示 [預覽列印] 對話方塊。

```
private void button1_Click(object sender, EventArgs e)
{
  printPreviewDialog1.ShowDialog();
}
```

6. 在程式碼視窗撰寫 [列印] 按鈕 (button2) 的 Click 事件程序，令使用者一點取此鈕，就顯示 [列印] 對話方塊，同時取得 [列印] 對話方塊傳回的結果，若是按下 [列印] (傳回值為 DialogResult.OK)，就呼叫 printDocument1 物件提供的 Print() 方法在印表機列印出文件。

```
private void button2_Click(object sender, EventArgs e)
{
  DialogResult Result = printDialog1.ShowDialog();
  if (Result == DialogResult.OK)
   printDocument1.Print();
}
```

注意

若要在完成列印後顯示對話方塊通知使用者，那麼可以撰寫 printDocument1 的 EndPrint 事件程序，下面是一個例子，其中 printDocument1.DocumentName 指的是 printDocument1 的 DocumentName 屬性，您可以在屬性視窗中做設定：

```
private void printDocument1_EndPrint(object sender, System.Drawing.Printing.PrintEventArgs e)
{
  MessageBox.Show(printDocument1.DocumentName + " 已經完成列印 ");
}
```

學習評量

一、選擇題

(　　) 1. 我們可以使用下列哪個屬性將 MenuStrip 內某個項目設定為停用？

A. Shortcut　　B. Enabled

C. Checked　　D. Visible

(　　) 2. 我們可以使用下列哪個控制項設定滑鼠右鍵快顯功能表？

A. ContextMenuStrip　　B. MenuStrip

C. Menu　　D. ComboBox

(　　) 3. 我們可以使用下列哪個屬性設定字型對話方塊中使用者可以選取的最大點數？

A. Color　　B. Font

C. MaxSize　　D. MinSize

(　　) 4. 我們可以使用下列哪個屬性取得 TrackBar 上滑動軸的目前位置？

A. TickFrequency　　B. Value

C. Minimum　　D. LargeChange

(　　) 5. 我們可以使用下列哪個控制項讓使用者從日期時間清單選取日期？

A. Panel　　B. GroupBox

C. TrackBar　　D. DateTimePicker

(　　) 6. 我們可以使用下列哪個控制項在一個水平列顯示適當的矩形數目來指示處理序的進度？

A. Timer　　B. ProgressBar　　C. TrackBar　　D. StatusBar

(　　) 7. 我們可以使用下列哪個屬性設定當使用者在開啟舊檔對話方塊中遺漏副檔名時，是否自動加入檔案的副檔名？

A. AddExtension　B. DefaultExt　　C. FileName　　D. Title

(　　) 8. 若要使用雙色漸層進行繪圖，可以選擇下列哪種筆刷？

A. HatchBrush　　B. TextureBrush

C. LinearGradientBrush　　D. PathGradientBrush

學習評量

(　　) 9. 我們可以使用下列哪個方法繪製曲線？

A. DrawArc()　　B. DrawBezier()

C. DrawEllipse()　　D. DrawCurve()

(　　)10. 我們可以使用下列哪個方法將繪圖的角度加以旋轉？

A. RotateTransform()　　B. ResetTransform()

C. ScaleTransform()　　D. TranslateTransform()

二、練習題

1. 撰寫一個程式，令表單中的女孩由左向右跑，若超出表單的範圍，就由左重新跑起。

提示 <MyProj8-18>

❖ 在表單設計模式下插入如下的三個 PictureBox 控制項：

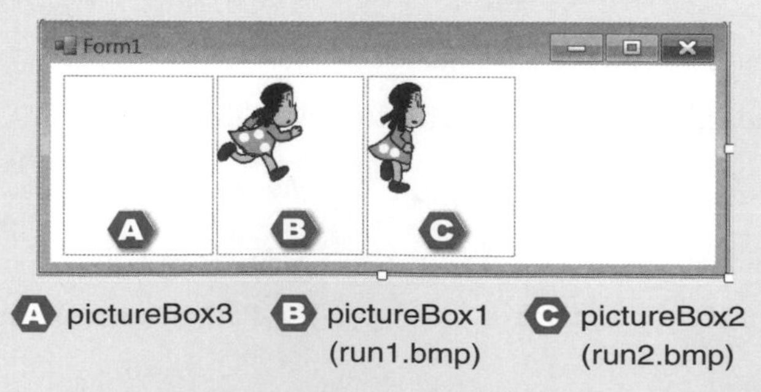

❖ 在表單上插入一個 Timer 控制項，將其 Enabled 屬性設定為 True，Interval 屬性設定為 200 (若要跑快一點，可以設定小一點的值)。

❖ 撰寫下列程式碼：

```
public partial class Form1 : Form
{
   public Form1()
   {
      InitializeComponent();
   }
   int Which_Picture = 1;                             // 這個變數用來記錄要顯示哪張圖片
   private void Form1_Load(object sender, EventArgs e)
   {
      pictureBox1.Visible = false;                    // 不顯示 pictureBox1
      pictureBox2.Visible = false;                    // 不顯示 pictureBox2
      pictureBox3.Location = new Point(10, 10);       // 設定 pictureBox3 的起始位置
   }
   private void timer1_Tick(object sender, EventArgs e)
   {
      if (Which_Picture == 1)                         // 若要顯示第一張圖片
      {
         pictureBox3.Image = pictureBox1.Image;
         Which_Picture = 2;
      }
      else                                            // 若要顯示第二張圖片
      {
         pictureBox3.Image = pictureBox2.Image;
         Which_Picture = 1;
      }
      if (pictureBox3.Location.X < this.Width)        // 若 pictureBox3 的 X 座標小於表單
         pictureBox3.Location = new Point(pictureBox3.Location.X + 20, 10); // 設定新位置
      else
         pictureBox3.Location = new Point(10, 10);   // 設定由左重新跑起
   }
}
```

2. 根據方程式 Y = 1/200X^2 繪製如下的拋物線，其中 X 為整數且大於等於 -200，小於等於 200。

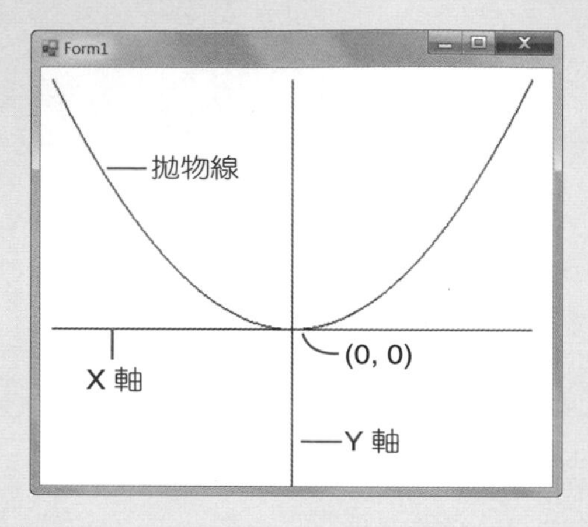

提示 <MyProj8-19>

```
private void Form1_Paint(object sender, PaintEventArgs e)
{
    Graphics MyGraphics = e.Graphics;
    Pen MyPen = new Pen(Color.Black, 1);
    float X1 = -200;
    float Y1 = (float)1 / 200 * (X1 * X1);
    float X2 = 0;
    float Y2 = 0;
    MyGraphics.DrawLine(MyPen, 10, 210, 410, 210);    //繪製 X 軸，X 座標平移 210 像素點
    MyGraphics.DrawLine(MyPen, 210, 10, 210, 410);    //繪製 Y 軸，Y 座標平移 210 像素點
    for (int i = -199; i <= 200; i++)
    {
        X2 = i;
        Y2 = (float)1 / 200 * (X2 * X2);
        MyGraphics.DrawLine(MyPen, X1 + 210, -Y1 + 210, X2 + 210, -Y2 + 210);
        X1 = X2;
        Y1 = Y2;
    }
}
```

繪製拋物線時，X、Y 座標各自平移 210 像素

檔案存取

9-1 System.IO 命名空間

9-2 存取資料夾

9-3 存取檔案

9-4 讀寫檔案

9-1 System.IO 命名空間

.NET Framework 的 System.IO 命名空間提供許多類別可以用來存取資料夾與檔案，允許對資料流與檔案進行同步 / 非同步讀取和寫入，比較重要的類別如下。

為了方便存取這些類別，建議您在程式的最前面使用 using 指示詞匯入 System.IO 命名空間，也就是加上 using System.IO; 敘述。

類別	說明
Directory	用來建立、搬移或存取資料夾，由於此類別提供的是靜態方法 (static method)，故無須建立物件就能使用其方法。
DirectoryInfo	用來建立、搬移或存取資料夾，與 Directory 類別提供的功能相似，但必須建立物件才能使用其屬性與方法。
File	用來建立、開啟、複製、搬移或刪除檔案，由於此類別提供的是靜態方法，故無須建立物件就能使用其方法。
FileInfo	用來建立、開啟、複製、搬移或刪除檔案，與 File 類別提供的功能相似，但必須建立物件才能使用其屬性與方法。
FileStream	用來讀取及寫入文字檔。
BinaryReader	以二進位方式讀取文字檔。
BinaryWriter	以二進位方式寫入文字檔。
StreamReader	用來讀取文字檔。
StreamWriter	用來寫入文字檔。
StringReader	用來讀取字串。
StringWriter	用來寫入字串。
TextReader	用來讀取一串連續字元。
TextWriter	用來寫入一串連續字元。

9-2 存取資料夾

Directory 類別和 DirectoryInfo 類別都可以用來存取資料夾，差別在於前者提供的是靜態方法，無須建立物件就能使用其方法，而後者必須建立物件才能使用其屬性與方法。由於篇幅有限，所以本節僅就 Directory 類別做介紹，常用的靜態方法如下：

❖ CreateDirectory(*path*)：根據參數 *path* 指定的路徑建立資料夾，例如下面的敘述會在 D:\Inetpub\wwwroot 建立 pictures 資料夾，若路徑中的其它資料夾 (例如 Inetpub、wwwroot) 也不存在，就會一併建立：

```
Directory.CreateDirectory(@"D:\Inetpub\wwwroot\pictures");
```

❖ Delete(*path*, *recursive*)：刪除參數 *path* 指定的資料夾，參數 *recursive* 用來指定是否刪除其子資料夾及檔案，省略不寫的話，表示為預設值 false，例如下面的敘述會刪除 D:\Inetpub\wwwroot 的 pictures 資料夾。若指定的資料夾為唯讀、或指定的資料夾包含子資料夾或檔案且不允許刪除其子資料夾及檔案、或沒有足夠權限刪除指定的資料夾，就會產生例外：

```
Directory.Delete(@"D:\Inetpub\wwwroot\pictures");
```

❖ Exists(*path*)：判斷參數 *path* 指定的資料夾是否存在，是就傳回 true，否則傳回 false，例如下面的敘述會先判斷 D:\Inetpub\wwwroot 是否包含 pictures 資料夾，有的話才刪除 pictures 資料夾，如此可以避免產生錯誤：

```
if (Directory.Exists(@"D:\Inetpub\wwwroot\pictures") == true)
  Directory.Delete(@"D:\Inetpub\wwwroot\pictures");
```

至於下面的敘述則是先判斷 D:\Inetpub\wwwroot 是否包含 pictures 資料夾，沒有的話才建立 pictures 資料夾：

```
if (Directory.Exists(@"D:\Inetpub\wwwroot\pictures") == false)
  Directory.CreateDirectory(@"D:\Inetpub\wwwroot\pictures");
```

❖ GetCreationTime(*path*)：取得參數 *path* 指定之資料夾或檔案的建立日期時間，傳回值為 System.DateTime 型別。

❖ GetCurrentDirectory()：取得應用程式目前的工作資料夾，傳回值為字串。

❖ GetDirectories(*path*, *searchPattern*)：取得參數 *path* 指定之資料夾內所有子資料夾的名稱 (包含完整路徑)，傳回值為字串陣列，參數 *searchPattern* 為篩選子資料夾的條件，可以使用萬用字元 * 和 ? 篩選資料夾，省略不寫的話，表示為預設值 *，例如下面的敘述可以在執行視窗顯示 C:\Windows 資料夾內所有子資料夾的名稱 (包含完整路徑)：

```
using System;
using System.IO;
namespace MyProj9_1
{
  class Program
  {
    static void Main(string[] args)
    {
      foreach (string Name in Directory.GetDirectories(@"C:\Windows"))
        Console.WriteLine(Name);
    }
  }
}
```

```
C:\Users\Jean\source...
C:\Windows\addins
C:\Windows\AppCompat
C:\Windows\AppPatch
C:\Windows\assembly
C:\Windows\AutoKMS
C:\Windows\BANK_009
```

若要顯示 C:\Windows 資料夾內所有以 "_" 開頭之子資料夾的名稱 (包含完整路徑)，可以改寫成如下：

```
foreach(string Name in Directory.GetDirectories(@"C:\Windows", "_*"))
```

❖ GetDirectoryRoot(*path*)：取得參數 *path* 指定之資料夾或檔案的根目錄，傳回值為字串，例如下面的敘述會傳回 @"C:\"：

```
Directory.GetDirectoryRoot(@"C:\Windows");
```

- GetFiles(*path*, *searchPattern*)：取得參數 *path* 指定之資料夾內所有檔案的名稱 (包含完整路徑)，傳回值為字串陣列，參數 *searchPattern* 為篩選檔案的條件，可以使用萬用字元 * 和 ? 篩選檔案，省略不寫的話，表示為預設值 *，例如下面的敘述可以在執行視窗顯示 C:\Windows 資料夾內所有以 "b " 開頭之檔案的名稱 (包含完整路徑)：

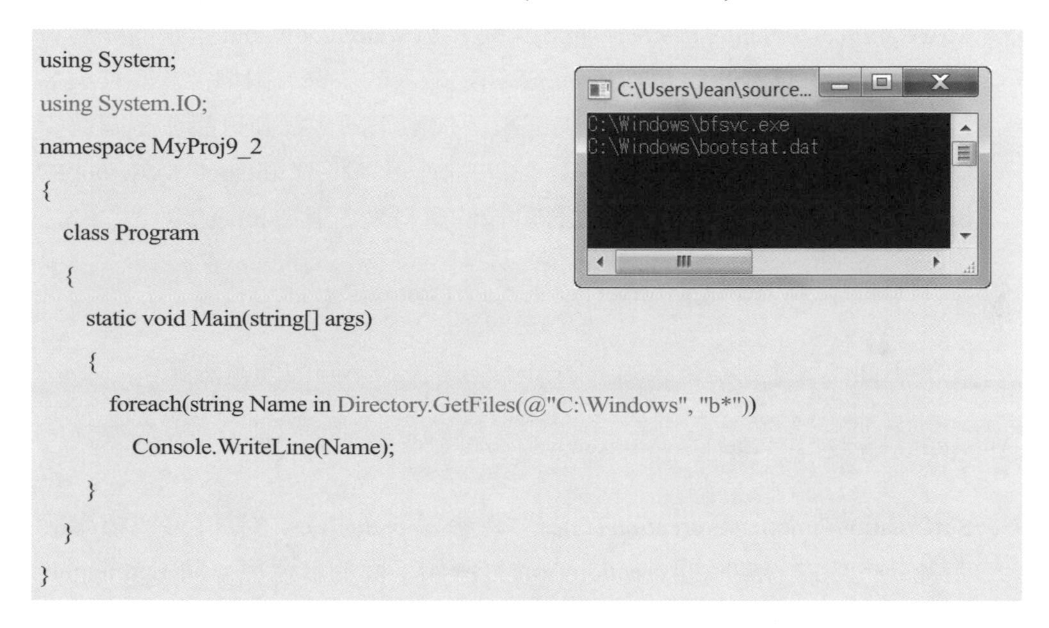


```
using System;
using System.IO;
namespace MyProj9_2
{
  class Program
  {
    static void Main(string[] args)
    {
      foreach(string Name in Directory.GetFiles(@"C:\Windows", "b*"))
        Console.WriteLine(Name);
    }
  }
}
```

- GetFileSystemEntries(*path*, *searchPattern*)：取得參數 *path* 指定之資料夾內所有子資料夾及檔案的名稱 (包含完整路徑)，傳回值為字串陣列，參數 *searchPattern* 為篩選資料夾或檔案的條件，可以使用萬用字元 * 和 ? 篩選資料夾與檔案，省略不寫的話，表示為預設值 *。

- GetLogicalDrives()：取得電腦上的邏輯磁碟名稱，傳回值為字串陣列，例如 Directory.GetLogicalDrives()[0] 通常會傳回 @"A:\"，而在沒有第二部軟碟機的情況下，Directory.GetLogicalDrives()[1] 會傳回 @"C:\"，依此類推。

- GetLastAccessTime(*path*)：取得參數 *path* 指定之資料夾或檔案最後一次被存取的日期時間，傳回值為 System.DateTime 型別。

- GetLastWriteTime(*path*)：取得參數 *path* 指定之資料夾或檔案最後一次被寫入的日期時間，傳回值為 System.DateTime 型別。

- GetParent(*path*)：取得參數 *path* 指定之資料夾或檔案的父資料夾（包含完整路徑），傳回值為 DirectoryInfo 物件。

- Move(*sourceDirName*, *destDirName*)：將參數 *sourceDirName* 指定的來源資料夾或檔案搬移至參數 *destDirName* 指定的目的位置，搬移後的資料夾名稱或檔案名稱可以和來源資料夾或來源檔案不同。我們只能在相同邏輯磁碟內搬移資料夾或檔案，例如下面的敘述可以將 D:\Inetpub\wwwroot 的 pictures 資料夾搬移至 D:\，而且移動後的資料夾名稱為 images：

```
Directory.Move(@"D:\Inetpub\wwwroot\pictures", @"D:\images");
```

至於下面的敘述則是錯誤的，因為不能搬移到不同的邏輯磁碟：

```
Directory.Move(@"D:\Inetpub\wwwroot\move.aspx", @"C:\move.aspx");
```

- SetCreationTime(*path*, *creationTime*)：將參數 *path* 指定之資料夾或檔案設定為新的建立日期時間 *creationTime*，例如下面的敘述可以將 D:\Inetpub\wwwroot\images 資料夾的建立日期時間設定為 2018/2/25：

```
System.DateTime dt = new System.DateTime(2018, 2, 25);
Directory.SetCreationTime(@"D:\Inetpub\wwwroot\images", dt);
```

- SetCurrentDirectory(*path*)：將應用程式目前的工作資料夾設定為參數 *path*。

- SetLastAccessTime(*path*, *lastAccessTime*)：將參數 *path* 指定之資料夾或檔案設定為新的最後一次存取日期時間 *lastAccessTime*（須為 System.DateTime 型別）。

- SetLastWriteTime(*path*, *lastWriteTime*)：將參數 *path* 指定之資料夾或檔案設定為新的最後一次寫入日期時間 *lastWriteTime*（須為 System.DateTime 型別）。

撰寫一個程式判斷 D:\MyDir 資料夾是否存在，不存在的話，就建立該資料夾，然後顯示其建立時間、最後存取時間和根目錄。

解答

\MyProj9-3\Program.cs

```
using System;
using System.IO;
namespace MyProj9_3
{
    class Program
    {
        static void Main(string[] args)
        {
            string Path = @"D:\MyDir";
            if (Directory.Exists(Path) == false) Directory.CreateDirectory(Path);
            Console.WriteLine(" 資料夾建立時間：" + Directory.GetCreationTime(Path));
            Console.WriteLine(" 資料夾最後存取時間：" + Directory.GetLastAccessTime(Path));
            Console.WriteLine(" 資料夾的根目錄：" + Directory.GetDirectoryRoot(Path));
        }
    }
}
```

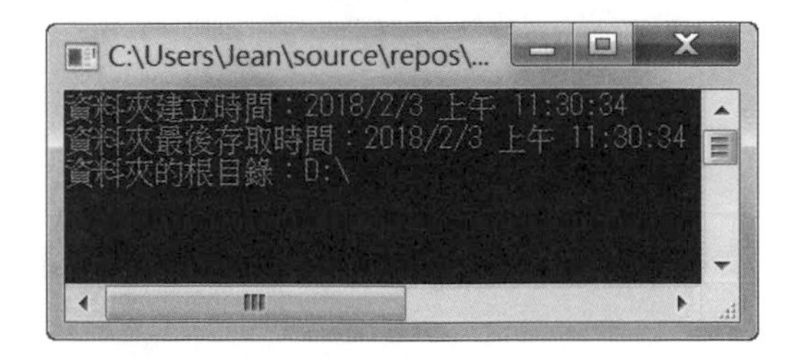

9-3 存取檔案

File 類別和 FileInfo 類別都可以用來存取檔案，差別在於前者提供的是靜態方法，無須建立物件就能使用其方法，而後者必須建立物件才能使用其屬性與方法。由於篇幅有限，所以本節僅就 File 類別做介紹，常用的靜態方法如下：

- AppendText(*path*)：建立可以寫入文字至參數 ***path*** 指定之文字檔尾端的 StreamWriter 物件。請注意，參數 ***path*** 指定的檔案須為 UTF-8 編碼，且寫入檔案的文字也須為 UTF-8 編碼，否則會產生亂碼。當文字寫入參數 ***path*** 所指定的檔案時，寫入的文字會存放在檔案內容的尾端。

  例如下面的敘述可以建立 StreamWriter 物件，我們會在第 9-4-2 節介紹 StreamWriter 物件：

```
StreamWriter Output = File.AppendText(@"D:\MyFile.txt");
```

- Copy(*sourceFileName*, *destFileName*, *overwrite*)：複製參數 *sourceFileName* 指定的檔案，新檔案的路徑及名稱為 *destFileName*，參數 *overwrite* 用來指定當目的檔案已經存在時是否覆寫原來的檔案，省略不寫的話，表示為預設值 false。

  例如下面的敘述會將 C:\ 的 beauty.jpg 檔案複製到 D:\，複製後的檔名為 beauty2.jpg，若目的檔案已經存在，就會覆寫原來的檔案：

```
File.Copy(@"C:\beauty.jpg", @"D:\beauty2.jpg", true);
```

- Create(*path*, *bufferSize*)：建立參數 ***path*** 指定的檔案，傳回值為 FileStream 物件，這個 FileStream 物件可以用來讀取及寫入位元組資料，若指定的檔案已經存在，就會覆寫原來的檔案，參數 ***bufferSize*** 用來指定緩衝區的大小，單位為位元組，可以省略不寫，我們會在第 9-4-3 節介紹 FileStream 物件。

- CreateText(*path*)：建立參數 *path* 指定的文字檔，這個檔案用來寫入 UTF-8 編碼的文字，若指定的檔案已經存在，就會覆寫原來的檔案，傳回值為 StreamWriter 物件。

- Delete(*path*)：刪除參數 *path* 指定的檔案，例如下面的敘述會刪除 D:\ 的 beauty2.jpg 檔案：

```
File.Delete(@"D:\beauty2.jpg");
```

- Exists(*path*)：判斷參數 *path* 指定的檔案是否存在，是就傳回 true，否則傳回 false，例如下面的敘述會判斷 D:\ 的 beauty2.jpg 檔案是否存在：

```
File.Exists(@"D:\beauty2.jpg");
```

- GetAttributes(*path*)：取得參數 *path* 指定的檔案或資料夾的屬性，傳回值有 Archive（保存）、Compressed（壓縮）、Device（保留）、Directory（目錄）、Encrypted（加密）、Hidden（隱藏）、Normal（正常）、NotContentIndexed（不作內容索引）、Offline（離線）、ReadOnly（唯讀）、ReparsePoint（檔案包含重新剖析的位置）、SparseFile（疏鬆檔案）、System（系統檔）、Temporary（暫存檔）。

- GetCreationTime(*path*)：取得參數 *path* 指定之檔案或資料夾的建立日期時間，傳回值為 System.DateTime 型別。

- GetLastAccessTime(*path*)：取得參數 *path* 指定之檔案或資料夾最後一次被存取的日期時間，傳回值為 System.DateTime 型別。

- GetLastWriteTime(*path*)：取得參數 *path* 指定之檔案或資料夾最後一次被寫入的日期時間，傳回值為 System.DateTime 型別。

- Move(*sourceFileName*, *destFileName*)：將參數 *sourceDirName* 指定的來源檔案搬移至參數 *destDirName* 指定的目的位置，搬移後的檔案名稱可以和來源檔案不同。請注意，資料夾無法跨磁碟搬移，但檔案則無此限制。

❖ Open(*path*, *mode*, *access*, *fileShare*)：開啟參數 *path* 指定的檔案並傳回 FileStream 物件，參數 *mode* 為檔案的開啟模式，有下列選擇：

開啟模式	說明
FileMode.Append	開啟檔案，若檔案不存在，就建立檔案，寫入的資料會放在檔案尾端，此模式只能與 FileAccess.Write 配合使用。
FileMode.Create	建立檔案，若檔案存在，就刪除其內容。
FileMode.CreateNew	建立檔案，若檔案存在，就產生例外。
FileMode.Open	開啟檔案，若檔案不存在，就產生例外。
FileMode.OpenOrCreate	開啟檔案，若檔案不存在，就建立檔案。
FileMode.Truncate	開啟檔案並刪除其內容，若檔案不存在，就產生例外。

參數 *access* 用來指定檔案在開啟後的存取類型，有下列選擇：

存取類型	說明
FileAccess.Read	檔案只供讀取。
FileAccess.Write	檔案只供寫入。
FileAccess.ReadWrite	檔案供讀取及寫入，此為預設值。

參數 *fileShare* 用來指定其它執行緒對檔案的存取類型，有下列選擇：

存取類型	說明
FileShare.None	無法讀取及寫入。
FileShare.Read	檔案只供讀取。
FileShare.Write	檔案只供寫入。
FileShare.ReadWrite	檔案供讀取及寫入，此為預設值。

path 和 *mode* 為必要參數，*access* 和 *fileShare* 則為選擇性參數，可以省略。

❖ OpenRead(*path*)：以唯讀方式開啟參數 *path* 指定的文字檔，若檔案不存在，就會產生例外，其它執行緒對檔案具讀取權限，傳回值為 FileStream 物件。

- OpenText(*path*)：以唯讀方式開啟參數 *path* 指定之 UTF-8 編碼的文字檔，傳回值為 StreamReader 物件。

- OpenWrite(*path*)：以唯寫方式開啟參數 *path* 指定的文字檔來寫入資料，若檔案不存在，就建立它，其它執行緒對檔案不具任何權限，傳回值為 FileStream 物件。

- SetAttributes(*path*, *fileAttributes*)：為參數 *path* 指定的檔案或資料夾設定屬性，參數 *fileAttributes* 為檔案屬性，可用屬性有 Archive（保存）、Compressed（壓縮）、Device（保留）、Directory（目錄）、Encrypted（加密）、Hidden（隱藏）、Normal（正常）、NotContentIndexed（不作內容索引）、Offline（離線）、ReadOnly（唯讀）、ReparsePoint（檔案包含重新剖析的位置）、SparseFile（疏鬆檔案）、System（系統檔）、Temporary（暫存檔）。

  當您設定屬性的值時，應該使用類似 FileAttributes.Archive、FileAttributes.Hidden 的格式，例如下面的敘述可以將 D:\beauty2.jpg 檔案壓縮及加密（磁碟須為 NTFS 格式才能進行壓縮及加密）：

```
File.SetAttributes("D:\beauty2.jpg", FileAttributes.Compressed);
File.SetAttributes("D:\beauty2.jpg", FileAttributes.Encrypted);
```

- SetCreationTime(*path*, *creationTime*)：將參數 *path* 指定之檔案的建立時間設定為時間參數 *creationTime*（須為 System.DateTime 型別）。

- SetLastAccessTime(*path*, *lastAccessTime*)：將參數 *path* 指定之檔案的最後一次存取時間設定為時間參數 *lastAccessTime*（須為 System.DateTime 型別）。

- SetLastWriteTime(*path*, *lastWriteTime*)：將參數 *path* 指定之檔案的最後一次寫入時間設定為時間參數 *lastWriteTime*（須為 System.DateTime 型別）。

9-4 讀寫檔案

9-4-1 使用 StreamReader 類別讀取文字檔

StreamReader 類別提供了讀取文字檔的功能，其建構函式有下列幾種：

```
StreamReader objReader = new StreamReader(path);
StreamReader objReader = new StreamReader(path, encoding);
StreamReader objReader = new StreamReader(path, detect);
StreamReader objReader = new StreamReader(path, encoding, detect);
StreamReader objReader = new StreamReader(path, encoding, detect , bufferSize);
```

❖ 參數 *path* 用來指定所要讀取之文字檔的路徑。

❖ 參數 *encoding* 用來指定所要使用的字元編碼方式，預設值為 UTF-8。UTF-8 編碼方式包含全世界的文字及符號，若要變更編碼方式，可以將參數 *encoding* 設定為下列的值：

參數值	字元編碼方式
System.Text.Encoding.ASCII	ASCII
System.Text.Encoding.Unicode	Unicode
System.Text.Encoding.UTF7	UTF-7
System.Text.Encoding.UTF8	UTF-8

❖ 參數 *detect* 用來指定是否在檔案開頭尋找位元組順序標記，若設定為 true，StreamReader 物件會自動查看資料的前三個位元組來偵測編碼方式；若檔案以適當的位元組順序標記為開頭，StreamReader 物件會自動辨認 UTF-8、Little-Endian Unicode 和 Big-Endian Unicode 文字；若設定為 false，StreamReader 物件會使用參數 *encoding* 提供的編碼方式。

❖ 參數 *bufferSize* 用來指定最小的緩衝區大小，單位為字元 (2 位元組)。

例如下面的敘述是使用檔案的完整路徑建立 StreamReader 物件：

```
StreamReader objReader = new StreamReader(@"D:\MyText.txt");
```

下面的敘述則是使用 File.OpenText() 方法開啟指定的文字檔，並傳回 StreamReader 物件：

```
StreamReader objReader = File.OpenText(@"D:\MyText.txt");
```

以上兩種方式均能建立 StreamReader 物件，而且除了建立 StreamReader 物件，您也可以指定編碼方式：

```
StreamReader objReader = new StreamReader(@"D:\MyText.txt", System.Text.Encoding.ASCII);
```

StreamReader 類別的屬性

- BaseStream：取得讀入的資料，傳回值為 FileStream 物件。
- CurrentEncoding：取得 StreamReader 物件的編碼方式。

StreamReader 類別的方法

- Close()：關閉 StreamReader 物件，讀完檔案的資料後，請務必關閉 StreamReader 物件，否則檔案將被鎖定。
- DiscardBufferedData()：允許 StreamReader 物件捨棄目前的資料。
- Peek()：從檔案指標的位置讀取一個字元的內碼，但不會將指標移到下一個字元，若已經抵達檔案尾端，就會傳回 -1。由於 Peek() 方法是傳回字元的內碼 (int 型別)，故須搭配 System.Convert.ToChar() 方法才能傳回字元。

  舉例來說，假設 StreamReader 物件為 objReader，目前指標指向字元 "陳"，那麼 objReader.Peek() 方法會傳回字元 "陳" 的內碼 38515，必須改寫成 System.Convert.ToChar(objReader.Peek()) 才會傳回字元 "陳"。

- Read()、Read(*charArray*, *index*, *count*)：前者是從檔案指標的位置讀取一個字元的內碼，然後將指標移到下一個字元，由於是傳回字元的內碼 (int 型別)，故須搭配 System.Convert.ToChar() 方法才能傳回字元；後者是從檔案指標的位置讀取參數 *count* 指定的字元數 (int 型別)，然後存放在 *charArray* 字元陣列，參數 *index* 為陣列的索引 (int 型別)。

  例如下面的敘述會從檔案指標的位置讀取 15 個字元，然後存放在 MyCharArray 字元陣列，陣列索引為 0，最後將 MyCharArray 字元陣列的內容顯示在執行視窗：

```
char[] MyCharArray = new char[15];
objReader.Read(MyCharArray, 0, 15);
Console.Write(MyCharArray);
```

- ReadBlock(*charArray*, *index*, *count*)：從檔案指標的位置讀取參數 *count* 指定的字元數 (int 型別)，然後存放在 *charArray* 字元陣列，*index* 為陣列的索引 (int 型別)，此方法與 Read(*charArray*, *index*, *count*) 具有相同效果，差別在於此方法會鎖定檔案直到指定的字元被讀取或所有字元都已經讀取。

- ReadLine()：從檔案指標的位置讀取一行資料，然後將指標移到下一行，傳回值為 string 型別 (不是 char 型別)，若已經抵達檔案尾端，就會傳回 null，例如下面的敘述可以從檔案指標的位置讀取一行並顯示出來：

```
string MyLine = objReader.ReadLine();
Console.Write(MyLine);
```

- ReadToEnd()：從檔案指標的位置讀取至檔案尾端並顯示出來，例如：

```
string AllData = objReader.ReadToEnd();
Console.Write(AllData);
```

隨堂練習

使用記事本編輯一個文字檔，內容如下，存檔時請指定編碼方式為 Unicode、檔案名稱為 Poetry1.txt，然後撰寫一個程式從這個檔案每次讀取一行並顯示出來，直到檔案尾端，執行結果如下。

D:\Poetry1.txt

鳳凰臺上鳳凰遊，鳳去臺空江自流。
吳宮花草埋幽徑，晉代衣冠成古邱。
三山半落青又外，二水中分白鷺洲。
總為浮雲能蔽日，長安不見使人愁。

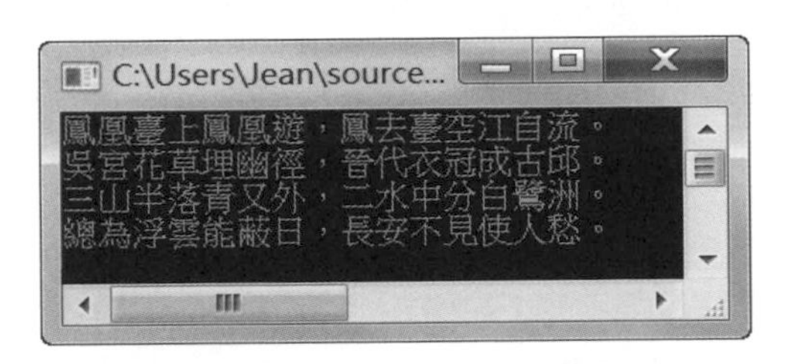

提示 <MyProj9-4>

```
static void Main(string[] args)
{                                                    此路徑請依照實際情況指定
  StreamReader objReader = new StreamReader(@"D:\Poetry1.txt", System.Text.Encoding.Unicode);
  string MyLine = objReader.ReadLine();              // 從檔案指標的位置讀取一行
  while (MyLine != null)                             // 檢查是否碰到檔案結尾
  {
    Console.WriteLine(MyLine);
    MyLine = objReader.ReadLine();
  }
  objReader.Close();                                 // 關閉檔案
}
```

9-4-2 使用 StreamWriter 類別寫入文字檔

StreamWriter 類別提供了寫入文字檔的功能，其建構函式有下列幾種：

```
StreamWriter objWriter = new StreamWriter(path);
StreamWriter objWriter = new StreamWriter(path, append);
StreamWriter objWriter = new StreamWriter(path, append, encoding);
StreamWriter objWriter = new StreamWriter(path, append, encoding, bufferSize);
```

- 參數 *path* 用來指定所要寫入之文字檔的路徑，若檔案不存在，就會建立該檔案。
- 參數 *append* 用來指定是否將文字寫到檔案尾端，true 的話會寫至檔案尾端，false 的話會覆寫檔案內容，預設值為 false。
- 參數 *encoding* 用來指定所要使用的字元編碼方式，預設值為 UTF-8。
- 參數 *bufferSize* 用來指定緩衝區的大小，單位為字元 (2 位元組)。

例如下面的敘述是使用檔案的完整路徑建立 StreamWriter 物件，由於沒有指定參數 *append*，所以使用參數 *append* 的預設值 false，也就是當資料寫入檔案時，原來的檔案內容會被覆寫：

```
StreamWriter objWriter = new StreamWriter(@"D:\MyText.txt");
```

下面的敘述是使用 File.CreateText() 方法建立指定的文字檔並傳回 StreamWriter 物件，若指定的檔案已經存在，原來的檔案會被覆寫，否則會建立該檔案：

```
StreamWriter objWriter = File.CreateText(Server.MapPath("MyText.txt"));
```

至於下面的敘述是建立一個可以將文字寫到檔案尾端的 StreamWriter 物件：

```
StreamWriter objWriter = new StreamWriter(@"D:\MyText.txt", true);
```

您也可以使用 File.AppendText() 方法開啟指定的文字檔並傳回 StreamWriter 物件，由於 File.AppendText() 方法傳回的是要寫入文字至檔案尾端的 StreamWriter 物件，所以當資料寫入檔案時，檔案原來的內容不變，資料會存放在檔案的尾端：

```
StreamWriter objWriter = File.AppendText(@"D:\MyText.txt");
```

若要建立一個可以寫入文字到檔案尾端的 StreamWriter 物件，且編碼方式為 ASCII，緩衝區為 1024 個字元 (2048 Bytes, 2KB)，可以寫成如下：

```
StreamWriter objWriter = new StreamWriter(@"D:\MyText.txt"), true, Encoding.ASCII, 1024);
```

StreamWriter 類別的屬性

❖ AutoFlush={true, false}：取得或設定是否在每次呼叫 Write() 或 WriteLine() 方法後自動將緩衝區內的資料寫入檔案，預設值為 true。若 AutoFlush 屬性設定為 true，在每次呼叫 Write() 或 WriteLine() 方法後，StreamWriter 物件會自動呼叫 Flush() 方法將緩衝區內的資料寫入檔案；相反的，若 AutoFlush 屬性設定為 false，就須自行呼叫 Flush() 方法才能將緩衝區內的資料寫入檔案。

❖ BaseStream()：取得 StreamWriter 物件正在寫入的檔案資料，傳回值為 FileStream 物件。

❖ Encoding()：取得 StreamWriter 物件的字元編碼方式。

❖ NewLine="…"：取得或設定 StreamWriter 物件所使用的行終端符號，預設值為換行符號。每當呼叫 WriteLine() 方法將資料寫入緩衝區時，行終端符號會加在緩衝區的尾端。

請注意，除非您有特殊用途，否則不要變更行終端符號，例如 objWriter.NewLine = "<br>"; 會在呼叫 WriteLine() 方法將資料寫入緩衝區時，在緩衝區的尾端加入 "<br>" 字串。

StreamWriter 類別的方法

❖ Close()：關閉 StreamWriter 物件，當不再使用 StreamWriter 物件時，請務必關閉 StreamWriter 物件，否則檔案將被鎖定，呼叫此方法的同時也會將緩衝區內的資料寫入檔案。

❖ Flush()：將緩衝區內的資料寫入檔案，並清除緩衝區內的資料，若沒有指定 AutoFlush 屬性 (預設值為 true)，那麼在呼叫 Write() 或 WriteLine() 方法將資料放入緩衝區後，StreamWriter 物件會呼叫 Flush() 方法清除緩衝區內的資料並寫入檔案。

❖ Write({*myChar*, *charArray*, *myString*})：將 myChar 字元、*charArray* 字元陣列或 *myString* 字串的內容寫入緩衝區。

Write(*charArray*, *index*, *count*)：將 *charArray* 字元陣列寫入緩衝區，參數 *index* 為開始寫入緩衝區的陣列索引 (int 型別)，參數 *count* 為欲寫入的字元數 (int 型別)。

Write({*boolean*, *decimal*, *double*, *integer*, *long*, *object*, *single*, *uInt32*, *uInt64*})：將不同型別的資料寫入緩衝區。

❖ WriteLine()：將行終端符號寫入緩衝區，行終端符號由 NewLine 屬性所指定，若沒有指定，表示為換行符號。

WriteLine({*myChar*, *charArray*, *myString*})：將 *myChar* 字元、*charArray* 字元陣列或 *myString* 字串寫入緩衝區，然後將行終端符號寫入緩衝區，行終端符號由 NewLine 屬性所指定，若沒有指定，表示為換行符號。

WriteLine({*boolean*, *decimal*, *double*, *integer*, *long*, *object*, *single*, *uInt32*, *uInt64*})：將不同型別的資料寫入緩衝區，然後將行終端符號寫入緩衝區。

例如下面的敘述可以將「這是使用 WriteLine() 方法加入第 x 行文字」字串寫入 MyText.txt 檔案的尾端成為新的一行資料，而且每行資料之間都加入一個空白行：<MyProj9-5>

```
static void Main(string[] args)
{
    StreamWriter objWriter = new StreamWriter(@"D:\MyText.txt", true);
    objWriter.WriteLine(" 這是使用 WriteLine() 方法加入第一行文字 ");
    objWriter.WriteLine();      // 加入空白行
    objWriter.WriteLine(" 這是使用 WriteLine() 方法加入第二行文字 ");
    objWriter.WriteLine();      // 加入空白行
    objWriter.WriteLine(" 這是使用 WriteLine() 方法加入第三行文字 ");
    objWriter.Close();
}
```

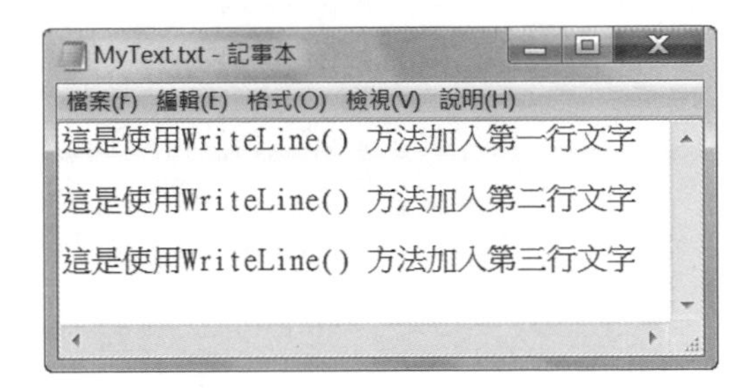

隨堂練習

撰寫一個程式，令它使用 StreamWriter 物件在 D: 磁碟的根目錄寫入如下的文字檔案 Poetry2.txt，編碼方式為 UTF-8。

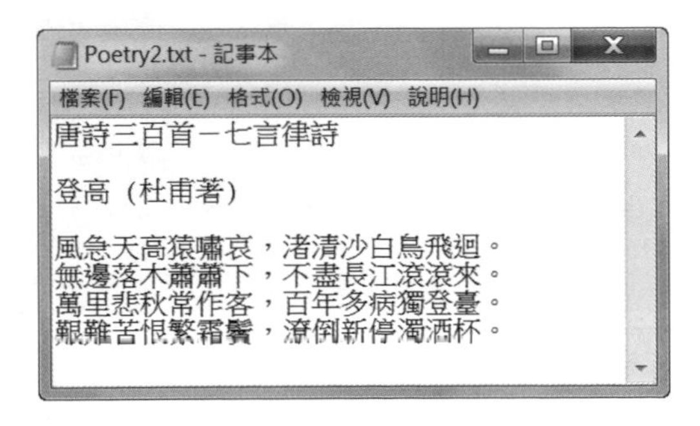

9-4-3 使用 FileStream 類別讀寫文字檔

FileStream 類別可以用來讀取及寫入文字檔，但和 StreamReader 類別、StreamWriter 類別不同的是 FileStream 類別是讀取及寫入位元組，換句話說，FileStream 類別最好只用來存取佔用 1 個位元組的英文字母、數字或半形符號，而不要用來存取佔用 2 個位元組的中文字或全形符號，否則一旦使用 FileStream 類別讀取 3 個位元組，卻得到 1.5 個中文字，那麼 0.5 個中文字就會產生問題，這是 FileStream 類別最大的限制。

FileStream 類別的建構函式有下列幾種：

```
FileStream objFileStream = new FileStream(path, mode);
FileStream objFileStream = new FileStream(path, mode, access);
FileStream objFileStream = new FileStream(path, mode, access, share);
FileStream objFileStream = new FileStream(path, mode, access, share, bufferSize);
FileStream objFileStream = new FileStream(path, mode, access, share, bufferSize, useAsync);
```

- 參數 *path* 用來指定所要讀取或寫入之文字檔的路徑。
- 參數 *mode* 用來指定檔案的開啟模式，有下列幾種：

開啟模式	說明
FileMode.Append	開啟檔案，寫入的資料會放在檔案尾端，若檔案不存在，就建立檔案，此模式只能與 FileAccess.Write 配合使用。
FileMode.Create	建立檔案，若檔案存在，就刪除其內容。
FileMode.CreateNew	建立檔案，若檔案存在，就產生例外。
FileMode.Open	開啟檔案，若檔案不存在，就產生例外。
FileMode.OpenOrCreate	開啟檔案，若檔案不存在，就建立檔案。
FileMode.Truncate	開啟檔案並刪除其內容，若檔案不存在，就產生例外。

❖ 參數 *access* 用來指定檔案在開啟後的存取類型，有下列幾種：

存取類型	說明
FileAccess.Read	檔案只供讀取。
FileAccess.Write	檔案只供寫入。
FileAccess.ReadWrite	檔案供讀取及寫入，此為預設值。

❖ 參數 *share* 用來指定其它執行緒對檔案的存取類型，有下列幾種：

存取類型	說明
FileShare.None	無法讀取及寫入。
FileShare.Read	檔案只供讀取。
FileShare.Write	檔案只供寫入。
FileShare.ReadWrite	檔案供讀取及寫入，此為預設值。

❖ 整數參數 *bufferSize* 用來指定緩衝區的大小，單位為位元組。

❖ 布林參數 *useAsync* 用來指定是否要使用非同步檔案存取，預設值為 false，若設定為 true，表示啟動非同步檔案存取，此時，BeginRead() 方法和 BeginWrite() 方法在大量讀取或寫入的情況下，執行效率較佳，但在小量讀取或寫入的情況下，執行效率較差。

例如下面的敘述可以開啟 MyText.txt 檔案，若檔案不存在，就建立它：

```
FileStream objFS = new FileStream(@"D:\MyText.txt", FileMode.OpenOrCreate);
```

下面的敘述則是使用 File.Create() 方法建立 MyText.txt 檔案，緩衝區的大小為 512Bytes：

```
FileStream objFS = File.Create(@"D:\MyText.txt", 512);
```

若要使用 File.Open() 方法開啟 MyText.txt 檔案以供讀寫，可以寫成如下，但要是檔案不存在，就會產生例外：

```
FileStream objFS = File.Open(@"D:\MyText.txt", FileMode.Open);
```

若要使用 File.OpenRead() 方法以唯讀方式開啟 MyText.txt 檔案，可以寫成如下：

```
FileStream objFS = File.OpenRead(@"D:\MyText.txt");
```

若要使用 File.OpenWrite() 方法以唯寫方式開啟 MyText.txt 檔案，可以寫成如下：

```
FileStream objFS = File.OpenWrite(@"D:\MyText.txt");
```

FileStream 類別的屬性

- ❖ CanRead：取得布林值，用來判斷目前的檔案是否支援讀取的功能。
- ❖ CanSeek：取得布林值，用來判斷目前的檔案是否支援搜尋的功能。
- ❖ CanWrite：取得布林值，用來判斷目前的檔案是否支援寫入的功能。
- ❖ IsAsync：取得布林值，用來判斷目前的檔案是否支援非同步存取。
- ❖ Length：取得目前檔案的大小，單位為位元組。
- ❖ Name：取得目前檔案的完整路徑名稱。
- ❖ Position = *n*：取得或設定目前指標位於檔案的位置 (*n* 為第幾個位元組)。

FileStream 類別的方法

- BeginRead(*byteArray*, *index*, *count*, *userCallback*, *stateObject*)：非同步讀取參數 *count* 指定的位元組數 (int 型別)，並存放在 *byteArray* 位元組陣列，陣列的索引為 *index* (int 型別)，在非同步讀取作業完成時呼叫 *userCallback* 指定的方法，參數 *stateObject* 為使用者所提供的物件，用來從其它要求中區分出這個特定非同步讀取的要求。

  此方法的前三個參數為必要參數，最後兩個參數可以使用 null 代替，但不可以省略，讀入 *byteArray* 位元組陣列的值則為資料的內碼 (byte 型別)。例如下面的敘述是從 D:\MyText.txt 檔案非同步讀取 15 個位元組，這個檔案的編碼方式為 ANSI：

```
FileStream objFS = new FileStream(@"D:\MyText.txt", FileMode.OpenOrCreate,
  FileAccess.Read, FileShare.None, 512, true);
byte[] MyByteArray = new Byte[15];
objFS.BeginRead(MyByteArray, 0, 15, null, null);
foreach(byte MyByte in MyByteArray)
  Console.Write(System.Convert.ToChar(MyByte));     // 顯示之前要轉換為字元
objFS.Close();
```

- Close()：關閉 FileStream 物件，當不再使用 FileStream 物件時，請務必關閉 FileStream 物件，否則檔案會被鎖定。

- BeginWrite(*byteArray*, *index*, *count*, *userCallback*, *stateObject*)：非同步寫入 *byteArray* 位元組陣列的資料至文字檔，開始寫入的陣列起始索引為 *index* (int 型別)，寫入的位元組數為 *count* (int 型別)，在非同步寫入作業完成時呼叫 *userCallback* 指定的方法，參數 *stateObject* 為使用者提供的物件，用來從其它要求中區分出這個特定非同步寫入的要求。此方法的前三個參數為必要參數，最後兩個參數可以使用 null 代替，但不可以省略。

例如下面的敘述可以將位元組陣列的資料寫入 D:\MyText.txt 檔案：

```
FileStream objFS = new FileStream(@"D:\MyText.txt", FileMode.OpenOrCreate,
  FileAccess.Write, FileShare.None, 512, true);
byte[] MyByteArray = new byte[15];
for(int i = 0; i <= 14; i++)          // 將位元組陣列的資料設定為 ABCDEFGHIJKLMNO
  MyByteArray[i] = System.Convert.ToByte(i + 65);
objFS.BeginWrite(MyByteArray, 0, 15, null, null);
objFS.Close();
```

若檔案以同步方式開啟，但以 BeginRead() 方法做非同步讀取，那麼 FileStream 物件會改以 Read() 方法做同步讀取；同理，若檔案以同步方式開啟，但以 BeginWrite() 方法做非同步寫入，那麼 FileStream 物件會改以 Write() 方法做同步寫入。

- Lock(*position*, *length*)：鎖定檔案以防止其它處理程序存取檔案的部分或全部內容，參數 *position* 為開始鎖定的位置，參數 *length* 為鎖定的位元組數。

- Read(*byteArray*, *index*, *count*)：同步讀取參數 *count* 指定的位元組數 (int 型別)，並存放在 *byteArray* 位元組陣列，參數 *index* 為陣列的起始索引 (int 型別)，Read() 方法存放在 *byteArray* 陣列的是資料的內碼 (byte 型別)。例如下面的敘述會從 FileStream 物件讀取 20 個位元組，然後存放在 MyByteArray 位元組陣列，陣列的索引為 0：

```
objFS.Read(MyByteArray, 0, 20);
```

- ReadByte()：讀取一個位元組的資料，然後將指標移到下一個位元組，傳回值為資料的內碼。例如下面的敘述可以讀取並顯示一個位元組的資料，然後將指標移到下一個位元組：

```
Console.WriteLine(Chr(objFS.ReadByte()));
```

❖ Seek(*offset*, *origin*)：將檔案指標移到指定的位置，參數 *offset* 為要移動的位元組數 (int 型別)，參數 *origin* 用來做為參數 *offset* 的參考點，有三種選擇，SeekOrigin.Begin 表示從檔案的起點開始移動，SeekOrigin.Current 表示從目前的指標位置開始移動，SeekOrigin.End 表示從檔案尾端開始移動，例如下面的敘述是將指標從目前的指標位置向後移動 5 個位元組：

```
objFS.Seek(5, SeekOrigin.Current);
```

下面的敘述則可以將指標移到檔案尾端：

```
objFS.Seek(0, SeekOrigin.End);
```

❖ SetLength(*size*)：設定檔案大小為 *size* (int 型別)，單位為位元組，若檔案內容超過 *size*，超過的部分會被截斷；若檔案內容小於 *size*，會自動寫入空白以符合 *size*，只有在 FileStream 物件具有寫入功能時才能使用此方法，例如下面的敘述可以將檔案的大小設定為 200 位元組：

```
objFS.SetLength(200);
```

❖ Unlock(*position*, *length*)：允許其它處理程序存取先前鎖定之檔案的部分或全部，參數 *position* 為要解除鎖定的開始位置 (int 型別)，參數 *length* 為要解除鎖定的位元組數 (int 型別)。

❖ Write(*byteArray*, *index*, *count*)：同步寫入參數 *byteArray* 指定的位元組陣列，參數 *index* 為開始寫入的陣列索引，參數 *count* 為寫入的位元組數。

❖ WriteByte(*myByte*)：同步寫入單一位元組，例如下面的敘述可以將字母 n (因為 n 的內碼為 110) 寫入檔案：

```
objFS.WriteByte(110);
```

撰寫一個程式，令它使用 FileStream 物件讀取 D:\Poetry3.txt 檔案的全部內容並顯示出來，這個檔案的編碼方式為 ANSI。

解答

\MyProj9-6\Program.cs

```
C:\Users\Jean\source\repos\MyProj9-6\MyProj...
Rain, sea, surf, sand, clouds and sky
Hush, now darling don't you cry
There's a mocking bird singing songs in the trees
There's a mocking bird singing songs just for you and me
Rain, sea, surf, sand, clouds and sky
Time will see your tears run dry
There's a mocking bird singing songs in the trees
There's a mocking bird singing songs just for you and me
Rain, sea, surf, sand clouds and sun
Bless the tears of love now gone
```

```
using System;
using System.IO;

namespace MyProj9_6
{
   class Program
   {
      static void Main(string[] args)
      {
         FileStream objFileStream = new FileStream(@"D:\Poetry3.txt", FileMode.Open,
            FileAccess.Read);
         byte[] MyByteArray = new byte[objFileStream.Length];
         string Content = "";
         objFileStream.Read(MyByteArray, 0, System.Convert.ToInt32(objFileStream.Length));
         foreach (byte MyByte in MyByteArray)
            Content = Content + System.Convert.ToChar(MyByte);
         Console.Write(Content);
         objFileStream.Close();
      }
   }
}
```

學習評量

一、選擇題

(　　) 1. 我們可以使用 Directory 類別的哪個方法取得指定之資料夾的所有子資料夾？

A. GetFiles()　　B. GetChilds()

C. GetParent()　　D. GetDirectories()

(　　) 2. 我們可以使用 Directory 類別的哪個方法將指定之資料夾搬移至目的資料夾？

A. Exists()　　B. Remove()

C. Move()　　D. Delete()

(　　) 3. 我們可以使用 Directory 類別的哪個方法刪除指定之資料夾？

A. Exists()　　B. Remove()

C. Move()　　D. Delete()

(　　) 4. 使用 File 類別的 Open() 方法開啟檔案時須指定下列何種模式，才能開啟檔案並刪除其內容？

A. FileStream　　B. StreamWriter

C. BinaryWriter　　D. Truncate

(　　) 5. 下列哪個類別可以用來寫入文字檔？

A. File　　B. StreamWriter

C. FileInfo　　D. StreamReader

(　　) 6. StreamReader 類別的哪個方法可以從檔案指標的位置讀取一個字元的內碼，但不會將指標移到下一個字元？

A. Peek()　　B. Read()

C. ReadBlock()　　D. ReadLine()

(　　) 7. 在使用 StreamReader 類別的 ReadLine() 方法讀取資料時，若已經抵達檔案尾端，會傳回下列何者？

A. 0　　B. 1

C. -1　　D. null

(　　) 8. FileStream 類別的哪個方法可以非同步讀取檔案內容？

A. ReadLine()　　B. ReadByte()

C. BeginRead()　　D. Read()

學習評量

二、練習題

1. 撰寫一個程式，令它在執行視窗中顯示 C:\Windows 資料夾內所有子資料夾及檔案的完整路徑。

2. 使用 StreamReader 物件和 StreamWriter 物件撰寫一個程式，令它開啟如下的 Sample1.txt 檔案 (編碼方式為 Unicode，存放在本書範例程式的 \Samples\Ch09 文字檔資料夾，此例是將該檔案複製到 D:\)，然後一次讀取一行，寫入另一個新的文字檔 Sample2.txt。

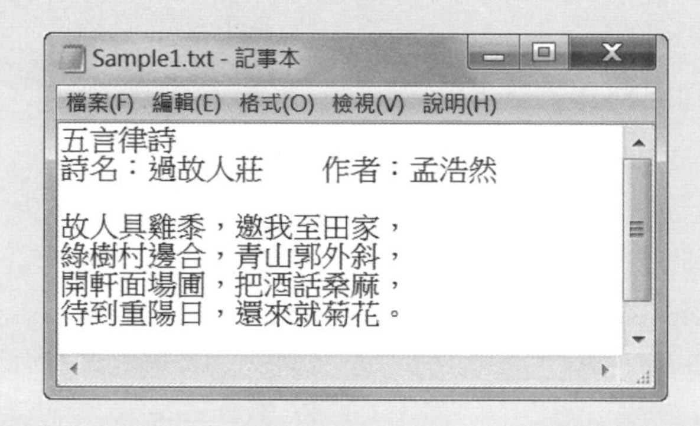

提示

```
static void Main(string[] args)
{
  StreamReader objReader = new StreamReader(@"D:\Sample1.txt");
  StreamWriter objWriter = new StreamWriter(@"D:\Sample2.txt");
  string Line = objReader.ReadLine();
  while(Line != null)
  {
    objWriter.WriteLine(Line);
    Line = objReader.ReadLine();
  }
  objReader.Close();
  objWriter.Close();
}
```

3 PART 資料庫篇

建立資料庫與 SQL 查詢

10-1 認識資料庫

10-2 建立 SQL Server 資料庫

10-3 在 Visual Studio 連接 SQL Server 資料庫

10-4 SQL 語法

10-1 認識資料庫

資料庫 (database) 是一組相關資料的集合，這些資料之間可能具有某些關聯，允許使用者從不同的觀點來加以存取，例如學校的選課系統、公司的進銷存系統、圖書館的圖書目錄、醫療院所的病歷系統、銀行的存款帳號等。

目前常見的資料庫模式為關聯式資料庫 (relational database)，也就是資料庫裡面包含數個資料表，而且資料表之間會有共通的欄位，使資料表之間產生關聯。舉例來說，假設關聯式資料庫裡面有下列四個資料表，名稱分別為「學生資料」、「國文成績」、「數學成績」、「英文成績」，其中「座號」欄位為共通的欄位。

座號	姓名	生日	通訊地址
1	小丸子	1994/01/01	台北市羅斯福路一段 9 號 9 樓
2	花輪	1995/05/06	台北市師大路 20 號 3 樓
3	藤木	1994/12/20	台北市溫州街 42 巷 7 號之 1
4	小玉	1995/03/17	台北市龍泉街 3 巷 12 弄 28 號
5	丸尾	1994/08/11	台北市金門街 100 號 5 樓
6	永澤	1994/10/22	台北市和平東路二段 85 巷 109 號 15 樓之 3

座號	國文分數
1	80
2	95
3	88
4	98
5	93
6	81

座號	數學分數
1	75
2	100
3	90
4	92
5	97
6	92

座號	英文分數
1	82
2	97
3	85
4	88
5	100
6	94

有了這些資料表，我們就可以使用資料庫管理系統 (DBMS，DataBase Management System) 進行各項查詢，例如座號為 5 的學生叫做什麼、國文考幾分、英文分數高於 90 的有哪幾位學生、將數學分數由高到低排列等。

此外，透過共通欄位可以產生如下資料，即結合「學生資料」、「國文成績」、「數學成績」、「英文成績」四個資料表產生「總分」資料。

座號	姓名	總分	通訊地址
1	小丸子	237	台北市羅斯福路一段 9 號 9 樓
2	花輪	292	台北市師大路 20 號 3 樓
3	藤木	263	台北市溫州街 42 巷 7 號之 1
4	小玉	278	台北市龍泉街 3 巷 12 弄 28 號
5	丸尾	290	台北市金門街 100 號 5 樓
6	永澤	267	台北市和平東路二段 85 巷 109 號 15 樓之 3

最後，我們來介紹幾個資料庫的術語。以下圖的 SQL Server 資料庫為例，裡面總共有 10 筆資料，每一筆資料都稱為一筆記錄 (record)，而在同一筆記錄 (同一列) 中，又包含「學號」、「姓名」、「國文」、「數學」、「英文」等 5 個欄位 (column)，我們將這些記錄的組合稱為資料表 (table)，而數個性質雷同的資料表集合起來則稱為資料庫 (database)。

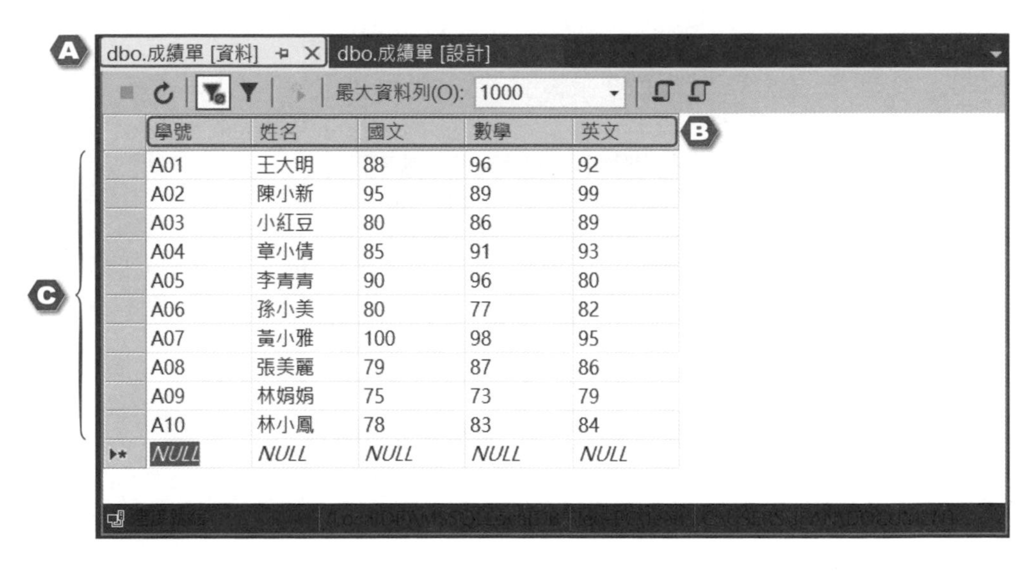

學號	姓名	國文	數學	英文
A01	王大明	88	96	92
A02	陳小新	95	89	99
A03	小紅豆	80	86	89
A04	章小倩	85	91	93
A05	李青青	90	96	80
A06	孫小美	80	77	82
A07	黃小雅	100	98	95
A08	張美麗	79	87	86
A09	林娟娟	75	73	79
A10	林小鳳	78	83	84
NULL	NULL	NULL	NULL	NULL

A 資料表名稱　B 5 個欄位組成一筆記錄　C 10 筆記錄組成一個資料表

10-2 建立 SQL Server 資料庫

在安裝 Visual Studio 時，預設會一併安裝 SQL Server Express，這是微軟資料庫管理系統 SQL Server 的精簡版，資料庫大小上限為 10GB，可以免費使用，適合學習、開發與強化桌面、網路及小型伺服器應用程式。本書範例程式均使用 SQL Server Express 從事資料庫設計，若要從事商業用途，可以購買功能更強大的 SQL Server 標準版或企業版。

建立 SQL Server 資料庫的步驟分為幾個階段，一開始是建立資料庫，接著是根據要輸入的資料性質，新增資料表並設定資料表的欄位名稱與資料型別，最後才是輸入資料表的資料，下面是一個例子。

建立資料庫

1. 啟動 Visual Studio，選取 [檢視] \ [伺服器總管]，然後在伺服器總管的 [資料連接] 按一下滑鼠右鍵，從快顯功能表中選取 [加入連接]。

2. 若螢幕上出現 [加入連接] 對話方塊，請按 [變更]，此時會出現 [選擇資料來源] 對話方塊，請依照下圖操作。

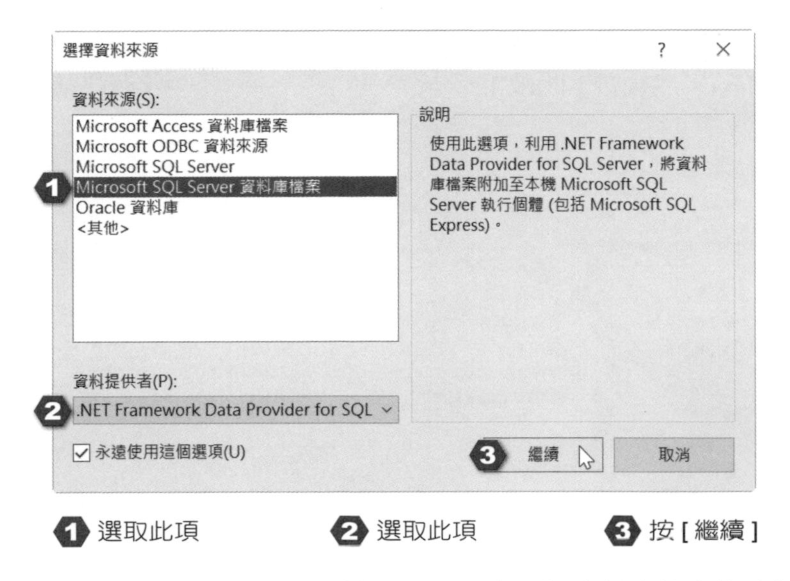

❶ 選取此項　❷ 選取此項　❸ 按 [繼續]

3. 出現 [加入連接] 對話方塊，請按 [瀏覽] 來選擇資料庫檔案的路徑及檔名。

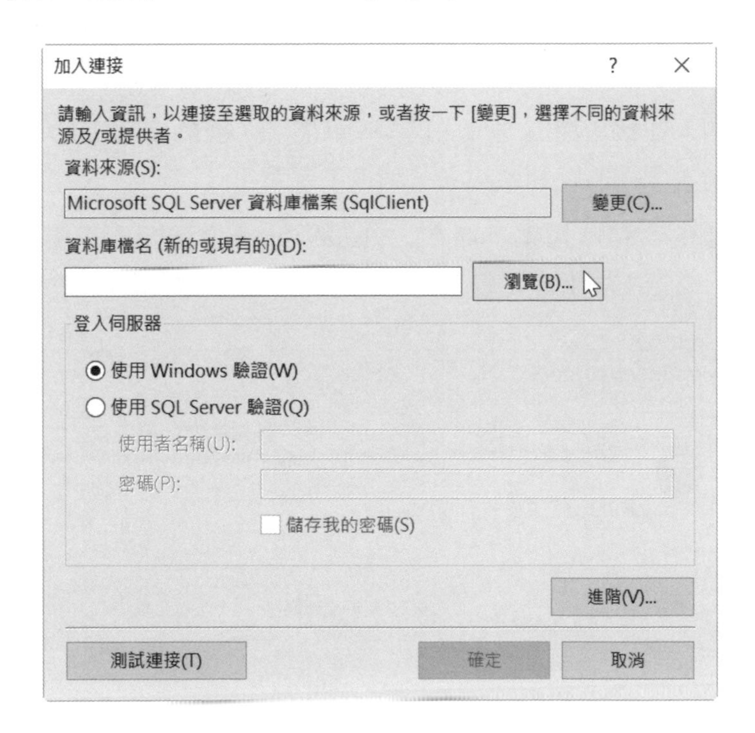

4. 選擇資料庫檔案的儲存位置，接著在 [檔案名稱] 欄位輸入檔名 (此例為 Grades)，然後按 [開啟]。

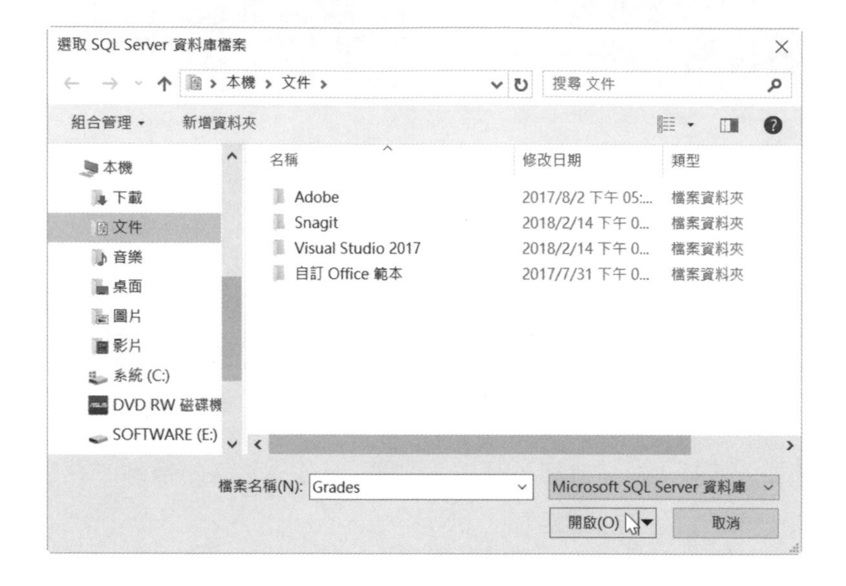

5. 回到 [加入連接] 對話方塊，[資料庫檔名 (新的或現有的)] 欄位會自動填入剛才選擇的路徑及檔名，請按 [確定]。

6. 由於指定的資料庫檔案不存在，Visual Stuio 會詢問是否要建立該資料庫檔案，請按 [是]。

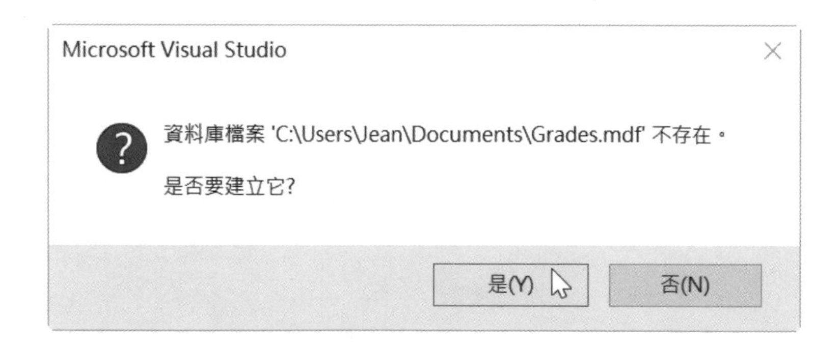

7. 伺服器總管中出現剛才建立的資料庫檔案 Grades.mdf，按一下前面的三角形圖示加以展開，即可看到如下結果。

新增資料表並設定資料表的欄位名稱與資料型別

1. 在資料庫檔案 Grades.mdf 的 [資料表] 按一下滑鼠右鍵，從快顯功能表中選取 [加入新的資料表]。

2. 出現如下畫面供您新增資料表的欄位，請在 [名稱] 欄位輸入資料表的第一個欄位名稱 (此例為「學號」)，然後在 [資料型別] 欄位的下拉式清單中選取這個欄位的資料型別 (此例為「nvarchar(50)」)，並取消 [允許 Null] 選項，表示這個欄位一定要輸入，不能空白。

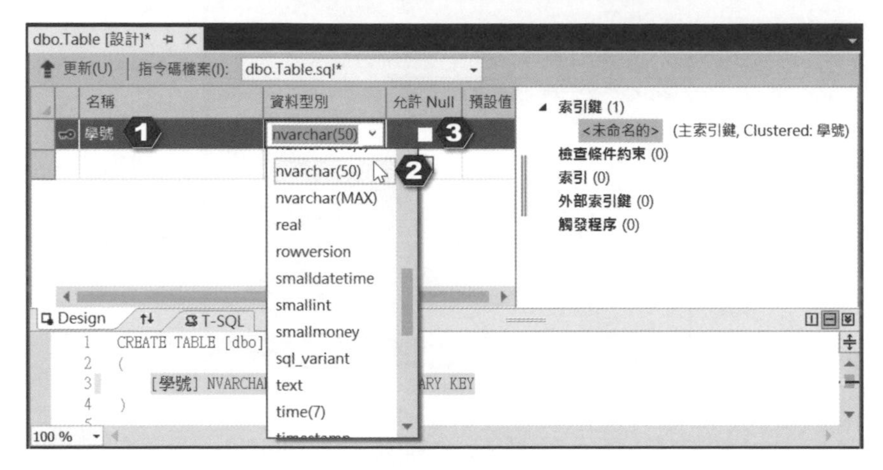

❶ 輸入欄位名稱 ❷ 選擇資料型別 ❸ 取消此項

3. 輸入如下圖的 5 個欄位，並設定資料型別、長度及是否允許 Null，接著在 [T-SQL] 標籤頁中將資料表名稱改為「成績單」，然後按 [更新]。

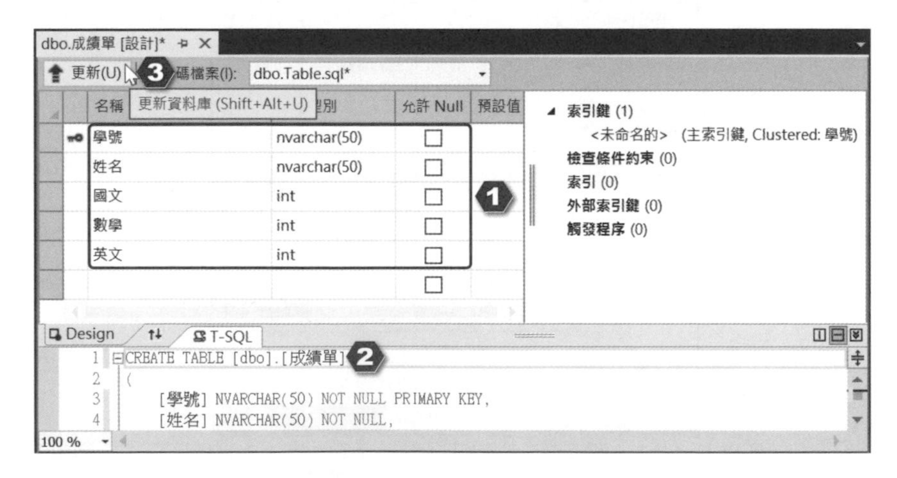

❶ 輸入 5 個欄位 ❷ 將資料表名稱改為「成績單」 ❸ 按 [更新]

請注意，「學號」欄位的左側有一個鑰匙符號，表示「學號」欄位為主索引鍵。對於資料表的欄位，我們可以找出一個最具代表性，且資料不會重複的欄位做為「主索引鍵」，例如學號、帳號、身分證字號等。

在設計關聯式資料庫時，每個資料表都必須設定主索引鍵，以做為不同資料表之間的關聯欄位。若要移除主索引鍵，可以在該欄位按一下滑鼠右鍵，然後選取 [移除主索引鍵]，如下圖；相反的，若要設定主索引鍵，可以在該欄位按一下滑鼠右鍵，然後選取 [設定主索引鍵]，該欄位的左側就會出現一個鑰匙符號。

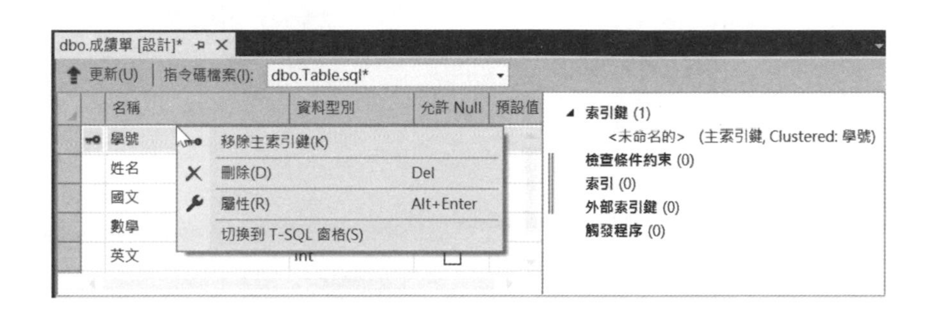

4. 出現如下視窗，說明即將要執行哪些更新動作，請按 [更新資料庫]。

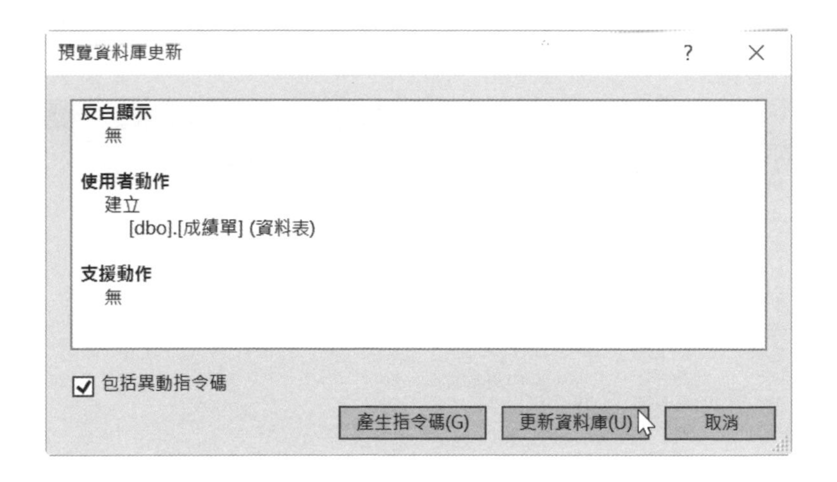

5. 開始更新資料庫，當顯示「更新已順利完成」時，表示成功建立資料表。

輸入資料表的資料

1. 在伺服器總管中找到「成績單」資料表，然後按一下滑鼠右鍵，選取 [顯示資料表資料]。若找不到該資料表，可以點取左上角的 [重新整理] 按鈕。

2. 輸入如下圖的 10 筆記錄，輸入的過程會自動存檔。

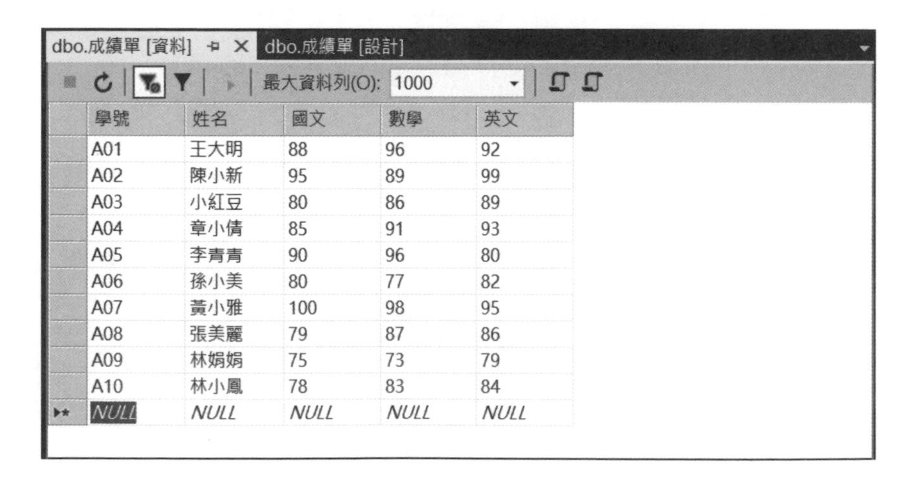

學號	姓名	國文	數學	英文
A01	王大明	88	96	92
A02	陳小新	95	89	99
A03	小紅豆	80	86	89
A04	章小倩	85	91	93
A05	李青青	90	96	80
A06	孫小美	80	77	82
A07	黃小雅	100	98	95
A08	張美麗	79	87	86
A09	林娟娟	75	73	79
A10	林小鳳	78	83	84
NULL	NULL	NULL	NULL	NULL

10-3 在 Visual Studio 連接 SQL Server 資料庫

除了自己動手建立 <Grades.mdf> 資料庫，本書範例程式的 \Samples 資料夾內有本書使用的資料庫檔案，您也可以依照如下步驟，在 Visual Studio 連接 SQL Server 資料庫：

1. 將資料庫檔案 Grades.mdf 和交易記錄檔案 Grades_log.ldf 複製到硬碟，例如 D:\，然後取消其唯讀屬性。
2. 依照第 10-2 節建立資料庫的步驟 1. ~ 5. 操作，只要在進行到步驟 5. 時，將 [資料庫檔名 (新的或現有的)] 欄位設定為資料庫檔案的路徑及檔名，例如 D:\Grades.mdf，就會在 Visual Stuio 加入資料連接，而不會詢問是否要建立新資料庫。

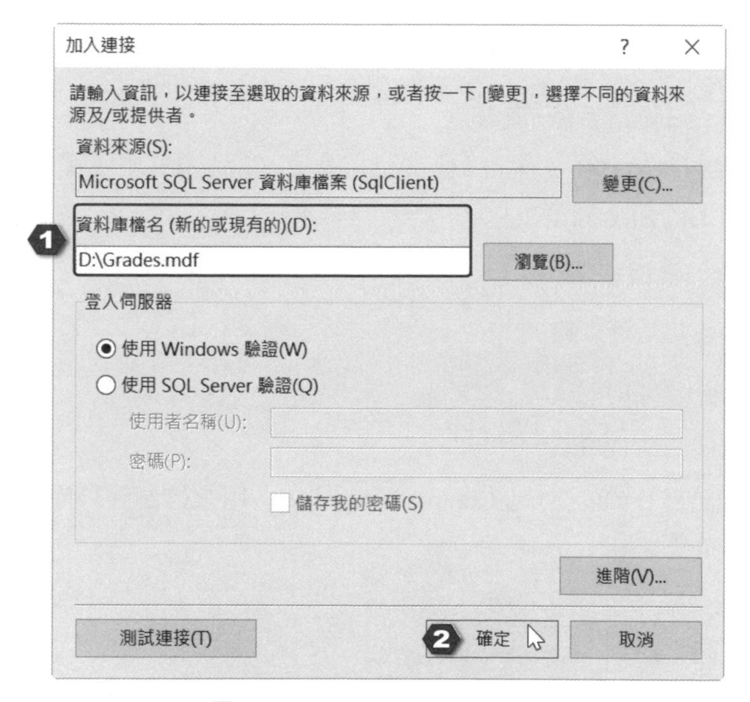

❶ 輸入資料庫檔案的路徑及檔名
❷ 按 [確定]

10-4 SQL 語法

SQL (Structured Query Language，結構化查詢語言) 是一個完整的資料庫語言，諸如 SQL Server、Oracle、Access、MySQL 等關聯式資料庫均支援 SQL，並相容於美國國家標準局所發行的 ANSI SQL-92 標準。此外，不同的廠商亦提供專屬的 SQL 擴展語言，例如 Microsoft SQL Server 所使用的 T-SQL (Transact-SQL)、Oracle 所使用的 PL/SQL。

SQL 包含下列三個部分：

❖ 資料定義語言 (DDL，Data Definition Language)：用來定義資料庫、資料表、索引、預存程序、函數等資料庫的物件，常用的指令如下：

- Create：建立資料庫的物件。
- Alter：變更資料庫的物件。
- Drop：刪除資料庫的物件。

❖ 資料處理語言 (DML，Data Manipulation Language)：用來處理資料庫的資料，常用的指令如下：

- Insert：新增資料。
- Update：更新資料。
- Delete：刪除資料。
- Select：選取資料。

❖ 資料控制語言 (DCL，Data Control Language)：用來控制資料庫的存取，常用的指令如下：

- Grant：賦予使用者的使用權限。
- Revoke：取消使用者的使用權限。
- Commit：完成交易。
- Rollback：因為交易異常，而將已變動的資料回轉到交易尚未開始前的狀態。

在接下來的小節中，我們會為您介紹 Insert、Update、Delete、Select 等指令，這些指令都是很基礎的 SQL 語法，純粹是要讓您對 SQL 語法有初步的認識。若您想學習更多 SQL 語法，可以參考資料庫專書，例如 Ramez Elmasri 的 Database Systems 一書。

在介紹這些指令之前，我們先以 <Grades.mdf> 資料庫的「成績單」資料表為例，示範如何執行 SQL 查詢：

1. 啟動 Visual Studio，然後依照第 10-3 節的說明，在 Visual Studio 加入資料連接，連接到現有的資料庫檔案 Grades.mdf。
2. 首先，在伺服器總管中找到「成績單」資料表，然後按一下滑鼠右鍵，選取 [新增查詢]；接著，輸入 SQL 查詢，例如下面的命令是從「成績單」資料表選取所有欄位；最後，點取 [執行] 按鈕，查詢結果就會出現在視窗的下半部。

```
Select * From 成績單
```

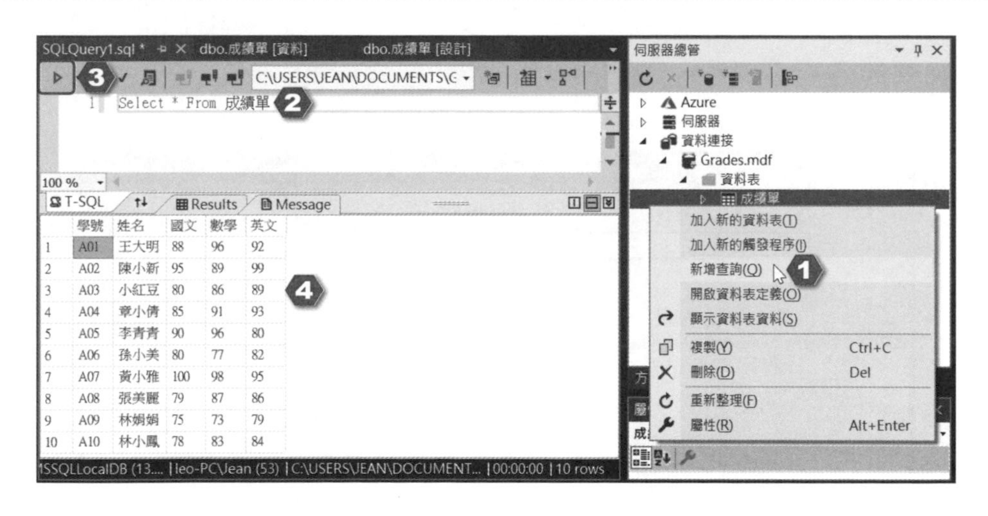

❶ 在「成績單」資料表按一下滑鼠右鍵，選取 [新增查詢]
❷ 輸入 SQL 查詢　❸ 按 [執行]　❹ 出現查詢結果

10-4-1 Select 指令 (選取資料)

Select 指令可以用來從資料表選取資料，其語法如下，SQL 關鍵字沒有英文字母大小寫之分，而且可以寫成多行或一行：

```
Select 欄位名稱
From 資料表名稱
[Where 搜尋子句 ]
[Order By 排序子句 {Asc|Desc}]
```

以前面的「成績單」資料表為例，我們可以舉出一些 SQL 查詢：

❖ 從「成績單」資料表選取所有欄位，其中星號 (*) 表示所有欄位，不過，建議少用星號，因為實際的資料庫往往比較龐大，會影響執行效能：

```
Select * From 成績單
```

❖ 從「成績單」資料表選取「姓名」、「英文」和「國文」三個欄位：

```
Select 姓名 , 英文 , 國文 From 成績單
```

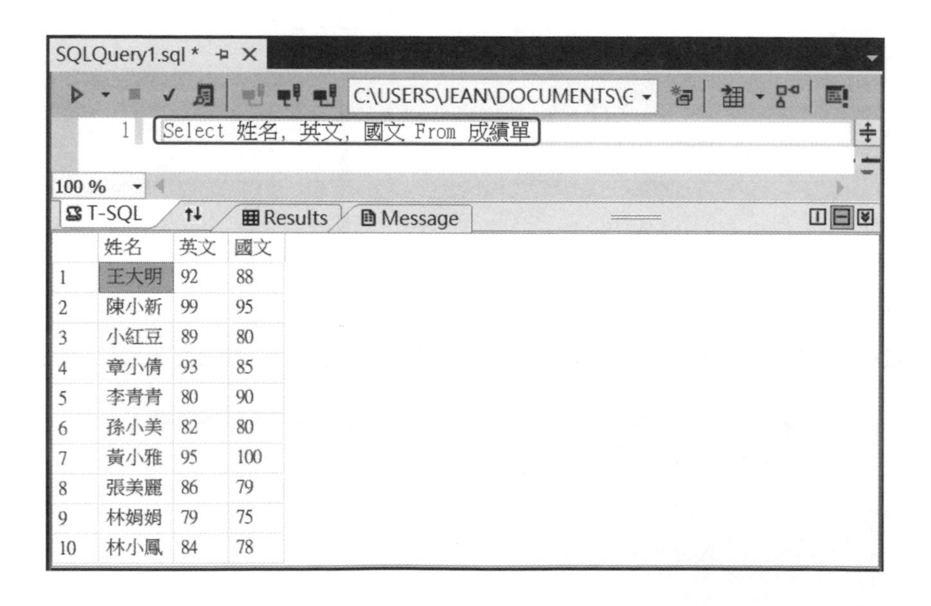

	姓名	英文	國文
1	王大明	92	88
2	陳小新	99	95
3	小紅豆	89	80
4	章小倩	93	85
5	李青青	80	90
6	孫小美	82	80
7	黃小雅	95	100
8	張美麗	86	79
9	林娟娟	79	75
10	林小鳳	84	78

❖ 從「成績單」資料表選取「姓名」和「英文」兩個欄位，然後將欄位更名為「名字」與「外文」：

```
Select 姓名 As 名字 , 英文 As 外文 From 成績單
```

❖ 從「成績單」資料表選取「姓名」欄位，同時將「國文」、「數學」、「英文」三個欄位相加後的分數產生為「期中考總分」欄位：

```
Select 姓名 , 國文 + 數學 + 英文 As 期中考總分 From 成績單
```

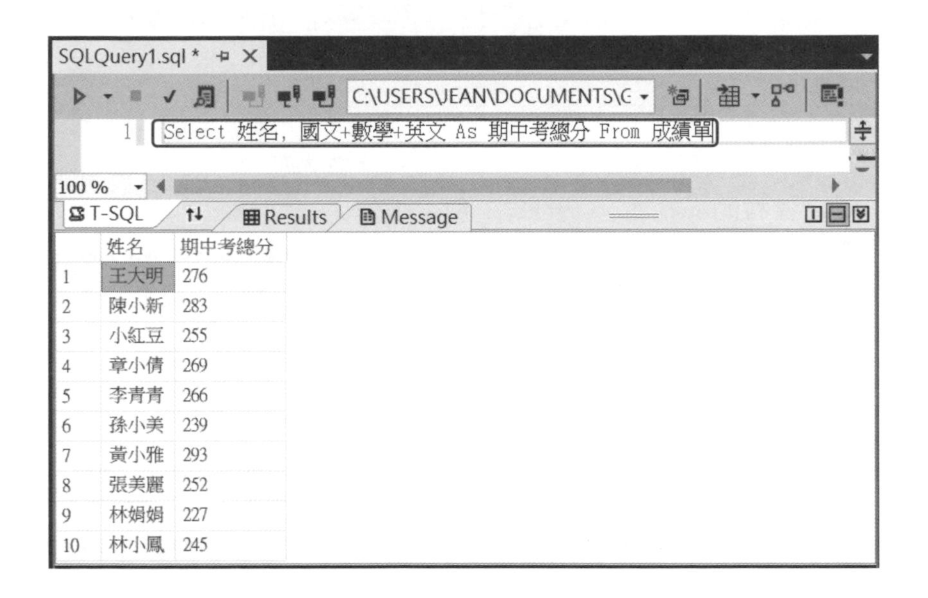

Select … From … Where …（篩選）

Select … From … 的篩選範圍涵蓋整個資料表的資料，但有時我們可能會需要將篩選範圍限制在符合某些條件的資料，例如所有「國文」分數大於 90 之資料的「姓名」和「數學」兩個欄位，此時，我們可以加上 Where 子句設定篩選範圍，例如：

```
Select 姓名 , 數學 From 成績單 Where 國文 > 90
```

Where 子句可以包含任何邏輯運算，只要傳回值為 True 或 False 即可。

以下為 SQL 所支援的比較運算子和邏輯運算子。

比較運算子	說明	邏輯運算子	說明
=	等於	And	若運算元均為 True，就傳回 True，否則傳回 False。
<	小於		
>	大於	Or	若任一運算元為 True，就傳回 True，否則傳回 False。
<=	小於等於		
>=	大於等於	Not	若運算元為 True，就傳回 False，否則傳回 True。
!=	不等於		
< >			

❖ 從「成績單」資料表篩選所有「國文」分數大於 90 或「數學」分數大於 90 之資料的「姓名」、「國文」和「數學」三個欄位：

```
Select 姓名 , 國文 , 數學 From 成績單 Where 國文 > 90 Or 數學 > 90
```

❖ 從「成績單」資料表篩選所有「國文」分數小於 90 且「數學」分數大於 90，或「國文」分數小於 90 且「英文」分數大於 90 之資料的所有欄位：

```
Select * From 成績單 Where 國文 < 90 And ( 數學 > 90 Or 英文 > 90)
```

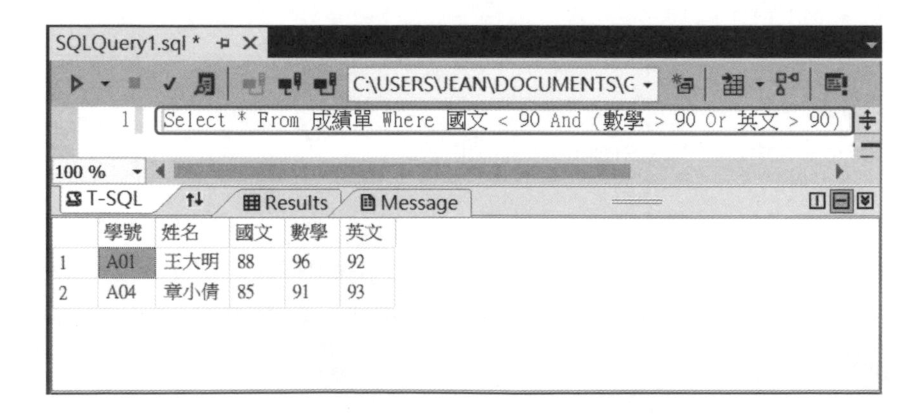

除了前述的比較運算子和邏輯運算子，SQL 亦支援 Like 運算子，這個運算子接受以下的萬用字元。

萬用字元	說明
%	任何長度的字串 (包括 0)。
_(底線)	任何一個字元。
[ ](中括號)	某個範圍內的一個字元。

❖ 從「成績單」資料表篩選所有「姓名」以「林」開頭之資料的所有欄位，請注意，字串的前後要加上單引號 (')：

```
Select * From 成績單 Where 姓名 Like ' 林 %'
```

❖ 從「成績單」資料表篩選所有「姓名」是「X 小美」之資料的所有欄位，X 代表任一字元：

```
Select * From 成績單 Where 姓名 Like '_ 小美 '
```

❖ 從「成績單」資料表篩選所有「姓名」以 a、b、c、d、e、f 等字母為首，後面為 ean 之資料的所有欄位：

```
Select * From 成績單 Where 姓名 Like '[a - f]ean'
```

❖ 從「成績單」資料表篩選所有「姓名」以 d、f、l、p、r、t 等字母為首，後面為 ean 之資料的所有欄位：

```
Select * From 成績單 Where 姓名 Like '[dflprt]ean'
```

❖ 從「成績單」資料表篩選所有「姓名」以「林」開頭之資料的「姓名」和「數學」兩個欄位，請注意，字串的前後要加上單引號 (')：

```
Select 姓名 , 數學 From 成績單 Where 姓名 Like ' 林 %'
```

Where 條件子句亦接受如下句型：

❖ 我們可以在 Where 條件子句中加入函式，以下面的 SQL 查詢為例，它會篩選「姓名」欄位第一個字為「林」之資料的所有欄位：

```
Select * From 成績單 Where Substring( 姓名 , 1, 1) = ' 林 '
```

❖ 我們可以在 Where 條件子句中加入 Is Null 或 Is Not Null 判斷空白欄位，以下面的 SQL 查詢為例，它會篩選所有「數學」欄位為空白且「國文」欄位為非空白之資料的所有欄位：

```
Select * From 成績單 Where 數學 Is Null And 國文 Is Not Null
```

❖ 我們可以在 Where 條件子句中加入 In 判斷欄位資料的範圍，以下面的 SQL 查詢為例，它會篩選所有「國文」欄位為 80、85 或 88 之資料的所有欄位：

```
Select * From 成績單 Where 國文 In (80, 85, 88)
```

❖ 我們可以在 Where 條件子句中加入 Between 限制篩選範圍，以下面的 SQL 查詢為例，它會篩選所有「數學」欄位在 80 ~ 90 (包含 80 和 90) 之資料的所有欄位：

```
Select * From 成績單 Where 數學 Between 80 And 90
```

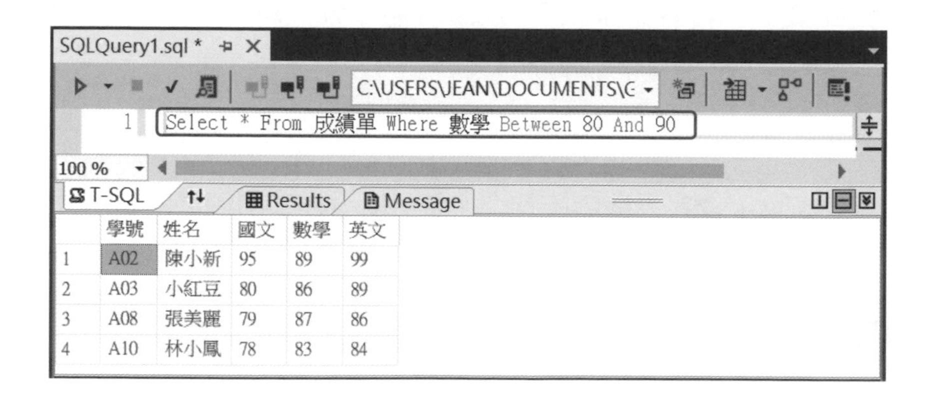

	學號	姓名	國文	數學	英文
1	A02	陳小新	95	89	99
2	A03	小紅豆	80	86	89
3	A08	張美麗	79	87	86
4	A10	林小鳳	78	83	84

Select … From … Order By …（排序）

有時我們需要將篩選出來的資料依照遞增或遞減順序進行排序，假設要依照「國文」分數由低到高的遞增順序進行排序，那麼必須加上 Order By 排序子句：

```
Select * From 成績單 Order By 國文 Asc
```

由於 Order By 排序子句預設的排序方式為遞增，因此，Asc 可以省略，若要改為由高到低的遞減順序，就要改寫成如下：

```
Select * From 成績單 Order By 國文 Desc
```

事實上，我們也可以根據不只一個欄位來進行排序，舉例來說，假設要先依照「國文」分數的高低進行遞減排序，再依照「數學」分數的高低進行遞減排序，那麼可以寫成如下：

```
Select * From 成績單 Order By 國文 Desc, 數學 Desc
```

Select Top …（設定最多傳回筆數）

有時符合查詢條件的資料可能有很多筆，但我們並不需要看到全部的資料，只是想看看前幾筆資料。舉例來說，假設我們希望「成績單」資料表的資料依照「國文」分數由高到低來排序，但只要看看前 5 名，那麼可以加上 Top 子句設定最多傳回筆數：

```
Select Top 5 * From 成績單 Order By 國文 Desc
```

Top 子句還支援另一種語法，例如：

```
Select Top 50 Percent * From 成績單 Order By 國文 Desc
```

這表示最多傳回筆數為符合查詢條件之所有筆數的百分之五十，保留字 Percent 所代表的就是百分比。

隨堂練習

撰寫一個 SQL 查詢，令它從 <Grades.mdf> 資料庫的「成績單」資料表篩選所有欄位，接著將「國文」、「數學」、「英文」等三個欄位的分數相加，進而產生「期中考總分」欄位，然後只篩選前 6 名，並依照「期中考總分」欄位由高到低進行排序。

解答

這個 SQL 查詢如下：

```
Select Top 6 學號 , 姓名 , 國文 , 數學 , 英文 , 國文 + 數學 + 英文 As 期中考總分
 From 成績單 Order By 期中考總分 Desc
```

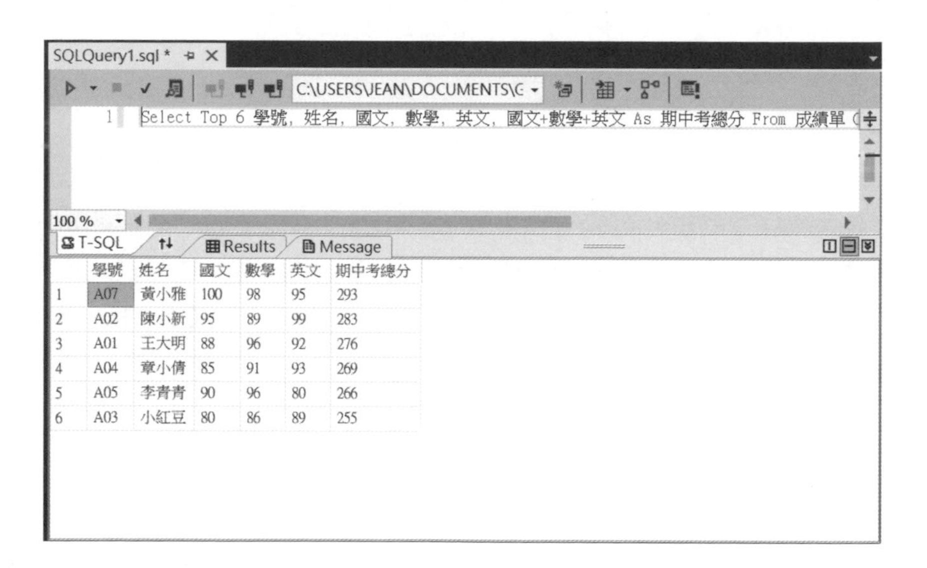

	學號	姓名	國文	數學	英文	期中考總分
1	A07	黃小雅	100	98	95	293
2	A02	陳小新	95	89	99	283
3	A01	王大明	88	96	92	276
4	A04	章小倩	85	91	93	269
5	A05	李青青	90	96	80	266
6	A03	小紅豆	80	86	89	255

10-4-2 Insert 指令 (新增資料)

Insert 指令可以用來在資料表新增資料，其語法如下：

Insert Into *資料表名稱* (*欄位 1*, *欄位 2*, *欄位 3*…) Values (*資料 1*, *資料 2*, *資料 3*…)

舉例來說，假設要在「成績單」資料表加入一筆新的資料，欄位內容為 'A11'、'Jean'、88、95、92，可以寫成如下 (請注意，若要在資料型別為 nvarchar 的欄位輸入中文，例如 ' 小丸子 '，必須在資料前面加上 N，也就是 N' 小丸子 '，才不會因為編碼問題出現錯誤)：

Insert Into 成績單 (學號 , 姓名 , 國文 , 數學 , 英文) Values ('A11', 'Jean', 88, 95, 92)

我們可以查詢所有欄位來確認資料已經新增成功，如下圖。

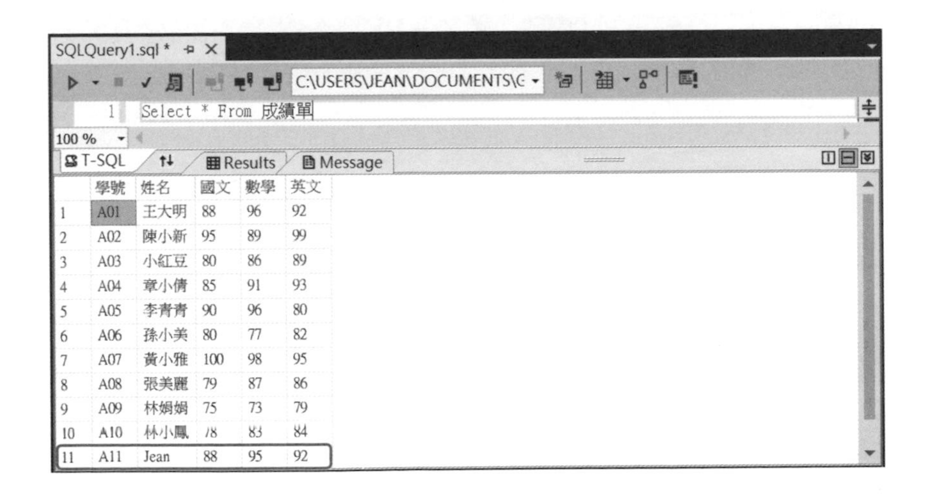

	學號	姓名	國文	數學	英文
1	A01	王大明	88	96	92
2	A02	陳小新	95	89	99
3	A03	小紅豆	80	86	89
4	A04	章小倩	85	91	93
5	A05	李青青	90	96	80
6	A06	孫小美	80	77	82
7	A07	黃小雅	100	98	95
8	A08	張美麗	79	87	86
9	A09	林娟娟	75	73	79
10	A10	林小鳳	78	83	84
11	A11	Jean	88	95	92

10-4-3 Update 指令 (更新資料)

Update 指令可以用來在資料表更新資料，其語法如下：

```
Update 資料表名稱 Set 欄位 1= 資料 1, 欄位 2= 資料 2… Where 條件
```

舉例來說，假設要將「成績單」資料表內學號為 'A11' 之資料的「姓名」欄位更新為 'David'、「英文」欄位更新為 100，可以寫成如下 (請注意，若要在資料型別為 nvarchar 的欄位輸入中文，例如 ' 小丸子 '，必須在資料前面加上 N，也就是 N' 小丸子 '，才不會因為編碼問題出現錯誤)：

```
Update 成績單 Set 姓名 ='David', 英文 =100 Where 學號 ='A11'
```

我們可以查詢所有欄位來確認資料已經更新成功，如下圖。

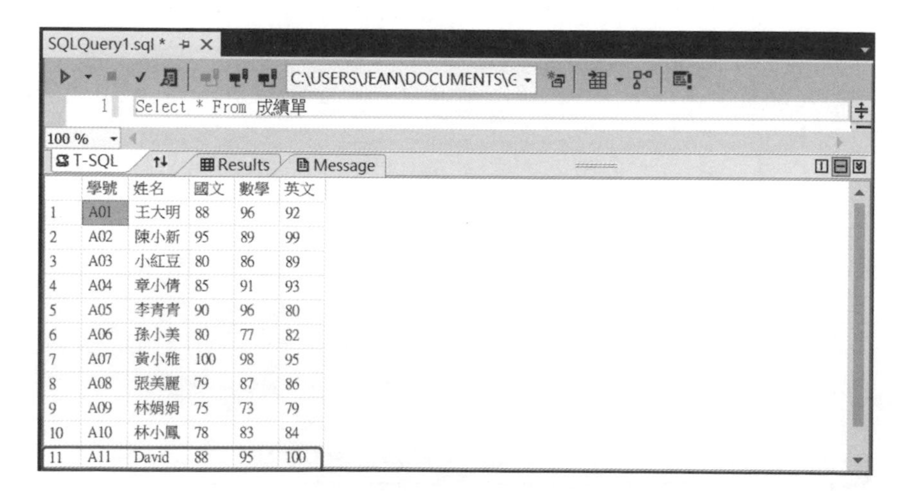

	學號	姓名	國文	數學	英文
1	A01	王大明	88	96	92
2	A02	陳小新	95	89	99
3	A03	小紅豆	80	86	89
4	A04	章小倩	85	91	93
5	A05	李青青	90	96	80
6	A06	孫小美	80	77	82
7	A07	黃小雅	100	98	95
8	A08	張美麗	79	87	86
9	A09	林娟娟	75	73	79
10	A10	林小鳳	78	83	84
11	A11	David	88	95	100

10-4-4 Delete 指令 (刪除資料)

Delete 指令可以用來在資料表刪除資料，其語法如下：

```
Delete From 資料表名稱 Where 條件
```

舉例來說，假設要刪除「成績單」資料表內學號為 'A11' 之資料，可以寫成如下：

```
Delete From 成績單 Where 學號 ='A11'
```

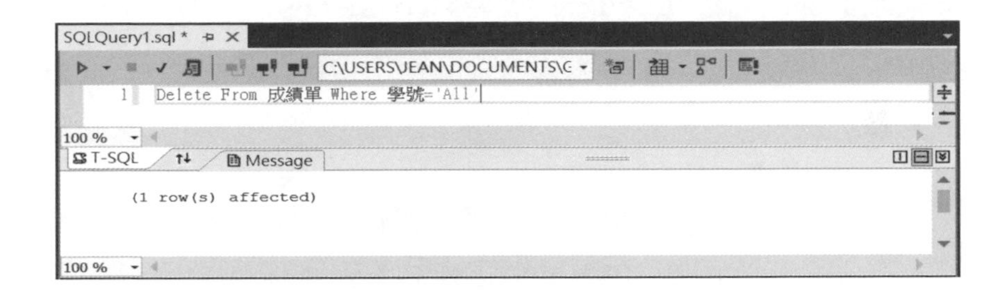

我們可以查詢所有欄位來確認資料已經刪除成功，如下圖。

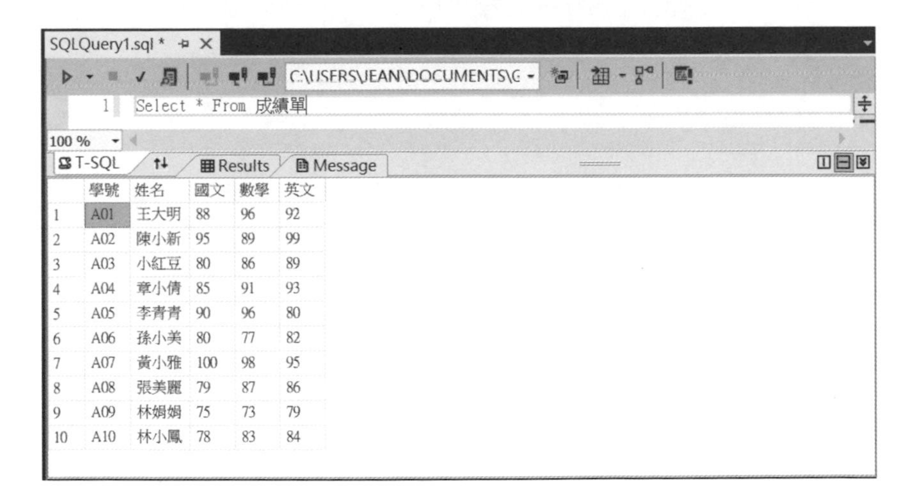

	學號	姓名	國文	數學	英文
1	A01	王大明	88	96	92
2	A02	陳小新	95	89	99
3	A03	小紅豆	80	86	89
4	A04	章小倩	85	91	93
5	A05	李青青	90	96	80
6	A06	孫小美	80	77	82
7	A07	黃小雅	100	98	95
8	A08	張美麗	79	87	86
9	A09	林娟娟	75	73	79
10	A10	林小鳳	78	83	84

學習評量

一、練習題

(　　) 1. 在設計關聯式資料庫時，下列何者比較適合用來做為資料表的主索引鍵？

A. 員工編號　B. 名字　C. 性別　D. 職稱

(　　) 2. 下列哪個 SQL 指令可以用來篩選資料？

A. Insert　B. Update　C. Delete　D. Select

(　　) 3. Select 指令的哪個子句可以用來進行排序？

A. From　B. Where　C. Order By　D. Like

(　　) 4. 下列哪個 SQL 查詢可以從「成績單」資料表篩選所有姓「林」的資料？

A. Select * From 成績單 Where 姓名 Like ' 林 %'

B. Select * From 成績單 Where 姓名 Like ' 林 _'

C. Select * From 成績單 Where 姓名 Like '[林]XX'

D. Select * From 成績單 Where 姓名 Is ' 林 %'

(　　) 5. 下列哪個 SQL 查詢可以將「成績單」資料表內學號為 'A01' 之資料的「姓名」欄位更新為 'Jerry'？

A. Insert Into 成績單 Set 姓名 ='Jerry' Where 學號 ='A01'

B. Update 成績單 Set 姓名 ='Jerry' Where 學號 ='A01'

C. Update 成績單 Into 姓名 ='Jerry' Where 學號 ='A01'

D. Update 成績單 Set 姓名 ='Jerry' Where 學號 ='A%'

二、練習題

撰寫一個 SQL 查詢，令它從 <Grades.mdf> 資料庫的「成績單」資料表篩選「姓名」、「國文」、「英文」三個欄位，接著將「國文」、「英文」兩個欄位的分數相加，進而產生「語文能力」欄位，然後將語文能力在 170 分以上者依照「國文」分數由高到低顯示出來。

資料庫存取

- 11-1 Windows 應用程式存取資料庫的方式
- 11-2 ADO.NET 的架構
- 11-3 使用 DataReader 物件存取資料庫
- 11-4 使用 DataSet 物件存取資料庫
- 11-5 使用 DataGridView 控制項操作資料
- 11-6 使用 BindingNavigator 控制項巡覽資料

11-1 Windows 應用程式存取資料庫的方式

Windows 應用程式是透過 ADO.NET (ActiveX Data Objects.NET) 存取資料庫，如下圖，而 ADO.NET 是 .NET 平台下的資料存取技術，可以用來存取資料庫、資料倉儲、XML 資料、文字檔等資料。

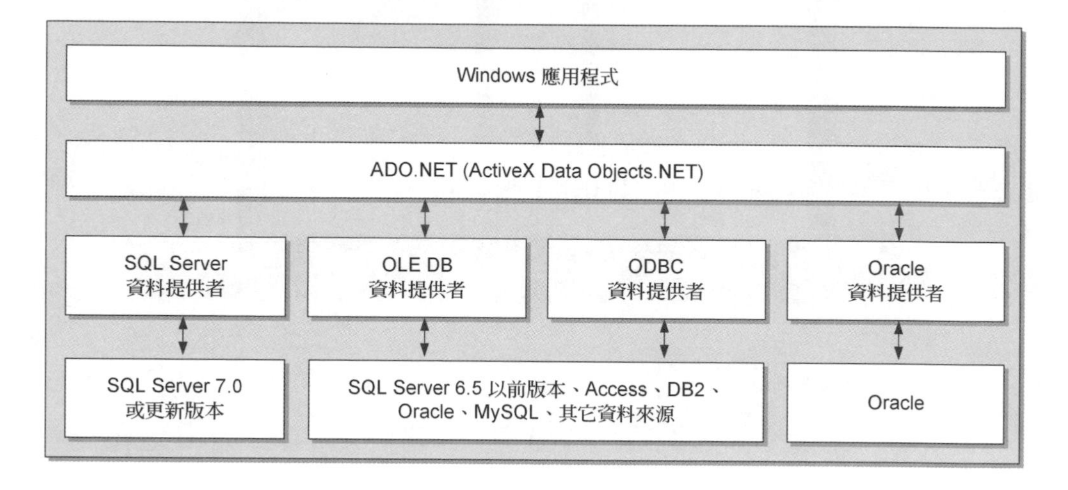

ADO.NET 內建下列四種資料提供者 (data provider)，負責連接資料庫、執行命令和讀取結果。原則上，SQL Server 7.0 或更新版本資料庫請使用 SQL Server 資料提供者，Oracle 資料庫請使用 Oracle 資料提供者，其它資料來源請盡可能使用 OLE DB 資料提供者，最後才使用 ODBC 資料提供者：

❖ SQL Server 資料提供者：用來存取 SQL Server 7.0 或更新版本資料庫，相關類別庫位於 System.Data.SqlClient 命名空間。

❖ OLE DB 資料提供者：用來存取 Access、SQL Server 6.5 或以前版本、Oracle 資料庫或 Excel，相關類別庫位於 System.Data.OleDb 命名空間。

❖ ODBC 資料提供者：用來存取 Access、SQL Server 6.5 或以前版本、Oracle、MySQL、dBase 等，相關類別庫位於 System.Data.Odbc 命名空間。

❖ Oracle 資料提供者：用來存取 Oracle 資料庫，相關類別庫位於 System.Data.OracleClient 命名空間。

11-2 ADO.NET 的架構

ADO.NET 是以 XML 為核心，完全支援 XML，而且能夠輕鬆與 XML 相容應用程式溝通。ADO.NET 提供所有 .NET Framework 資料提供者一個共同的介面，方便連接、擷取、處理及更新資料，資料來源可以包括資料庫、資料倉儲、XML 資料、文字檔等。ADO.NET 的架構如下圖，包含兩個主要成員：

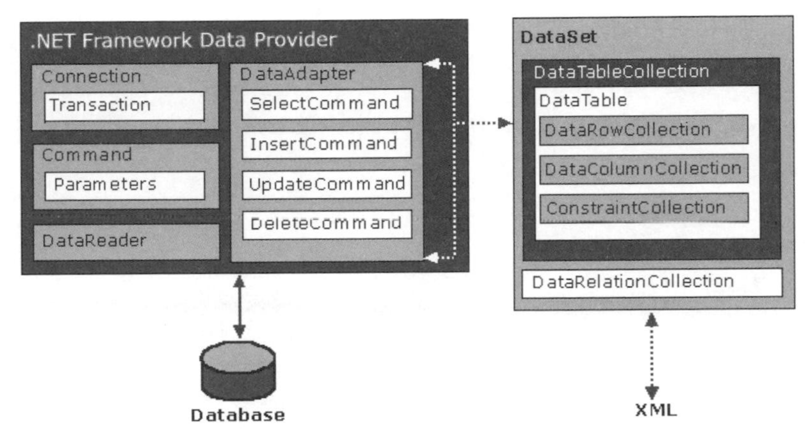

（圖片來源：MSDN 文件）

❖ .NET Framework 資料提供者：ADO.NET 內建 SQL Server 資料提供者、OLE DB 資料提供者、ODBC 資料提供者和 Oracle 資料提供者，用來存取資料來源。無論哪種 .NET Framework 資料提供者，都有下列幾個核心物件。

物件	說明
Connection	用來建立資料連接。
Command	用來執行 SQL 命令並傳回結果。
DataReader	用來讀取資料。
DataAdapter	用來執行 SQL 命令，將傳回結果放入 DataSet 物件，亦可將 DataSet 物件中的資料更新回資料來源。

❖ DataSet 物件：您可以將 DataSet 物件（資料集）想像成位於記憶體的資料庫，架構類似實體資料庫，可以包含一個或以上的 DataTable 物件（資料表），而 DataTable 物件可以來自資料庫、XML 資料或文字檔。

11-3 使用 DataReader 物件存取資料庫

當使用 DataReader 物件存取資料來源時，資料連接必須維持連線的狀態，從頭到尾依序讀取資料，而且會鎖定資料來源，其它人無法同時存取。優點是一次讀取一筆資料，佔用的記憶體較小，程式的效率較佳；缺點則是無法隨機讀取資料，也無法寫入資料，而且使用者必須爭奪資料來源。

DataReader 物件的結構如下圖，包含記錄和欄位，並有一個指標指向目前所在的記錄，當建立 DataReader 物件時，指標位於第 1 筆記錄的前方，當執行 DataReader 物件的 Read() 方法時，指標會移往下一筆記錄。

DataReader 物件的結構

指標	欄位 1	欄位 2	欄位 3	……	欄位 Y
第 1 筆記錄	第 1 筆記錄第 1 欄	第 1 筆記錄第 2 欄	第 1 筆記錄第 3 欄	……	第 1 筆記錄第 Y 欄
第 2 筆記錄	第 2 筆記錄第 1 欄	第 2 筆記錄第 2 欄	第 2 筆記錄第 3 欄	……	第 2 筆記錄第 Y 欄
第 3 筆記錄	第 3 筆記錄第 1 欄	第 3 筆記錄第 2 欄	第 3 筆記錄第 3 欄	……	第 3 筆記錄第 Y 欄
第 4 筆記錄	第 4 筆記錄第 1 欄	第 4 筆記錄第 2 欄	第 4 筆記錄第 3 欄	……	第 4 筆記錄第 Y 欄
⋮	⋮	⋮	⋮		⋮
第 X 筆記錄	第 X 筆記錄第 1 欄	第 X 筆記錄第 2 欄	第 X 筆記錄第 3 欄	……	第 X 筆記錄第 Y 欄

無論使用哪種資料提供者存取資料來源，其步驟均如下，只是使用的物件不同。SQL Server 7.0 或更新版本資料庫是使用 SqlConnection、SqlCommand、SqlDataReader 物件；OLE DB 相容資料庫、SQL Server 6.5 或以前版本資料庫是使用 OleDbConnection、OleDbCommand、OleDbDataReader 物件；ODBC 資料來源是使用 OdbcConnection、OdbcCommand、OdbcDataReader 物件；Oracle 資料庫是採用 OracleConnection、OracleCommand、OracleDataReader 物件。本書範例程式是採用 SQL Server 資料庫，所以在接下來的小節中，我們會詳細介紹 SqlConnection、SqlCommand、SqlDataReader 物件：

1. 建立資料連接。
2. 執行 SQL 命令並傳回結果。
3. 讀取資料。

請注意，由於 Visual Stuio 工具箱的 [資料] 分類預設不會顯示 [SqlConnection]、[SqlCommand] 和 [SqlDataAdapter] 等項目，因此，在存取資料庫之前，請先依照下圖操作，加入這三個項目。

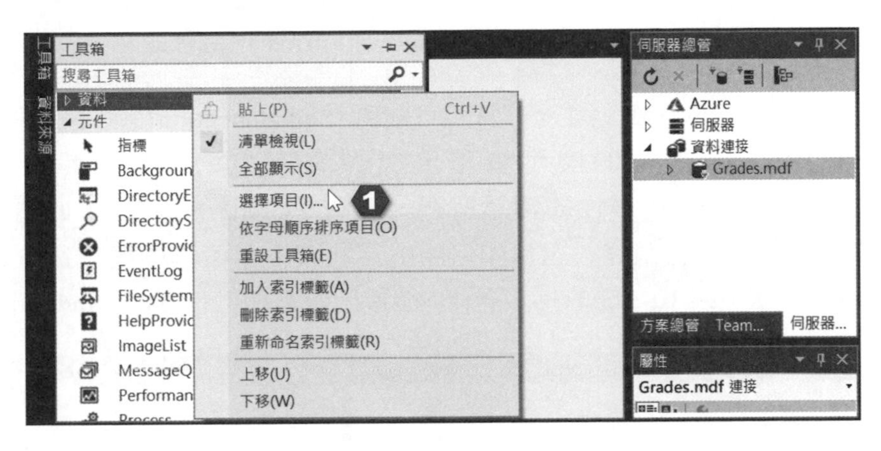

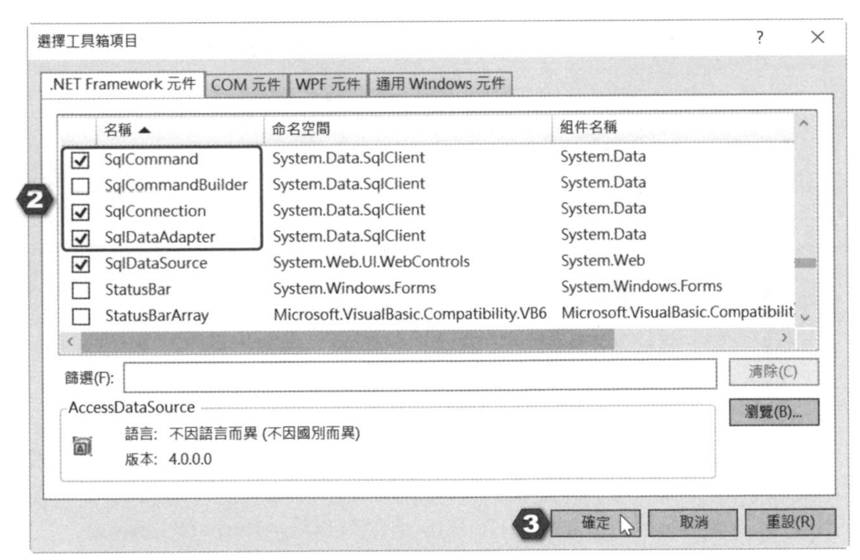

❶ 在工具箱的 [資料] 分類按一下滑鼠右鍵，選取 [選擇項目]

❷ 核取 [SqlCommand]、[SqlConnection] 和 [SqlDataAdapter]

❸ 按 [確定]

11-3-1 使用 SqlConnection 物件建立資料連接

我們可以使用 SqlConnection 物件建立 SQL Server 資料連接，步驟如下：

1. 新增一個名稱為 MyProj11-1 的 Windows Forms 應用程式。

2. 在工具箱的 [資料] 分類中找到 [SqlConnection] 並按兩下，SqlConnection 物件的圖示會出現在表單下方的匣中，然後點取 [ConnectionString] 屬性的清單按鈕，選取「Grades.mdf」，這個屬性用來指定要開啟哪個資料庫及如何開啟資料庫。若清單中找不到 Grades.mdf，請依照第 10-3 節的指示操作，連接至本書範例程式的 Grades.mdf。

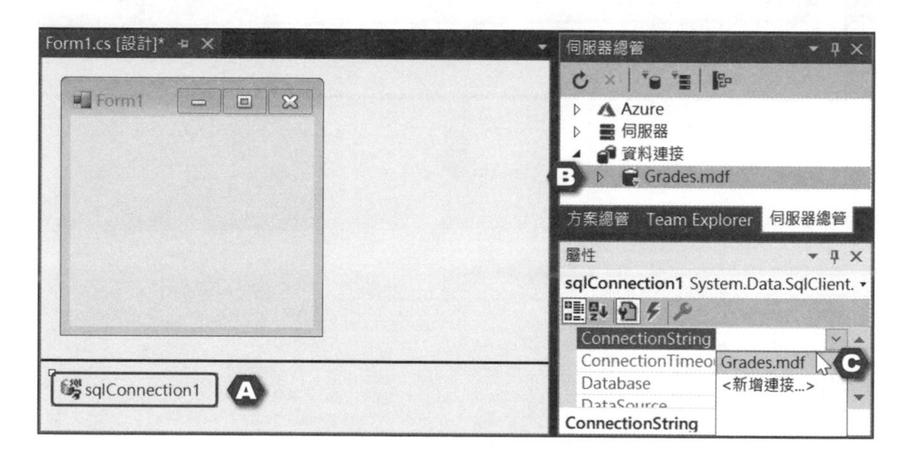

Ⓐ SqlConnection 物件的圖示出現在此
Ⓑ 點取 [資料連接] 旁邊的倒三角形符號，會顯示所有資料連接，此例有第 10-3 節所連接的 Grades.mdf
Ⓒ 將 [ConnectionString] 屬性設定為「Grades.mdf」

此時，[ConnectionString] 屬性會自動填入 "Data Source=(LocalDB)\MSSQLLocalDB;AttachDbFilename=C:\Users\Jean\Documents\Grades.mdf;Integrated Security=True; Connect Timeout=30"，這是用來連接資料庫的連接字串，其中 AttachDbFilename 參數用來設定資料庫檔案位置，請根據實際情況做設定，而 Connect Timeout 參數用來設定 SqlConnection 物件連接 SQL Server 資料庫的逾期時間，以秒數為單位。

SqlConnection 物件常用的屬性與方法

❖ ConnectionString：用來取得或設定連接字串，常用的參數如下，參數與參數之間以分號隔開。

參數	說明
Connect Timeout、Connection Timeout	設定 SqlConnection 物件連接 SQL Server 資料庫的逾期時間，預設值為 15 秒。
Data Source、Addr、Address、Server、Network Address	設定欲連接的 SQL Server 伺服器名稱、IP 位址或具名執行個體名稱。
Initial Catalog、Database	設定欲連接的資料庫名稱。
Integrated Security、Trusted_Connection	設定是否使用信任連線，預設值為 False。
AttachDbFilename	設定開啟資料連接時，欲動態附加到 SQL Server 伺服器的資料庫檔案位置。
Password、Pwd	設定登入 SQL Server 的密碼，在不使用信任連線時才要設定。
User ID	設定登入 SQL Server 的帳號，在不使用信任連線時才要設定。
User Instance	指定附加資料庫的方式，預設值為 False。
Packet Size	設定用來與 SQL Server 溝通的封包大小，預設值為 8000Bytes，有效值為 512 ~ 32767。

❖ ConnectionTimeout：取得 SqlConnection 物件連接 SQL Server 資料庫的逾期時間，預設值為 15 秒。若逾時無法連接資料來源，就傳回失敗。

❖ DataSource：取得資料來源的完整路徑與檔名。

❖ State：取得資料來源的連接狀態。

❖ Open()：開啟資料連接。

❖ Close()：關閉資料連接。

11-3-2 使用 SqlCommand 物件執行 SQL 命令

在建立資料連接後，我們可以使用 SqlCommand 物件對 SQL Server 資料庫執行 SQL 命令，步驟如下：

1. 在工具箱的 [資料] 分類中找到 [SqlCommand] 並按兩下，SqlCommand 物件的圖示會出現在表單下方的匣中，然後將 [CommandType] 屬性設定為 [Text]，表示要執行 SQL 命令，[Connection] 屬性設定為前一節建立的 SqlConnection 物件，表示 SqlCommand 物件要對 sqlConnection1 資料連接執行 SQL 命令。

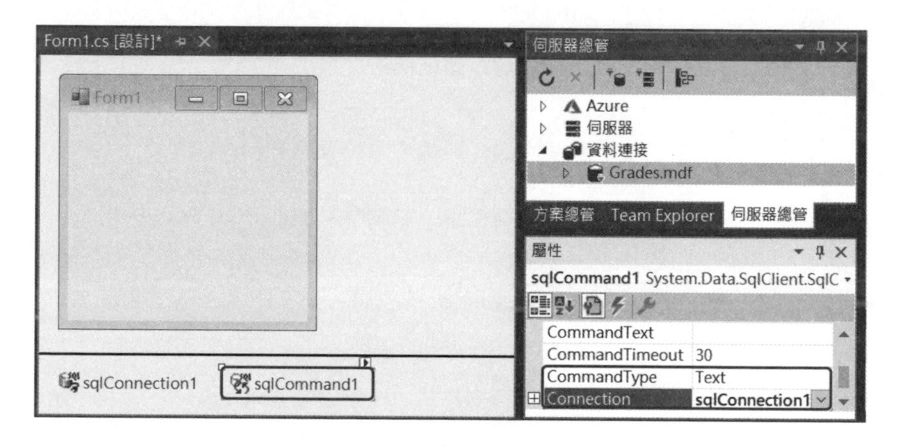

2. 點取 [CommandText] 屬性右方的按鈕，在如下對話方塊中選取要存取的資料表，此例為「成績單」，然後按 [加入]，再按 [關閉]。

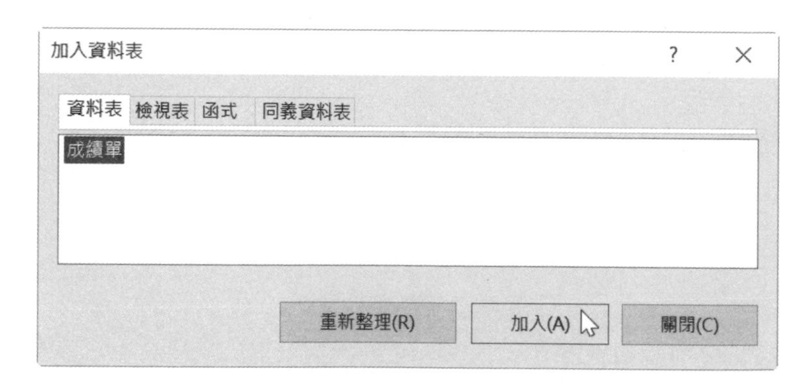

3. 出現 [查詢產生器] 對話方塊，裡面有「成績單」資料表，請核取欲顯示的欄位，此例是核取 [* (所有資料行)] (資料行為欄位，資料列為記錄)，SQL 命令區會自動產生 SQL 命令，請按 [確定]。

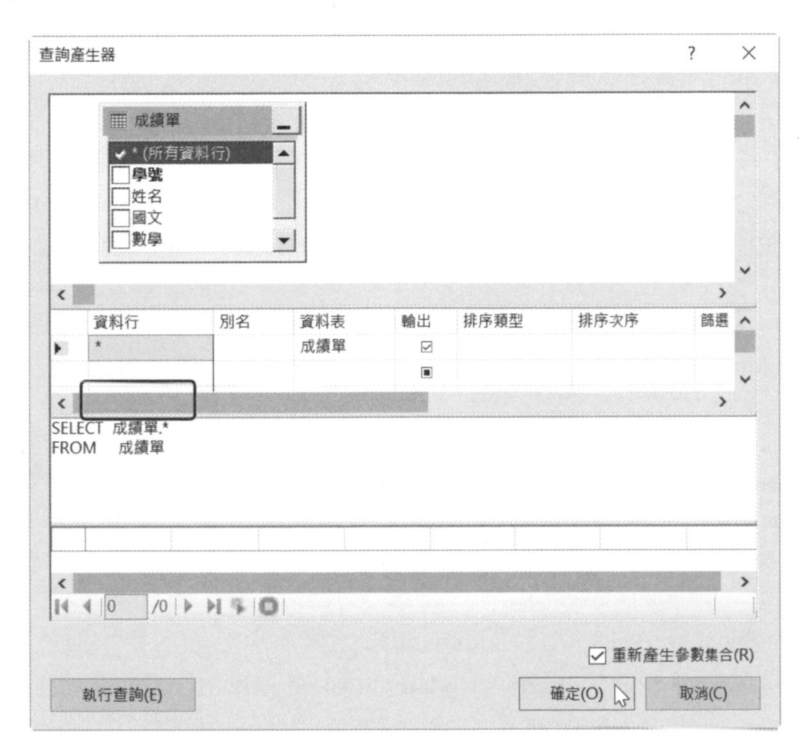

4. 回到 Visual Studio 後，SqlCommand 物件的 [CommandText] 屬性會自動填入 "SELECT 成績單 .* FROM 成績單 "，這是 SqlCommand 物件即將執行的 SQL 命令，表示從「成績單」資料表選取所有欄位。

備註

若您本身相當熟悉 SQL 命令，或者，您已經學會我們在第 10-4 節所介紹的 SQL 語法，那麼您也可以直接在 SqlCommand 物件的 [CommandText] 屬性輸入欲執行的 SQL 命令，不需要再透過 [查詢產生器] 建立 SQL 命令。

SqlCommand 物件常用的屬性與方法

- CommandText="…"：取得或設定欲執行的 SQL 命令或預存程序，當呼叫 ExecuteNonQuery() 或 ExecuteReader() 方法時，SqlCommand 物件會執行 CommandText 屬性指定的內容。

- CommandTimeout=*n*：取得或設定 SqlCommand 物件的逾期時間，單位為秒數，*n* 為 0 表示無限制。在預設的情況下，若 SqlCommand 物件無法在 30 秒內執行 CommandText 屬性指定的內容，就傳回失敗。

- CommandType="{StoredProcedure|TableDirect|Text}"：取得或設定如何解釋 CommandText 屬性所代表的意義 (預存程序、資料表或 SQL 命令)。

- Connection=…：取得或設定 SqlCommand 物件所要使用的資料連接。

- Parameters：取得 ParameterCollection 集合，以傳遞參數給 SQL 命令或預存程序。

- ExecuteNonQuery()：執行 CommandText 屬性指定的內容，並傳回被影響的資料列數目，只有 Insert、Update、Delete 三種 SQL 陳述式會傳回被影響的資料列數目，其它 SQL 陳述式 (例如 Select) 的傳回值一定是 -1。

- ExecuteReader()：執行 CommandText 屬性指定的內容，通常用來執行 Select 陳述式，傳回值為 SqlDataReader 物件。

11-3-3 使用 SqlDataReader 物件讀取資料

我們可以透過 SqlCommand 物件的 ExecuteReader() 方法建立 SqlDataReader 物件，例如下面的敘述是將 ExecuteReader() 方法傳回的 SqlDataReader 物件指派給變數 sqlDataReader1，之後就可以透過這個變數讀取資料：

```
SqlDataReader sqlDataReader1 = sqlCommand1.ExecuteReader();
```

SqlDataReader 物件常用的屬性與方法

- FieldCount：取得執行結果所包含的欄位數目。
- HasRows：取得布林值，用來判斷執行結果是否傳回資料，true 表示 SqlDataReader 物件包含資料。
- IsClosed：取得布林值，用來判斷 SqlDataReader 物件是否關閉，true 表示 SqlDataReader 物件已經關閉。
- Item[*name*|*ordinal*]：取得指標所在記錄的特定欄位內容，*name* 為欄位名稱，*ordinal* 為欄位序號，0 表示第 1 欄，1 表示第 2 欄，依此類推，例如 sqlDataReader1.Item[0] 和 sqlDataReader1[0] 可以用來取得第 1 欄的內容 (Item 可以省略)，sqlDataReader1.Item[" 國文 "]、sqlDataReader1[" 國文 "] 可以用來取得 " 國文 " 欄位的內容 (Item 可以省略)。
- Close()：關閉 SqlDataReader 物件，以釋放佔用的資源。
- GetFieldType(*ordinal*)：取得第 *ordinal* + 1 欄的資料型別。
- GetName(*ordinal*)：取得第 *ordinal* + 1 欄的欄位名稱。
- GetOrdinal(*name*)：取得欄位名稱為 *name* 的欄位序號。
- GetValue(*ordinal*)：取得指標所在記錄第 *ordinal* + 1 欄的欄位內容。
- GetValues(*values*)：取得指標所在記錄的所有欄位內容，並將欄位內容存放在 *values* 陣列，*values* 為 object 型別陣列，*values* 陣列的大小最好與欄位數目相等，才能取得所有欄位內容。
- IsDBNull(*ordinal*)：判斷第 *ordinal* + 1 欄是否為 null。
- Read()：讀取下一筆資料並傳回布林值，true 表示還有下一筆資料，false 表示沒有下一筆資料。

現在，請依照如下步驟建立 SqlDataReader 物件，並透過 ComboBox 控制項顯示查詢結果中的學生姓名：

1. 在表單上放置一個 Label 控制項和 ComboBox 控制項，將前者的 [Text] 屬性設定為 " 請選擇學生姓名：" 。

2. 開啟 Form1.cs，匯入 System.Data.SqlClient 命名空間，然後撰寫 Form1_Load() 事件程序。

\MyProj11-1\Form1.cs

```
private void Form1_Load(object sender, EventArgs e)
{
  sqlConnection1.Open();            // 開啟資料連接
  SqlDataReader sqlDataReader1 = sqlCommand1.ExecuteReader(); // 建立 SqlDataReader 物件
  while (sqlDataReader1.Read())     // 顯示查詢結果中的學生姓名
  {
    comboBox1.Items.Add(sqlDataReader1.GetString(1));
  }
  sqlDataReader1.Close();           // 關閉 SqlDataReader 物件
  sqlConnection1.Close();           // 關閉資料連接
}
```

3. 儲存並執行專案，得到如下結果。

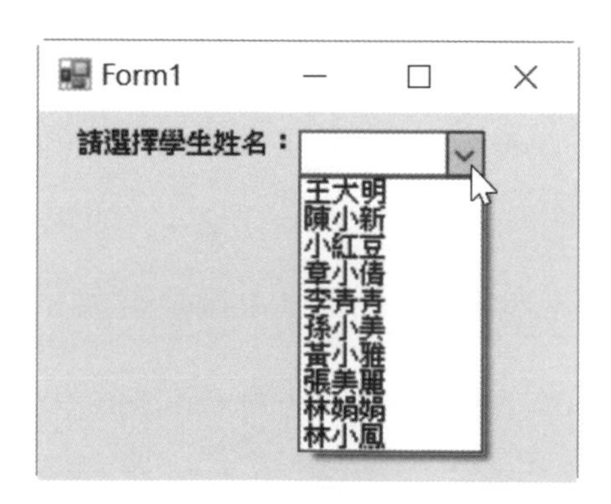

隨堂練習

(1) 在前面的例子中，我們是透過 ComboBox 控制項顯示查詢結果中的學生姓名，請改用 CheckedListBox 控制項顯示學生姓名，如圖 (一)。

(2) 請透過 ComboBox 控制項顯示國文分數大於 90 的學生姓名，如圖 (二)。

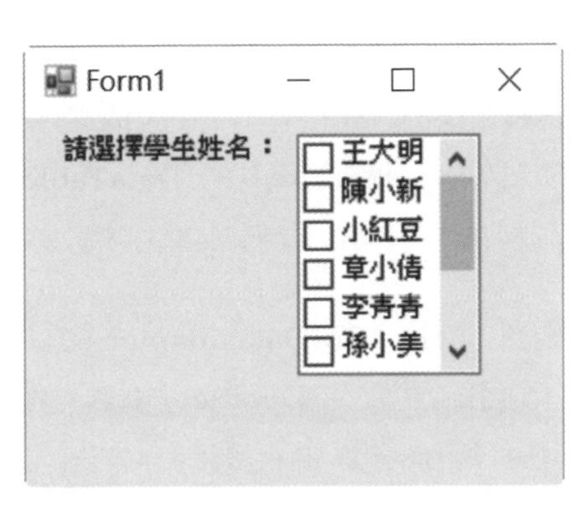

圖 (一)

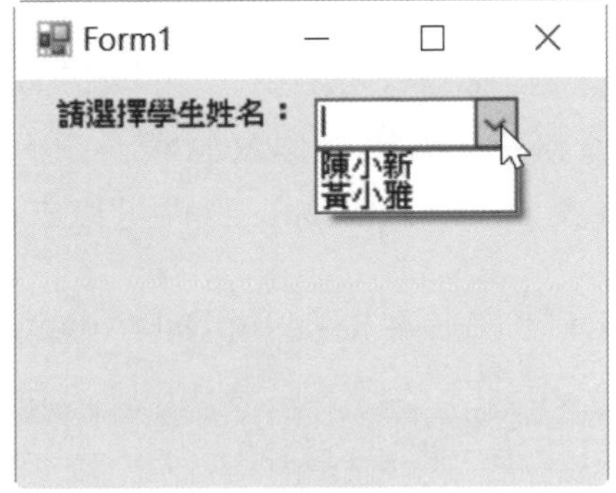

圖 (二)

提示

(1)

```
sqlConnection1.Open();
SqlDataReader sqlDataReader1 = sqlCommand1.ExecuteReader();
while (sqlDataReader1.Read())
{
  checkedListBox1.Items.Add(sqlDataReader1.GetString(1));
}
sqlDataReader1.Close();
sqlConnection1.Close();
```

(2) 將 SqlCommand 物件的 [CommandText] 屬性變更為 "SELECT * FROM 成績單 WHERE 國文 > 90" 即可。

11-4 使用 DataSet 物件存取資料庫

雖然 SqlDataReader 物件搭配 SqlCommand 物件就能存取 SQL Server 資料庫，但每次讀取出來的資料使用完畢後，並不會保留下來，也就是無法再利用，或再進行新增、更新、刪除等動作。舉例來說，假設應用程式中有兩個控制項要顯示資料，就必須重複讀取的動作。

顯然這不是很有效率，最好是有一個機制能夠保留讀取出來的資料，而這個機制就是 DataSet 物件。您可以將 DataSet 物件 (資料集) 想像成位於記憶體的資料庫，架構類似實體資料庫，可以包含一個或以上的 DataTable 物件 (資料表)，而 DataTable 物件可以來自資料庫、XML 資料或文字檔。

DataSet 物件通常搭配 SqlDataAdapter 物件使用，SqlDataAdapter 物件可以執行 SQL 命令，然後使用 Fill() 方法將傳回結果放入 DataSet 物件，就會關閉資料連接，解除資料庫鎖定，所以使用者無須爭奪資料來源。

此外，每個使用者都有專屬的 DataSet 物件，所有操作資料的動作 (例如新增、更新、刪除) 都在 DataSet 物件中進行，與資料來源無關，若要將 DataSet 物件中的資料更新回資料來源，可以使用 SqlDataAdapter 物件的 Update() 方法，如下圖。

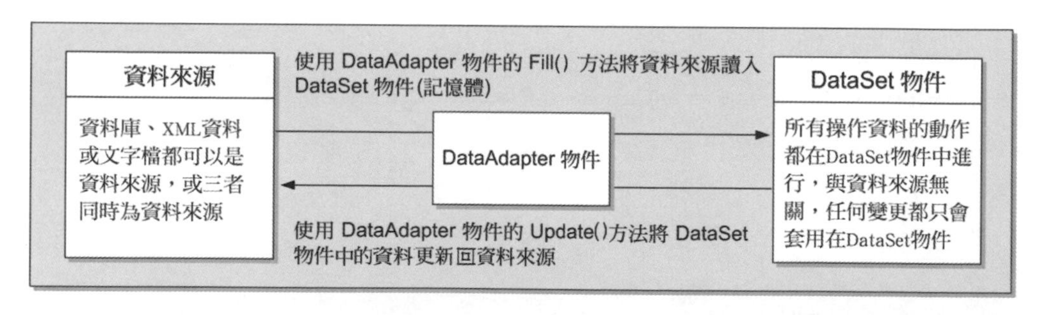

註：SQL Server 7.0 或更新版本資料庫是使用 SqlDataAdapter 物件；OLE DB 相容資料庫、SQL Server 6.5 或以前版本資料庫是使用 OleDbDataAdapter 物件；ODBC 資料來源是使用 OdbcDataAdapter 物件；Oracle 資料庫是使用 OracleDataAdapter 物件。

DataSet 物件的架構如下圖，使用 DataSet 物件的基本要求是必須瞭解如何使用 DataTableCollection、DataColumnCollectoin 和 DataRowCollection 集合存取資料表、欄位及資料列 (記錄)。

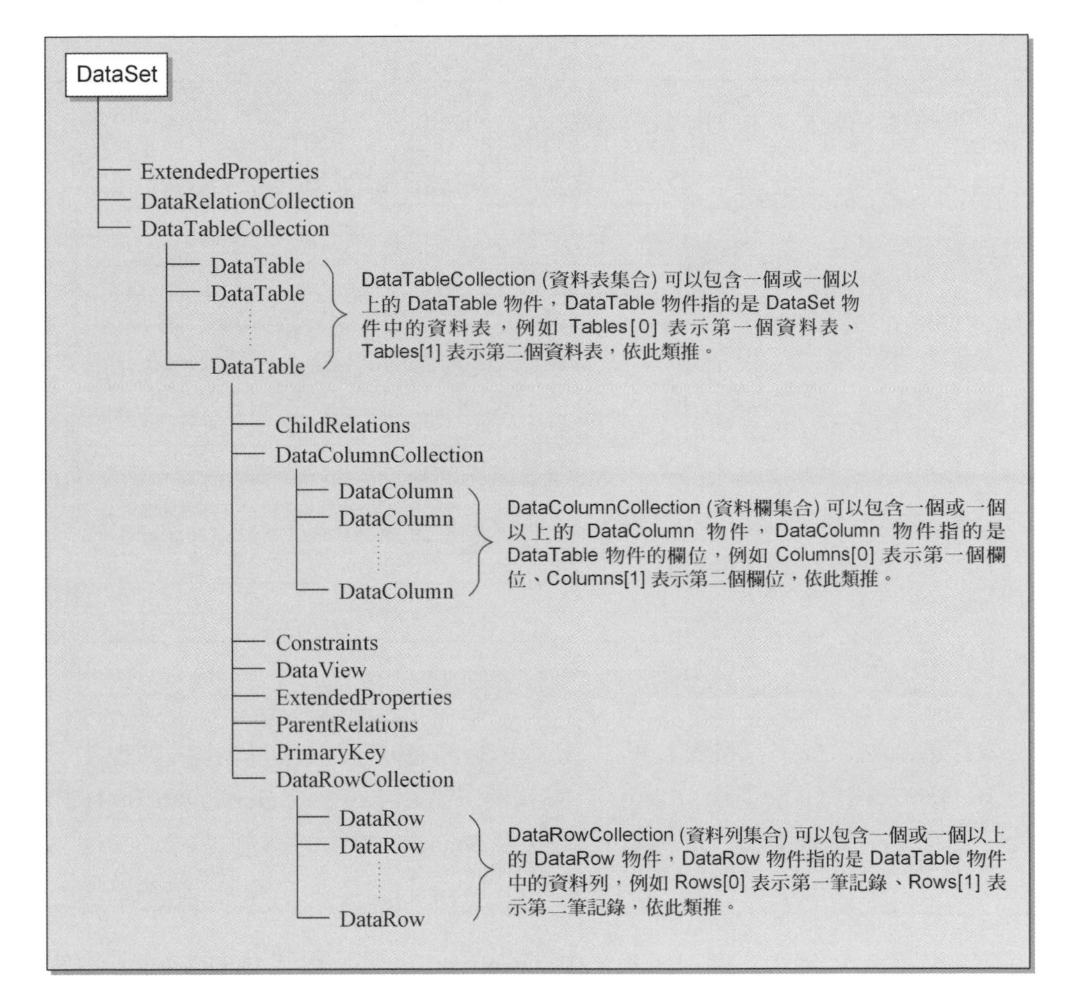

除了 DataTableCollection、DataColumnCollectoin 和 DataRowCollection 集合，還有 ExtendedProperties 可以讓您存放自訂資訊，所有自訂資訊均存放在 Hashtable 中，而 DataRelationCollection 集合則是用來描述資料表之間的關聯。

DataTableCollection 集合可以包含一個或以上的 DataTable 物件，每個 DataTable 物件都是一個資料表。假設 DataSet 物件中有數個資料表，名稱依序為「留言板」、「討論區」及「通訊錄」，那麼所有資料表均會存放在 DataTableCollection 集合，如下圖。

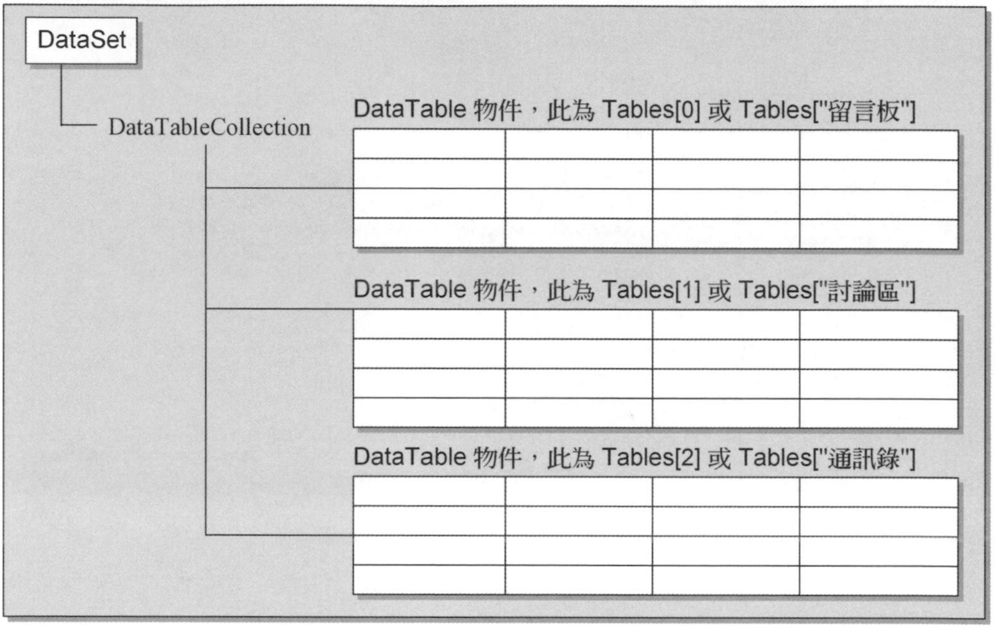

DataSet

DataTableCollection

DataTable 物件，此為 Tables[0] 或 Tables["留言板"]

DataTable 物件，此為 Tables[1] 或 Tables["討論區"]

DataTable 物件，此為 Tables[2] 或 Tables["通訊錄"]

若要存取「留言板」資料表，可以寫成 ds.Tables[0] 或 ds.Tables[" 留言板 "]，ds 為 DataSet 物件，索引 0 表示「留言板」資料表為第 1 個 DataTable 物件，索引的初始值為 0，依照資料表放入 DataSet 物件的順序遞增；同理，若要存取「討論區」資料表，可以寫成 ds.Tables[1] 或 ds.Tables[" 討論區 "]。

每個資料表可以包含一個或以上的 DataColumn 物件，每個 DataColumn 物件都是一個欄位，資料表的所有欄位均存放在 DataColumnCollection 集合，例如「留言板」資料表的第一個欄位為「留言者」，若要存取此欄位，可以寫成 ds.Tables[" 留言板 "].Columns[0] 或 ds.Tables[" 留言板 "].Columns[" 留言者 "]，索引 0 表示「留言者」欄位為「留言板」資料表的第 1 個欄位，如下圖。

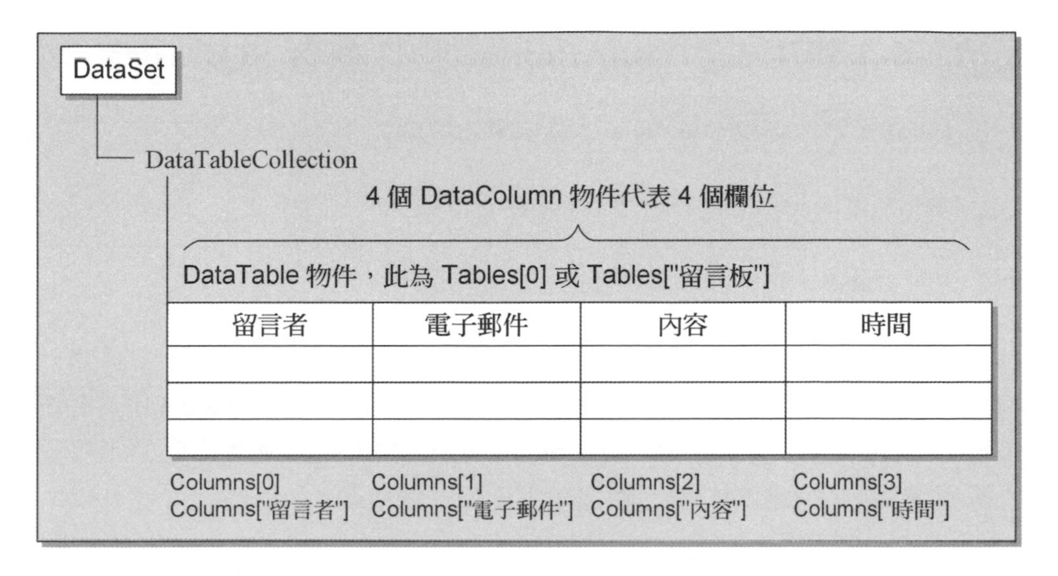

每個資料表可以包含一個或以上的 DataRow 物件，每個 DataRow 物件都是一筆資料 (記錄)，資料表的所有資料列均存放在 DataRowCollection 集合，例如要存取「留言板」資料表的第 1 筆記錄，可以寫成 ds.Tables[" 留言板 "].Rows[0]，索引 0 表示「留言板」資料表的第 1 筆記錄；若要存取「留言板」資料表的第 3 筆記錄的第 2 個欄位的資料，可以寫成 ds.Tables[" 留言板 "].Rows[2][1]，Rows[2][1] 表示第 3 筆記錄的第 2 個欄位，也可以寫成 ds.Tablcs[" 留言板 "]. Rows[2][" 電子郵件 "]，如下圖。

DataSet

DataTableCollection

DataTable 物件，此為 Tables[0] 或 Tables["留言板"]

	留言者	電子郵件	內容	時間
DataRow 物件，Row[0]	Row[0][0]	Row[0][1]	Row[0][2]	Row[0][3]
DataRow 物件，Row[1]	Row[1][0]	Row[1][1]	Row[1][2]	Row[1][3]
DataRow 物件，Row[2]	Row[2][0]	Row[2][1]	Row[2][2]	Row[2][3]
	DataColumn 物件 Columns[0]	DataColumn 物件 Columns[1]	DataColumn 物件 Columns[2]	DataColumn 物件 Columns[3]

11-4-1 使用 SqlDataAdapter 物件執行 SQL 命令

使用 DataSet 物件存取 SQL Server 資料庫的步驟如下：

1. 使用 SqlDataAdapter 物件執行 SQL 命令並傳回結果。
2. 使用 DataSet 物件存取資料庫。

我們可以使用 SqlDataAdapter (資料配接器) 物件對 SQL Server 資料庫執行 SQL 命令，包括選取 (SelectCommand)、新增 (InsertCommand)、更新 (UpdateCommand) 及刪除 (DeleteCommand)，每種 SQL 命令可以使用不同的資料連接或共用相同的資料連接，下面是一個例子：

1. 新增一個名稱為 MyProj11-2 的 Windows Forms 應用程式。
2. 在工具箱的 [資料] 分類中找到 [SqlDataAdapter] 並按兩下。
3. 出現資料配接器組態精靈，請在 [指定資料配接器所要使用的資料連接] 欄位選擇資料連接，此例為 Grades.mdf，然後按 [下一步]。若沒有要使用的資料連接，可以點取 [新增連接] 按鈕來建立新的資料連接。

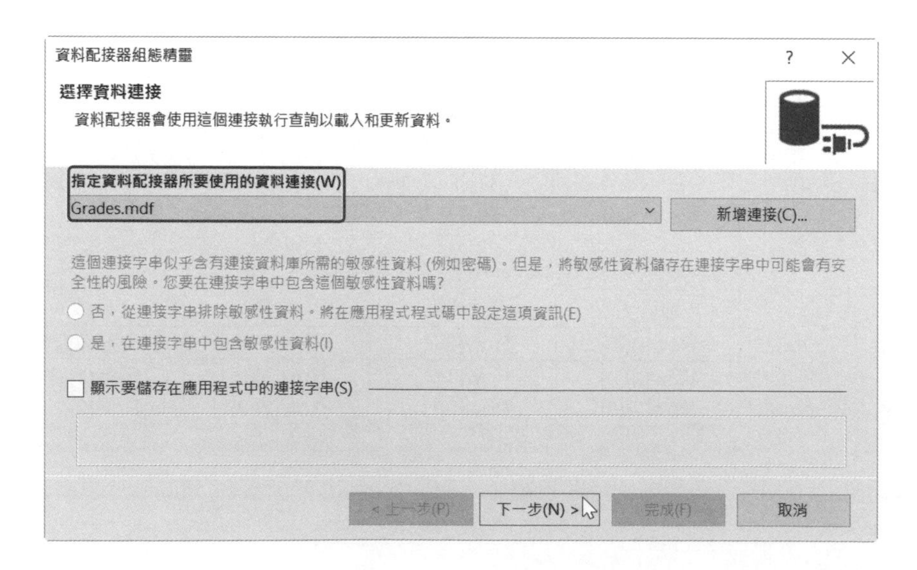

4. 若資料庫檔案不是放在專案中，Visual Studio 會詢問是否要複製到專案中，請按 [否]。

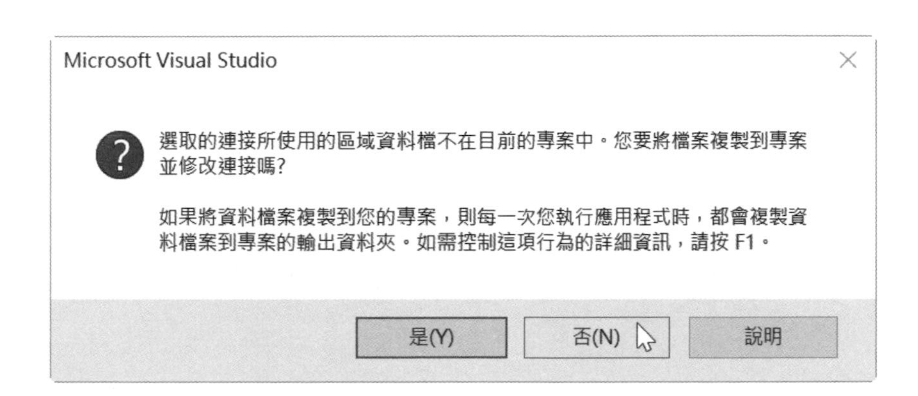

5. 接著會詢問資料配接器存取資料庫的方法，請核取 [使用 SQL 陳述式]，然後按 [下一步]。

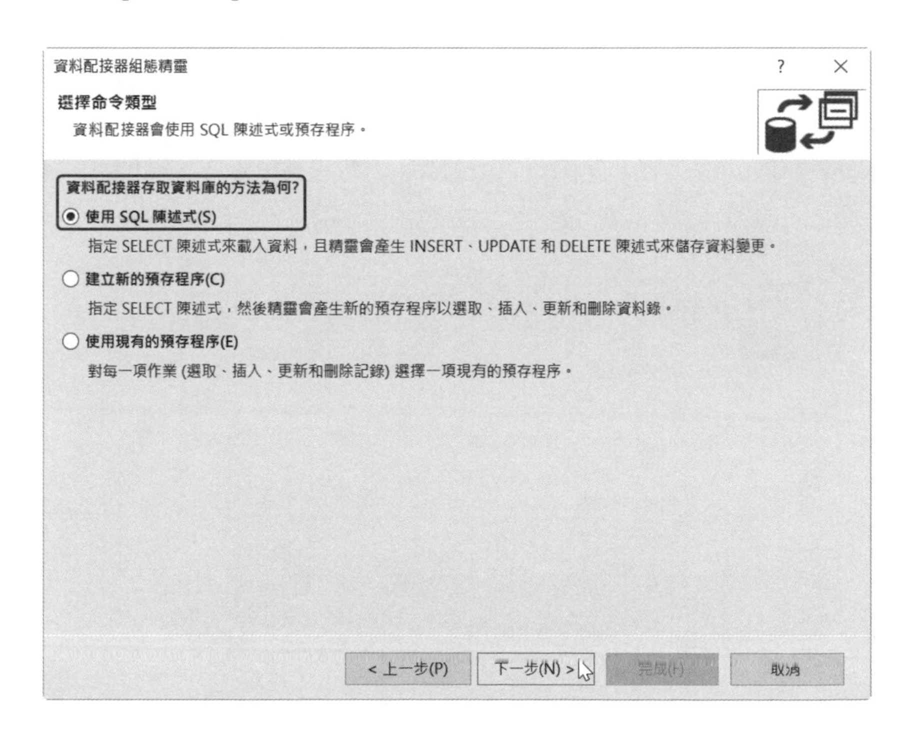

6. 您可以直接在空白欄位輸入 SQL 命令，而不熟悉 SQL 語法的人可以點取 [查詢產生器] 按鈕來協助撰寫 SQL 命令，此例是點取 [查詢產生器] 按鈕。

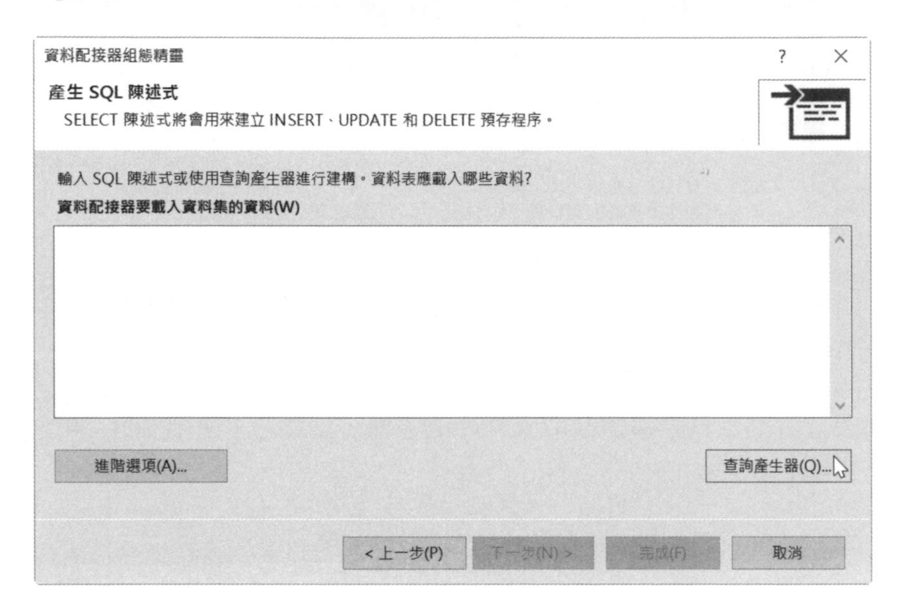

7. 選取要存取的資料表，此例為「成績單」，然後按 [加入]，再按 [關閉]。

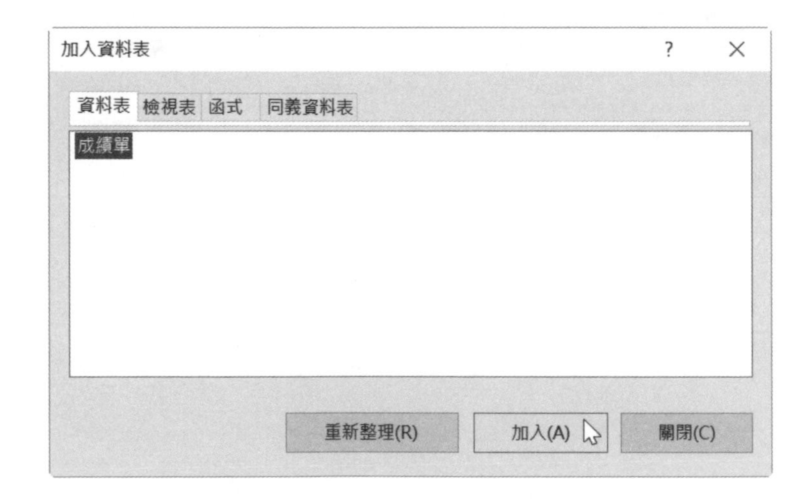

8. 出現 [查詢產生器] 對話方塊，裡面有「成績單」資料表，請核取欲顯示的欄位，此例是核取 [* (所有資料行)]，SQL 命令區會自動產生 SQL 命令 (SELECT 成績單 .* FROM 成績單)，請按 [確定]。

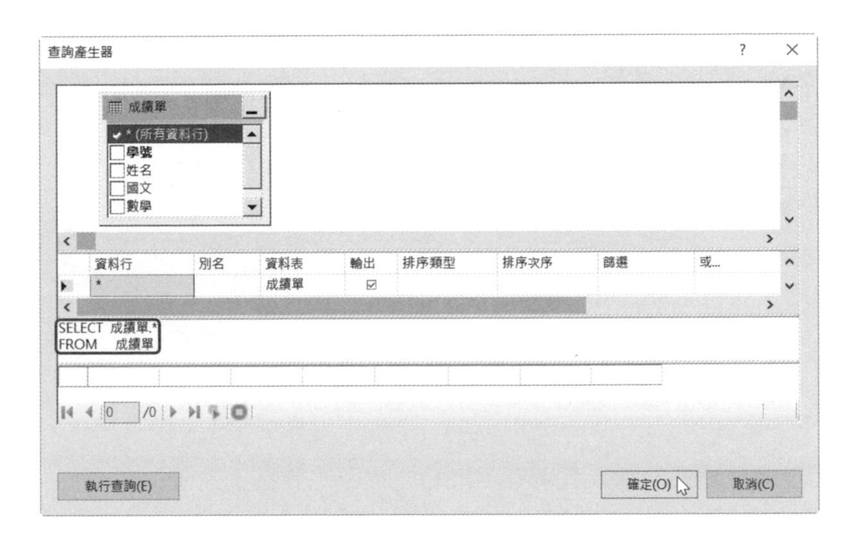

9. 回到 [產生 SQL 陳述式] 對話方塊，空白欄位出現前一步驟產生的 SQL 命令，繼續要設定進階項目，請點取 [進階選項] 按鈕。

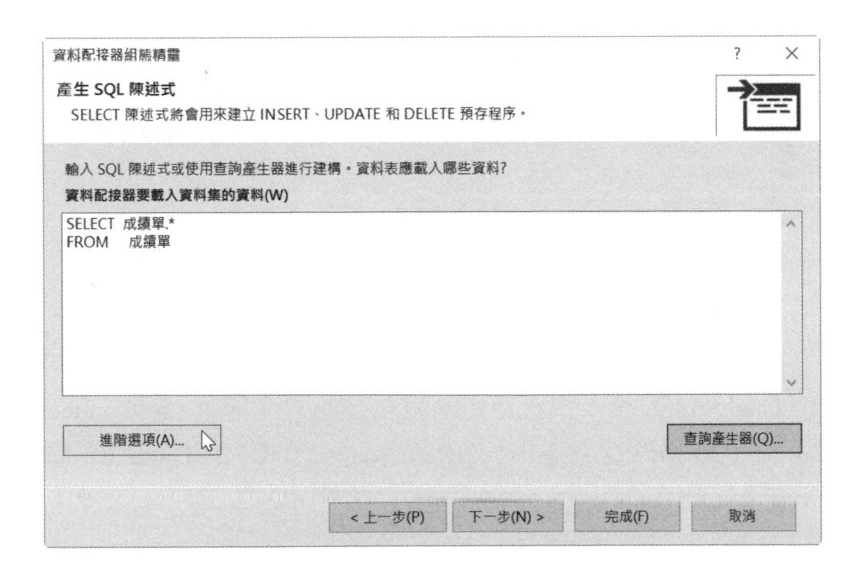

10. 核取對話方塊中的三個選項，然後按 [確定]，這樣 SqlDataAdapter 物件才會自動產生 SQL 命令的 Insert、Upate 及 Delete 陳述式。

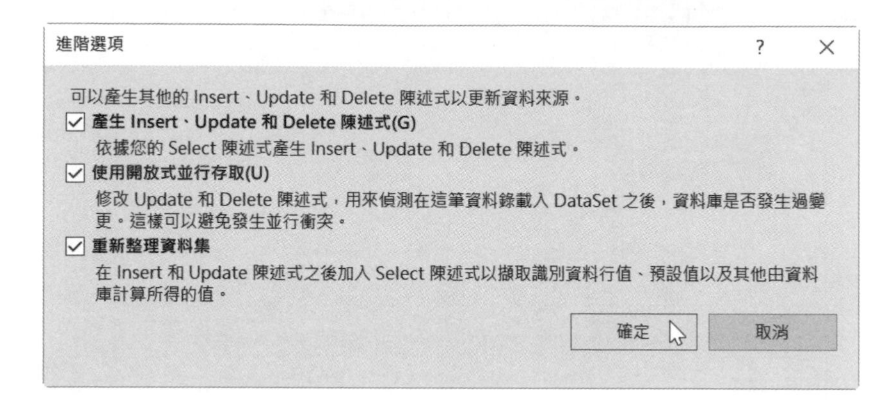

11. 回到 [產生 SQL 陳述式] 對話方塊，請按 [下一步]。

12. 說明已經成功設定資料配接器和 SQL 命令，請按 [完成]。

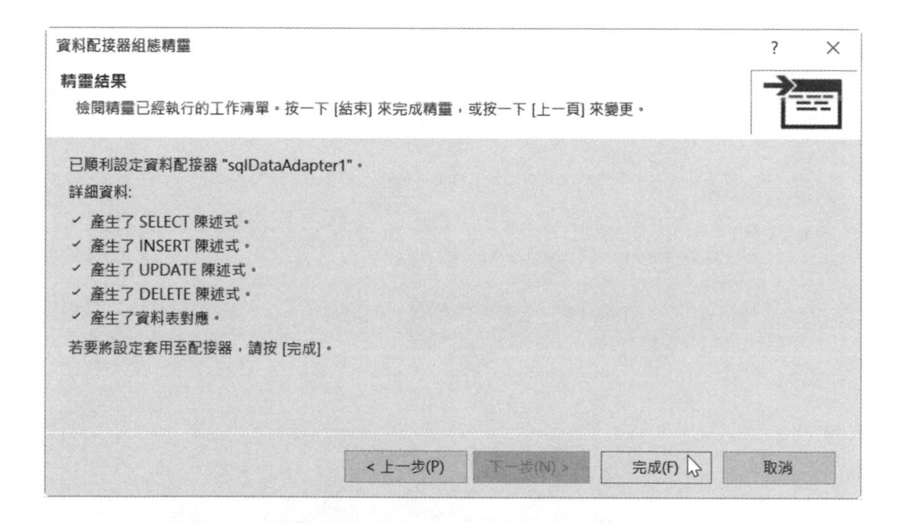

13. 回到 Visual Studio 後，就會看到精靈自動建立名稱為 "sqlConnection1" 的 SqlConnection 物件及名稱為 "sqlDataAdapter1" 的 SqlDataAdapter 物件。

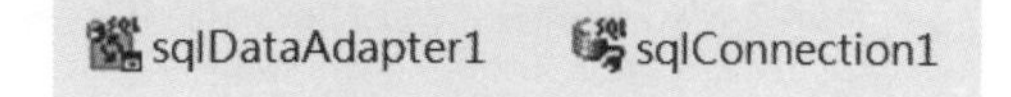

SqlDataAdapter 物件常用的屬性與方法

- ContinueUpdateOnError={true|false}：取得或設定在執行 Update() 方法將 DataSet 物件中的資料更新回資料來源時，若發生錯誤是否繼續更新。
- DeleteCommand=…：取得或設定用來從資料來源刪除資料的 SQL 命令或預存程序，屬性值為 SqlCommand 物件。
- InsertCommand=…：取得或設定將資料新增至資料來源的 SQL 命令或預存程序，屬性值為 SqlCommand 物件。
- SelectCommand=…：取得或設定用來從資料來源選取資料的 SQL 命令或預存程序，屬性值為 SqlCommand 物件。
- UpdateCommand=…：取得或設定用來將資料更新回資料來源的 SQL 命令或預存程序，屬性值為 SqlCommand 物件。
- Fill(*dataSet*)：執行 SelectCommand 屬性指定的 Select 陳述式，並將執行結果傳回的資料（記錄）放入參數 *dataSet* 指定的 DataSet 物件，傳回值為放入 DataSet 物件的資料列數目。

  Fill(*table*)：執行 SelectCommand 屬性指定的 Select 陳述式，並將執行結果傳回的資料（記錄）放入參數 *table* 指定的 DataTable 物件，傳回值為放入 DataTable 物件的資料列數目。
- Update(*dataSet*)：將參數 *dataSet* 指定之 DataSet 物件中的資料更新回資料來源，傳回值為成功更新的資料列數目。

  Update(*table*)：將參數 *table* 指定之 DataTable 物件中的資料更新回資料來源，傳回值為成功更新的資料列數目。

11-4-2 建立 DataSet 物件

在使用 SqlDataAdapter 物件對 SQL Server 資料庫執行 SQL 命令後，我們必須建立 DataSet 物件，步驟如下：

1. 在資料配接器 sqlDataAdapter1 按一下滑鼠右鍵，然後選取 [產生資料集]。

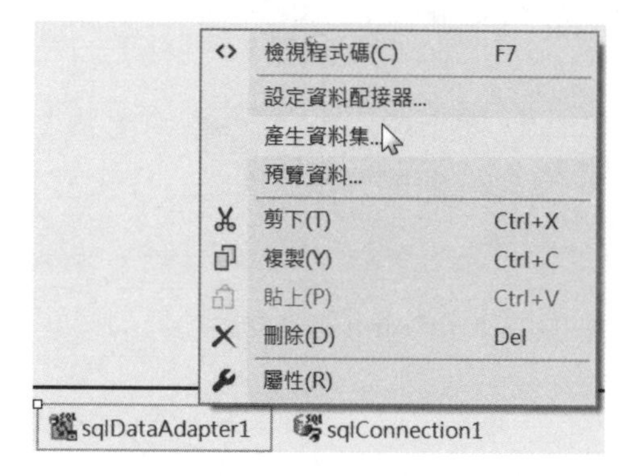

2. 核取 [新增] 並輸入資料集的名稱，例如 "DataSet1"，然後按 [確定]。

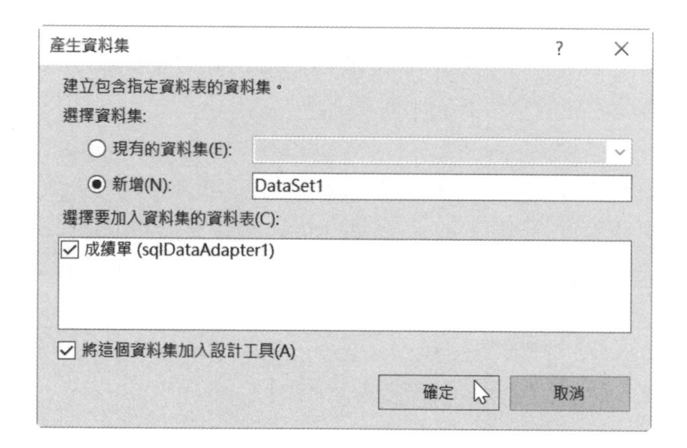

3. Visual Studio 會建立名稱為 "dataSet11" 的 DataSet 物件，如下圖。

DataSet 物件常用的屬性與方法

- CaseSensitive={true|false}：取得或設定在 DataTable 物件中比較字串時，是否分辨英文字母大小寫。

- DataSetName="…"：取得或設定 DataSet 物件的名稱。

- HasErrors：傳回布林值，用來判斷 DataSet 物件中是否有任何資料表包含錯誤，true 表示有，false 表示沒有。

- Tables：取得 DataTableCollection 集合。

- AcceptChanges()：將所有異動過的資料更新到 DataSet 物件。

- Clear()：清除 DataSet 物件的所有資料。

- GetChanges({Added|Deleted|Detached|Modified|Unchanged})：取得自上次呼叫 AcceptChanges() 方法後，指定狀態的資料，傳回值為 DataSet 物件。Added 表示傳回被加入 DataRowCollection 集合，但尚未呼叫 AcceptChanges() 方法的資料列；Deleted 表示傳回已經使用 DataRow 物件的 Delete() 方法所刪除的資料；Detached 表示傳回不屬於任何 DataRowCollection 集合的資料列；Modified 表示傳回被修改過，但沒有呼叫 AcceptChanges() 方法的資料列；Unchanged 表示傳回自上次呼叫 AcceptChanges() 方法後沒有變更過的資料列。

  GetChanges()：取得自上次呼叫 AcceptChanges() 方法後有異動過的資料，傳回值為 DataSet 物件。

- RejectChanges()：將 DataSet 物件回復到剛載入或最後一次呼叫 AcceptChanges() 方法時的狀態，即取消所有異動。

11-4-3 DataSet 物件與控制項的整合運用

在建立 DataSet 物件後，我們可以將查詢出來的資料放入 DataSet 物件，然後透過一些控制項來顯示 DataSet 物件中的資料，例如透過 ComboBox 控制項來顯示 DataSet 物件中「成績單」資料表的「姓名」欄位，步驟如下：

1. 在表單上放置一個 Label 控制項和 ComboBox 控制項，將前者的 [Text] 屬性設定為 " 請選擇學生姓名：" ，然後將後者的 [DataSource] 屬性設定為 "dataSet11"，表示 ComboBox 控制項的項目來自 dataSet11 資料集。

2. dataSet11 資料集包含一個「成績單」資料表，而且資料表有兩個欄位，但我們只能指定一個欄位成為 ComboBox 控制項的項目，此例是將 [DisplayMember] 屬性設定為「成績單」資料表的「姓名」欄位，表示此欄位內容將成為清單項目。

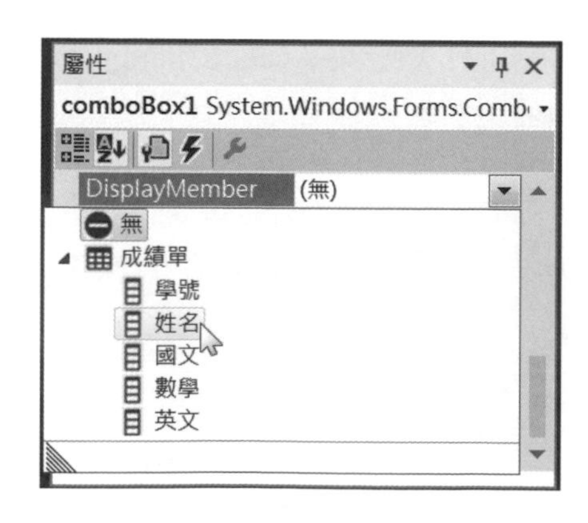

3. 將 [ValueMember] 屬性設定為「成績單」資料表的「學號」欄位，表示此欄位內容將成為清單項目的值。

4. 雖然我們已經在前一節中建立 DataSet 物件，但它目前還是空的，我們必須撰寫如下的 Form1_Load() 事件程序，以呼叫 SqlDataAdapter 物件的 Fill() 方法將查詢出來的資料放入 DataSet 物件。

```
private void Form1_Load(object sender, EventArgs e)
{
  sqlDataAdapter1.Fill(dataSet11);
}
```

5. 儲存並執行專案，就會得到如下結果。

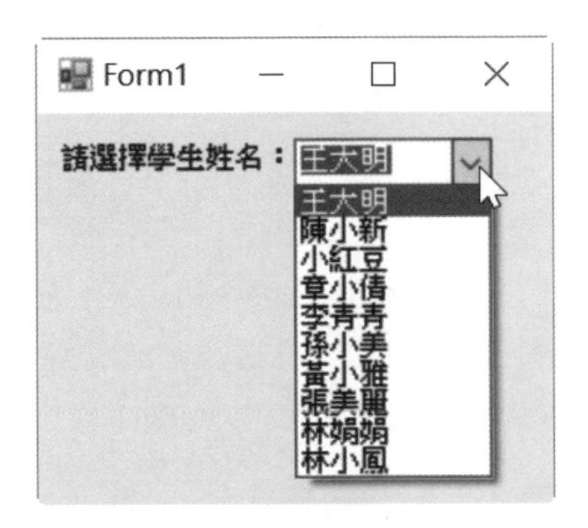

備註

- 由於 DataSet 物件會記錄欄位結構，因此，若您修改過 SqlDataAdapter 物件的 SelectCommand 屬性所要執行的 Select 陳述式 (該陳述式決定了要取得哪些欄位)，請記得刪除原來的 DataSet 物件，重新產生一個 DataSet 物件。
- 任何有 DataSource 屬性的控制項都可以與資料庫整合運用，例如 ComboBox、ListBox、CheckedListBox、DataGridView 等。

11-5 使用 DataGridView 控制項操作資料

DataGridView 控制項可以用來顯示與操作資料庫的資料，除了能新增、更新與刪除資料，還能進行資料排序，下面是一個例子：

1. 新增一個名稱為 MyProj11-3 的 Windows Forms 應用程式。

2. 使用 SqlDataAdapter 物件執行 SQL 命令：依照第 11-4-1 節中步驟 2. ~ 13. 操作，建立名稱為 "sqlConnection1" 的 SqlConnection 物件及名稱為 "sqlDataAdapter1" 的 SqlDataAdapter 物件。

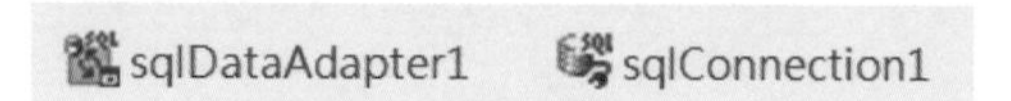

3. 建立 DataSet 物件：依照第 11-4-2 節中步驟 1. ~ 3. 操作，建立名稱為 "dataSet11" 的 DataSet 物件。

4. 在工具箱的 [資料] 分類中找到 [DataGridView] 並按兩下，表單上會出現一個 DataGridView 控制項，請點按其右側的智慧標籤，然後點按 [選擇資料來源] 欄位，並選擇資料來源為 DataSet1 資料集的「成績單」。

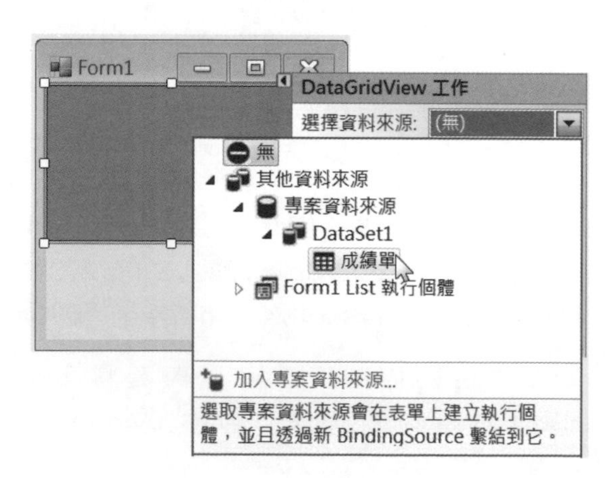

5. 將 DataGridView 控制項的 [Dock] 屬性設定為 [Fill]，然後調整表單的大小，使之顯示所有欄位。從下圖可以看到，表單下方有一個名稱為 " 成績單 BindingSource" 的 BindingSource 物件，其 [DataSource] 與 [DataMember] 兩個屬性為 dataSet11 和「成績單」，表示資料來源為 dataSet11 資料集的「成績單」資料表。

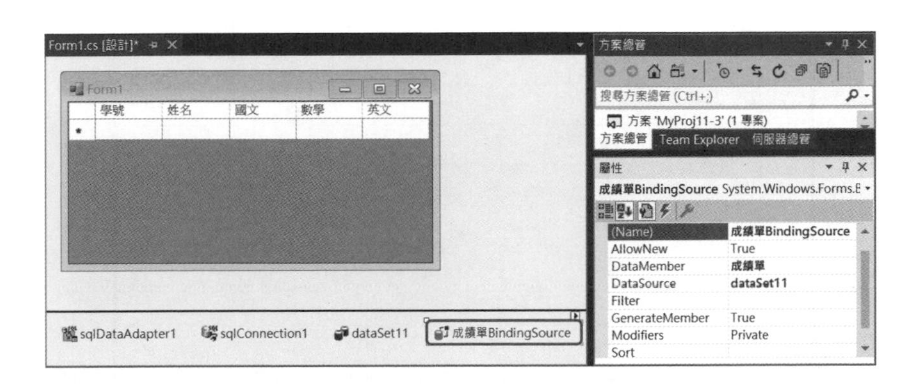

事實上，經由步驟 4. 的設定，DataGridView 控制項真正的資料來源是 BindingSource 物件，這點可以從 DataGridView 控制項的 [DataSource] 屬性得到驗證，也就是說，BindingSource 物件相當於「成績單」資料表與 DataGridView 控制項的中介物件，其 [AllowNew] 屬性可以用來設定是否允許新增資料，預設值為 true；[Filter] 屬性可以用來篩選資料，例如「國文 > 80」表示只顯示國文分數大於 80 的資料；[Sort] 屬性可以用來排序，例如「英文 Desc」表示依照英文分數遞減排序。

6. 撰寫如下的 Form1_Load() 事件程序，以呼叫 SqlDataAdapter 物件的 Fill() 方法將資料放入 DataSet 物件。

```
private void Form1_Load(object sender, EventArgs e)
{
  sqlDataAdapter1.Fill(dataSet11);
}
```

7. 儲存並執行專案，得到如圖 (一) 的結果。若要新增資料，可以直接輸入新的資料列，如圖 (二)；若要更新資料，可以將原來的資料修改成新的資料；若要刪除資料，可以選取資料列，然後按 [Del] 鍵；若要進行資料排序，可以點按欄位名稱。

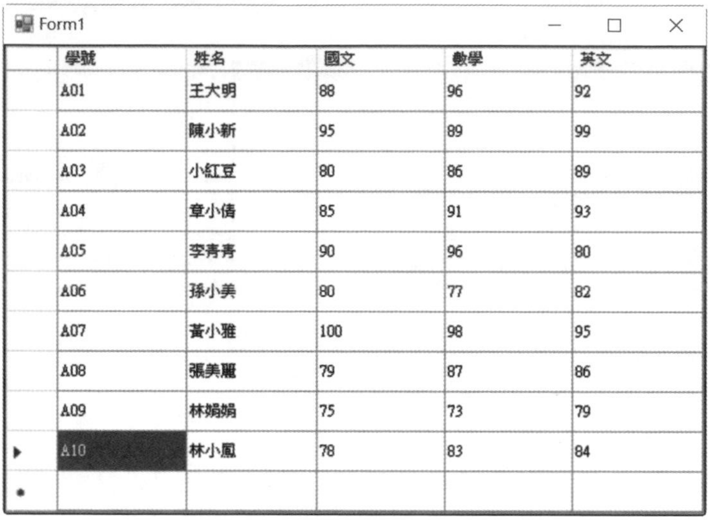

Form1

	學號	姓名	國文	數學	英文
	A01	王大明	88	96	92
	A02	陳小新	95	89	99
	A03	小紅豆	80	86	89
	A04	章小倩	85	91	93
	A05	李青青	90	96	80
	A06	孫小美	80	77	82
	A07	黃小雅	100	98	95
	A08	張美麗	79	87	86
	A09	林娟娟	75	73	79
▶	A10	林小鳳	78	83	84
*					

圖 (一)

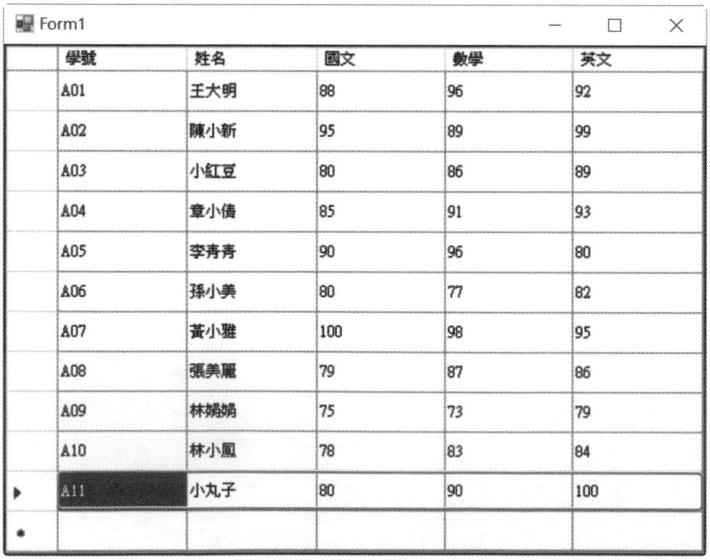

Form1

	學號	姓名	國文	數學	英文
	A01	王大明	88	96	92
	A02	陳小新	95	89	99
	A03	小紅豆	80	86	89
	A04	章小倩	85	91	93
	A05	李青青	90	96	80
	A06	孫小美	80	77	82
	A07	黃小雅	100	98	95
	A08	張美麗	79	87	86
	A09	林娟娟	75	73	79
	A10	林小鳳	78	83	84
▶	A11	小丸子	80	90	100
*					

圖 (二)

11-6 使用 BindingNavigator 控制項巡覽資料

BindingNavigator 控制項可以用來搭配 DataGridView 控制項實作巡覽資料的功能，下面是一個例子：

1. 開啟前一節的專案 <MyProj11-3>，在工具箱的 [資料] 分類中找到 [BindingNavigator] 並按兩下，然後依照下圖操作。

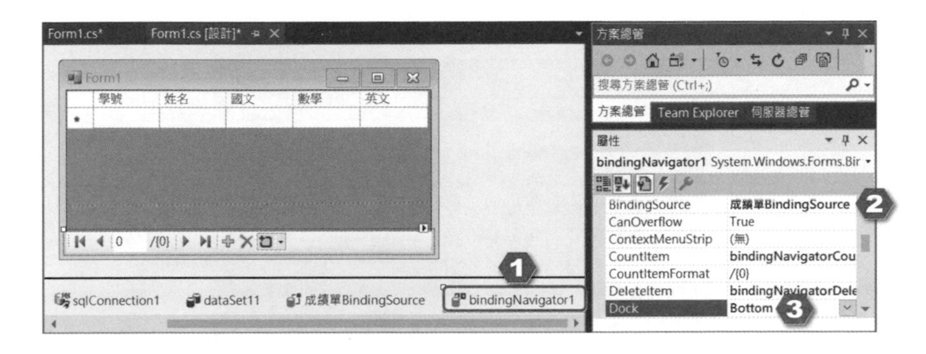

1 選取 BindingNavigator 控制項

2 將 [BindingSource] 屬性設定為前一節建立的 BindingSource 物件，此為資料來源

3 將 [Dock] 屬性設定為「Bottom」，令 BindingNavigator 控制項顯示在表單下方

2. 儲存並執行專案，得到如下結果，巡覽區會顯示在表單下方。

學號	姓名	國文	數學	英文
A01	王大明	88	96	92
A02	陳小新	95	89	99
A03	小紅豆	80	86	89
A04	章小倩	85	91	93
A05	李青青	90	96	80
A06	孫小美	80	77	82
A07	黃小雅	100	98	95
A08	張美麗	79	87	86
A09	林娟娟	75	73	79
A10	林小鳳	78	83	84

A 在欄位內容按兩下可以編輯資料

B 顯示目前資料列與總數

C 按此鈕可以新增資料

D 按此鈕可以刪除資料

請注意，由於 DataSet 物件屬於離線模式，任何新增、更新與刪除資料的動作都是發生在 DataSet 物件中，與資料來源無關，因此，在我們新增、更新或刪除資料，並離開程式後，資料庫的實際內容並沒有更新，原因就是我們沒有呼叫 SqlDataAdapter 物件的 Update() 方法，將 DataSet 物件中的資料更新回資料庫，此時可以這麼做：

1. 點按 BindingNavigator 控制項的 [加入 ToolStripButton] 按鈕，然後選取 [Button]，表示要加入一個按鈕。

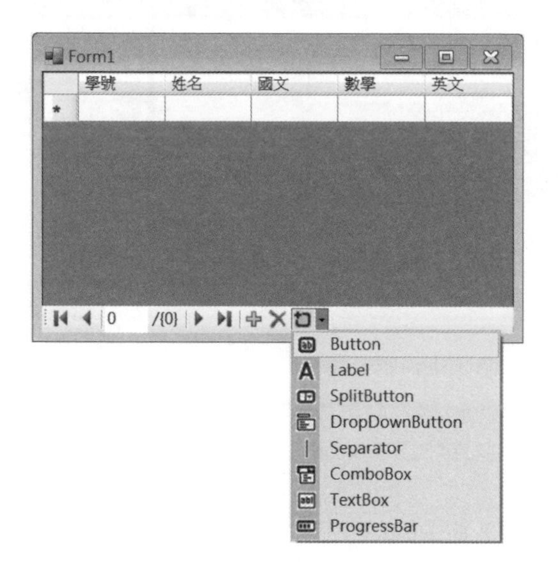

2. BindingNavigator 控制項多出一個 按鈕，請加以選取，然後將 [DisplayStyle] 屬性設定為「Text」，[Text] 屬性設定為「存檔」，[ToolTipText] 屬性設定為「儲存異動的資料」。

3. 按鈕的外觀隨即變成 存檔 ，請按兩下此鈕，然後在程式碼視窗中撰寫 toolStripButton1_Click() 事件程序。

```
private void toolStripButton1_Click(object sender, EventArgs e)
{
  sqlDataAdapter1.Update(dataSet11);
}
```

4. 儲存並執行專案，然後依照下圖操作。

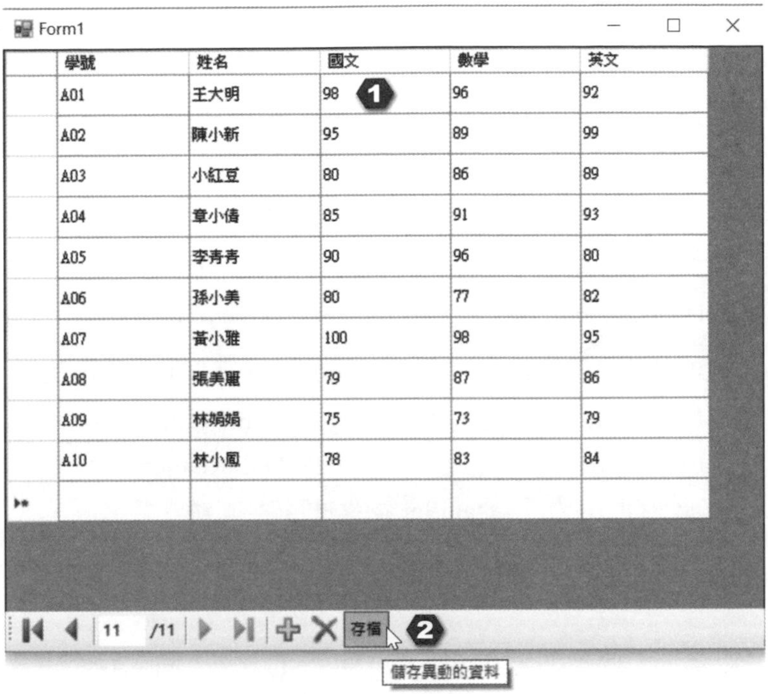

Form1

學號	姓名	國文	數學	英文
A01	王大明	98 ❶	96	92
A02	陳小新	95	89	99
A03	小紅豆	80	86	89
A04	章小倩	85	91	93
A05	李青青	90	96	80
A06	孫小美	80	77	82
A07	黃小雅	100	98	95
A08	張美麗	79	87	86
A09	林娟娟	75	73	79
A10	林小鳳	78	83	84

11 /11 存檔 ❷

儲存異動的資料

❶ 將此筆分數改成 98 並離開該欄位
（請注意，若沒離開該欄位即按存檔會沒有效果，
必須離開欄位才算完成編輯的動作）

❷ 按 [存檔]

5. 離開程式再執行一次，您會發現修改後的分數已經寫回 SQL Server 資料庫。除了修改資料，您也可以試著新增資料或刪除資料，然後按 [存檔]，再去確認這些動作有寫回 SQL Server 資料庫。

學習評量

選擇題

( ) 1. 下列何者不適合以資料庫管理系統來處理？

A. 銀行客戶帳號　B. 銷售記錄

C. 公司簡報　D. 學生成績單

( ) 2. .NET Framework 資料提供者的哪個物件可以用來執行 SQL 命令，將傳回結果放入 DataSet 物件？

A. Connection　B. Command

C. DataReader　D. DataAdapter

( ) 3. 下列哪個物件可以用來存取 DataSet 物件中的資料表？

A. DataTable　B. DataColum

C. DataRow　D. DataReader

( ) 4. 下列何者不能做為 DataSet 物件的資料來源？

A. 文字檔　B. 資料庫

C. HTML 網頁　D. XML 文件

( ) 5. 假設有一個名稱為 objDS 的 DataSet 物件，若要存取其第 3 個資料表的第 5 個欄位，可以寫成下列何者？

A. objDS.Tables[3].Column[5]　B. objDS.Tables[2].Column[4]

C. objDS.Tables[3].Row[5]　D. objDS.Tables[2].Row[4]

( ) 6. 我們可以使用下列哪個物件開啟或關閉資料連接？

A. DataSet　B. Command　C. Connection　D. DataAdapter

( ) 7. 若要將 DataSet 物件中的資料更新回資料來源，可以使用 SqlDataAdapter 物件的哪個方法？

A. Fill()　B. Execute()　C. Update()　D. GetChanges()

( ) 8. 下列關於 DataReader 與 DataSet 物件的敘述何者錯誤？

A. 我們無法隨機讀取 DataReader 物件的資料

B. 使用 DataSet 物件存取資料來源時，資料連接必須維持連線的狀態

C. 使用 DataReader 物件存取資料來源時，一次只能讀取一筆資料

D. 每個使用者都有專屬的 DataSet 物件，無須競爭資料來源

4 PART 物件導向篇

類別、物件與結構

12-1 認識物件導向
12-2 宣告類別
12-3 物件的生命週期
12-4 建構函式
12-5 解構函式
12-6 存取層級
12-7 靜態類別
12-8 部分類別
12-9 巢狀型別
12-10 陣列 V.S. 索引子
12-11 類別 V.S. 命名空間
12-12 結構
12-13 物件 / 集合初始設定式
12-14 匿名型別

12-1 認識物件導向

物件導向 (OO，Object Oriented) 是軟體發展過程中極具影響性的突破，愈來愈多程式語言強調其物件導向的特性，C# 也不例外。

物件導向的優點是物件可以在不同的應用程式中被重複使用，Windows 本身就是一個物件導向的例子，您在 Windows 環境中所看到的東西，包括視窗、按鈕、對話方塊、功能表、捲軸、表單、控制項、資料庫等，均屬於物件，您可以將這些物件放進自己撰寫的程式，然後視實際情況變更物件的欄位或屬性 (例如標題列的文字或按鈕的大小)，而不必再為這些物件撰寫冗長的程式碼。我們來解釋幾個相關的名詞：

- 物件 (object) 或案例 (instance) 就像在生活中所看到的各種物品，例如電腦、冰箱、汽車、電視等，而物件可能又是由許多子物件所組成，比方說，電腦是一種物件，而電腦又是由硬碟、CPU、主機板等子物件所組成；又比方說，Windows 環境中的視窗是一種物件，而視窗又是由標題列、功能表列、工具列等子物件所組成。在 C# 中，物件是資料與程式碼的組合，它可以是整個應用程式或整個應用程式的一部分。

- 欄位 (field)、屬性 (property) 或成員變數 (member variable) 是用來描述物件的特質，比方說，電腦是一種物件，而電腦的等級、製造廠商等用來描述電腦的特質就是這個物件的欄位；又比方說，Windows 環境中的視窗是一種物件，而它的大小、位置等用來描述視窗的特質就是這個物件的欄位。C# 將欄位視同變數或常數，可以直接存取，而屬性則必須透過 get/set 存取子來存取，以限制其存取方式。

- 方法 (method) 或成員函式 (member function) 是用來執行物件的動作，比方說，電腦是一種物件，而開機、關機、執行應用程式、掃描硬碟等動作就是這個物件的方法；又比方說，System.Drawing.Graphics 類別提供了 DrawLine()、DrawCurve()、DrawEllipse() 等方法，可以讓我們繪製直線、曲線、橢圓等圖形。

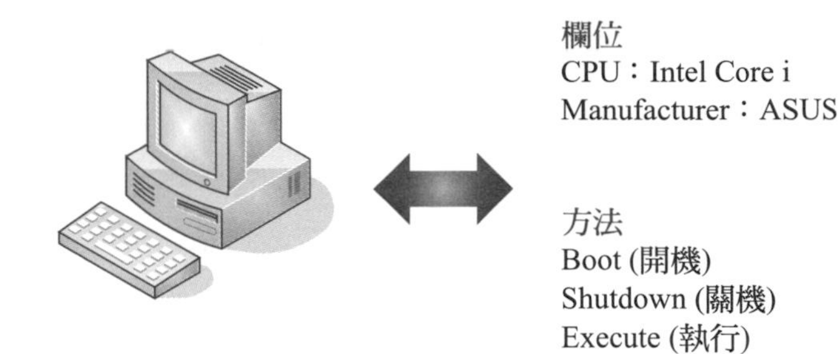

- 事件 (event) 是在某些情況下發出特定訊號警告您，比方說，假設您有一部汽車，當您發動汽車卻沒有關好車門時，汽車會發出嗶嗶聲警告您，這就是一種事件；又比方說，在 Visual C# 中，當使用者按一下按鈕時，就會產生一個 Click 事件，然後我們可以針對這個事件撰寫處理程序，例如將使用者輸入的資料進行運算、寫入資料庫或檔案。

- 類別 (class) 是物件的分類，就像物件的藍圖，隸屬於相同類別的物件具有相同的欄位、屬性、方法及事件，但欄位或屬性的值則不一定相同。比方說，假設汽車是一種類別，它有廠牌、顏色、型號等欄位及開門、關門、發動等方法，那麼一部白色 BMW 520 汽車就是隸屬於汽車類別的一個物件或案例，其廠牌欄位的值為 BMW，顏色欄位的值為白色，型號欄位的值為 520，而且除了這些欄位之外，它還有開門、關門、發動等方法，至於其它車種 (例如 BENZ)，則為汽車類別的其它物件或案例。

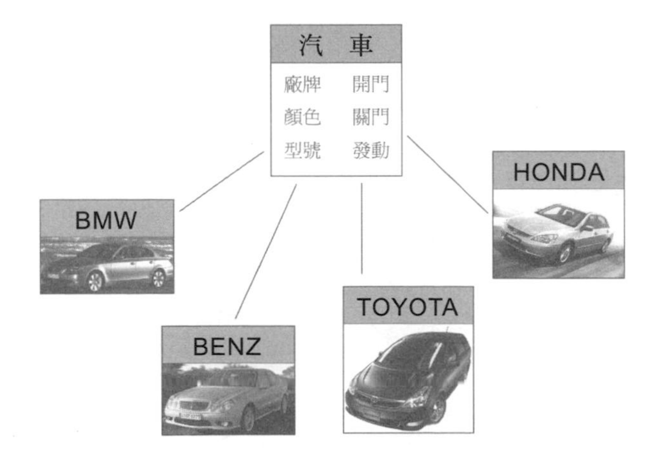

物件導向程式設計 (OOP，Object Oriented Programming) 具有下列特點：

- 封裝 (encapsulation)：傳統的程序性程式設計 (procedural programming) 是將資料與用來處理資料的方法分開宣告，但是到了物件導向程式設計，兩者會放在一起成為一個類別，稱為「封裝」，而且類別內的資料或方法可以設定「存取層級」(access level)，例如 public、private、protected、internal、protected internal。由於封裝允許使用者將類別內的資料或方法隱藏起來，避免一時疏忽存取到不應該存取的資料或方法，故又稱為「資料隱藏」(data hiding)。

- 繼承 (inheritance)：繼承是從既有的類別建立新的類別，這個既有的類別叫做「基底類別」(base class)，由於是用來做為基礎的類別，故又稱為「父類別」(superclass、parent class)，而這個新的類別則叫做「衍生類別」(derived class)，由於是繼承自基底類別，故又稱為「子類別」(subclass、child class) 或「擴充類別」(extended class)。

  子類別不僅繼承了父類別內非私有的欄位、屬性、方法或事件等成員，還可以加入新的成員或「覆蓋」(override) 繼承自父類別的屬性或方法，也就是將繼承自父類別的屬性或方法重新宣告，只要其名稱及參數沒有改變即可，而且在這個過程中，父類別的屬性或方法並不會受到影響。

  繼承的優點是父類別的程式碼只要撰寫與偵錯一次，就可以在其子類別重複使用，如此不僅節省時間與開發成本，也提高了程式的可靠性，有助於原始問題的概念化。

- 多型 (polymorphism)：多型指的是當不同的物件收到相同的訊息時，會以各自的方法來做處理，舉例來說，假設飛機是一個父類別，它有起飛與降落兩個方法，另外有熱汽球、直升機及噴射機三個子類別，這三個子類別繼承了父類別的起飛與降落兩個方法，不過，由於熱汽球、直升機及噴射機的起飛方式與降落方式是不同的，因此，我們必須在子類別內「覆蓋」(override) 這兩個方法，屆時，只要物件收到起飛或降落的訊息，就會視物件所隸屬的子類別呼叫對應的方法來做處理。

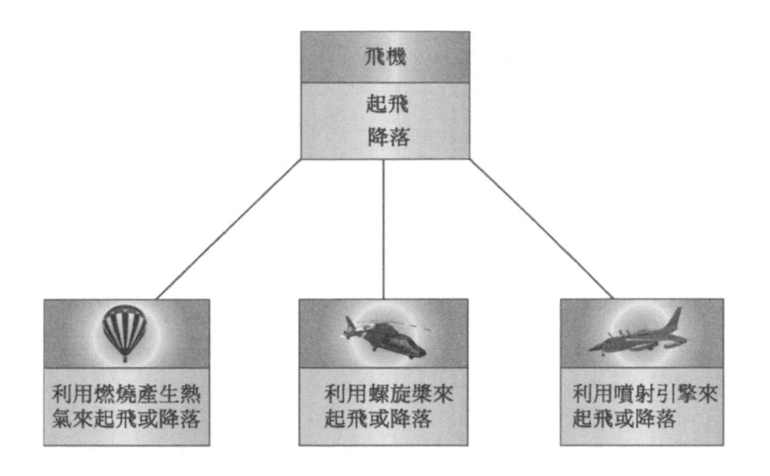

最後，由於 Overloading (重載)、Overriding (覆蓋)、Shadowing (遮蔽) 三個名詞容易造成初學者的混淆，所以我們來解釋一下其中的差異：

- Overloading (重載)：C# 允許我們將方法加以重載，也就是在相同類別內宣告多個同名的方法，然後藉由不同的參數個數、不同的參數順序或不同的參數型別來加以區分，但不能藉由 public、private、protected、internal、static 等修飾字或不同的傳回值型別來加以區分，我們在第 5-8 節已經介紹過如何將方法重載。

- Overriding (覆蓋)：C# 允許子類別透過 override 關鍵字將繼承自父類別的方法或屬性加以重新宣告，只要名稱及參數沒有改變即可，我們會在第 13 章介紹如何覆蓋方法或屬性。

- Shadowing (遮蔽)：C# 的遮蔽分為範圍遮蔽和繼承遮蔽類型，前者是程式設計人員可以宣告多個不同有效範圍的同名元件，然後在進行存取時，編譯器會以有效範圍較小的同名元件優先使用。舉例來說，假設類別內有個靜態變數叫做 X，在此同時，方法內亦宣告一個叫做 X 的區域變數，那麼當我們在方法內存取變數 X 時，編譯器將會以方法內宣告的區域變數 X 遮蔽同名的靜態變數 X，我們在第 5-5 節已經介紹過；後者是子類別能夠透過 new 關鍵字遮蔽繼承自父類別的成員，我們會在第 13-1-6 節做進一步的說明。

12-2 宣告類別

C# 提供了兩種封裝資料的方式，其一是「類別」，其二是「結構」，任何可執行的敘述都必須放在類別或結構內，事實上，類別 (class) 就相當於是物件導向程式設計中各個物件或案例的藍圖，裡面可以包含下列成員：

- ❖ 欄位 (field)：用來存放資料的變數或常數。
- ❖ 屬性 (property)：用來存放資料，但必須透過 get/set 存取子來存取，以限制其存取方式。
- ❖ 方法 (method)：將一段具有某種功能的敘述寫成獨立的程式單元，然後給予特定名稱，以增加程式的可重複使用性及可讀性。
- ❖ 建構函式 (constructor)：用來初始化物件的方法，在建立物件時會自動執行，其名稱與類別的名稱相同，可以包含或不包含參數、沒有傳回值。
- ❖ 解構函式 (destructor)：用來釋放物件的方法，其名稱與類別的名稱相同，但前面要加上 ~ 符號，而且沒有參數、沒有傳回值、沒有存取修飾字，在釋放物件時會自動執行，無須在程式碼內加以呼叫。
- ❖ 索引子 (indexer)：提供以操作陣列的方式來存取物件。
- ❖ 運算子 (operator)：運算子可以針對一個或多個元素進行運算，而且程式設計人員可以針對自訂的類別或結構重新宣告 +、-、*、/、&、| 等標準運算子的動作，我們會在第 14-1 節介紹運算子重載。
- ❖ 委派 (delegate)：委派的觀念和函式指標相似，它允許使用者將具名方法或匿名方法當作參數傳遞給另一個方法，我們會在第 14-2 節介紹委派。
- ❖ 事件 (event)：Visual C# 的運作模式屬於事件驅動，而且它會自動處理低階的訊息處理工作，所以程式設計人員只要針對可能產生的事件宣告處理程序即可，我們會在第 14-3 節介紹事件處理。
- ❖ 巢狀型別 (nested type)：這是在類別內宣告的使用者自訂型別，包括類別、結構、介面等，我們會在第 13-2 節介紹介面。

我們可以使用 class 陳述式宣告類別，其語法如下：

```
[modifiers] class class_name[<T>] [:base_list]
{
  // 宣告欄位、屬性、方法、建構函式、解構函式、索引子、運算子、委派、事件等
}
```

- [*modifiers*]：我們可以在宣告類別時使用下列修飾字：
  - 存取修飾字：類別可以使用的存取修飾字有 public 和 internal (預設為 internal)，而巢狀類別可以使用的存取修飾字則有 public、private、protected、internal、protected internal，其中 public 表示類別能夠被整個專案或參考該專案的專案所存取；private 表示類別只能被包含其宣告的類別所存取；protected 表示類別只能被包含其宣告的類別或其子類別所存取；internal 表示類別能夠被包含其宣告的程式或相同組件所存取；protected internal 表示類別能夠被相同組件、包含其宣告的類別或其子類別所存取。
  - sealed：用來宣告密封類別，表示不能做為其它類別的基底類別。
  - abstract：用來宣告抽象類別，表示沒有提供類別的實作方式。
  - static：用來宣告靜態類別，表示只有包含靜態成員，第 12-7 節有進一步的說明。
  - partial：用來宣告部分類別，表示可以將類別宣告分割成不同的部分，第 12-8 節有進一步的說明。
- *class_name*：類別的名稱，必須是符合 C# 命名規則的識別字。
- [<T>]：用來宣告泛型類別，第 15 章有進一步的說明。
- [:*base_list*]：若類別要繼承其它類別或提供其它介面的實作方式，可以加上此敘述，第 13 章有進一步的說明。
- {、}：分別標示類別的開頭與結尾。

12-2-1 宣告欄位

在 C# 的類別中，我們可以宣告下列幾種欄位：

❖ 案例變數 (instance variable)：這是在類別內宣告的變數，用來描述物件的特質。隸屬於相同類別的每個物件各自擁有一份案例變數，變更其中一個物件的案例變數，並不會影響其它物件的案例變數。相同類別內的敘述可以直接存取案例變數，而不同類別內的敘述或相同類別內的靜態方法必須建立類別的物件，才能存取案例變數。

❖ 靜態變數 (static variable)：這是在類別內以修飾字 static 宣告的變數，用來描述類別的特質，可以套用至隸屬於該類別的所有物件。隸屬於相同類別的每個物件共同擁有一份靜態變數，變更其中一個物件的靜態變數，就會影響其它物件的靜態變數。相同類別內的敘述可以直接存取靜態變數，而不同類別內的敘述必須透過類別的名稱，才能存取靜態變數。

❖ 常數 (constant)：這是在類別內以修飾字 const 宣告的變數，用來描述類別的特質，可以套用至隸屬於該類別的所有物件。隸屬於相同類別的每個物件共同擁有一份常數，因為常數會隱含宣告為 static，但和靜態變數不同的是常數無法變更其值。相同類別內的敘述可以直接存取常數，而不同類別內的敘述必須透過類別的名稱，才能存取常數。

案例變數的宣告方式和區域變數大致相同，其語法如下，差別在於案例變數的宣告是放在類別內，而區域變數的宣告是放在方法或區塊內，而且案例變數有預設的初始值 (數值型別、字元型別、布林型別及物件型別的初始值為 0、'\0'、false、null)，區域變數則沒有。至於靜態變數和常數的宣告方式和案例變數大致相同，差別在於前面必須分別加上修飾字 static 和 const。

```
[modifiers] type name [= [new] value];
```

❖ [*modifiers*]：public、private、protected、internal、protected internal 用來宣告變數的存取層級，省略不寫的話，表示為預設的存取層級 private；static 用來宣告靜態變數；const 用來宣告常數；readonly 用來宣告唯讀變數。

- *type*：變數的型別。
- *name*：變數的名稱，必須是符合 C# 命名規則的識別字。
- [new]：若要在宣告變數的同時建立物件，可以加上關鍵字 new。
- [= *value*]：使用 = 符號指派變數的初始值，沒有的話可以省略。

以下面的程式碼為例，我們在名稱為 Circle 的類別內宣告三個欄位，其中 radius 為案例變數，PI 為常數 (前面加上修飾字 const)，count 為靜態變數 (前面加上修飾字 static)。由於 count 和 radius 沒有指派初始值，故為預設的初始值 0。

```
關鍵字 class
   類別的名稱
class Circle
{              欄位的名稱
  public int radius;                 — 案例變數 ┐
  public const float PI = 3.14F;     — 常數     ├ 欄位
  public static int count;           — 靜態變數 ┘
}
```

存取案例變數

相同類別內的敘述可以直接存取案例變數，而不同類別內的敘述或相同類別內的靜態方法必須建立類別的物件，才能存取案例變數，其語法如下，*object_name* 為物件的名稱，*variable_name* 為案例變數的名稱，中間以小數點連接：

```
object_name.variable_name
```

以下面的程式碼為例，我們要在 Program 類別的 Main() 方法內存取 Circle 類別的案例變數 radius，因此，Main() 方法必須建立 Circle 類別的物件，才能存取案例變數 radius。

\MyProj12-1\Program.cs

```
namespace MyProj12_1
{
    class Circle
    {
        public int radius;                    // 宣告一個案例變數
        public const float PI = 3.14F;        // 宣告一個常數
        public static int count;              // 宣告一個靜態變數
    }

    class Program
    {
        static void Main(string[] args)
        {
            Circle c1 = new Circle();         // 欲存取案例變數必須建立類別的物件
            c1.radius = 5;                    // 透過物件將案例變數 radius 的值設定為 5
            Console.WriteLine(c1.radius);     // 透過物件將案例變數 radius 的值顯示出來
        }
    }
}
```

案例變數 radius 的值 (預設值為 0，但已經被設定為 5)

file:///C:/Users...

5

存取靜態變數或常數

相同類別內的敘述可以直接存取靜態變數或常數 (常數會隱含宣告為 static)，而不同類別內的敘述必須透過類別的名稱，才能存取靜態變數或常數 (兩者均無須建立類別的物件)，其語法如下，*class_name* 為類別的名稱，*variable_name* 為靜態變數或常數的名稱，中間以小數點連接：

```
class_name.variable_name
```

以下面的程式碼為例，我們要在 Program 類別的 Main() 方法內存取 Circle 類別的常數 PI 和靜態變數 count，所以是透過 Circle 類別的名稱進行存取，無須建立 Circle 類別的物件。

\MyProj12-2\Program.cs

```
namespace MyProj12_2
{
    class Circle
    {
        public int radius;                  // 宣告一個案例變數
        public const float PI = 3.14F;      // 宣告一個常數
        public static int count;            // 宣告一個靜態變數
    }

    class Program
    {
        static void Main(string[] args)
        {
            Console.WriteLine(Circle.PI);       // 透過類別的名稱顯示常數 PI 的值
            Console.WriteLine(Circle.count);    // 透過類別的名稱顯示靜態變數 count 的值
        }
    }
}
```

file:///C:/Users...
3.14 A
0 B

A 常數 PI 的值

B 靜態變數 count 的值 (因為沒有指派值，故為預設值 0)

請注意，在前面的例子中，我們是將欄位宣告為 public，這純粹是為了方便解說，事實上，欄位可以讓類別封裝資料，所以一般建議是將欄位宣告為 private，然後透過屬性、方法或索引子等間接的方式存取欄位。

注意 唯讀變數 V.S. 常數

唯讀變數和常數有點相似，在指派唯讀變數的值後，就不能加以變更，但它和常數是不一樣的，主要的差別如下：

- 常數隱含宣告為 static，但唯讀變數不是。若要宣告靜態唯讀變數，必須加上 static readonly 修飾字，靜態唯讀變數和常數相似，不同的是編譯器只能在執行階段存取靜態唯讀變數的值，不能在編譯階段進行存取。
- 常數可以當作區域變數，但唯讀變數不能。
- 常數只能是內建的實值型別、字串或列舉，不可以是參考型別，而唯讀變數則不受此限。
- 常數在宣告時就必須指派值，而唯讀變數可以在宣告時或在建構函式內指派值。
- 常數在宣告時就必須明確地初始化，而唯讀變數若沒有明確地初始化，則實值型別的唯讀變數初始值為 0，參考型別的唯讀變數初始值為 null。

12-2-2 宣告方法

在 C# 的類別中，我們可以宣告下列兩種方法，宣告方式大致相同，唯一的差別在於靜態方法的前面必須加上修飾字 static：

- 案例方法 (instance method)：在類別內宣告的方法，用來執行物件的動作。相同類別內的敘述可以直接呼叫案例方法，而不同類別內的敘述或相同類別內的靜態方法必須建立類別的物件，才能呼叫案例方法。
- 靜態方法 (static method)：在類別內以修飾字 static 宣告的方法，用來執行類別的動作，可以套用至隸屬於該類別的所有物件。相同類別內的敘述可以直接呼叫靜態方法，而不同類別內的敘述必須透過類別的名稱，才能呼叫靜態方法 (兩者均無須建立類別的物件)。

我們在第 5 章介紹過兩者的宣告方式及呼叫方式，下面是一個例子。

\MyProj12-3\Program.cs

file:///C:/Users...

```
3.14
314
```

```
namespace MyProj12_3
{
    class Circle
    {
        public int radius;
        public const float PI = 3.14F;
        public static int count;

        public static void showPI()
        {
            Console.WriteLine(PI);
        }

        public void showArea(int r)
        {
            radius = r;
            Console.WriteLine(PI * radius * radius);
        }
    }

    class Program
    {
        static void Main(string[] args)
        {
            Circle c1 = new Circle();
            Circle.showPI();              // 透過類別的名稱呼叫靜態方法
            c1.showArea(10);              // 透過物件呼叫案例方法
        }
    }
}
```

靜態方法

案例方法

方法

Q：既然有案例方法，為什麼還需要靜態方法呢？

A：有些類別可能提供了一般用途的方法讓使用者呼叫，比方說，System 命名空間內的 Math 類別就提供了許多與數學運算相關的方法，例如 abs() 方法可以取得絕對值、pow() 方法可以取得次方值、sqrt() 方法可以取得平方根、cos() 方法可以取得指定角度的餘弦函數、sin() 方法可以取得指定角度的正弦函數、tan() 方法可以取得指定角度的正切函數等，為了讓使用者呼叫，這些方法會設計成靜態方法，如此一來，使用者可以透過類別的名稱進行呼叫，而不必建立類別的物件。

Q：隸屬於相同類別的每個物件也各自擁有一份案例方法嗎？

A：不是。無論是案例方法或靜態方法，在記憶體內都只有一份拷貝供隸屬於相同類別的每個物件共用，C# 有一套特殊的機制能夠加以處理。

Q：靜態方法內的敘述可以直接存取案例變數嗎？

A：不可以。雖然相同類別內的敘述可以直接存取案例變數、靜態變數或常數，無須建立類別的物件或指定類別的名稱，但也有例外，就是靜態方法內的敘述可以直接存取靜態變數或常數，但不能直接存取案例變數，必須建立類別的物件，理由很簡單，若使用者是透過類別的名稱呼叫靜態方法，沒有建立類別的物件，那麼將因為無法存取案例變數而產生編譯錯誤。

注意

- 除了案例方法與靜態方法之外，C# 亦提供虛擬方法、抽象方法、密封方法等，由於這些方法和類別的繼承有關，所以此處暫不討論，留待第 13 章再做說明，至於如何重載方法，可以參閱第 5-8 節。
- 在使用 static 關鍵字宣告靜態方法時，不能再加上 virtual 或 abstract 關鍵字將它宣告為虛擬方法或抽象方法。
- 在使用 static 關鍵字宣告靜態屬性時，不能再加上 virtual 或 abstract 關鍵字將它宣告為虛擬屬性或抽象屬性。

12-2-3 宣告屬性

屬性亦有案例屬性 (instance property) 與靜態屬性 (static property) 之分，兩者的宣告方式相同，只是靜態屬性的前面還要加上 static 關鍵字，而且案例屬性必須透過類別的物件才能存取。我們在第 5-9 節介紹過屬性的宣告方式及存取方式，此處不再重複說明，下面是一個例子，其中 Number 為靜態屬性，所以不同類別內的敘述是透過類別的名稱進行存取，無須建立類別的物件。

\MyProj12-4\Program.cs

```
namespace MyProj12_4
{
  class Demo
  {
    static int Answer = 0;
    public static int Number                          // 宣告靜態屬性
    {
      get                                             // 宣告 get 存取子以傳回屬性值
      {
        return Answer;
      }
      set                                             // 宣告 set 存取子以設定屬性值
      {
        if (value < 50) Answer = value;               //value 為 set 存取子的隱含參數
      }
    }
  }
  class Program
  {
    static void Main(string[] args)
    {
      Demo.Number = 25;                               // 透過類別的名稱設定靜態屬性的值
      Console.WriteLine(Demo.Number);                 // 透過類別的名稱取得靜態屬性的值
    }
  }
}
```

12-3 物件的生命週期

所謂生命週期 (lifetime) 泛指一個已經宣告的元件能夠被使用的期間，也就是存在於記憶體多久。對 C# 來說，變數是唯一具有生命週期的元件，而方法的參數或傳回值都算是特殊形式的變數，只要變數能夠被用來存放資料，其生命週期就尚未結束。

類型	說明
在類別或結構內宣告的變數（成員變數）	若在類別或結構內宣告變數時沒有加上 static 關鍵字，例如 int X = 100;，表示為「案例變數」，生命週期與類別或結構的案例相同，只要類別或結構的案例沒有被釋放，變數就一直存在於記憶體。
	若在類別或結構內宣告變數時有加上 static 關鍵字，例如 static int X = 100;，表示為「靜態變數」（被數個案例共用），生命週期與應用程式相同，不會隨著案例被釋放而從記憶體移除。
在方法內宣告的變數（區域變數）	這種變數的生命週期與方法相同，只要方法仍在執行，變數就一直存在於記憶體。若方法又呼叫其它方法，那麼只要被呼叫的方法仍在執行，變數就不會從記憶體移除。

物件的生命週期是從以 new 關鍵字建立案例的那一刻開始，直到物件超出有效範圍或被設定為 null，才算結束。C# 將用來初始化物件的方法稱為建構函式 (constructor)，常見的初始化動作有開啟檔案、建立資料連接、設定初始值、建立網路連線等。至於用來釋放物件的方法則稱為解構函式 (destructor)，常見的釋放動作有關閉檔案、關閉資料連接、清除設定值、中斷網路連線等。

當我們以 new 關鍵字建立物件時，C# 編譯器會執行下列幾項工作：

- ❖ 視物件的大小在管理化堆積 (managed heap) 配置記憶體空間給物件。
- ❖ 呼叫物件所隸屬之型別或類別的建構函式，並傳入以 new 關鍵字建立物件時所指定的參數，進行物件的初始化。
- ❖ 將指向物件的指標指派給指定的變數。

建構函式會在建立物件時自動執行，預設的建構函式會將物件初始化，而除了預設的建構函式之外，C# 亦允許程式設計人員自行宣告建構函式，此時，建構函式的名稱與類別的名稱相同。

相反的，當物件被設定為 null、超出有效範圍或不再被參考時，.NET Framework 會透過垃圾收集器 (GC，Garbage Collector) 先執行該物件的解構函式，然後才會將該物件從記憶體移除。事實上，垃圾收集器的目的就是監控程式，記錄所使用的物件或變數，一旦發現有不再使用的物件或變數，就自動從記憶體移除。

預設的解構函式並不會做任何動作，若要在釋放物件的同時進行清除設定值、關閉檔案、關閉資料連接、中斷網路連線等動作，就必須自行宣告解構函式，此時，解構函式的名稱與類別的名稱相同，但前面要加上 ~ 符號，編譯器會將解構函式編譯成 Finalize() 方法，然後在釋放物件時自動執行，換句話說，程式設計人員不應該自行呼叫解構函式，以免造成重複執行。

請注意，在物件離開有效範圍到自動執行解構函式之間會有一段延遲，無法確定物件何時從記憶體移除，這段延遲的時間長短會隨著系統的繁忙程度成反比，換句話說，系統資源愈貧乏、程式愈繁忙，垃圾收集器執行的次數就愈頻繁，延遲的時間就愈短，以盡快收回不再使用的資源；相反的，系統資源愈充裕、程式愈閒置，垃圾收集器執行的次數就愈少，延遲的時間就愈長。

若要允許使用者自行呼叫某個方法立刻釋放物件佔用的資源，彌補垃圾收集器的不足，而不要像執行解構函式一樣有延遲，那麼可以實作 IDisposable 介面所宣告的 Dispose() 方法，該方法不會自動執行，必須明確呼叫才會執行。

為了協助程式設計人員立刻釋放物件佔用的資源，C# 提供了 using 陳述式，只要將物件放進 using{…} 區塊，一旦程式碼離開這個區塊，系統就會自行呼叫 IDisposable 介面的 Dispose() 方法，立刻釋放物件佔用的資源，因此，提供給 using 陳述式的物件必須實作 IDisposable 介面的 Dispose() 方法，以釋放物件佔用的資源，我們會在第 12-5-2 節做示範。

12-4 建構函式

12-4-1 宣告建構函式

建構函式 (constructor) 是用來初始化物件的方法，常見的初始化動作有開啟檔案、建立資料連接、設定初始值、建立網路連線等。我們可以在類別內明確宣告建構函式，它的名稱與類別的名稱相同，預設的存取層級為 private，沒有傳回值，有無參數皆可。

若沒有明確宣告建構函式，C# 編譯器會自動在執行階段產生預設的建構函式，它的名稱與類別的名稱相同，存取層級為 public，沒有參數也沒有傳回值，不會出現在程式碼內，而且會使用預設值初始化物件的欄位，數值欄位、字元欄位、布林欄位及物件欄位的初始值分別為 0、'\0'、false、null。

下面是一個例子，它會自行宣告建構函式，而不是使用預設的建構函式。

\MyProj12-5\Program.cs (下頁續 1/2)

```
01:namespace MyProj12_5
02:{
03:   class Circle
04:   {
05:      public int radius;
06:      public const float PI = 3.14F;
07:      public static int count;
08:
09:      public Circle()
10:      {
11:         count++;
12:      }
13:   }
14:
```

建構函式的名稱必須和類別的名稱相同
(雖然沒有傳回值，但無須宣告為 void)

\MyProj12-5\Program.cs (接上頁 2/2)

```
15:  class Program
16:  {
17:     static void Main(string[] args)
18:     {
19:        Circle c1 = new Circle();              // 建立物件時會自動執行建構函式
20:        Circle c2 = new Circle();              // 建立物件時會自動執行建構函式
21:        Console.WriteLine(Circle.count);
22:     }
23:  }
24:}
```

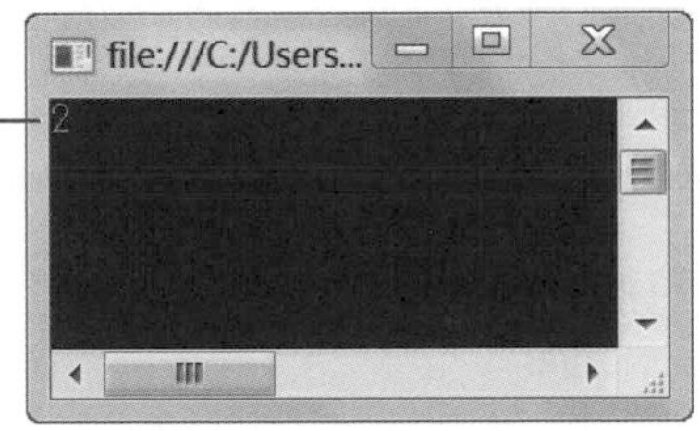

- ❖ 09 ~ 12：宣告 Circle 類別的建構函式，其用途是將靜態變數 count 遞增 1。由於每次建立一個物件，就會自動執行建構函式，將靜態變數 count 遞增 1，因此，靜態變數 count 代表的正是物件的個數。

  請注意，雖然預設的建構函式的存取層級為 public，但在我們自行宣告建構函式時，其預設的存取層級卻和一般的方法一樣為 private，因此，第 09 行必須明確加上 public 關鍵字，否則第 19、20 行建立物件的敘述將無法存取建構函式。

- ❖ 19：使用關鍵字 new 建立一個名稱為 c1、隸屬於 Circle 類別的物件，此時會自動執行建構函式，將靜態變數 count 遞增 1，而得到 1。

- ❖ 20：使用關鍵字 new 建立一個名稱為 c2、隸屬於 Circle 類別的物件，此時會自動執行建構函式，將靜態變數 count 遞增 1，而得到 2。

12-4-2 重載建構函式

我們可以在類別內宣告多個建構函式，然後藉由不同的參數個數、不同的參數順序或不同的參數型別來加以區分，但不能藉由 public、private、protected、internal、static 等關鍵字或不同的傳回值型別來加以區分，也就是重載建構函式 (overloading contructor)，下面是一個例子。

\MyProj12-6\Program.cs (下頁續 1/2)

```
01:using System;
02:
03:namespace MyProj12_6
04:{
05:   class Circle
06:   {
07:      public int radius;
08:      public const float PI = 3.14F;
09:      public static int count;
10:
11:      public Circle()
12:      {
13:         count++;
14:      }
15:
16:      public Circle(int r)
17:      {
18:         count++;
19:         radius = r;
20:      }
21:   }
22:
23:   class Program
24:   {
```

建構函式（第 11～14 行）

重載建構函式 (此處是藉由參數來加以區分)（第 16～20 行）

\MyProj12-6\Program.cs (接上頁 2/2)

```
25:        static void Main(string[] args)
26:        {
27:            Circle c1 = new Circle();
28:            Circle c2 = new Circle(10);
29:            Console.WriteLine(Circle.count);
30:            Console.WriteLine(c1.radius);
31:            Console.WriteLine(c2.radius);
32:        }
33:    }
34:}
```

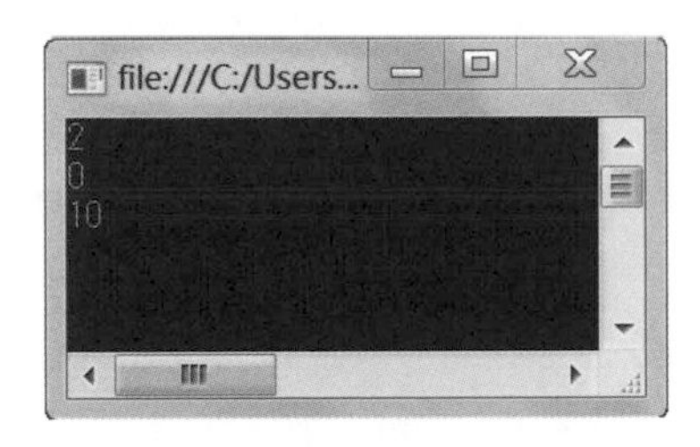

- 11 ~ 14：宣告 Circle 類別的建構函式，其用途是將靜態變數 count 遞增 1。由於每次建立一個物件，就會自動執行建構函式，將靜態變數 count 遞增 1，因此，靜態變數 count 代表的正是物件的個數。
- 16 ~ 20：宣告 Circle 類別的另一個建構函式，藉由參數和前一個建構函式區分，其用途除了將靜態變數 count 遞增 1 之外，還會將案例變數 radius 的值設定為參數 r 的值。
- 27：使用關鍵字 new 建立一個名稱為 c1、隸屬於 Circle 類別的物件，此時會自動執行沒有參數的建構函式，將靜態變數 count 遞增 1，而得到 1。
- 28：使用關鍵字 new 建立一個名稱為 c2、隸屬於 Circle 類別的物件，此時會自動執行有參數的建構函式，將靜態變數 count 遞增 1，而得到 2，然後將案例變數 radius 的值設定為參數 r 的值 (10)。

12-4-3 呼叫相同類別內的建構函式

由於 C# 允許我們在類別內重載建構函式，所以類別內的建構函式可能不只一個，有需要的話，我們可以透過 this 關鍵字呼叫相同類別內的建構函式，以免重複撰寫相同的程式碼。下面是一個例子，它宣告三個建構函式，仔細觀察之下，這三個建構函式的程式碼是有些雷同的。

\MyProj12-7\Program.cs（下頁續 1/2）

```
namespace MyProj12_7
{
  public class Quad
  {
    private int Width, Height;

    public Quad()
    {
      Width = 10;
      Height = 10;
    }

    public Quad(int D)
    {
      Width = D;
      Height = D;
    }

    public Quad(int W, int H)
    {
      Width = W;
      Height = H;
    }

    public int GetArea()
    {
      return Width * Height;
    }
  }
```

\MyProj12-7\Program.cs (接上頁 2/2)

```
  class Program
  {
    static void Main(string[] args)
    {
      Quad Q1 = new Quad();
      Quad Q2 = new Quad(20);
      Quad Q3 = new Quad(30, 40);
      Console.WriteLine(" 第一個方形的面積為 " + Q1.GetArea());
      Console.WriteLine(" 第二個方形的面積為 " + Q2.GetArea());
      Console.WriteLine(" 第三個方形的面積為 " + Q3.GetArea());
    }
  }
}
```

```
file:///C:/Users...
第一個方形的面積為100
第二個方形的面積為400
第三個方形的面積為1200
```

既然 Quad 類別內的三個建構函式都是用來指派私有變數 Width、Height 的值，我們可以使用 this 關鍵字將它改寫成如下，這個關鍵字代表的是目前物件，我們可以透過它存取目前物件的成員：

```
public class Quad
{
  private int Width, Height;
  public Quad() : this(10, 10) { }
  public Quad(int D) : this (D, D) { }
  public Quad(int W, int H)
  {
    Width = W;
    Height = H;
  }

  public int GetArea()
  {
    return Width * Height;
  }
}
```

- public Quad() : this(10, 10) { }：透過關鍵字 this 呼叫相同類別內的建構函式並在小括號內指定參數為 10, 10
- public Quad(int D) : this (D, D) { }：透過關鍵字 this 呼叫相同類別內的建構函式並在小括號內指定參數為 D, D

12-4-4 使用建構函式複製物件

建構函式也可以用來複製物件，只要將欲複製的物件當作參數傳遞給建構函式，就可以將該物件的欄位指派給新的物件相對的欄位，下面是一個例子。

\MyProj12-8\Program.cs

```
namespace MyProj12_8
{
  class Point
  {
    public int x, y;
    public Point(int x, int y)
    {
      this.x = x;
      this.y = y;
    }

    public Point(Point p)
    {
      this.x = p.x;
      this.y = p.y;
    }
  }
  class Program
  {
    static void Main(string[] args)
    {
      Point p1 = new Point(5, 10);
      Point p2 = new Point(p1);
      Console.WriteLine("p1.x 的值為 " + p1.x);
      Console.WriteLine("p1.y 的值為 " + p1.y);
      Console.WriteLine("p2.x 的值為 " + p2.x);
      Console.WriteLine("p2.y 的值為 " + p2.y);
    }
  }
}
```

file:///C:/Users...

```
p1.x的值為5
p1.y的值為10
p2.x的值為5
p2.y的值為10
```

物件 p2 各個欄位的值和物件 p1 相同

建構函式

重載建構函式，參數是相同類別的物件，目的是複製物件。

將物件 p1 當作參數傳遞給建構函式，如此不僅會建立新的物件 p2，還會將物件 p1 的欄位指派給物件 p2 相對的欄位。

物件 p2 各個欄位的值和物件 p1 相同

您不能以 Point p2 = p1; 取代 Point p2 = new Point(p1);，因為這兩個敘述的意義是不同的，前者是宣告一個型別為 Point 類別、名稱為 p2 的變數，然後將該變數指向變數 p1 所指向的物件，並沒有建立新的物件，而後者會建立新的物件，然後將變數 p2 指向新的物件，並將物件 p1 的欄位指派給物件 p2 相對的欄位。

12-4-5 私有建構函式

私有建構函式 (private constructor) 通常是應用在只包含靜態成員的類別，也就是靜態類別，若類別擁有一個或多個私有建構函式且沒有公有建構函式，那麼其它類別 (巢狀類別除外) 將無法建立該類別的物件，換句話說，私有建構函式可以用來防止其它類別建立該類別的物件，若類別內的所有方法均為靜態方法 (例如 Math 類別)，那麼就可以考慮使用 static 關鍵字將整個類別宣告為靜態類別，我們會在第 12-7 節介紹靜態類別。

下面是一個例子，其中第 05 行是一個空的私有建構函式，用來防止 C# 編譯器自動產生預設的建構函式。

\MyProj12-9\Program.cs (下頁續 1/2)

```
01:namespace MyProj12_9
02:{
03:   public class Counter
04:   {
05:      private Counter() { }
06:      public static int currentCount;
07:      public static int IncrementCount()
08:      {
09:         return ++currentCount;
10:      }
11:   }
12:
```

宣告一個空的私有建構函式，用來防止 C# 編譯器自動產生預設的建構函式。建構函式預設為 private，故 private 關鍵字可以省略，但建議您保留此關鍵字，以提高可讀性。

\MyProj12-9\Program.cs (接上頁 2/2)

file:///C:/Users...
新的count值為 101

```
13:  class Program
14:  {
15:     static void Main(string[] args)
16:     {
17:        Counter.currentCount = 100;
18:        Counter.IncrementCount();
19:        Console.WriteLine(" 新的 count 值為 {0}", Counter.currentCount);
20:     }
21:  }
22:}
```

請注意，在這個例子中，由於 Counter 類別包含私有建構函式，所以其它類別 (巢狀類別除外) 將無法建立該類別的物件，類似 Counter aCounter = new Counter(); 等建立物件的敘述將會產生錯誤。

12-4-6 靜態建構函式

靜態建構函式 (static constructor) 可以用來初始化靜態資料，或執行只需執行一次的特定動作，在建立類別的第一個物件或參考任何靜態成員之前，會自動呼叫靜態建構函式。

在使用靜態建構函式時，請注意下列事項：

❖ 不可以使用存取修飾字，也不可以有參數。

❖ 不可以在程式碼內呼叫靜態建構函式，事實上，它是在類別載入時由執行環境 (runtime) 所呼叫。

❖ 靜態建構函式不可以被繼承，類別內可以同時宣告靜態建構函式和案例建構函式，第 12-4-1、12-4-2 節所介紹的就是案例建構函式。

下面是一個例子，我們並沒有明確呼叫靜態建構函式，事實上，它是由執行環境所呼叫。

\MyProj12-10\Program.cs

```
namespace MyProj12_10
{
  class Demo
  {
    public static int Value;
    static Demo()                          // 宣告靜態建構函式
    {
      Value = 100;                         // 設定靜態成員的初始值
    }
  }

  class Program
  {
    static void Main(string[] args)
    {
      Console.WriteLine(" 靜態變數 Value 的值為 " + Demo.Value);
    }
  }
}
```

靜態變數Value的值為100

由於執行環境會自動呼叫靜態建構函式，故靜態變數 Demo.Value 會被設定為 100。

注意

C# 有一個特殊的關鍵字 this，用來表示目前物件，我們可以透過它存取目前物件的成員。舉例來說，假設我們在方法內宣告了和案例變數同名的區域變數，但我們想在方法內存取案例變數，那麼就必須在案例變數的前面加上關鍵字 this 做區分，例如下面的 showArea() 方法的參數 radius 和案例變數 radius 同名，那麼為了做區分，我們必須在案例變數 radius 的前面加上關鍵字 this：

```
void showArea(int radius)
{
  this.radius = radius;
  Console.WriteLine(PI * this.radius * this.radius);
}
```

案例變數 radius 的前面必須加上關鍵字 this，以和參數 radius 做區分。

12-5 解構函式

12-5-1 宣告解構函式

.NET Framework 提供的垃圾收集器在確定已經沒有任何變數指向某個物件時，會先呼叫該物件的解構函式 (destructor)，然後才會將它從記憶體移除。預設的解構函式並不會做任何動作，若要在釋放物件的同時進行關閉檔案、關閉資料連接、中斷網路連線、清除設定值等動作，那麼就必須自行撰寫解構函式，C# 編譯器會將解構函式編譯成 Finalize() 方法，然後在釋放物件時自動執行，換句話說，您不應該自行呼叫解構函式，以免造成重複執行，同時執行解構函式會影響程式的效能，除非必要，否則盡量不要使用。

解構函式的語法如下，其名稱與類別的名稱相同，但前面要加上 ~ 符號：

```
~class_name()
{
  // 撰寫解構函式的主體
}
```

請注意，一個類別只能有一個解構函式，而且它不能被呼叫 (它會自動執行)、被繼承、被重載、或使用修飾字或參數。事實上，C# 並不需要您進行太多記憶體管理，因為 .NET Framework 的垃圾收集器會代勞，除非是您的應用程式使用 unmanaged 資源 (例如檔案、資料庫、網路連線)，才需要撰寫解構函式釋放這些資源。此外，若您的應用程式使用過多外部資源，建議您在垃圾收集器釋放物件之前，提供一個明確釋放資源的方法，也就是實作 IDisposable 介面的 Dispose() 方法，我們會在下一節做說明。

下面是一個例子，其中第 12 ~ 15 行是宣告解構函式，用來在物件被移除之前顯示指定的訊息，而在第 23 行將變數 p1 設定為 null 後，物件並不會被立刻移除，為了馬上執行解構函式，於是在第 24 行呼叫 System.GC.Collect() 方法啟動垃圾收集器。

\MyProj12-11\Program.cs

```
01:namespace MyProj12_11
02:{
03:    class Point
04:    {
05:        int x, y;
06:        public Point(int x, int y)
07:        {
08:            this.x = x;
09:            this.y = y;
10:        }
11:
12:        ~Point()
13:        {
14:            Console.WriteLine(" 這個物件即將被摧毀！ ");
15:        }
16:    }
17:
18:    class Program
19:    {
20:        static void Main(string[] args)
21:        {
22:            Point p1 = new Point(5, 10);
23:            p1 = null;
24:            System.GC.Collect();
25:        }
26:    }
27:}
```

file:///C:/Users...

這個物件即將被摧毀！

解構函式所顯示的訊息

解構函式（沒有傳回值、沒有參數）（第 12～15 行）

將變數 p1 不指向任何物件（第 23 行）

啟動垃圾收集器移除物件，在此之前會先執行解構函式顯示指定的訊息。建議您盡量不要自行啟動垃圾收集器，因為它會檢查應用程式的各個物件，導致程式的效能降低。（第 24 行）

12-5-2 實作 IDisposable 介面的 Dispose() 方法

若要允許使用者自行呼叫某個方法立刻釋放物件佔用的資源，而不要像執行解構函式一樣有延遲，那麼可以實作 IDisposable 介面所宣告的 Dispose() 方法，該方法不會自動執行，必須明確呼叫才會執行。

以下面的程式碼為例，第 01 行是宣告 Employee 類別要實作 IDisposable 介面的成員，第 05 ~ 14 行則是實作 IDisposable 介面的 Dispose() 方法，若類別內除了實作 Dispose() 方法之外，亦提供了解構函式，那麼在手動呼叫 Dispose() 方法釋放物件的同時還會自動執行 Finalize() 方法，若要避免重複釋放系統資源，可以呼叫 System.GC.SuppressFinalize() 方法並以物件本身的指標 this 做為參數，要求垃圾收集器不要自動執行 Finalize() 方法。

```
01:public class Employee : IDisposable              // 宣告類別要實作 IDisposable 介面的成員
02:{
03:   private bool disposing = false;               // 這個變數用來判斷物件是否已經被釋放
04:   //…其它敘述
05:   public void Dispose()                         // 實作 IDisposable 介面的 Dispose() 方法
06:   {
07:      if (!disposing)                            // 判斷物件是否已經被釋放
08:      {
09:         // 此處可以撰寫釋放系統資源的敘述
10:         disposing = true;
11:      }
12:      Console.WriteLine(" 成功呼叫 Dispose() 方法釋放物件佔用的資源！ ");
13:      System.GC.SuppressFinalize(this);
14:   }
15:}
```

日後我們可以呼叫 Dispose() 方法立刻釋放物件佔用的資源，例如：

```
Employee E1 = new Employee(" 大明 ");           // 建立一個 Employee 類別的物件
//…其它敘述
E1.Dispose();                                 // 呼叫 Dispose() 方法立刻釋放資源
System.GC.Collect();                          // 自行啟動垃圾收集器移除物件佔用的資源
```

為了協助程式設計人員立刻釋放物件佔用的資源，C# 提供了 using 陳述式，只要將物件放進 using{…} 區塊，一旦程式碼離開這個區塊，系統就會自行呼叫 IDisposable 介面的 Dispose() 方法，立刻釋放物件佔用的資源，因此，提供給 using 陳述式的物件必須實作 IDisposable 介面的 Dispose() 方法，以釋放物件佔用的資源。下面是一個例子，我們在類別 C 內實作 IDisposable 介面的 Dispose() 方法，待第 16 行的物件 c 離開 using 區塊後，系統就會自行呼叫該方法。

\MyProj12-12\Program.cs

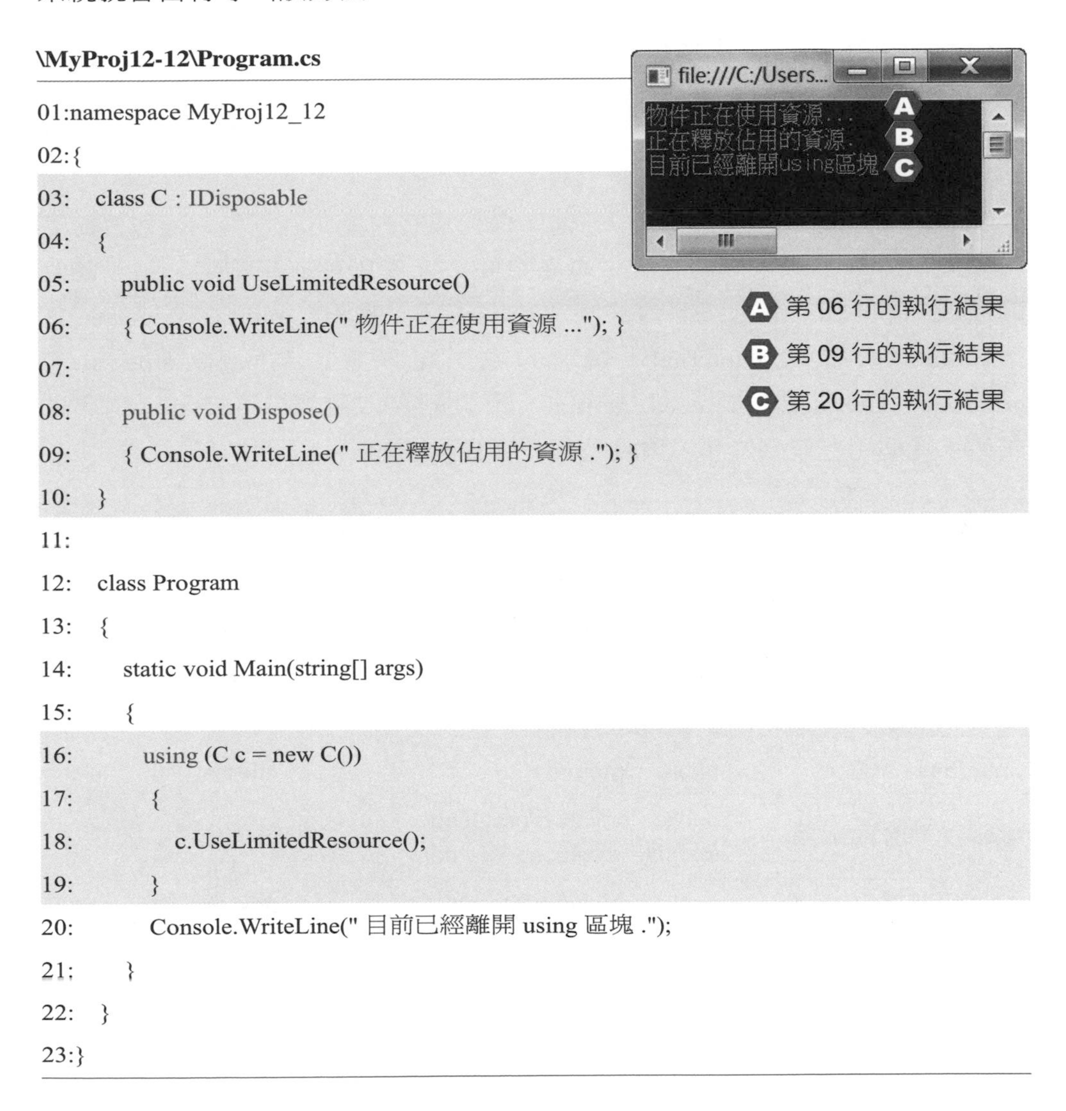


```
01:namespace MyProj12_12
02:{
03:   class C : IDisposable
04:   {
05:      public void UseLimitedResource()
06:      { Console.WriteLine(" 物件正在使用資源 ..."); }
07:
08:      public void Dispose()
09:      { Console.WriteLine(" 正在釋放佔用的資源 ."); }
10:   }
11:
12:   class Program
13:   {
14:      static void Main(string[] args)
15:      {
16:         using (C c = new C())
17:         {
18:            c.UseLimitedResource();
19:         }
20:         Console.WriteLine(" 目前已經離開 using 區塊 .");
21:      }
22:   }
23:}
```

12-6 存取層級

存取層級 (access level) 指的是哪些程式碼區塊擁有存取類別、結構、列舉、介面及其成員的權限，基本上，存取權限不僅視其宣告方式而定，也取決於程式設計人員在何處宣告，可以使用的存取修飾字有 public（表示能夠被整個專案或參考該專案的專案所存取）、private（表示只能被包含其宣告的類別或結構內所存取、protected（表示只能被包含其宣告的類別或其子類別所存取）、internal（表示能夠被包含其宣告的程式或相同組件所存取）、protected internal（表示能夠被相同組件、包含其宣告的類別或其子類別所存取）。

下表是命名空間、類別、結構、列舉、介面及其成員允許宣告的存取修飾字和預設的存取層級，舉例來說，命名空間不能使用存取修飾字，預設的存取層級為 public；命名空間內的類別和結構可以宣告為 public 或 internal，預設的存取層級為 internal；類別的成員可以宣告為 public、private、proteced、internal 或 proteced internal，預設的存取層級為 private；列舉的成員不能使用存取修飾字，預設的存取層級為 public。

	允許宣告的存取修飾字	預設的存取層級
namespace（命名空間）	無	public
class（類別）	public、internal	internal
struct（結構）	public、internal	internal
enum（列舉）	public、internal	internal
interface（介面）	public、internal	internal
class（類別）的成員	public、private、proteced、internal、proteced internal	private
struct（結構）的成員	public、private、internal	private
enum（列舉）的成員	無	public
interface（介面）的成員	無	public

12-7 靜態類別

C# 提供了靜態類別 (static class) 功能，只要在宣告類別時加上 static 關鍵字，就可以將整個類別宣告為靜態類別。

靜態類別只有包含靜態成員，而且不能使用 new 關鍵字建立該類別的物件，當載入包含靜態類別的應用程式或命名空間時，.NET Framework CLR (Common Language Runtime) 會自動載入靜態類別，使用者可以透過靜態類別的名稱存取其成員，無須建立該類別的物件，例如 System.Math 類別是一個靜態類別，它提供了 sqrt() 靜態方法用來取得參數 *number* 的平方根，我們可以透過 System.Math.sqrt(*number*); 的形式呼叫該方法。對於沒有資料或行為相依於特定物件的類別，我們可以將它宣告為靜態類別。

此外，靜態類別預設為 sealed (密封)，所以無法被繼承，同時它只能宣告靜態建構函式以指定初始值或設定靜態狀態，但不能宣告案例建構函式。使用靜態類別的好處是編譯器可以進行檢查，確保不會建立該類別的物件。

以下面的 CompanyInfo 類別為例，由於它的方法是用來取得公司的名稱和地址等資訊，而這些方法並沒有相依於特定物件，於是我們可以使用 static 關鍵字將它宣告為靜態類別：

```
static class CompanyInfo
{
  public static string GetCompanyName() { return "CompanyName"; }
  public static string GetCompanyAddress() { return "CompanyAddress"; }
}
```

屆時只要透過靜態類別的名稱，就可以呼叫其方法，無須建立該類別的物件，如下：

```
CompanyInfo.GetCompanyName();
CompanyInfo.GetCompanyAddress();
```

12-8 部分類別

C# 提供了部分類別 (partial class) 功能，只要在宣告類別、結構或介面時加上 partial 關鍵字，就可以將類別、結構或介面的宣告分割成數個部分，而且這些部分可以位於相同或不同的原始檔，但必須位於相同的組件。下面是一個例子，它會將 Employee 類別的宣告分割成兩個部分，各有一個 M1() 方法和 M2() 方法，屆時編譯器會將這些部分類別的宣告加以合併：

```
public partial class Employee
{
   public void M1() { }
}

public partial class Employee
{
   public void M2() { }
}
```

partial 關鍵字不能省略，而且只有類別、結構或介面能夠宣告為部分型別，列舉和委派則不能。

此外，巢狀型別也可以是部分型別，例如下面的程式碼是將內部類別 Inside 宣告為部分類別，有需要的話，您亦可將外部類別 Outside 宣告為部分類別：

```
class Outside
{
   partial class Inside
   {
      void M1() { }
   }

   partial class Inside
   {
      void M2() { }
   }
}
```

12-9 巢狀型別

C# 允許類別、結構、介面、列舉、委派等五種型別以巢狀形式出現在類別或結構內，以下面的程式碼為例，我們在類別 Class1 內宣告了另一個類別 Class2，前者稱為外部型別，後者稱為內部型別。外部型別可以宣告為 public 或 internal，預設為 internal；內部型別可以宣告為 public、private、protected、internal 或 protected internal，預設為 private。

\MyProj12-13\Program.cs

```
namespace MyProj12_13
{
 public class Class1                     // 宣告外部類別 Class1
 {
     public int i = 10;                  // 在外部類別內宣告一個案例變數 i
     public static int j = 20;           // 在外部類別內宣告一個靜態變數 j

     public void F11()                   // 在外部類別內宣告一個案例方法
     { Console.WriteLine(" 呼叫外部類別的 F11() 案例方法 "); }

     public static void F12()            // 在外部類別內宣告一個靜態方法
     { Console.WriteLine(" 呼叫外部類別的 F12() 靜態方法 "); }

     public class Class2                 // 宣告內部類別 Class2
     {
       public int x = 30;                // 在內部類別內宣告一個案例變數 x
       public static int y = 40;         // 在內部類別內宣告一個靜態變數 y

       public void F21()                 // 在內部類別內宣告一個案例方法
       { Console.WriteLine(" 呼叫內部類別的 F21() 案例方法 "); }

      public static void F22()           // 在內部類別內宣告一個靜態方法
       { Console.WriteLine(" 呼叫內部類別的 F22() 靜態方法 "); }
     }
 }
}
```

外部型別

內部型別

在這個例子中，無論是要在 Class2 類別或其它類別內建立 Class1 類別的物件，都可以寫成如下，之後便能透過此物件存取 Class1 類別的案例變數 i 及案例方法 F11()，例如 obj1.i、obj1.F11()，要注意的是如欲存取 Class1 類別的靜態變數 j 及靜態方法 F12()，則無須建立物件，直接寫成 Class1.j、Class1.F12() 即可：

```
Class1 obj1 = new Class1();
```

若要在其它類別內建立 Class2 類別的物件，可以寫成如下，之後便能透過此物件存取 Class2 類別的案例變數 x 及案例方法 F21()，例如 obj2.x、obj2.F21()，要注意的是如欲存取 Class2 類別的靜態變數 y 及靜態方法 F22()，則無須建立物件，直接寫成 Class1.Class2.y、Class1.Class2.F22() 即可：

```
Class1.Class2 obj2 = new Class1.Class2();
```

若要在 Class1 類別內建立 Class2 類別的物件，可以寫成如下：

```
Class1.Class2 obj3 = new Class1.Class2(); 或 Class2 obj3 = new Class2();
```

注意

原則上，外部型別與內部型別之間應該具有某種關聯，而不是隨便兩個不相干的型別，比方說，假設有數個不同大小或不同顏色的箱子，裡面各自裝滿了不同數目、不同顏色的彩球，那麼我們可以宣告一個外部類別 Box 代表箱子和一個內部類別 Ball 代表彩球，如下：

```
class Box
{
   // 宣告外部類別 Box 的成員
   class Ball
   {
      // 宣告內部類別 Ball 的成員
   }
}
```

12-10 陣列 V.S. 索引子

有時我們所要處理的並不是單一物件，而是多個物件，對此，我們可以採取下列處理方式：

- 陣列 (array)：陣列可以存放多個元素，然後透過索引進行存取，這些元素可以是數值、字串或其它資料，也可以是物件，但有一個限制是陣列所存放的元素必須屬於相同型別，包括物件在內。
- 索引子 (indexer)：索引子可以讓我們透過類似陣列的方式存取物件，以簡化程式碼並提高可讀性。索引子和陣列是不同的，例如索引子的索引型別不限定為整數、索引子允許重載、索引子不是一個變數等。

12-10-1 以陣列存取物件

我們在第 4 章介紹過陣列，下面是一個例子，它將示範如何以陣列存取物件。

\MyProj12-14\Program.cs (下頁續 1/2)

```
01:namespace MyProj12_14
02:{
03:   public class Student
04:   {
05:      private string Name;
06:
07:      public Student(string Name)              // 這是 Student 類別的建構函式
08:      {
09:         this.Name = Name;
10:      }
11:
12:      public string GetName()
13:      {
14:         return Name;
15:      }
16:   }
```

\MyProj12-14\Program.cs (接上頁 2/2)

```
17:  class Program
18:  {
19:     static void Main(string[] args)
20:     {
21:        Student[] StudentLists = new Student[3];
22:        StudentLists[0] = new Student(" 派大星 ");
23:        StudentLists[1] = new Student(" 小丸子 ");
24:        StudentLists[2] = new Student(" 小紅豆 ");
25:        foreach (Student Item in StudentLists)
26:           Console.WriteLine(Item.GetName());
27:     }
28:  }
29:}
```

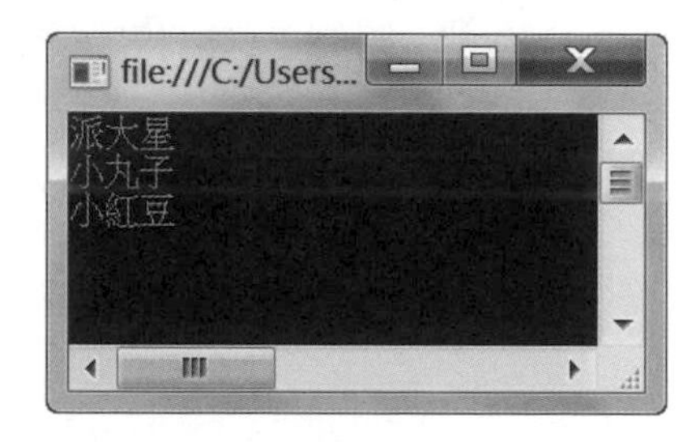

❖ 03 ~ 16：宣告名稱為 Student 的類別，其建構函式 Student() 會將參數值指派給名稱為 Name 的私有變數，另外還有一個公有的案例方法 GetName() 可以傳回私有變數 Name 的值。

❖ 21：宣告一個包含三個元素、型別為 Student 類別的陣列。

❖ 22 ~ 24：建立三個隸屬於 Student 類別的物件，然後一一指派給陣列。

❖ 25 ~ 26：使用 foreach 迴圈存取陣列的各個物件，然後透過物件的案例方法 GetName() 取得各個物件存放的姓名並顯示出來。

12-10-2 以索引子存取物件

索引子 (indexer) 可以讓我們透過類似陣列的方式存取物件，以簡化程式碼並提高可讀性。我們可以使用如下語法在類別或結構內建立索引子：

```
[modifiers] type this[parameterlist]
{
   [accessmodifier] get
   {
      // 在此撰寫 get 存取子的主體以傳回物件的值
   }
   [accessmodifier] set
   {
      // 在此撰寫 set 存取子的主體以設定物件的值
   }
}
```

- [*modifiers*]：這是諸如 public、private、protected、internal、protected internal、new、virtual、sealed、override、abstract 等修飾字，預設的存取層級為 private，要注意的是不可以使用 static 或 partial 修飾字。

- *type*：索引子的型別。

- this[*parameterlist*]：宣告索引子時必須使用 this 關鍵字，[] 運算子用來呼叫索引子的 get 存取子或 set 存取子，而 *parameterlist* 是索引子的參數，使用方式和方法相似，但索引子至少得包含一個參數，程式設計人員可以重載索引子，就像重載方法一樣。

- [*accessmodifier*] get：宣告索引子的 get 存取子以傳回物件的值，擁有和索引子相同的參數，隱含的傳回值型別和索引子相同。有需要時可以加上 public、private、protected、internal、protected internal 等存取修飾字宣告 get 存取子的存取層級，但必須比索引子的存取層級嚴格。若要宣告唯讀屬性，那麼只要實作 get 存取子即可。

❖ [*accessmodifier*] set：宣告索引子的 set 存取子以設定物件的值，擁有和索引子相同的參數和一個隱含參數 value，隱含的傳回值型別為 void。有需要時可以加上 public、private、protected、internal、protected internal 等存取修飾字宣告 set 存取子的存取層級，但必須比索引子的存取層級嚴格。若要宣告唯寫屬性，那麼只要實作 set 存取子即可。

下面是一個例子，我們以索引子取代陣列改寫前一節的 <MyProj12-14>。

\MyProj12-15\Program.cs (下頁續 1/2)

```
namespace MyProj12_15
{
  public class Student
  {
    private string Name;

    public Student(string Name)
    {
      this.Name = Name;
    }

    public string GetName()
    {
      return Name;
    }
  }

  public class Indexer
  {
    private const int StudentListsSize = 10;                          // 這個常數為索引子大小
    private Student[] StudentLists = new Student[StudentListsSize];   // 這個變數用來存放物件
    public Student this[int index]                                    // 宣告索引子
    {
      get                                                             // 宣告索引子的 get 存取子
      {
        if (index < 0 || index >= StudentListsSize) return null;
```

\MyProj12-15\Program.cs (接上頁 2/2)

```
            else return StudentLists[index];
        }
        set                                             // 宣告索引子的 set 存取子
        {
            if (!(index < 0 || index >= StudentListsSize)) StudentLists[index] = value;
        }
    }
  }

  class Program
  {
    static void Main(string[] args)
    {
        Indexer Idx = new Indexer();                    // 建立索引子
        Idx[0] = new Student(" 派大星 ");               // 將第一個物件存放到索引子的第一個元素
        Idx[1] = new Student(" 小丸子 ");               // 將第二個物件存放到索引子的第二個元素
        Idx[2] = new Student(" 小紅豆 ");               // 將第三個物件存放到索引子的第三個元素
        for (int i = 0; i <= 2; i++)                    // 使用迴圈顯示索引子內各個物件存放的姓名
            Console.WriteLine(Idx[i].GetName());
    }
  }
}
```

```
file:///C:/User...
派大星
小丸子
小紅豆
```

備註

- 索引子和陣列是不同的，例如索引子的索引型別不限定為整數、索引子允許重載、索引子不是一個變數 (不能被當作 ref 或 out 參數進行傳遞) 等。
- 索引子和屬性雖然有點相似，但兩者還是有差別的，例如索引子不可以宣告為 static、索引子允許重載、索引子的 get/set 存取子擁有和索引子相同的參數、屬性是透過簡單名稱進行存取、存取子是透過索引進行存取等。

隨堂練習

透過索引子將一維陣列當作二維陣列使用，這個索引子有兩個參數 i 和 j，分別表示二維陣列的第一維及第二維的索引，至於二維陣列的第一維及第二維的大小則分別為 Size_i、Size_j，換句話說，用來存放這個二維陣列的一維陣列大小為 Size_i * Size_j，而二維陣列內索引為 i、j 的元素實際上是存放在一維陣列內索引為 i * Size_i + j 的位置。

索引子宣告完畢後，請將二維陣列內索引為 1、2 的元素設定為 "Happy"，將二維陣列內索引為 3、4 的元素設定為 "Birthday"，然後將這兩個元素的值顯示在執行視窗。

解答

\MyProj12-16\Program.cs (下頁續 1/2)

```
namespace MyProj12_16
{
  public class TwoDimArray
  {
    // 這些變數為二維陣列的第一維及第二維的大小
    private int Size_i, Size_j;

    // 這個一維陣列即將用來存放二維陣列
    private System.Array MyArray;
```

\MyProj12-16\Program.cs (接上頁 2/2)

```
    public TwoDimArray(int Si, int Sj)
    {
      Size_i = Si;
      Size_j = Sj;
      // 根據二維陣列的第一維及第二維的大小配置一維陣列的空間
      MyArray = System.Array.CreateInstance(typeof(object), Size_i * Size_j);
    }

    public object this[int i, int j]                 // 宣告索引子
    {
      get                                            // 宣告索引子的 get 存取子
      {
        int k = i * Size_i + j;
        return MyArray.GetValue(k);
      }
      set                                            // 宣告索引子的 set 存取子
      {
        int k = i * Size_i + j;
        MyArray.SetValue(value, k);
      }
    }
  }

  class Program
  {
    static void Main(string[] args)
    {
      TwoDimArray Arr = new TwoDimArray(5, 5);
      Arr[1, 2] = "Happy";
      Arr[3, 4] = "Birthday";
      Console.WriteLine("Arr[1, 2] 的值為 " + Arr[1, 2]);
      Console.WriteLine("Arr[3, 4] 的值為 " + Arr[3, 4]);
    }
  }
}
```

12-11 類別 V.S. 命名空間

命名空間 (namespace) 是一種命名方式，用來組織各個列舉、結構、類別、委派、介面、子命名空間等，它和這些元素的關係就像檔案系統中資料夾與檔案的關係一樣，例如 ListBox 控制項隸屬於 System.Windows.Forms 命名空間，當您要宣告一個 ListBox 控制項變數時，可以寫成如下，其中小數點用來連接命名空間內所包含的列舉、結構、類別、委派、介面、子命名空間等：

```
System.Windows.Forms.ListBox LBC;
```

由於子命名空間的名稱可能不是唯一的，必須寫出完整的父命名空間，才不會混淆，例如 System.Text、System.Drawing.Text。此外，不同的命名空間可能包含許多類別，而且所有類別都是繼承自 System.Object 類別，但子命名空間與其父命名空間之間並不一定存在著繼承的關係，比方說，Text 命名空間雖然是 System 命名空間的子命名空間，但卻沒有繼承自 System 命名空間。

事實上，命名空間的命名方式及分類是依照類別的性質而定，同時 .NET 應用程式的程式碼均包含在命名空間內，若沒有在 Visual C# 應用程式中明確指定命名空間，那麼預設的命名空間就是專案的名稱。您可以使用 namespace 陳述式自訂命名空間，其語法如下：

```
namespace name[.name1]...]
{
  type-declarations
}
```

- { 、 }：分別標示命名空間的開頭與結尾。
- *name*[.*name1*]...]：命名空間的名稱，必須是符合 C# 命名規則的識別字，有需要的話，可以加上小數點連接子命名空間。
- *type-declarations*：組成命名空間的元素，包括列舉、結構、類別、委派、介面、子命名空間等，若沒有的話，可以省略不寫。

命名空間的存取層級恆為 public，在宣告時不能使用存取修飾字，至於命名空間內之元素的存取層級則為 public 或 internal，省略不寫的話，表示為 internal。

C# 允許我們宣告巢狀命名空間，以下面的程式碼為例，N1 命名空間內包含 N2 命名空間，而 N2 命名空間內又包含 XYZ 類別，若要存取 XYZ 類別，可以寫成 N1.N2.XYZ：

```
namespace N1                        // 宣告一個名稱為 N1 的命名空間
{
  namespace N2                      // 宣告一個名稱為 N2 的子命名空間
  {
    class XYZ { }                   // 在 N1.N2 子命名空間內宣告一個名稱為 XYZ 的類別
  }
}
```

事實上，我們也可以將上面的程式碼改寫成如下：

```
namespace N1.N2                     // 宣告一個名稱為 N1.N2 的命名空間
{
  class XYZ { }                     // 在 N1.N2 子命名空間內宣告一個名稱為 XYZ 的類別
}
```

雖然命名空間可以避免名稱衝突，但命名空間往往相當冗長，於是 C# 提供了 using 指示詞，讓使用者針對特定的命名空間設定別名 (alias)，而且 using 指示詞必須放在程式的最前面。以下面的程式碼為例，第 1 行敘述是將 System.Windows.Forms.ListBox 命名空間的別名設定為 LBControl，所以第 2 行敘述的意義就相當於 System.Windows.Forms.ListBox LBC;：

```
using LBControl = System.Windows.Forms.ListBox;
LBControl LBC;
```

最後要說明的是 C# 所提供的命名空間別名限定詞 :: 和根命名空間別名限定詞 global::，前者用來參考命名空間別名，後者用來參考根命名空間，下面是一個例子。

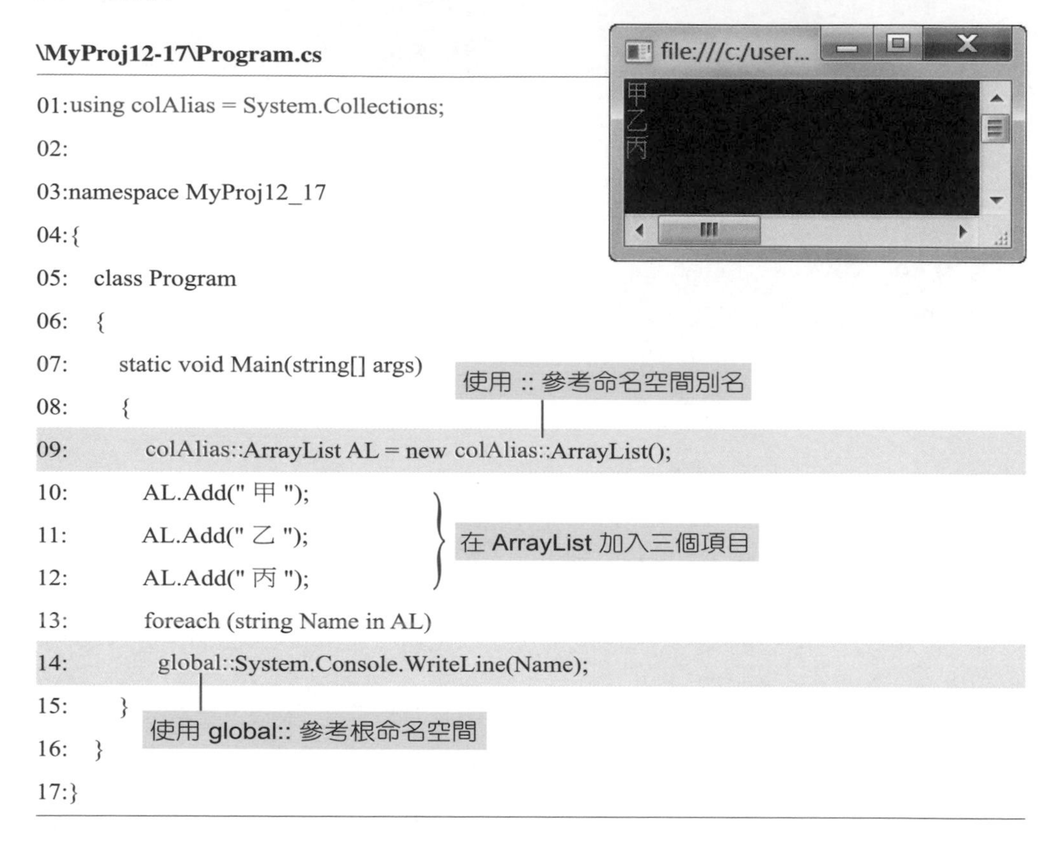

\MyProj12-17\Program.cs

```
01:using colAlias = System.Collections;
02:
03:namespace MyProj12_17
04:{
05:   class Program
06:   {
07:      static void Main(string[] args)
08:      {
09:         colAlias::ArrayList AL = new colAlias::ArrayList();
10:         AL.Add(" 甲 ");
11:         AL.Add(" 乙 ");
12:         AL.Add(" 丙 ");
13:         foreach (string Name in AL)
14:           global::System.Console.WriteLine(Name);
15:      }
16:   }
17:}
```


❖ 01：使用 using 指示詞將 System.Collections 命名空間的別名設定為 colAlias。

❖ 09：使用命名空間別名限定詞 :: 參考第 01 行所設定的命名空間別名 colAlias，colAlias::ArrayList 就相當於 System.Collections.ArrayList。

❖ 14：使用根命名空間別名限定詞 global:: 參考 .NET Framework 的根命名空間，global::System 就相當於 .NET Framework 的 System 命名空間。

12-12 結構

結構 (structure) 和類別都是 C# 用來封裝資料的方式，它可以包含建構函式、欄位、方法、屬性、索引子、委派、運算子、事件、巢狀型別等成員，但它和類別還是不同的，其比較如下：

- 結構是實值型別且使用堆疊配置，而類別是參考型別且使用堆積配置，所以結構具有執行效能上的優勢，一來是堆疊配置速度較快，二來是一旦離開有效範圍，馬上可以從堆疊上移除，不必等待垃圾收集器。
- 結構繼承自 System.ValueType 類別，而類別繼承自 System.Object 類別，由於 System.ValueType 類別亦繼承自 System.Object 類別，所以能夠覆蓋或呼叫 System.Object 類別的方法。
- 當我們將一個結構變數指派給另一個結構變數或做為參數傳遞給方法時，所有成員的值會複製到新的結構變數或複製到方法內；相反的，當我們將一個物件變數指派給另一個物件變數或做為參數傳遞給方法時，則只會複製參考指標，因此，為了不影響執行效能，結構通常是用來存放簡單的型別，例如 int、short、long、float 等固定大小的型別。
- 結構不可以宣告無參數的建構函式 (即預設的建構函式)，也不可以宣告解構函式，但類別可以。
- 結構不支援繼承，但可以實作介面，而類別支援繼承，亦可以實作介面。雖然結構繼承自 System.ValueType 類別，但隱含宣告為 sealed (密封)，所以不能做為其它型別的基底類別。
- 結構的成員預設為 public 且不能宣告為 protected，對於宣告為 private 的成員，其存取層級僅限於該結構，而類別的成員則預設為 private。

原則上，若是後述幾種情況，就可以使用類別取代結構：(1) 該型別將做為其它型別的基底類別；(2) 該型別將繼承自其它類別；(3) 該型別經常做為參數傳遞給方法 (傳遞參考指標比較有效率)；(4) 該型別將做為方法的傳回值。

我們可以在命名空間或類別內使用 struct 陳述式宣告結構，其語法如下：

```
[modifiers] struct struct_name[<T>] [:interfaces]
{
// 宣告建構函式、常數、欄位、方法、屬性、索引子、委派、運算子、事件、巢狀型別等
}
```

- [*modifiers*]：一般的結構可以宣告為 public 或 internal (預設為 internal)，而巢狀結構可以宣告為 public、private 或 internal。此外，我們還可以使用 partial 關鍵字宣告部分結構，其用法與部分類別相似。
- *struct_name*：結構的名稱，必須是符合 C# 命名規則的識別字。
- [<T>]：用來宣告泛型結構，第 15 章有進一步的說明。
- [:*interfaces*]：這個敘述用來指定結構所要實作的介面，省略不寫的話，表示沒有要實作任何介面，第 13-2 節有進一步的說明。

下面是一個例子，它宣告了一個用來存放複數的結構，裡面包含一個建構函式可以指派複數的值，同時重載了加法運算子 (+)，使其能夠進行複數的加法運算，有關重載運算子的部分，我們會在第 15-1 節做介紹。

\MyProj12-18\Program.cs (下頁續 1/2)

```
namespace MyProj12_18
{
  public struct Complex                                  // 宣告 Complex 結構
  {
    private double a, b;
    public Complex(double d1, double d2)                 // 結構的建構函式
    {
      a = d1;
      b = d2;
    }
```

\MyProj12-18\Program.cs (接上頁 2/2)

```
  public static Complex operator +(Complex C1, Complex C2)     // 重載 + 運算子
  {
     Complex C3 = new Complex((C1.a + C2.a), (C1.b + C2.b));
     return C3;
  }
  public override string ToString()                            // 覆蓋 ToString() 方法
  {
     string Str = "";
     if (b >= 0) Str = a + " + " + b + "i";
     else Str = a + " - " + (-b) + "i";
     return Str;
  }
}

class Program
{
  static void Main(string[] args)
  {
     Complex C1 = new Complex(1, 2);                           // 建立第一個結構案例
     Complex C2 = new Complex(5, -8);                          // 建立第二個結構案例
     Complex C3 = C1 + C2;                                     // 建立第三個結構案例
     Console.WriteLine(" 第一個複數的值為 " + C1.ToString());
     Console.WriteLine(" 第二個複數的值為 " + C2.ToString());
     Console.WriteLine(" 第三個複數的值為 " + C3.ToString());
  }
 }
}
```

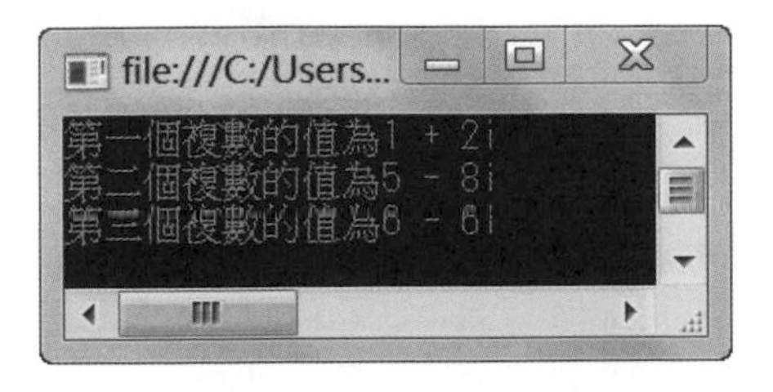

12-13 物件 / 集合初始設定式

為了方便指派物件各個成員的初始值，Visual C# 提供了物件初始設定式功能，只要在宣告物件的同時，透過大括號內一連串以逗號分隔的成員清單，就能快速指派物件各個成員的初始值。

舉例來說，假設 Point 類別內有三個成員 XPos、YPos、Color：

```
class Point
{
  public int XPos;
  public int YPos;
  public string Color;
}
```

在過去，若要宣告一個隸屬於 Point 類別的物件 P1，然後將其三個成員 XPos、YPos、Color 的初始值設定為 5、8、"red"，必須撰寫如下四行敘述：

```
Point P1 = new Point();
P1.XPos = 5;
P1.YPos = 8;
P1.Color = "red";
```

而現在，我們只要透過大括號內一連串以逗號分隔的成員清單，就能快速指派物件 P1 各個成員的初始值：

```
Point P1 = new Point { XPos = 5, YPos = 8, Color = "red"};
```

此外，Visual C# 亦提供了集合初始設定式功能，使用方式和物件初始設定式相似，下面是一個例子：

```
List<int> Digits = new List<int> {0, 1, 2, 3, 4, 5, 6, 7, 8, 9};
```

12-14 匿名型別

Visual C# 提供了匿名型別 (anonymous type) 功能，允許程式設計人員直接將唯讀屬性封裝至單一物件，無須事先撰寫類別定義，改由編譯器自動產生類別定義，而且唯讀屬性的型別也是由編譯器推斷的。

匿名型別是使用 new 運算子搭配物件初始設定式所建立，屬於 class 型別，由一個或多個 public 唯讀屬性所組成，不能包含諸如欄位、方法、事件等其它類型的成員。

當我們將匿名型別指派給變數時，該變數必須以 var 關鍵字進行初始化，舉例來說，假設要宣告一個名稱為 User 的變數做為匿名型別的物件，而且該物件有 Name 和 Age 兩個唯讀屬性，其值分別為 "Jean" 和 20，那麼可以撰寫如下敘述：

```
var User = new {Name = "Jean", Age = 20};            // 建立匿名型別的物件
```

成功建立匿名型別的物件後，我們可以讀取其唯讀屬性的值，例如下面的敘述是分別在標準輸出顯示唯讀屬性 Name 和 Age 的值：

```
Console.WriteLine(User.Name);                        // 顯示唯讀屬性 Name 的值
Console.WriteLine(User.Age);                         // 顯示唯讀屬性 Age 的值
```

請注意，正因為匿名型別包含的是唯讀屬性，所以我們不能變更其屬性的值，而且匿名型別的名稱是由編譯器決定的，每次編譯都可能會產生不同的名稱，所以程式碼不能使用或參考匿名型別的名稱。

此外，所有匿名型別均繼承自 System.Object 類別，也因而繼承了 System.Object 類別的成員，例如 GetHashCode()、Equals()、GetType() 等方法。

當兩個或以上的匿名型別有相同編號及相同順序的屬性型別時，編譯器會將其視為相同型別，而且它們會共用編譯器所產生的型別資訊。

學習評量

一、選擇題

(　　) 1. 下列何者是用來描述物件的特質？

A. 屬性　B. 類別　C. 事件　D. 方法

(　　) 2. 下列何者是用來執行物件的動作？

A. 欄位　B. 類別　C. 事件　D. 方法

(　　) 3. 當不同的物件收到相同的訊息時，會以各自的方法來做處理的特點稱為什麼？

A. 繼承　B. 封裝　C. 多型　D. 介面

(　　) 4. 子類別將繼承自父類別的方法或屬性加以重新宣告，只要參數沒有改變的特點稱為什麼？

A. 重載　B. 覆蓋　C. 多型　D. 遮蔽

(　　) 5. 在同一個類別內宣告多個同名的方法或屬性，然後藉由不同的參數個數、參數順序或參數資料型別來加以區分的特點稱為什麼？

A. 重載　B. 覆蓋　C. 多型　D. 遮蔽

(　　) 6. 若方法內宣告一個名稱為 MyVar 的變數，而方法內的迴圈亦宣告一個名稱為 MyVar 的變數，那麼當在迴圈內存取變數 MyVar 時，編譯器會優先存取哪個變數？

A. 在方法內宣告的變數 MyVar　B. 在迴圈內宣告的變數 MyVar

(　　) 7. 下列何者可以存取宣告為 private 的變數？

A. 整個專案　B. 子類別

C. 包含其宣告的類別　D. 同一個組件

(　　) 8. 以下列哪個關鍵字宣告的類別表示不可以做為其它類別的父類別？

A. abstract　B. virtual　C. override　D. sealed

(　　) 9. 以下列哪個關鍵字宣告的類別因為沒有提供實作方式，所以必須做為其它類別的父類別？

A. abstract　B. virtual　C. override　D. sealed

(　　) 10. 下列關於建構函式的敘述何者錯誤？

A. 以 new 關鍵字建立物件時會自動執行

B. 名稱與類別的名稱相同

C. 程式設計人員能夠加以重載

D. 視物件的大小在堆疊中配置記憶體空間給物件

(　　) 11. 使用者可以呼叫下列哪個方法來立刻釋放物件佔用的資源？

A. new()　　B. Finalize()　　C. Dispose()　　D. Terminate()

(　　) 12. 下列關於解構函式的敘述何者錯誤？

A. 可以用來從事關閉檔案、關閉資料連接、清除設定值等動作

B. C# 編譯器會將解構函式編譯成 Finalize() 方法

C. 程式設計人員不應該自行呼叫解構函式，以免造成重複執行

D. 名稱和類別的名稱相同，但前面必須加上 # 符號

(　　) 13. 我們可以使用下列哪個陳述式自訂命名空間？

A. module　　B. namespace　　C. class　　D. interface

(　　) 14. 我們可以使用下列哪個陳述式針對特定的命名空間設定別名？

A. imports　　B. new　　C. using　　D. alias

(　　) 15. 下列關於靜態建構函式的敘述何者錯誤？

A. 不可以在程式碼內呼叫靜態建構函式

B. 類別內可以同時宣告靜態建構函式及案例建構函式

C. 只能使用 public 和 internal 兩個存取修飾字

D. 靜態建構函式不可以有參數

(　　) 16. 下列關於索引子與屬性的比較何者錯誤？

A. 均無實際存放資料的地方　　B. 均允許重載

C. 均不能宣告為 void　　D. 均可宣告 get/set 存取子

(　　) 17. 若建立三個相同類別的物件，那麼記憶體內會有幾份成員資料？

A. 1　　B. 2

C. 3　　D. 4

二、練習題

1. 宣告一個模仿整數型別的類別 MyInt，裡面有一個整數型別的私有變數 intValue，用來代表隸屬於該類別之物件的值；建構函式有兩個，分別可以將隸屬於該類別之物件的初始值設定為 0 及任意整數；另外還有兩個方法，其中 Add() 方法可以將隸屬於該類別之物件的值設定為兩個 MyInt 物件相加的結果、Display() 方法可以在執行視窗顯示隸屬於該類別之物件的值。

   最後請撰寫一個 Main() 方法建立三個隸屬於該類別的物件，初始值分別為 10、100、未指派，接著將第三個物件的值設定為第一、二個物件的值相加，再呼叫 Display() 方法顯示第三個物件的值。

2. 宣告一個名稱為 Employee 的類別，裡面有三個私有變數，分別用來記錄員工的姓名、編號 (從 1、2、3…開始遞增) 及總人數；建構函式可以設定員工的姓名、編號及計算總人數；另外還有一個 ShowInfo() 方法可以顯示員工的總人數、編號為 xxx 的員工姓名。

   最後請撰寫一個 Main() 方法建立五個隸屬於該類別的物件，員工編號依序為 1 ~ 5，姓名依序為「陳大明」、「孫小美」、「王大偉」、「小丸子」、「小紅豆」，下面的執行結果供您參考 (提示：用來計算員工總人數的私有變數必須宣告為 static)。

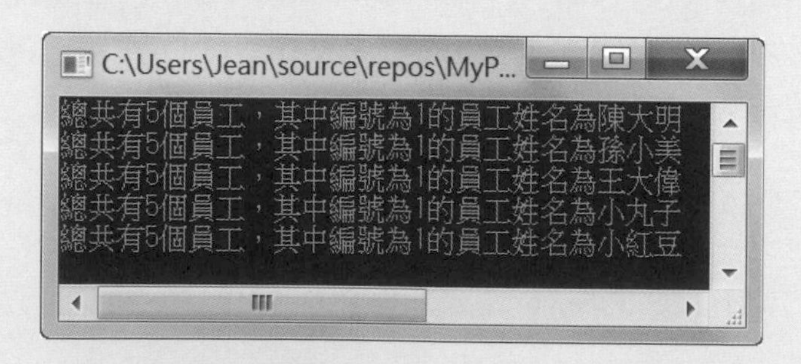

3. 名詞解釋：封裝、繼承、多型、結構、索引子、解構函式、建構函式、命名空間、部分類別、覆蓋、重載。

繼承、介面與多型

13-1 繼承

13-2 介面

13-3 多型

13-1 繼承

繼承 (inheritance) 是物件導向程式設計中非常重要的一環，所謂繼承是從既有的類別建立新的類別，這個既有的類別叫做基底類別 (base class)，由於是用來做為基礎的類別，故又稱為父類別 (superclass、parent class)，而這個新的類別則叫做衍生類別 (derived class)，由於是繼承自基底類別，故又稱為子類別 (subclass、child class) 或擴充類別 (extended class)。

子類別不僅繼承了父類別內非私有的欄位、屬性、方法或事件等成員，還可以加入新的成員或「覆蓋」(override) 繼承自父類別的屬性或方法，也就是將繼承自父類別的屬性或方法重新宣告，只要其名稱及參數沒有改變即可，而且在這個過程中，父類別的屬性或方法並不會受到影響。

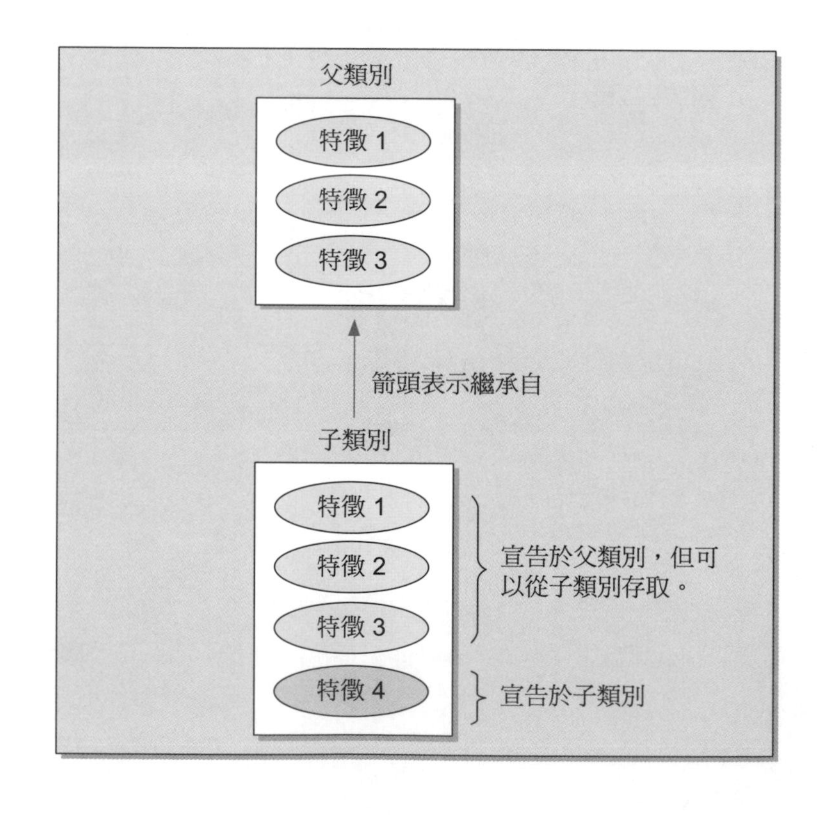

繼承的優點是父類別的程式碼只要撰寫與偵錯一次，就可以在其子類別重複使用，如此不僅節省時間與開發成本，也提高了程式的可靠性，有助於原始問題的概念化。

目前 .NET Framework 內建豐富的類別庫 (class library)，慢慢的，您也會接觸到愈來愈多其它人所撰寫的類別庫，只要善用繼承的觀念，您就可以根據自己的需求，從既有的類別庫中衍生出適用的新類別，而不必什麼功能都要重新撰寫與偵錯，如此開發程式的效率亦會大大地提高。

事實上，除了提高重複使用性與可靠性，繼承還允許您在程式內加入多型 (polymorphism) 的觀念。所謂多型指的是當不同的物件收到相同的訊息時，會以各自的方法來做處理，舉例來說，假設飛機是一個父類別，它有起飛與降落兩個方法，另外有熱汽球、直升機及噴射機三個子類別，這三個子類別繼承了父類別的起飛與降落兩個方法，不過，由於熱汽球、直升機及噴射機的起飛方式與降落方式是不同的，因此，我們必須在子類別內「覆蓋」(override) 這兩個方法，屆時，只要物件收到起飛或降落的訊息，就會視物件所隸屬的子類別呼叫對應的方法來做處理。

在示範如何進行繼承之前，我們先來說明幾個注意事項：

- C# 的類別是可以被繼承的，除非在宣告時有加上 sealed 關鍵字，而且父類別可以是同一個專案內的其它類別或該專案所參考之專案內的類別。
- 子類別的存取層級不能比父類別寬鬆，比方說，假設父類別的存取層級為 internal，那麼子類別的存取層級就不能指定為 public，因為 public 的存取層級比 internal 寬鬆。
- C# 的類別不支援多重繼承 (multiple inheritance)，子類別不能繼承自多個父類別，但介面支援多重繼承，子介面能夠繼承自多個父介面。
- C# 支援鏈狀繼承 (chained inheritance)，例如類別 B 繼承自類別 A，而類別 C 又繼承自類別 B，同時一個父類別可以有多個子類別。

13-1-1 宣告子類別

宣告子類別其實和宣告一般類別差不多，不同的是要在子類別的名稱後面加上冒號並指定父類別的名稱，其語法如下：

```
[modifiers] class class_name[<T>] :base_list
{
  // 宣告欄位、屬性、方法、建構函式、解構函式、索引子、運算子、委派、事件等
}
```

子類別的特色是繼承了父類別的非私有成員，同時可以加入新成員，或「覆蓋」(override) 繼承自父類別的屬性或方法。下面是一個例子，它所呈現的是如下的鏈狀繼承，即類別 B 繼承自類別 A，而類別 C 又繼承自類別 B。

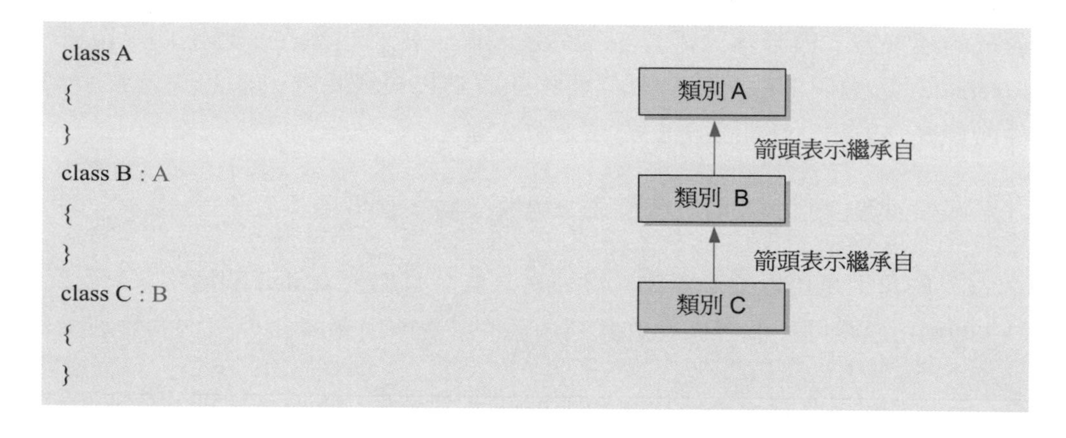

C# 提供了 abstract 和 sealed 兩個繼承修飾字，若在宣告類別時加上 abstract 關鍵字，表示為「抽象類別」，也就是沒有提供類別的實作方式，必須在其子類別內實作，而且不可以建立抽象類別的物件；相反的，若在宣告類別時加上 sealed 關鍵字，表示為「密封類別」，也就是不能做為其它類別的父類別。

13-1-2 設定類別成員的存取層級

類別成員的存取層級 (access level) 指的是哪些程式碼區塊擁有存取類別成員的權限，基本上，類別成員的存取權限取決於 public、private、protected、internal、protected internal 等存取修飾字。

我們在第 2-4-6 節和第 12-6 節介紹過存取層級，此處僅針對繼承的部分做說明，其它的部分就不再重複講解，有需要的讀者可以自行參考。

- public：子類別會繼承父類別內所有宣告為 public 的成員，任何類別均能存取宣告為 public 的成員。
- private：子類別不會繼承父類別內所有宣告為 private 的成員，只有相同類別才能存取宣告為 private 的成員。
- protected：子類別會繼承父類別內所有宣告為 protected 的成員，相同類別或其子類別才能存取宣告為 protected 的成員。
- internal：子類別會繼承父類別內所有宣告為 internal 的成員，相同組件內的類別均能存取宣告為 internal 的成員。
- protected internal：子類別會繼承父類別內所有宣告為 protected internal 的成員，相同組件內的類別或其子類別均能存取宣告為 protected internal 的成員。

能否存取	public	private	protected	internal	protected internal
從相同類別	Yes	Yes	Yes	Yes	Yes
從相同組件內的類別	Yes	No	No	Yes	Yes
從相同組件外的類別	Yes	No	No	No	No
從相同組件內的子類別	Yes	No	Yes	Yes	Yes
從相同組件外的子類別	Yes	No	Yes	No	Yes

現在，我們將使用 C# 表示如下的繼承關係。

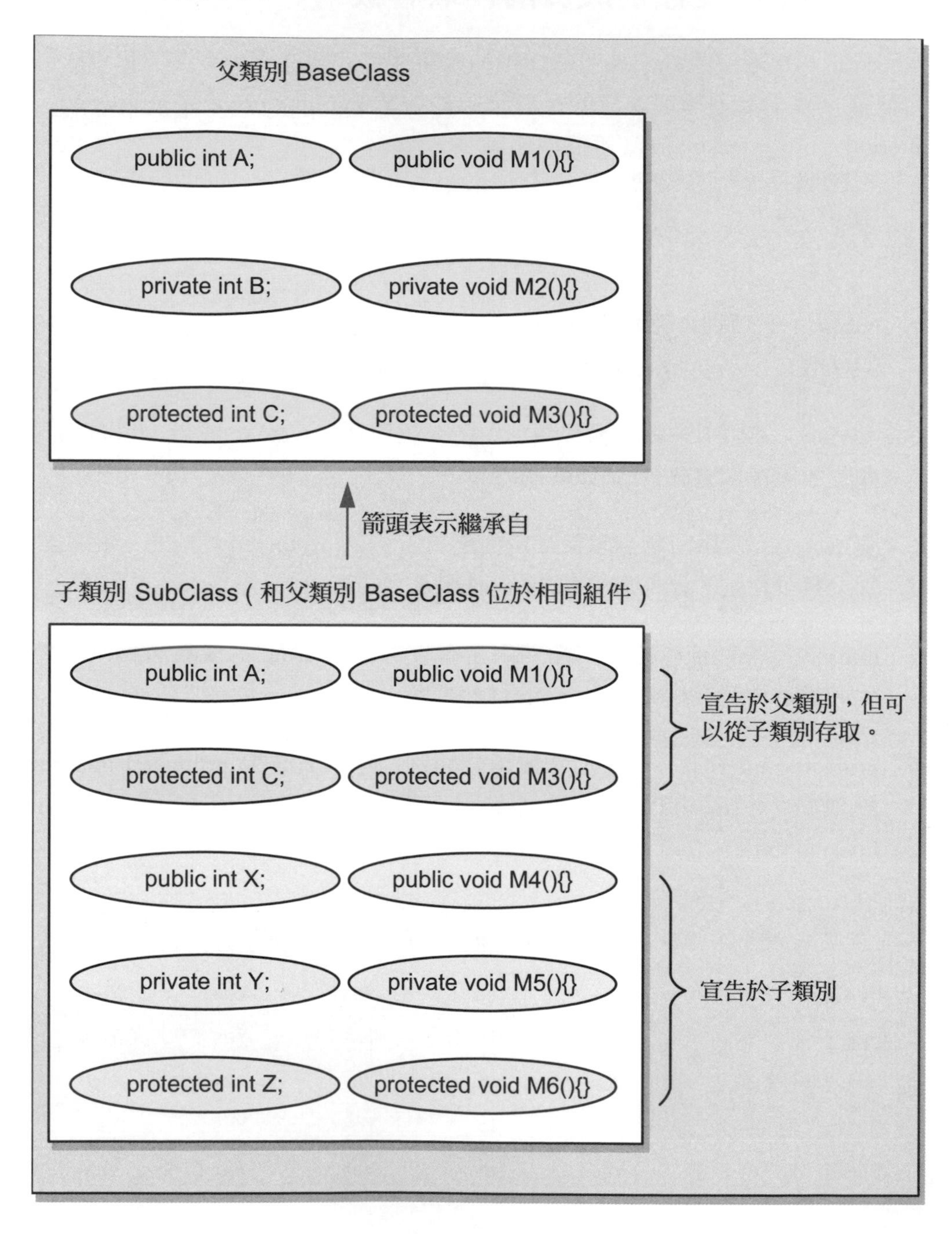

在這個例子中，BaseClass 類別有 A、B、C 三個欄位和 M1()、M2()、M3() 三個方法，其中 A、C 欄位和 M1()、M3() 方法能被任何子類別繼承。

至於 SubClass 類別繼承自 BaseClass 類別，因此，它的成員除了自己所宣告的 X、Y、Z 三個欄位和 M4()、M5()、M6() 三個方法之外，還繼承了 BaseClass 類別的非私有成員，也就是 A、C 欄位和 M1()、M3() 方法，總共 10 個成員。

\MyProj13-1\Program.cs

```
namespace MyProj13_1
{
  class BaseClass
  {
    public int A;                  // 宣告 public 欄位 ( 能被子類別繼承 )
    private int B;                 // 宣告 private 欄位 ( 不能被子類別繼承 )
    protected int C;               // 宣告 protected 欄位 ( 能被子類別繼承 )
    public void M1(){}             // 宣告 public 方法 ( 能被子類別繼承 )
    private void M2(){}            // 宣告 private 方法 ( 不能被子類別繼承 )
    protected void M3(){}          // 宣告 protected 方法 ( 能被子類別繼承 )
  }
     子類別名稱   父類別名稱
  class SubClass : BaseClass
  {
    public int X;                  // 宣告 public 欄位 ( 能被子類別繼承 )
    private int Y;                 // 宣告 private 欄位 ( 不能被子類別繼承 )
    protected int Z;               // 宣告 protected 欄位 ( 能被子類別繼承 )
    public void M4(){}             // 宣告 public 方法 ( 能被子類別繼承 )
    private void M5(){}            // 宣告 private 方法 ( 不能被子類別繼承 )
    protected void M6(){}          // 宣告 protected 方法 ( 能被子類別繼承 )
  }
}
```

> **注意** private V.S. protected
>
> 父類別內宣告為 private 的成員只能被父類別內的程式碼存取，其它在父類別外的程式碼（包括子類別）均不得存取，對於某些安全性較高、不允許父類別外的程式碼存取的成員就必須宣告為 private，以達到資料隱藏的目的。
>
> 相反的，父類別內宣告為 protected 的成員則能被父類別及其子類別內的程式碼存取，所以在使用繼承的同時，您必須考慮清楚是否允許程式設計人員透過繼承的方式存取某些成員，若是的話，才要將這些成員宣告為 protected。
>
> 雖然 protected 宣告賦予了子類別存取某些成員的彈性，同時也適度地保護了這些成員，畢竟子類別外的程式碼無法加以存取，但這中間其實還是存在著潛伏的危險，因為有心人士可能會藉由繼承的方式隨意竄改父類別的 protected 成員，影響程式的運作，所以在宣告父類別的成員存取層級時應該要仔細思考。

13-1-3 覆蓋父類別的屬性或方法

覆蓋 (override) 指的是子類別透過 override 關鍵字將繼承自父類別的屬性或方法加以重新宣告，只要名稱、參數個數、參數型別及傳回值型別沒有改變，同時父類別在宣告該屬性或方法時有加上 virtual 關鍵字即可 (又稱為「虛擬方法」)，在這個過程中，父類別的屬性或方法並不會受到任何影響。

- ❖ virtual：若要允許父類別內的屬性或方法能被其子類別所覆蓋，那麼在父類別內宣告該屬性或方法時必須加上 virtual 關鍵字，而且不可以和 static、override、private、abstract 等關鍵字一起使用。
- ❖ override：若要在子類別內覆蓋父類別的屬性或方法，那麼在子類別內宣告該屬性或方法時必須加上 override 關鍵字，而且不可以和 static、private、virtual 等關鍵字一起使用。

以下面的程式碼為例，父類別 Payroll 的 Payment() 方法宣告為 virtual，表示可以被覆蓋，它會根據時數與鐘點費計算薪資，而子類別 BonusPayroll 覆蓋了繼承自父類別的 Payment() 方法，令它除了根據時數與鐘點費計算薪資，還會加上獎金 1000。

\MyProj13-2\Program.cs

```
namespace MyProj13_2
{
   public class Payroll
   {               宣告為虛擬方法表示能被覆蓋
      public virtual int Payment(int Hours, int PayRate)
      {
         return Hours * PayRate;
      }
   }

   public class BonusPayroll : Payroll
   {               覆蓋繼承自父類別的方法
      public override int Payment(int Hours, int PayRate)
      {
         return Hours * PayRate + 1000;
      }
   }

   public class Program
   {
      static void Main(string[] args)
      {                                                   呼叫子類別內的方法
         Payroll obj1 = new Payroll();
                                                 呼叫父類別內的方法
         BonusPayroll obj2 = new BonusPayroll();
         Console.WriteLine(" 尚未加上獎金的薪資為 " + obj1.Payment(100, 80));
         Console.WriteLine(" 加上獎金之後的薪資為 " + obj2.Payment(100, 80));
      }
   }
}
```

C:\Users\Jean...

```
尚未加上獎金的薪資為8000
加上獎金之後的薪資為9000
```

13-1-4 呼叫父類別內被覆蓋的屬性或方法

在本節中，我們將示範一個實用的小技巧，也就是子類別如何呼叫父類別內被覆蓋的屬性或方法。以前一節的 <\MyProj13-2\Program.cs> 為例，由於子類別在重新宣告 Payment() 方法時其實有部分敘述和父類別的 Payment() 方法相同，因此，我們可以呼叫父類別的 Payment() 方法來取代，如下，這麼一來，不僅能夠節省撰寫時間，還可以避免不小心寫錯。

```
public override int Payment(int Hours, int PayRate)
{
    return Hours * PayRate + 1000;
}
```

這些敘述和父類別的 Payment() 方法相同（指 Hours * PayRate）

```
public override int Payment(int Hours, int PayRate)
{
    return base.Payment(Hours, PayRate) + 1000;
}
```

base 關鍵字代表目前所在之子類別的父類別，透過這個關鍵字，就可以呼叫父類別內被覆蓋的屬性或方法。要注意的是不可以在靜態方法內使用 base 關鍵字，也不可以藉由 base 關鍵字存取父類別內的 private 成員。

備註

C# 另外提供一個和 base 相似的關鍵字 this，這個關鍵字代表目前物件，若同一個類別擁有多個物件，那麼 this 關鍵字指的是目前正在執行的物件，同樣的，我們不可以在靜態方法內使用 this 關鍵字。

13-1-5 防止子類別覆蓋父類別的屬性或方法

若不允許子類別重新宣告繼承自父類別的屬性或方法，可以在父類別宣告該屬性或方法時加上 sealed override 關鍵字，表示該屬性或方法不能被其子類別所覆蓋 (又稱為「密封方法」)。舉例來說，假設將第 13-1-3 節 <\MyProj13-2\Program.cs> 的父類別 Payroll 改寫成如下，那麼子類別 BonusPayroll 就不能覆蓋繼承自父類別的 Payment() 方法：

```
public class Payroll
{
  public sealed override int Payment(int Hours, int PayRate)
  {
    return Hours * PayRate;
  }
}
```

13-1-6 遮蔽父類別的成員

在 C# 中，遮蔽 (shadowing) 分為下列兩種類型：

- 範圍遮蔽：這是程式設計人員可以宣告多個不同有效範圍的同名元件，然後在進行存取時，編譯器會以有效範圍較小的同名元件優先使用。舉例來說，假設類別內有個靜態變數叫做 X，在此同時，方法內亦宣告一個叫做 X 的區域變數，那麼當我們在方法內存取變數 X 時，編譯器將會以方法內宣告的區域變數 X 遮蔽同名的靜態變數 X。

- 繼承遮蔽：這是子類別能夠透過 new 關鍵字遮蔽繼承自父類別的成員。

或許您會奇怪，既然 C# 已經提供覆蓋 (overriding)，為何還要提供遮蔽？原因在於子類別只能透過 override 關鍵字覆蓋父類別內宣告為 virtual 的方法或屬性，我們將這種方法或屬性稱為「虛擬方法」(virtual method)，其它沒有宣告為 virtual 的方法或屬性則稱為「非虛擬方法」(nonvirtual method)，若要重新宣告「非虛擬方法」，就必須改用遮蔽。

至於子類別為何需要遮蔽「非虛擬方法」呢？原因在於有時子類別繼承自父類別的非虛擬方法可能不符合子類別的需求或有錯，此時，子類別就可以將它遮蔽，然後根據實際情況進行修改。下面是一個例子，SubClass 類別繼承自 BaseClass 類別，同時透過 new 關鍵字遮蔽繼承自 BaseClass 類別的 M1() 方法。

\MyProj13-3\Program.cs

```
C:\Users\Jean...
這是父類別的M1()方法
這是子類別的M1()方法
```

```
namespace MyProj13_3
{
  public class BaseClass
  {
    public void M1() { Console.WriteLine(" 這是父類別的 M1() 方法 "); }
  }
  public class SubClass : BaseClass
  {
    // 使用 new 關鍵字遮蔽父類別的方法
    public new void M1() { Console.WriteLine(" 這是子類別的 M1() 方法 "); }
  }
  class Program
  {
    static void Main(string[] args)
    {
      BaseClass obj1 = new BaseClass();          // 建立一個隸屬於 BaseClass 的物件
      SubClass obj2 = new SubClass();            // 建立一個隸屬於 SubClass 的物件
      obj1.M1();                                 // 呼叫 BaseClass 的 M1() 方法
      obj2.M1();                                 // 呼叫 SubClass 的 M1() 方法
    }
  }
}
```

提醒您，若子類別要呼叫父類別內被遮蔽的屬性或方法，可以透過 base 關鍵字，這點和呼叫父類別內被覆蓋的屬性或方法相同。

13-1-7 抽象類別、抽象方法與抽象屬性

抽象類別 (abstract class) 是一種特殊的類別，只有類別的宣告和部分實作，必須藉由子類別來實作或擴充其功能，同時程式設計人員不可以建立抽象類別的物件，也就是說，抽象類別只能被繼承，不能被「案例化」(instantiation)；而抽象方法 (abstract method) 是一種特殊的方法，它必須放在抽象類別內，只有宣告部分，沒有實作部分，同時實作部分必須由子類別提供。以下面的程式碼為例，父類別 Payroll 是一個抽象類別，裡面有一個抽象方法 Payment()，其實作部分是由子類別 BonusPayroll 提供。

\MyProj13-4\Program.cs

C:\Users\Jean...

加上獎金之後的薪資為9000

```
namespace MyProj13_4
{
  public abstract class Payroll
  {
    public abstract int Payment(int Hours, int PayRate);
  }

  public class BonusPayroll : Payroll
  {
    public override int Payment(int Hours, int PayRate)
    {
      return Hours * PayRate + 1000;
    }
  }

  class Program
  {
    static void Main(string[] args)
    {
      BonusPayroll obj = new BonusPayroll();
      Console.WriteLine(" 加上獎金之後的薪資為 " + obj.Payment(100, 80));
    }
  }
}
```

使用 abstract 關鍵字宣告抽象類別和抽象方法

抽象方法沒有實作部分

使用 override 關鍵字覆蓋父類別的抽象方法

在子類別提供抽象方法的實作部分

至於抽象屬性 (abstract property) 則是一種特殊的屬性，它必須放在抽象類別內，只有宣告部分，沒有實作部分，同時實作部分必須由子類別提供。若要宣告唯讀抽象屬性，那麼只要宣告沒有實作部分的 get 存取子即可；若要宣告唯寫抽象屬性，那麼只要宣告沒有實作部分的 set 存取子即可。

以下面的程式碼為例，父類別 Shape 是一個抽象類別，裡面有一個 Line 變數、建構函式 (用來指派 Line 變數的值) 及唯讀抽象屬性 Area (用來取得面積)，唯讀抽象屬性 Area 的實作部分是由子類別 Circle 和 Square 提供，前者是將 Line 變數當作圓半徑，然後令 Area 屬性傳回圓面積，後者是將 Line 變數當作正方形的邊長，然後令 Area 屬性傳回正方形的面積。

\MyProj13-5\Program.cs (下頁續 1/2)

```
namespace MyProj13_5
{
  // 使用 abstract 關鍵字宣告抽象類別
  public abstract class Shape
  {
    public double Line;

    public Shape(double L)
    {
      Line = L;
    }

    // 使用 abstract 關鍵字宣告抽象屬性
    public abstract double Area
    {
      get;
    }
  }

  public class Circle : Shape
  {
    public Circle(double L) : base(L){}
```

建構函式 (用來指派 Line 變數的值)

唯讀抽象屬性 Area (用來取得面積)，
只有宣告沒有實作部分的 get 存取子。

\MyProj13-5\Program.cs (接上頁 2/2)

```
    public override double Area
    {   使用 override 關鍵字覆蓋父類別的抽象屬性
        get
        {
            return System.Math.PI * Line * Line;
        }
    }
}
```

在子類別提供抽象屬性的實作部分

```
public class Square : Shape
{
    public Square(double L) : base(L){}
    public override double Area
    {   使用 override 關鍵字覆蓋父類別的抽象屬性
        get
        {
            return Line * Line;
        }
    }
}
```

在子類別提供抽象屬性的實作部分

```
class Program
{
    static void Main(string[] args)
    {
        Shape obj1 = new Circle(10);
        Shape obj2 = new Square(10);
        Console.WriteLine(" 半徑為 10 之圓面積為 " + obj1.Area.ToString());
        Console.WriteLine(" 邊長為 10 之正方形面積為 " + obj2.Area.ToString());
    }
}
}
```

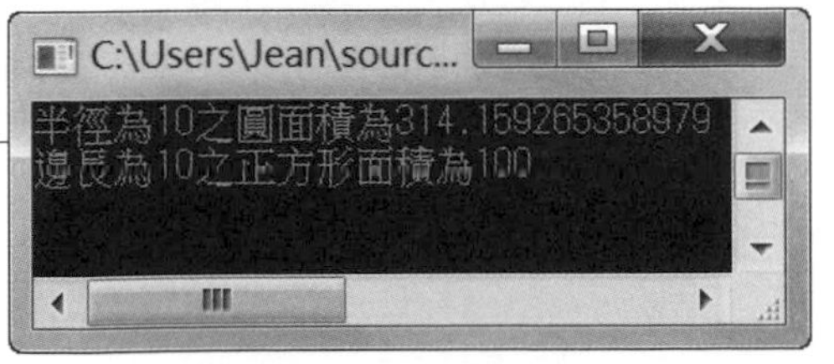

備註

- 事實上，抽象類別與第 13-2 節所要說明的介面有點相似，不同的是介面不可以包含任何實作，而抽象類別則可以包含部分實作。
- 抽象方法不可以再宣告為 virtual、static 或 extern，它和虛擬方法相似之處在於兩者皆能被子類別所覆蓋，不同之處則在於虛擬方法有提供實作部分，可以被子類別所覆蓋，也可以不被子類別所覆蓋，而抽象方法因為沒有實作部分，所以一定要被子類別所覆蓋。

隨堂練習

首先，宣告一個抽象類別 Shape，裡面有一個 Line 變數和 Area() 抽象方法；接著，宣告兩個繼承自 Shape 類別的子類別 Circle 和 Square，裡面各自提供 Area() 抽象方法的實作部分，前者是將 Line 變數當作圓半徑，然後傳回圓面積，後者是將 Line 變數當作正方形的邊長，然後傳回正方形的面積。

提示

```
public abstract class Shape
{
  public double Line;
  public abstract double Area();
}

public class Circle : Shape
{
  public override double Area() { return System.Math.PI * Line * Line; }
}

public class Square : Shape
{
  public override double Area() { return Line * Line; }
}
```

13-1-8 子類別的建構函式與解構函式

若一個類別有宣告建構函式，那麼 .NET Framework CLR 在一建立類別的物件時，就會先執行其建構函式；同樣的，若一個子類別有宣告建構函式，那麼 CLR 在一建立子類別的物件時，就會先執行其建構函式，但要特別注意一點，子類別的建構函式應該要透過：base() 敘述呼叫父類別的建構函式，而且這行敘述必須放在第一行。

以下圖為例，此處有三個類別，Class1 為父類別，Class2 繼承自 Class1，而 Class3 又繼承自 Class2，那麼其建構函式的呼叫過程如下，這表示 Class3 的建構函式會先呼叫其父類別 Class2 的建構函式，而 Class2 的建構函式又會先呼叫其父類別 Class1 的建構函式，而 Class1 的建構函式又會先呼叫其父類別 System.Object 的建構函式，待 System.Object 的建構函式執行完畢後才會執行 Class1 的建構函式，繼續待 Class1 的建構函式執行完畢後才會執行 Class2 的建構函式，最後待 Class2 的建構函式執行完畢後才會執行 Class3 的建構函式。

public class Class1

```
public Class1() : base()          // 呼叫上一個父類別 (System.Object) 的建構函式
{
  // 撰寫這個建構函式的主體以進行初始化動作
}
```

public class Class2 : Class1

```
public Class2() : base()          // 呼叫上一個父類別 (Class1) 的建構函式
{
  // 撰寫這個建構函式的主體以進行初始化動作
}
```

public class Class3 : Class2

```
public Class3() : base()          // 呼叫上一個父類別 (Class2) 的建構函式
{
  // 撰寫這個建構函式的主體以進行初始化動作
}
```

當物件超出有效範圍或被設定為 null 時，CLR 會自動呼叫物件的解構函式，這個方法只能被相同類別或其子類別所呼叫，而且由於解構函式在釋放物件時會自動執行，因此，除了其子類別的解構函式之外，使用者不應該自行呼叫解構函式，以免造成重複執行。

以下圖為例，此處有三個類別，Class1 為父類別，Class2 繼承自 Class1，而 Class3 又繼承自 Class2，那麼其解構函式的呼叫過程如下，這表示 Class3 的解構函式執行完畢後會呼叫其父類別 Class2 的解構函式，而 Class2 的解構函式執行完畢後又會呼叫其父類別 Class1 的解構函式，而 Class1 的解構函式執行完畢後又會呼叫其父類別 System.Object 的解構函式。

public class Class1

```
~Class1()
{
  // 撰寫這個解構函式的主體以進行釋放動作
  base.Finalize();                 // 呼叫上一個父類別 (System.Object) 的解構函式
}
```

public class Class2 : Class1

```
~Class2()
{
  // 撰寫這個解構函式的主體以進行釋放動作
  base.Finalize();                 // 呼叫上一個父類別 (Class1) 的解構函式
}
```

public class Class3 : Class2

```
~Class3()
{
  // 撰寫這個解構函式的主體以進行釋放動作
  base.Finalize();                 // 呼叫上一個父類別 (Class2) 的解構函式
}
```

最後要說明一點，新的類別均隱含繼承自 System.Object 類別，無須加上 :System.Object 敘述指定其父類別為 System.Object，這個類別提供了數個方法，其中最實用的是 GetType() 方法，它可以傳回目前物件的型別。

隨堂練習

假設我們宣告如下的類別階層及建構函式：

```
public class Class1                          // 宣告父類別
{
  public bool Field1 = false;
  public bool Field2 = false;
  public bool Field3 = false;

  public Class1() : base()                   // 呼叫父類別 (System.Object) 的建構函式
  {
    Field1 = true;
  }
}

public class Class2 : Class1                 // 宣告繼承自 Class1 的子類別
{
  public Class2() : base()                   // 呼叫父類別 (Class1) 的建構函式
  {
    Field2 = true;
  }
}

public class Class3 : Class2                 // 宣告繼承自 Class2 的子類別
{
  public Class3() : base()                   // 呼叫父類別 (Class2) 的建構函式
  {
    Field3 = true;
  }
}
```

根據前面的宣告回答下列問題：

(1) 下面的程式碼會在執行元視窗顯示何種結果？

```
Class1 obj = new Class1();
Console.WriteLine(obj.Field1.ToString() + obj.Field2.ToString() + obj.Field3.ToString());
```

(2) 下面的程式碼會在執行元視窗顯示何種結果？

```
Class2 obj = new Class2();
Console.WriteLine(obj.Field1.ToString() + obj.Field2.ToString() + obj.Field3.ToString());
```

(3) 下面的程式碼會在執行元視窗顯示何種結果？

```
Class3 obj = new Class3();
Console.WriteLine(obj.Field1.ToString() + obj.Field2.ToString() + obj.Field3.ToString());
```

解答

(1) truefalsefalse。當宣告 obj 為 Class1 類別的物件時，CLR 會呼叫 Class1 的建構函式，而 Class1 的建構函式又會先呼叫其父類別 System.Object 的建構函式，待 System.Object 的建構函式執行完畢後才會執行 Class1 的建構函式，將 Field1 設定為 true，至於 Field2、Field3 則維持原值為 false。

(2) truetruefalse。道理同上，當宣告 obj 為 Class2 類別的物件時，CLR 會呼叫 Class2 的建構函式，而 Class2 的建構函式又會先呼叫其父類別 Class1 的建構函式，而 Class1 的建構函式又會先呼叫其父類別 System.Object 的建構函式，待 System.Object 的建構函式執行完畢後才會執行 Class1 的建構函式，將 Field1 設定為 true，繼續待 Class1 的建構函式執行完畢後才會執行 Class2 的建構函式，將 Field2 設定為 true，至於 Field3 則維持原值為 false。

(3) truetruetrue。

13-1-9 類別階層

父類別與子類別構成了所謂類別階層 (class hierarchy)，以下圖為例，父類別 Employee 有兩個子類別 Managers 和 Asistants。

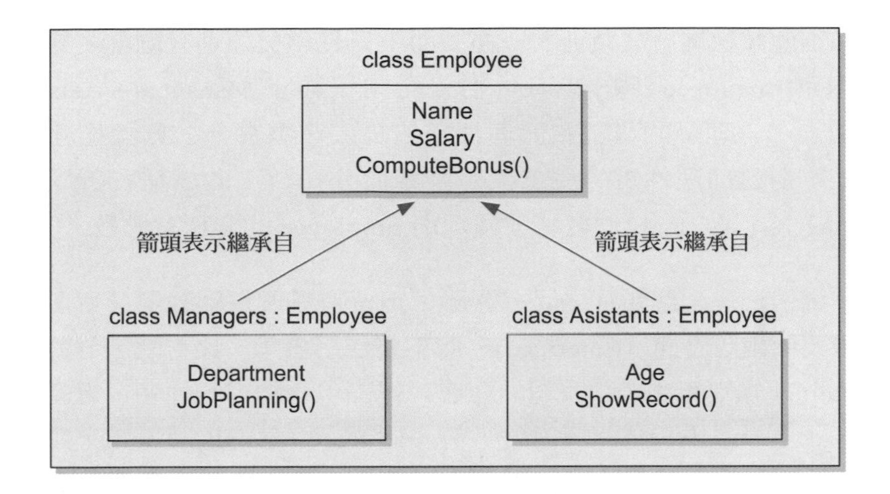

事實上，類別階層的實作相當簡單，困難的是如何設計類別階層，此處提供一些設計類別階層的注意事項給您參考：

- 類別階層由上到下的定義應該是由廣義進入狹義，比方說，父類別 Employee 泛指公司員工，而其子類別 Managers、Asistants 則分別表示經理級的員工和助理性質的員工。
- 在宣告型別時最好保留彈性，比方說，員工的薪資通常使用整數型別即可，但為了保險起見，不妨使用浮點數型別，防止出現小數的情況。
- 審慎設定成員的存取層級，對於允許任何類別存取的成員，可以設定為 public；對於只允許相同類別存取的成員，可以設定為 private；對於允許相同類別或其子類別存取的成員，可以設定為 protected；比方說，姓名無須保密，故可將用來表示姓名的欄位 Name 設定為 public，而薪資必須保密，故可將用來表示薪資的欄位 Salary 設定為 private 或 protected。

13-1-10 使用繼承的時機

繼承的實作方式雖然簡單，不過，沒有經驗的人可能無法妥善掌握使用繼承的時機，對於這個問題，我們的建議如下：

❖ 子類別應該隸屬於父類別的一種，而不只是和父類別有關聯。比方說，父類別 Employee 泛指公司員工，而其子類別 Managers、Asistants 則分別表示經理級的員工和助理性質的員工。事實上，無論是經理級的員工，還是助理性質的員工都是隸屬於公司員工的一種，所以子類別 Managers、Asistants 均繼承了父類別 Employee 的非私有成員。

  另一種情況是兩個類別之間有關聯，但沒有哪個類別隸屬於哪個類別，此時要使用「介面」(interface)，而不要使用繼承。比方說，假設有一個 Customer 類別用來表示公司的顧客，裡面包含顧客的姓名、電話、訂貨金額、上一次出貨時間等欄位，另一個 RecommandCoustomer 類別則是用來表示被推薦的顧客，裡面包含顧客的姓名、電話、職業、與推薦人關係等欄位，由於這兩個類別之間有某些欄位存在著關聯性，但被推薦的顧客卻又不隸屬於顧客的一種，所以此種情況就不適用於繼承，我們會在第 13-2 節討論介面。

❖ 繼承可以提高程式的重複使用性，當我們已經花費許多時間完成父類別的撰寫與偵錯時，若有某些情況超過父類別所能處理的範圍，可以使用繼承的方式建立子類別，然後針對這些無法處理的情況做修改，而不要直接修改父類別，以免又要花費同樣或更多時間去偵錯。

  另外還有一個充分的理由是某些類別隸屬於類別庫的一部分，根本無法直接存取，只能透過繼承的方式建立其子類別，然後存取父類別的非私有成員。

❖ 繼承適用於類別階層少的情況 (建議在六層以內)，以免程式變得太複雜。

❖ 繼承可以用來實作「多型」(polymorphism)，也就是各個子類別可以視其實際情況覆蓋父類別的屬性或方法，我們會在第 13-3 節討論多型。

13-2 介面

介面 (interface) 和類別有點相似，但介面只能宣告屬性、方法、事件或索引子，不能包含欄位，而且不提供實作方式，所有成員均隱含為 public 和 abstract，必須在類別內實作，它就像一紙合約，而類別必須依照合約實作所有成員，同時其參數及傳回值型別也必須符合。

使用介面的好處是在介面所宣告的方法沒有改變的前提下，程式設計人員可以在類別內任意改變方法的實作部分，而不會影響到呼叫這些方法的程式碼，如此不僅能夠減輕維護上的負擔，更可以提高程式的擴充性。

13-2-1 宣告介面的成員

我們可以使用 interface 陳述式宣告介面及其成員，其語法如下：

```
[accessmodifier] interface interface_name[<T>] [:interface1[, interface2…]]
{
  // 宣告屬性、方法、事件或索引子
}
```

- [*accessmodifier*]：介面可以使用的存取修飾字有 public 和 internal (預設為 internal)，而巢狀介面可以使用的存取修飾字則有 public、private、protected、internal、protected internal。
- *interface_name*：介面的名稱，必須是符合 C# 命名規則的識別字。
- [<T>]：用來宣告泛型介面，第 15 章有進一步的說明。
- [:*interface1*[, *interface2*…]]：若介面要繼承其它介面，可以加上此敘述。請注意，類別不允許多重繼承，但介面允許多重繼承，只要把這些介面的名稱寫在冒號後面，中間以逗號隔開即可。
- 介面的成員可以是屬性、方法、事件或索引子，由於這些成員均隱含為 public 和 abstract，因此，在宣告介面的成員時不能使用這兩個關鍵字。

下面是一個例子。

```
public interface MyInterface1
{
   int Property1 {get;}                               // 宣告一個唯讀屬性
}

public interface MyInterface2
{
   int Property2 {get; set;}                          // 宣告一個屬性
   void Method1(int Parameter);                       // 宣告一個方法，不能包含敘述區塊
}

public interface MyInterface3 : MyInterface1, MyInterface2      // 介面支援多重繼承
{
   void Method2();                                    // 宣告一個方法，不能包含敘述區塊
   int Method3();                                     // 宣告一個方法，不能包含敘述區塊
}
```

或許您會覺得介面和抽象類別有點相似，的確，但兩者之間還是有所差異，例如介面完全不包含實作部分，但抽象類別可能包含部分的一般方法或屬性，而且類別只能繼承一個抽象類別，卻可以實作多個介面。

注意

- 介面所宣告的方法不能包含敘述區塊，也就是不能加上 { }。
- 介面所宣告的屬性不能包含敘述區塊，也就是 get/set 存取子不能加上 { }。
- C# 支援巢狀介面，也就是一個介面內可以包含其它介面。
- 假設介面 1 繼承自介面 2，那麼介面 2 的存取層級不可以比介面 1 寬鬆。
- 介面支援多重繼承，換句話說，一個介面可以繼承自多個基底介面，中間以逗號隔開，而類別僅支援單一繼承，結構則不支援繼承，雖然如此，結構或類別卻都可以實作多個介面。
- 介面不能被「案例化」，繼承介面的非抽象型別都必須實作其所有成員。

13-2-2 實作介面的成員

我們可以在類別或結構內實作一個或多個介面的所有成員，下面是一個例子。

\MyProj13-6\Program.cs (下頁續 1/2)

```
namespace MyProj13_6
{
   public interface MyInterface1
   {
      void M1();
   }

   // 宣告 MyInterface2 介面繼承自 MyInterface1 介面
   public interface MyInterface2 : MyInterface1
   {
      void M2();
   }

   // 宣告 MyClass 類別要實作 MyInterface2 介面的所有成員
   public class MyClass : MyInterface2
   {
      public void M1()
      {
         Console.WriteLine(" 這是 MyInterface2 繼承自 MyInterface1 的 M1() 方法 ");
      }

      public void M2()
      {
         Console.WriteLine(" 這是 MyInterface2 自己宣告的 M2() 方法 ");
      }

      public void M3() — 除了介面宣告的成員，類別內亦可加入其
                         它成員，並視實際情況設定存取層級。
      {
         Console.WriteLine(" 這是 MyClass 類別自己宣告的 M3() 方法 ");
      }
   }
```

\MyProj13-6\Program.cs (接上頁 2/2)

```
    class Program
    {
        static void Main(string[] args)
        {
            MyClass obj = new MyClass();
            obj.M1();
            obj.M2();
            obj.M3();
        }
    }
}
```

```
C:\Users\Jean\source\repos\My...
這是MyInterface2繼承自MyInterface1的M1()方法
這是MyInterface2自己宣告的M2()方法
這是MyClass類別自己宣告的M3()方法
```

繼續，我們要來討論另一種情況，假設某個類別用來實作多個介面，可是這些介面卻包含了相同名稱及相同參數的方法，此時該類別要如何區分這些方法呢？解決之道是在類別內宣告這些方法時，在方法的名稱前面加上介面的名稱，下面是一個例子。

\MyProj13-7\Program.cs (下頁續 1/2)

```
namespace MyProj13_7
{
    public interface MyInterface1
    {
        void M1();
    }

    public interface MyInterface2
    {
        void M1();
    }
```

\MyProj13-7\Program.cs (接上頁 2/2)

```
public class MyClass : MyInterface1, MyInterface2
{
    public void M1()
    {
        Console.WriteLine(" 這是 MyInterface1 的 M1() 方法 ");
    }

    void MyInterface2.M1()
    {
        Console.WriteLine(" 這是 MyInterface2 的 M1() 方法 ");
    }
}

class Program
{
    static void Main(string[] args)
    {
        MyClass obj = new MyClass();
        obj.M1();
        ((MyInterface2)obj).M1();
    }
}
}
```

宣告此類別要實作 MyInterface1 介面和 MyInterface2 介面的所有成員

此處必須使用轉型運算式將物件的型別明確轉換為成員所隸屬的介面，也就是 MyInterface2 介面。

備註

- 無論是藉由結構或類別提供一個或多個介面的實作，都必須實作其所有成員，而且成員的名稱、參數、傳回值型別都必須符合，若遺漏任何成員，將會產生編譯錯誤。
- C# 不允許使用者直接存取介面的成員，必須先透過結構或類別實作介面的所有成員，然後建立結構或類別的物件，再藉由該物件存取介面的成員。

13-2-3 使用介面的時機

介面和繼承各有其使用時機，我們在第 13-1-10 節說明過使用繼承的時機，現在，我們也將使用介面的時機歸納如下，請您視實際情況靈活應用：

❖ 若兩個類別之間存在著其中一個類別隸屬於另一個類別的一種，那麼要使用繼承。比方說，父類別 Animal 泛指動物，而其子類別 Dog、Cat 則分別表示狗和貓，事實上，無論是狗還是貓都是隸屬於動物的一種，所以子類別 Dog、Cat 均繼承了父類別 Animal 的非私有成員。

  若兩個類別之間只存在著某些關聯，但不是其中一個類別隸屬於另一個類別的一種，那麼要使用介面。比方說，假設有一個類別 Customer 用來表示公司的顧客，裡面包含顧客的姓名、電話、訂貨金額、上一次出貨時間等欄位，另一個類別 RecommandCoustomer 則是用來表示被推薦的顧客，裡面包含顧客的姓名、電話、職業、與推薦人關係等欄位，由於這兩個類別之間有某些欄位存在著關聯性，但被推薦的顧客卻又不隸屬於顧客的一種，所以此種情況就比較適用於介面。

❖ 在使用繼承時，若我們修改父類別的程式碼，可能會導致其子類別的程式碼發生錯誤，而必須花費時間為其子類別進行偵錯；相反的，介面最大的優點是將宣告與實作部分區隔開來，在介面所宣告的成員沒有改變的前提下，程式設計人員可以在類別內任意改變各個成員的實作部分，而不會影響到呼叫這些成員的程式碼。

❖ 當您不想繼承父類別的實作部分或需要多重繼承時，可以使用介面。

❖ 介面比繼承來得有彈性，一個實作方式可以用來實作多個介面。

❖ 對於有些不能使用繼承的情況可以使用介面，例如結構不能繼承自類別，但卻可以用來實作介面。

❖ 介面和繼承一樣可以用來實作「多型」(polymorphism)，原則上，若您希望在子類別內擴充父類別的功能，可以使用繼承實作多型；若您希望藉由多重的實作部分提供相似的功能，可以使用介面實作多型。

13-3 多型

多型 (polymorphism) 指的是當不同的物件收到相同的訊息時，會以各自的方法來做處理，舉例來說，假設交通工具是一個父類別，它有發動與停止兩個方法，另外有腳踏車、摩托車及汽車三個子類別，這三個子類別繼承了父類別的發動與停止兩個方法。不過，由於不同交通工具的發動方式與停止方式各異，所以我們必須在子類別內覆蓋 (override) 這兩個方法，屆時，只要物件收到發動或停止的訊息，就會視物件所屬的子類別呼叫對應的方法。

C# 允許我們使用繼承與介面實作多型。原則上，若您希望在子類別內擴充父類別的功能，可以使用繼承實作多型；若您希望藉由多重的實作部分提供相似的功能，可以使用介面實作多型。

13-3-1 使用繼承實作多型

以前面所舉的交通工具為例，我們可以使用繼承實作多型，如下，其中父類別 Transport 用來表示交通工具，由於它沒有提供非靜態成員的實作方式，所以使用 abstract 關鍵字將它宣告為抽象類別，並使用 abstract 關鍵字將非靜態成員宣告為抽象方法。

若您有在父類別內提供非靜態成員的實作方式，同時允許子類別覆蓋該成員，就不要使用 abstract 關鍵字，而是改在宣告該成員時使用 virtual 關鍵字。

\MyProj13-8\Program.cs (下頁續 1/2)

```
namespace MyProj13_8
{
  public abstract class Transport
  {
    public abstract void Launch();
    public abstract void Park();
  }
```

將 Transport 類別宣告為抽象類別，並將 Launch()、Park() 宣告為抽象方法。

\MyProj13-8\Program.cs (接上頁 2/2)

```
    public class Bicycle : Transport
    {
        public override void Launch()
        {
            // 在此寫上發動腳踏車的程式碼
        }
        public override void Park()
        {
            // 在此寫上停止腳踏車的程式碼
        }
    }

    public class Motorcycle : Transport
    {
        public override void Launch()
        {
            // 在此寫上發動摩托車的程式碼
        }
        public override void Park()
        {
            // 在此寫上停止摩托車的程式碼
        }
    }

    public class Car : Transport
    {
        public override void Launch()
        {
            // 在此寫上發動汽車的程式碼
        }
        public override void Park()
        {
            // 在此寫上停止汽車的程式碼
        }
    }
}
```

令 Bicycle 類別繼承自 Transport 類別並提供 Launch()、Park() 的實作部分。

令 Motorcycle 類別繼承自 Transport 類別並提供 Launch()、Park() 的實作部分。

令 Car 類別繼承自 Transport 類別並提供 Launch()、Park() 的實作部分。

13-3-2 使用介面實作多型

我們換個例子來示範如何使用介面實作多型。首先，宣告一個名稱為 Shape 的介面，裡面只有一個 Area() 方法，它的兩個參數 X、Y 及傳回值型別均為 double；接著，宣告兩個用來實作這個介面的類別 RightTriangle（三角形）和 Rectangle（矩形），前者提供給 Area() 方法的實作方式是根據兩個參數 X、Y 傳回三角形面積，後者提供給 Area() 方法的實作方式是根據兩個參數 X、Y 傳回矩形面積。

\MyProj13-9\Program.cs（下頁續 1/2）

```
namespace MyProj13_9
{
  public interface Shape
  {
    double Area(double X, double Y);
  }

  public class RightTriangle : Shape              // 宣告實作 Shape 介面的三角形類別
  {
    public double Area(double X, double Y)        // 提供 Area() 方法的實作方式
    {
      return (X * Y) / 2;                         // 計算三角形面積 ( 底乘以高除以 2)
    }
  }

  public class Rectangle : Shape                  // 宣告實作 Shape 介面的矩形類別
  {
    public double Area(double X, double Y)        // 提供 Area() 方法的實作方式
    {
      return (X * Y);                             // 計算矩形面積 ( 長乘以寬 )
    }
  }
```

\MyProj13-9\Program.cs (接上頁 2/2)

```
C:\Users\Jean\...
底為20高為10的三角形面積為100
長為20寬為10的矩形面積為200
```

```
    class Program
    {
        static void Main(string[] args)
        {
            RightTriangle obj1 = new RightTriangle();        // 建立三角形類別的物件
            Rectangle obj2 = new Rectangle();                // 建立矩形類別的物件
            Console.WriteLine(" 底為 20 高為 10 的三角形面積為 " + obj1.Area(20, 10));
            Console.WriteLine(" 長為 20 寬為 10 的矩形面積為 " + obj2.Area(20, 10));
        }
    }
}
```

隨堂練習

假設 Animal 是一個父類別，它有 sound() 與 food() 兩個方法，另外有 Dog 和 Cat 兩個子類別，這兩個子類別繼承了父類別的方法。不過，由於狗和貓的叫聲與喜愛的食物不同，因此，我們必須在子類別內覆蓋這兩個方法，屆時只要物件收到叫聲或喜愛的食物的訊息，就會視物件所隸屬的子類別呼叫對應的方法來做處理，請根據題意分別使用繼承及介面實作多型。

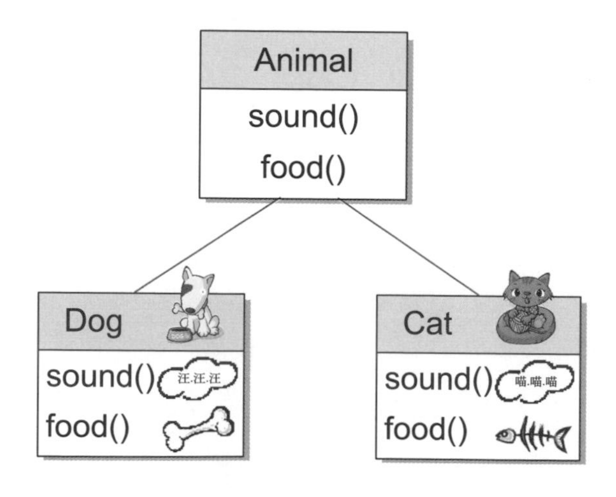

學習評量

一、選擇題

(　　) 1. 建立子類別是要使用下列哪個符號指定父類別的名稱？

A. :　　B. !　　C. @　　D. .

(　　) 2. 使用下列哪個關鍵字宣告的方法不可以被子類別所覆蓋？

A. virtual　　B. sealed　　C. new　　D. override

(　　) 3. 每增加一個子類別就必須修改父類別，對不對？

A. 對　　B. 不對

(　　) 4. 子類別不可以存取父類別內宣告為下列何者的成員？

A. public　　B. protected　　C. internal　　D. private

(　　) 5. 若要允許父類別內的屬性或方法被其子類別所覆蓋，必須在父類別內宣告該屬性或方法時加上下列哪個關鍵字？

A. shadows　　B. sealed　　C. override　　D. virtual

(　　) 6. 下列哪個關鍵字代表目前所在之子類別的父類別？

A. this　　B. mybase　　C. base　　D. myclass

(　　) 7. 我們可以在一般的類別內宣告抽象方法，對不對？

A. 對　　B. 不對

(　　) 8. 在執行子類別的建構函式之前，必須先執行父類別的建構函式，對不對？

A. 對　　B. 不對

(　　) 9. 類別 A 可以繼承自類別 B，類別 B 可以繼承自類別 C，而類別 C 又可以繼承自類別 A，對不對？

A. 對　　B. 不對

(　　) 10. 我們可以使用下列哪個陳述式宣告介面？

A. module　　B. namespace　　C. class.　　D. interface

(　　) 11. 若要在子類別內擴充父類別的功能，可以使用繼承實作多型，對不對？

A. 對　　B. 不對

學習評量

(　　) 12. 下列關於繼承與介面的敘述何者錯誤？

A. 若兩個類別之間只存在著某些關聯，那麼要使用繼承

B. 類別不允許多重繼承，但介面允許多重繼承

C. 當不想繼承父類別內的實作方式時，可以使用介面取代繼承

D. C# 允許我們透過繼承或介面實作多型

二、練習題

1. 試從能否被繼承的觀點比較 public、private、protected、internal、protected internal 等存取修飾字的差異。

2. 宣告一個名稱為 Shape 的介面，裡面有一個 EdgeNumber 唯讀屬性 (int 型別) 和 CalculateArea() 的方法，它的兩個參數 Length (長)、Width (寬) 及傳回值型別均為 int；接著，建立一個用來實作這個介面的類別 Rectangle，它提供給 EdgeNumber 唯讀屬性的實作方式是傳回矩形的邊數，也就是 4，而它提供給 CalculateArea() 方法的實作方式則是傳回長乘以寬的結果。

   最後，撰寫一個 Main() 方法，建立一個隸屬於 Rectangle 類別的物件，然後在執行視窗顯示其邊數 (透過 EdgeNumber 唯讀屬性) 及面積 (透過 CalculateArea() 方法，長為 30，寬為 10)，下面的執行結果供您參考。

運算子重載、委派與事件

14-1 運算子重載

14-2 委派

14-3 事件

14-1 運算子重載

運算子重載 (operator overloading) 是將 C# 原有的運算子 (例如 +、-、*、/、==、!=、>=、<=…) 賦予新的意義，以針對類別或結構進行運算，這是物件導向程式設計的特色之一，可以將複雜的程式碼轉換成比較直覺的方式，以下面的敘述為例：

```
obj3 = obj1.AddObject(obj2);
```

obj3 是 obj1 和 obj2 兩個物件透過 AddObject() 方法進行相加的結果，假設我們將加法運算子 (+) 予以重載，令它不僅可以用來進行數值型別、字串型別或委派的相加之外，也可以用來進行 obj1 和 obj2 兩個物件的相加，上面的敘述就能簡化成如下，可讀性也因此提高了：

```
obj3 = obj1 + obj2;
```

運算子重載的應用包括複數、矩陣、向量、座標、函數等數學運算；計算圖形的位置、平移、旋轉等圖形運算；計算稅率、所得、支出、損益等金融運算…。

我們可以在類別或結構內使用 operator 陳述式重載運算子，其語法如下：

```
public static result_type operator unary_operator(op_type operand)
public static result_type operator binary_operator(op_type operand, op_type2 operand2)
public static implicit operator destination_type(source_type operand)
public static explicit operator destination_type(source_type operand)
```

❖ *result_type*：運算子的結果型別。

❖ *unary_operator*：單元運算子，包括 + - ! ~ ++ -- true false。

❖ *op_type*：第一個 (或唯一一個) 參數的型別。

❖ *operand*：第一個 (或唯一一個) 參數的名稱。

- *binary_operator*：二元運算子，包括 + - * / % & | ^ << >> == != > < >= <=。
- *op_type2*：第二個參數的型別。
- *operand2*：第二個參數的名稱。
- *destination_type*：型別轉換運算子的目的型別。
- *source_type*：型別轉換運算子的來源型別。

並不是所有運算子都可以被重載，C# 僅允許程式設計人員重載 + - ! ~ ++ -- true false 等單元運算子及 + - * / % & | ^ << >> == != > < >= <= 等二元運算子，其中 == 和 !=、> 和 <、>= 和 <= 必須成對重載，也就是當重載 == 運算子時，必須連同 != 運算子一起重載，至於轉型運算子 () 則不可以被重載，但可以宣告新的轉換運算子。

下面是一個例子，第 04 ~ 25 行是宣告一個名稱為 Complex 的結構以存放複數，第 12 ~ 16 行是使用 operator 陳述式重載加法運算子 (+)，以針對兩個複數結構案例進行相加，成功重載加法運算子後，就可以像平常的加法一樣使用這個運算子進行複數相加，例如第 33 行的 Complex C3 = C1 + C2;。

\MyProj14-1\Program.cs (下頁續 1/2)

```
01:namespace MyProj14_1
02:{
03:   // 宣告 Complex 結構以存放複數
04:   public struct Complex
05:   {
06:      private double a, b;
07:      public Complex(double d1, double d2)
08:      {
09:         a = d1;
10:         b = d2;
11:      }
```

宣告 Complex 結構的建構函式

\MyProj14-1\Program.cs (接上頁 2/2)

```
12:     public static Complex operator +(Complex C1, Complex C2)
13:     {
14:         Complex C3 = new Complex((C1.a + C2.a), (C1.b + C2.b));
15:         return C3;
16:     }
17:
18:     public override string ToString()
19:     {
20:         string Str = "";
21:         if (b >= 0) Str = a + " + " + b + "i";
22:         else Str = a + " - " + (-b) + "i";
23:         return Str;
24:     }
25: }
26:
27: class Program
28: {
29:     static void Main(string[] args)
30:     {
31:         Complex C1 = new Complex(1, 2);   // 以 new 關鍵字建立第一個結構案例
32:         Complex C2 = new Complex(5, -8);  // 以 new 關鍵字建立第二個結構案例
33:         Complex C3 = C1 + C2;             // 建立第三個結構案例，+ 已經被重載
34:         Console.WriteLine(" 第一個複數的值為 " + C1.ToString());
35:         Console.WriteLine(" 第二個複數的值為 " + C2.ToString());
36:         Console.WriteLine(" 第三個複數的值為 " + C3.ToString());
37:     }
38: }
39:}
```

重載加法運算子 (+) 以針對兩個複數結構案例進行相加

覆蓋 ToString() 方法以顯示複數結構案例的值

```
C:\Users\Jean...
第一個複數的值為1 + 2i
第二個複數的值為5 - 8i
第三個複數的值為6 - 6i
```

重載轉型運算子

最後，我們要來說明如何在結構或類別內重載隱含轉換運算子和明確轉換運算子，其語法如下：

```
public static [implicit|explicit] operator destination_type(source_type operand)
```

以前面的 Complex 複數結構為例，假設我們為它宣告如下的轉型運算子：

```
public static implicit operator string(Complex C1)
{
   string Str = "";
   if (C1.b >= 0) Str = C1.a + " + " + C1.b + "i";
   else Str = C1.a + " - " + (-C1.b) + "i";
   return Str;
}
```

宣告將 Complex 型別隱含轉換成 string 型別的運算子

```
public static explicit operator Complex(double d1)
{
   Complex C1 = new Complex(d1, 0);
   return C1;
}
```

宣告將 double 型別明確轉換成 Complex 型別的運算子

有了這些轉型運算子，我們就可以撰寫如下敘述：

```
Complex C1 = new Complex(1, 2);        // 建立一個複數案例
string Str = C1;                       // 將複數案例隱含轉換成字串，得到 "1 + 2i"
Complex C4 = (Complex)(-3.0);          // 將 -3.0 明確轉換成複數型別，得到 -3 + 0i
```

注意

- 相同運算子可以重載多次，以針對不同類別或結構進行運算，編譯器會自動根據傳入的參數型別判斷應該呼叫哪個運算子。
- 重載運算子只接受實值參數，不接受 ref、out 或 params 參數。

隨堂練習

根據如下指示完成這個練習：

1. 建立一個主控台應用程式 <MyProj14-2>。

2. 在 Program.cs 檔案內宣告一個名稱為 Vector 的結構以存放三維向量 (x, y, z)，其成員如下：

```
public struct Vector
{
  private double x, y, z;
  public Vector(double a, double b, double c)     // 根據參數的值設定三維向量的 x、y、z
  {
    this.x = a;
    this.y = b;
    this.z = c;
  }

  public override string ToString()                // 覆蓋 ToString() 方法以顯示三維向量的值
  {
    return "(" + x + ", " + y + ", " + z + ")";
  }
}
```

3. 重載加法運算子，以對兩個型別為 Vector 的結構案例進行相加 (提示：(x1, y1, z1) + (x2, y2, z2) = (x1 + x2, y1 + y2, z1 + z3))。

4. 重載乘法運算子，其左右邊的運算元分別是型別為 double 的數值及型別為 Vector 的三維向量 (提示：a * (x1, y1, z1) = (a * x1, a * y1, a * z1))。

5. 再次重載乘法運算子，其左右邊的運算元分別是型別為 Vector 的三維向量及型別為 double 的數值 (提示：(x1, y1, z1) * b = (x1 * b, y1 * b, z1 * b))。

6. 在 Main() 方法內建立兩個三維向量 vec1 = (1, 2, 2)、vec2 = (5, -8, -4)，然後令三維向量 vec3 為 vec1、vec2 相加的結果，三維向量 vec4 為 10 乘以 vec1 的結果，三維向量 vec5 為 vec1 乘以 5 的結果，再於執行視窗顯示 vec1 ~ vec5 的值，執行結果如下。

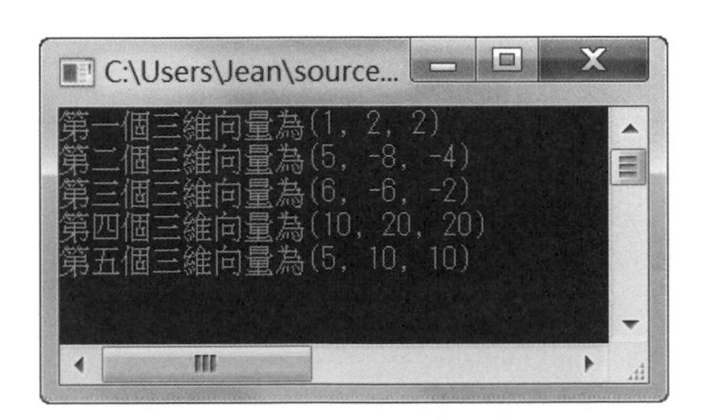

提示

```
public static Vector operator +(Vector vec1, Vector vec2)
{
   Vector vec3 = new Vector((vec1.x + vec2.x), (vec1.y + vec2.y), (vec1.z + vec2.z));
   return vec3;
}

public static Vector operator *(double a, Vector vec1)
{
   Vector vec2 = new Vector(a * vec1.x, a * vec1.y, a * vec1.z);
   return vec2;
}

public static Vector operator *(Vector vec1, double b)
{
   Vector vec2 = new Vector(vec1.x * b, vec1.y * b, vec1.z * b);
   return vec2;
}
```

14-2 委派

委派 (delegate) 的觀念和「函式指標」(function pointer) 相似，但屬於型別安全，它允許使用者將具名方法或匿名方法當作參數傳遞給另一個方法。

任何簽名碼 (signature) 相符的方法都可以指派給委派，所謂「簽名碼」指的是參數及傳回值型別，如此一來，程式設計人員就可以變更欲呼叫的方法或將新的程式碼外掛至既有的類別。

委派常見的用途如下：

- 做為非同步程式設計的 callback (回播)。
- 應用於多執行緒程式設計，以決定當啟動執行緒時該呼叫哪個方法。
- 實作 C# 的事件模式。

14-2-1 連結具名方法的委派

現在，我們就直接以典型的排序示範如何使用委派：<MyProj14-3>

1. 首先，使用 delegate 陳述式宣告一個即將被當作參數傳遞給其它方法的方法，例如下面的敘述是宣告一個名稱為 IsLarger、傳回值型別為 bool、兩個參數型別為 int 的委派型別：

```
public delegate bool IsLarger(int X, int Y);
```

delegate 陳述式的語法如下：

```
[modifiers] delegate return_type delegate_name[<T>]([parameter_list]);
```

- [*modifiers*]：您可以視實際情況加上適當的修飾字，包括 public、private、protected、internal、protected internal、new，命名空間內的委派預設為 internal，類別或結構內的委派預設為 public。

❖ *return_type*：委派的傳回值型別。

❖ *delegate_name*：委派的名稱。

❖ [<T>]：宣告泛型委派，第 15 章有進一步的說明。

❖ [*parameter_list*]：委派的參數。

2. 接著，宣告委派所要呼叫的方法，這個方法用來比較兩個參數的大小，若第一個參數大，就傳回 true，否則傳回 false。

```
public static bool MyIsLarger(int X, int Y)
{
  if (X > Y) return true;
  else return false;
}
```

3. 繼續，撰寫用來排序的方法，這個方法的關鍵有兩處，其一是在第 1 行宣告參數 LargerThan 的型別為 IsLarger 委派，其二是在第 6 行呼叫參數 LargerThan 所參考的方法。

```
public static void DoSort(ref int[] Data, IsLarger LargerThan)
{
  int Temp;
  for(int i = 0; i <= Data.GetUpperBound(0); i++)
    for(int j = i + 1; j <= Data.GetUpperBound(0); j++)
      if (LargerThan(Data[i], Data[j]) == true)
      {
        Temp = Data[i];
        Data[i] = Data[j];
        Data[j] = Temp;
      }
}
```

4. 最後，在 Main() 方法內宣告欲進行排序的陣列，然後呼叫排序方法即可。要注意的是在呼叫排序方法之前，必須先建立委派的物件，如第 4 行，才能將方法當作參數傳遞給另一個方法。

```
static void Main(string[] args)
{
  int[] Data = new int[5]{12, 3, 8, 55, 25};              // 宣告欲進行排序的陣列
  IsLarger Larger = new IsLarger(MyIsLarger);             // 建立委派的物件
  DoSort(ref Data, Larger);                               // 呼叫排序方法
  for(int i = 0; i <= Data.GetUpperBound(0); i++)        // 顯示排序完畢的陣列
    Console.WriteLine(Data[i]);
}
```

5. 這個程式的執行結果如下，成功將陣列內的元素由小到大排序並顯示出來。

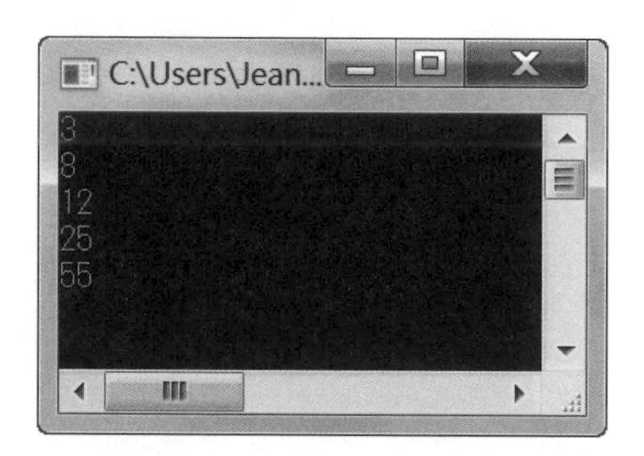

14-2-2 連結匿名方法的委派

除了連結具名方法的委派之外，C# 亦提供連結匿名方法 (anonymous method) 的委派，也就是將程式碼區塊當作參數傳遞給另一個方法，無須將它宣告為方法。現在，我們就以連結匿名方法的委派改寫前一節的例子，執行結果將維持不變。

\MyProj14-4\Program.cs

```
namespace MyProj14_4
{
    class Program
    {
        public delegate bool IsLarger(int X, int Y);

        public static void DoSort(ref int[] Data, IsLarger LargerThan)
        {
            int Temp;
            for (int i = 0; i <= Data.GetUpperBound(0); i++)
                for (int j = i + 1; j <= Data.GetUpperBound(0); j++)
                    if (LargerThan(Data[i], Data[j]) == true)
                    {
                        Temp = Data[i];
                        Data[i] = Data[j];
                        Data[j] = Temp;
                    }
        }

        static void Main(string[] args)
        {
            int[] Data = new int[5] {12, 3, 8, 55, 25};
            IsLarger IL = delegate(int X, int Y)
            {
                if (X > Y) return true;
                else return false;
            };

            DoSort(ref Data, IL);
            for (int i = 0; i <= Data.GetUpperBound(0); i++)
                Console.WriteLine(Data[i]);
        }
    }
}
```

宣告名稱為 IsLarger、傳回值型別為 bool、兩個參數型別為 int 的委派型別，這個敘述和前一個例子相同。

撰寫用來排序的方法，這個方法和前一個例子相同。

將委派所要呼叫的方法改成匿名方法的形式，這個程式碼區塊用來比較兩個參數的大小，若第一個參數大，就傳回 true，否則傳回 false。

呼叫排序方法並將連結匿名方法的委派物件 IL 當作參數傳遞進去。

14-2-3 Multi-cast 委派

Multi-cast 委派指的是參考多個方法的委派，一旦呼叫這種委派，它所參考的每個方法都會被執行。由於 Multi-cast 委派是多個委派結合而成，所以這些委派的型別必須相同，傳回值型別亦必須為 void。

我們可以使用 + 或 += 運算子將指定的委派加入 Multi-cast 委派，以及使用 - 或 -= 運算子從 Multi-cast 委派移除指定的委派，下面是一個例子。

\MyProj14-5\Program.cs (下頁續 1/2)

```
01:namespace MyProj14_5
02:{
03:   public delegate void FunctionPointer();              // 宣告委派型別 FunctionPointer
04:
05:   class Program                                        // 宣告委派所要呼叫的方法 ( 共三個 )
06:   {
07:      public static void M1()
08:      {
09:         Console.WriteLine(" 這是 M1() 方法 ");
10:      }
11:
12:      public static void M2()
13:      {
14:         Console.WriteLine(" 這是 M2() 方法 ");
15:      }
16:
17:      public static void M3()
18:      {
19:         Console.WriteLine(" 這是 M3() 方法 ");
20:      }
21:
```

\MyProj14-5\Program.cs (接上頁 2/2)

```
22:     static void Main(string[] args)
23:     {
24:         FunctionPointer FP;                          // 宣告變數 FP 為委派型別
25:         FP = new FunctionPointer(M1);                // 令 FP 指向 M1() 方法
26:         FP += new FunctionPointer(M2);               // 將指向 M2() 方法的委派加入 FP
27:         FP += new FunctionPointer(M3);               // 將指向 M3() 方法的委派加入 FP
28:         FP();                                        // 執行 FP
29:         Console.WriteLine();
30:         FP -= new FunctionPointer(M2);               // 從 FP 移除指向 M2() 方法的委派
31:         FP();                                        // 執行 FP 委派
32:     }
33:   }
34:}
```

C:\Users\Jean...

這是M1()方法
這是M2()方法
這是M3()方法

這是M1()方法
這是M3()方法

A 第 28 行的執行結果

B 第 31 行的執行結果

- ❖ 03：使用 dclcgatc 陳述式宣告一個名稱為 FunctionPointer 的委派型別。
- ❖ 24：宣告變數 FP 的型別為 FunctionPointer 委派型別。
- ❖ 25：令變數 FP 指向 M1() 方法。
- ❖ 26、27：將指向 M2()、M3() 方法的委派加入變數 FP。
- ❖ 28：執行變數 FP，也就是執行 M1()、M2()、M3() 三個方法。
- ❖ 30：從變數 FP 移除指向 M2() 方法的委派。
- ❖ 31：執行變數 FP，也就是執行 M1()、M3() 兩個方法。

隨堂練習

根據如下指示完成這個練習：

1. 建立一個主控台應用程式 <MyProj14-6> 。
2. 在 Program.cs 檔案內宣告一個名稱為 Operations、傳回值型別為 double、參數型別為 double 的委派型別。
3. 在 Program.cs 檔案內宣告一個名稱為 Mathematics 的類別，以存放委派所要呼叫的兩個方法，其一是名稱為 Square、傳回值型別為 double、參數型別為 double 的方法，它會傳回參數的平方根；其二是名稱為 Absolute、傳回值型別為 double、參數型別為 double 的方法，它會傳回參數的絕對值。
4. 在 Program.cs 檔案內宣告一個名稱為 Program 的類別，裡面有一個名稱為 ProcessOperations、傳回值型別為 void、第一個參數型別為 Operations 委派、第二個參數型別為 double 的方法，它會在執行視窗顯示第二個參數經過第一個參數指定之運算的結果。
5. 在 Program 類別內撰寫 Main() 方法，裡面有兩個委派物件，第一個委派物件指向 Mathematics 類別的 Square() 方法，第二個委派物件指向 Mathematics 類別的 Absolute() 方法，然後呼叫兩次 ProcessOperations() 方法，第一次是以第一個委派案例針對數值 2 計算其平方根並顯示出來，第二次是以第二個委派案例針對數值 -100.5 計算其絕對值並顯示出來，執行結果如下。

提示

```
public delegate double Operations(double Value);                   // 宣告 Operations 委派型別
public class Mathematics
{
  public static double Square(double Value)                        // 宣告委派所要呼叫的方法
  {
    return System.Math.Sqrt(Value);
  }

  public static double Absolute(double Value)                      // 宣告委派所要呼叫的方法
  {
    return System.Math.Abs(Value);
  }
}

public class Program
{
  public static void ProcessOperations(Operations Op, double Value)
  {
    Console.WriteLine(" 運算結果為 " + Op(Value));
  }

  static void Main(string[] args)
  {
    Operations Op1 = new Operations(Mathematics.Square);           // 建立委派物件
    Operations Op2 = new Operations(Mathematics.Absolute);         // 建立委派物件
    ProcessOperations(Op1, 2);
    ProcessOperations(Op2, -100.5);
  }
}
```

14-3 事件

14-3-1 事件驅動

事件 (event) 是在某些情況下發出特定訊號警告您，比方說，假設您有一部汽車，當您發動汽車卻沒有關好車門時，汽車會發出嗶嗶聲警告您，這就是一種事件；又比方說，在 Visual C# 中，當我們按一下按鈕時，就會產生一個 Click 事件，然後我們可以針對這個事件撰寫處理程序，例如將使用者輸入的資料進行運算、寫入資料庫或檔案等。

在 Windows 環境中，每個視窗都有一個唯一的代碼，而且作業系統會持續監視每個視窗的事件，一旦有事件產生，例如使用者點取按鈕、改變視窗的大小、移動視窗等，該視窗就會傳送訊息給作業系統，然後作業系統會將訊息傳送給應該知道的程式，該程式再根據訊息做出適當的處理，這種運作模式就叫做事件驅動 (event driven)。

Visual C# 程式的運作模式也是事件驅動，不過，它會自動處理低階的訊息處理工作，所以我們只要針對可能產生的事件宣告處理程序即可。當我們執行 Visual C# 程式時，它會先等待事件的產生，一旦有事件產生，就執行我們針對該事件所撰寫的處理程序，待處理程序執行完畢後，再繼續等待下一個事件的產生或結束程式。

Visual C# 將能夠產生事件的物件稱為事件發送者 (event sender) 或事件來源 (event source)，諸如表單、控制項或使用者自訂的物件都可以是事件發送者，換句話說，除了系統所產生的事件之外，使用者也可以視實際情況加入自訂的事件。至於我們撰寫來處理事件的程式則稱為事件程序 (event handler)，它不能有傳回值，也不能使用 params 參數。

註：傳統的「程序性」(procedual) 程式並不屬於事件驅動模式，其執行流程取決於程式設計人員的規劃，而不是作業系統或程式設計人員所產生的事件，因此，程式是根據事前規劃的流程依序執行。

14-3-2 C# 的事件模式

C# 是採取委派模式 (delegate model) 來實作事件，當要產生事件時，相對應的委派會被呼叫，進而執行該委派所參考的方法，同時該委派可以是 Multicast 委派，也就是參考多個方法的委派。

我們可以簡單將事件生命週期繪製如下，事件發送者建立了事件委派的物件，而事件接收者則宣告了用來處理事件的程序，事件發送者只要呼叫事件委派的物件，就可以觸發事件，進而執行事件接收者所宣告的事件程序。

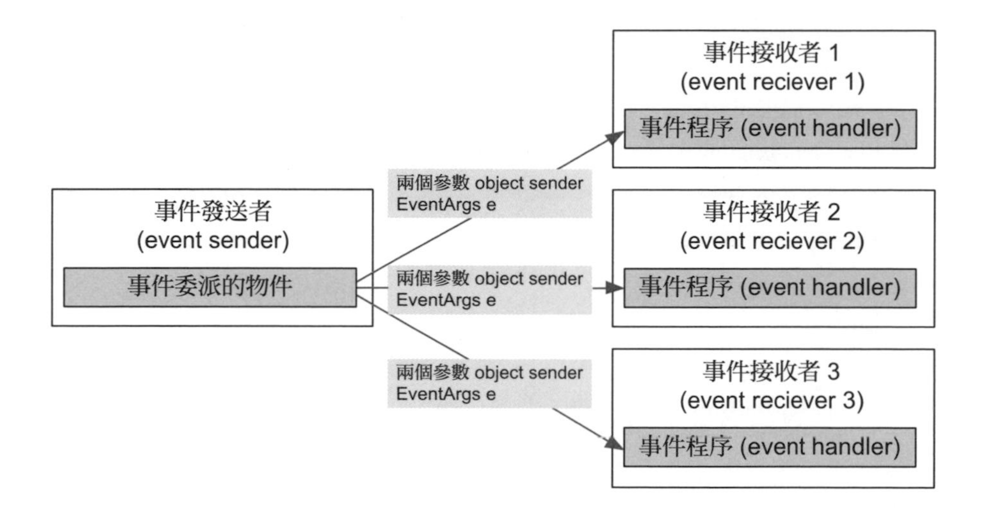

備註

事件委派會傳遞兩個物件給事件程序，其一是產生事件的物件，也就是事件發送者，其二是一個隸屬於 System.EventArgs 類別或其子類別的物件，裡面有事件的相關資訊，比方說，MouseEventArgs 類別就宣告了滑鼠事件的相關資訊，例如 public int Clicks {get};、public int Delta {get};、public MouseButttons Button {get};、public int X {get};、public int Y {get}; 等屬性。

14-3-3 事件的宣告、觸發與處理

我們直接以下面的例子示範事件的宣告、觸發與處理。

\MyProj14-7\Program.cs (下頁續 1/2)

```
01:namespace MyProj14_7
02:{
03:   // 宣告傳回值為 void、名稱為 EmployeeEventHandler 的事件委派 ( 必須有兩個參數 )
04:   public delegate void EmployeeEventHandler(object source, EmployeeEventArgs args);
05:
06:   public class Employee                              // 此為事件發送者
07:   {
08:      private string EmpName;
09:      public event EmployeeEventHandler EmpEvent;     // 建立事件委派的物件
10:
11:      public void Add(string Str)
12:      {
13:         EmpName = Str;
14:         if (EmpEvent != null)                        // 檢查是否有連結事件程序
15:           EmpEvent(this, new EmployeeEventArgs(Str));  // 呼叫事件委派的物件以觸發事件
16:      }
17:   }
18:
19:   public class EmployeeEventArgs : EventArgs         // 事件委派第二個參數的類別
20:   {
21:      public string Name;
22:      public EmployeeEventArgs(string Str)
23:      {
24:         Name = Str;
25:      }
26:   }
27:
```

\MyProj14-7\Program.cs (接上頁 2/2)

```
28:  class Program                                                   // 此為事件接收者
29:  {
30:     static void Main(string args[])
31:     {
32:        Employee E1 = new Employee();
33:        E1.EmpEvent += new EmployeeEventHandler(ShowName);          // 連結事件程序
34:        E1.Add(" 小丸子 ");                                          // 這會觸發事件
35:     }
36:
37:     public static void ShowName(object source, EmployeeEventArgs args)   // 宣告事件程序
38:     {
39:        Console.WriteLine(args.Name + " 被加入 Employee 物件 ");
40:        Console.ReadLine();
41:     }
42:  }
43:}
```

C:\Users\Jean...

小丸子被加入Employee物件

一、宣告事件委派

事件委派 (event delegate) 的宣告方式和一般委派相似，不同的是傳回值必須為 void，而且必須有兩個參數，其一是產生事件的物件，也就是事件發送者，其二是隸屬於 System.EventArgs 類別或其子類別的物件，裡面有事件的相關資訊，例如 MouseEventArgs 類別就宣告了滑鼠事件的相關資訊。

在這個例子中，我們在第 04 行宣告了一個傳回值為 void、名稱為 EmployeeEventHandler 的事件委派，它有兩個參數，第一個參數的型別為 object、名稱為 source，用來表示事件發送者，第二個參數是隸屬於 EmployeeEventArgs 類別的物件，稍後我們會宣告 EmployeeEventArgs 類別。

```
04: public delegate void EmployeeEventHandler(object source, EmployeeEventArgs args);
```

二、在事件發送者內建立事件委派的物件

我們必須使用 event 陳述式建立事件委派的物件，不能使用 new 關鍵字，例如這個例子中的第 09 行，event 陳述式的用途是告訴編譯器此為事件委派的物件，而非一般委派的物件，事件委派的物件能夠使用的運算子只有 += 和 -=，而且所建立的物件是指向 null，也就是尚未連結任何事件程序。

```
09:    public event EmployeeEventHandler EmpEvent;
```

三、在事件發送者內呼叫事件委派的物件以觸發事件

在這個例子中，第 06 ~ 17 行所宣告的 Employee 類別為事件發送者，所以我們除了在第 09 行建立事件委派的物件之外，還要觸發事件，而此處用來觸發事件的是 Add() 方法內的第 15 行，Add() 方法會根據參數 Str 的值設定 Employee 物件的私有變數 EmpName (員工姓名)，然後觸發事件，而且在觸發事件時會先透過 if 判斷結構檢查該事件是否有連結事件程序，有的話才呼叫事件委派的物件加以觸發，要注意的是第一個參數為 this，因為事件發送者就是目前的物件。

```
14:  if (EmpEvent != null)                                   // 檢查是否有連結事件程序
15:    EmpEvent(this, new EmployeeEventArgs(Str));            // 呼叫事件委派的物件以觸發事件
```

四、宣告事件委派第二個參數所隸屬的類別

若您所宣告之事件委派的第二個參數隸屬於 System.EventArgs 類別，那麼此步驟可以省略，否則您還要宣告事件委派第二個參數所隸屬的類別。

在這個例子中，由於第 09 行所宣告之事件委派的第二個參數隸屬於 EmployeeEventArgs 類別，而不是 System.EventArgs 類別，所以我們還要另外宣告 EmployeeEventArgs 類別 (第 19 ~ 26 行)，令它記錄 Employee 物件的員工姓名，要注意的是此類別必須繼承自 System.EventArgs 類別。

```
19:  public class EmployeeEventArgs : EventArgs
20:  {
21:      public string Name;
22:      public EmployeeEventArgs(string Str)
23:      {
24:          Name = Str;
25:      }
26:  }
```

五、宣告與連結事件程序

最後，我們要做的是宣告與連結事件程序，在這個例子中，Class1 類別為事件接收者，其中第 33 行用來連結事件程序為 ShowName() 方法，第 34 行呼叫 Employee 類別的 Add() 方法以設定員工姓名並觸發事件，進而自動執行事件程序 ShowName()，這個方法可以根據第二個參數的 Name 欄位取得 Employee 物件的員工姓名，然後顯示在執行視窗。

```
28:  class Program                                                    // 此為事件接收者
29:  {
30:      static void Main(string args[])
31:      {
32:          Employee E1 = new Employee();
33:          E1.EmpEvent += new EmployeeEventHandler(ShowName);          // 連結事件程序
34:          E1.Add(" 小丸子 ");                                         // 這會觸發事件
35:      }
36:
37:      public static void ShowName(object source, EmployeeEventArgs args) // 宣告事件程序
38:      {
39:          Console.WriteLine(args.Name + " 被加入 Employee 物件 ");
40:          Console.ReadLine();
41:      }
42:  }
```

學習評量

一、選擇題

(　　) 1. 下列哪種運算子不可以重載？

A. ^　　B. true　　C. ||　　D. ++

(　　) 2. 下列哪種運算子可以重載？

A. *=　　B. >>　　C. [ ]　　D. ( )

(　　) 3. 下列哪種運算子必須成對重載？

A. < 和 >　　B. * 和 /　　C. ! 和 ~　　D. + 和 -

(　　) 4. 同一個運算子只能重載一次以免混淆？

A. 對　　B. 不對

(　　) 5. 若要自訂明確轉換運算子，可以加上哪個關鍵字？

A. new　　B. delegate　　C. implicit　　D. explicit

(　　) 6. 我們可以使用哪個運算子在原有的委派加入新的委派？

A. /=　　B. *=　　C. +=　　D. -=

(　　) 7. 我們可以使用哪個陳述式建立事件委派的物件？

A. event　　B. new　　C. delegate　　D. class

二、練習題

承第 14-1 節的隨堂練習，重載 == 和 != 運算子，以針對兩個型別為 Vector 的結構案例進行相等或不相等的比較 (提示：假設 vec1 為 (x1, y1, z1)，vec2 為 (x2, y2, z2)，若 ((x1 == x2) 且 (y1 == y2) 且 (z1 == z3))，那麼兩個結構案例相等，否則不相等)；完畢後再加入明確轉換運算子將 double 型別的數值轉換為型別為 Vector 的結構案例，例如 Vector vec = (Vector)(5.0); 會傳回三維向量 (5, 0, 0)。

泛型與 Iterator

15-1 使用泛型

15-2 宣告泛型

15-3 型別參數的條件約束

15-4 泛型中的預設關鍵字 default

15-5 Iterator

15-1 使用泛型

泛型 (generics) 允許程式設計人員以未定型別參數宣告類別、結構、介面、方法和委派，待之後在使用類別、結構、介面、方法和委派時，再指定實際型別。泛型就像樣板，可以針對不同型別執行相同功能，有了它，您就不必為不同型別重複撰寫具有相同功能的程式碼。

泛型又分為泛型型別和泛型方法兩種形式，.NET Framework 內建許多泛型型別，大部分可以在 System.Collections.Generic 命名空間內找到，例如 Queue、Dictionary、LinkedList、List、SortedList、Stack 等泛型類別，ICollection、IDictionary、IEnumerator、IList 等泛型介面，List.Enumerator、Queue.Enumerator、LinkedList.Enumerator、Stack.Enumerator 等泛型結構。

泛型型別通常表示成諸如 List<T> 的形式，其中 List 為型別名稱，T 為型別參數，即宣告泛型型別時所提供之型別的替代符號，下面是一個例子。

\MyProj15-1\Program.cs

```
using System;
using System.Collections.Generic;
namespace MyProj15_1
{
  class Program
  {
    static void Main(string[] args)
    {
      List<string> Dinosaurs = new List<string>();
      Dinosaurs.Add(" 雷龍 ");
      Dinosaurs.Add(" 劍龍 ");
      Dinosaurs.Add(" 暴龍 ");
      foreach (string Dinosaur in Dinosaurs)
        Console.WriteLine(Dinosaur);
    }
  }
}
```

匯入此命名空間以便使用 List 泛型類別

呼叫 List 泛型類別的 Add() 方法將指定的字串加入集合

```
file:///C...
雷龍
劍龍
暴龍
```

在這個例子中，我們是在宣告 Dinosaurs 變數時，透過型別參數指定集合內的元素必須為 string 型別，若要指定集合內的元素必須為其它型別，例如 int，那麼可以改寫為 List<int> Dinosaurs = new List<int>();。

除了使用泛型型別建立物件之外，您也可以將泛型型別當作參數或傳回值，例如在下面的敘述中，CreateDinosaurs() 方法的傳回值就是泛型型別，而 ShowDinosaurs() 方法的參數也是泛型型別：

```
List<string> CreateDinosaurs()   // 傳回值為泛型型別，您可以視實際情況指定型別參數，此處為 string。
{
  List<string> Dinosaurs = new List<string>();
  Dinosaurs.Add(" 雷龍 ");
  Dinosaurs.Add(" 劍龍 ");
  Dinosaurs.Add(" 暴龍 ");
  return Dinosaurs;
}

void ShowDinosaurs(List<string> Dinosaurs)   // 參數為泛型型別，您可以視實際情況指定型別參數，此處為 string。
{
  foreach (string Dinosaur in Dinosaurs)
    Console.WriteLine(Dinosaur);
}
```

或者，您也可以宣告繼承自泛型型別的類別，例如：

```
class Class1 : System.Collections.Generic.List<int>   // 繼承自泛型型別，您可以視實際情況指定型別參數，此處為 int。
{
}
```

備註

乍看之下，泛型型別和 object 型別一樣可以接受任何型別，但實際上是有差別的，泛型型別屬於強型別，它會強制進行編譯時期型別檢查，在執行階段之前攔截不符的型別，而且它不像 object 型別採取晚期繫結，所以效能較佳。

15-2 宣告泛型

在前一節中，我們示範了如何使用既有的泛型，而在本節中，我們將告訴您如何宣告自己的泛型。原則上，當您想要使用 object 型別或針對不同型別執行相同功能時，就可以考慮使用泛型，因為比起 object 型別，泛型具有型別安全及效能較佳的優點。

泛型又分為泛型型別 (generic types) 和泛型方法 (generic methods) 兩種形式，前者包括泛型類別、泛型結構和泛型介面，而後者包括泛型方法和泛型委派。

15-2-1 宣告泛型類別

泛型類別 (generic class) 的宣告方式和一般類別大致相同，差別在於類別名稱後面必須加上型別參數 (type parameter)，例如 Class1<T>。

泛型類別的優點是只要宣告一次，就可以據此建立使用不同型別的物件，而且它的效能比使用 object 型別所宣告的一般類別更佳。

例如下面的敘述是宣告一個名稱為 CustomList 的泛型類別，它有一個型別參數 T，T 能夠接受任何型別，我們可以在這個泛型類別內將型別參數 T 當作一般型別使用：

```
class CustomList<T> {}
```

之後我們可以在建立泛型類別的物件時指派型別參數 T 的型別，例如下面的敘述是分別建立三個隸屬於 CustomList 泛型類別、名稱為 strList、intList 和 dblList、用來存放 string、int 和 double 資料的物件：

```
CustomList<string> strList = new CustomList<string>();
CustomList<int> intList = new CustomList<int>();
CustomList<double> dblList = new CustomList<double>();
```

泛型類別的型別參數可以不只一個，此時以逗號隔開即可，例如下面的泛型類別有兩個型別參數 T、V，它們能夠接受任何型別：

```
class CustomList <T, V> {}
```

諸如繼承、重載、覆蓋、欄位、方法、屬性、事件等特性，均適用於泛型類別，要注意的是當您重載使用型別參數的方法時，必須小心別造成混淆，以免在執行階段無法判斷該呼叫哪個重載方法。

比方說，若您在泛型類別內加入下列兩個同名方法 M1()，此舉雖然不會產生編譯錯誤，卻可能會造成混淆，一旦型別參數 T 也被指定為 int，在執行階段將無法判斷該呼叫哪個版本的 M1()：

```
void M1(T Item) {}
void M1(int Item) {}
```

同理，若您在泛型類別內加入下列兩個同名方法 M1()，一旦型別參數 T、V 被指定為相同型別，在執行階段將無法判斷該呼叫哪個版本的 M1()：

```
void M1(T Item) {}
void M1(V Item) {}
```

此外，泛型類別可以繼承自一般類別，一般類別也可以繼承自泛型類別，或者，泛型類別亦可以繼承自泛型類別，例如：

```
class GenericSubClass<T> : BaseClass {}
class SubClass : GenericBaseClass<T> {}
class SubClass : GenericBaseClass<int> {}
class GenericBaseClass<T> : GenericSubClass<T> {}
class GenericBaseClass<T> : GenericSubClass<int> {}
class GenericBaseClass<T, V> : GenericSubClass<T, V> {}
class GenericBaseClass<T, V> : GenericSubClass<T, int> {}
```

至於下面的敘述則會產生編譯錯誤：

```
class GenericBaseClass<T> : GenericSubClass<T, int> {}
class GenericBaseClass<T> : GenericSubClass<T, V> {}
```

下面是一個例子，它宣告一個泛型類別 CustomList，用來表示鏈結串列，裡面還有一個 Node 類別，用來表示鏈結串列的節點。

\MyProj15-2\Program.cs (下頁續 1/2)

```
using System;
using System.Collections.Generic;
namespace MyProj15_2
{
  public class CustomList<T>          //CustomList 為外部類別，用來表示鏈結串列
  {
    private class Node                //Node 為內部類別，用來表示鏈結串列的節點
    {
      public Node(T t)                //Node 類別的建構函式，用來將節點初始化
      {
        next = null;
        data = t;
      }
      private Node next;
      public Node Next                //Next 屬性用來存取下一個節點
      {
        get { return next; }
        set { next = value; }
      }
      private T data;
      public T Data                   //Data 屬性用來存取節點的資料
      {
        get { return data; }
        set { data = value; }
      }
    }
```

\MyProj15-2\Program.cs (接上頁 2/2)

```
    private Node head;
    public CustomList()                //CustomList 類別的建構函式，用來將串列初始化
    {
      head = null;
    }
    public void Add(T t)               //Add() 方法用來加入新節點
    {
      Node n = new Node(t);
      n.Next = head;
      head = n;
    }
    public IEnumerator<T> GetEnumerator()
    {
      Node current = head;
      while (current != null)
      {
        yield return current.Data;
        current = current.Next;
      }
    }
  }

  class Program
  {
    static void Main(string[] args)
    {
      CustomList<int> list = new CustomList<int>();
      for (int i = 0; i < 10; i++)
        list.Add(i);
      foreach (int i in list)
        System.Console.Write(i + " ");
    }
  }
}
```

C# 提供的 Iterator 功能是用來支援類別或結構的 foreach 反覆運算，而不必實作整個 IEnumerable 介面，第 15-5 節有進一步的說明。

透過 Iterator 功能，就能支援類別或結構的 foreach 運算。

```
file:///c:/users/...
9 8 7 6 5 4 3 2 1 0
```

15-2-2 宣告泛型結構

泛型結構 (generic structure) 的宣告方式和一般結構大致相同，差別在於結構名稱後面必須加上型別參數，例如 Structure1<T>。

泛型結構的優點是只要宣告一次，就可以據此宣告使用不同型別的結構變數，而且它的效能比使用 object 型別所宣告的一般結構更佳。

例如下面的敘述是宣告一個名稱為 Customer 的泛型結構，它有一個型別參數 T，T 能夠接受任何型別，我們可以在這個泛型結構內將型別參數 T 當作一般型別使用：

```
struct Customer<T>
{
  // 在此宣告泛型結構的成員，可以將型別參數 T 當作一般型別使用
}
```

之後我們可以在宣告泛型結構的變數時指派型別參數 T 的型別，例如下面的敘述是分別宣告三個型別為 Customer 泛型結構、名稱為 strCustomer、intCustomer 和 dblCustomer，用來存放 string、int 和 double 資料的結構變數：

```
Customer<string> strCustomer = new Customer<String>();
Customer<int> intCustomer = new Customer<int>();
Customer<double> dblCustomer = new Customer<double>();
```

同樣的，泛型結構的型別參數也可以不只一個，此時以逗號隔開即可，例如下面的泛型結構有兩個型別參數 T、V，它們能夠接受任何型別，我們可以在這個泛型結構內將型別參數 T、V 當作一般型別使用：

```
struct Customer<T, V>
{
  // 在此宣告泛型結構的成員，可以將型別參數 T、V 當作一般型別使用
}
```

15-2-3 宣告泛型介面

泛型介面 (generic interface) 的宣告方式和一般介面大致相同，差別在於介面名稱後面必須加上型別參數，例如 Interface1<T>，而下面的敘述則是宣告一個名稱為 Interface1 的泛型介面，它有一個型別參數 T，T 能夠接受任何型別，我們可以在這個泛型介面內將型別參數 T 當作一般型別使用：

```
interface Interface1<T>
{
   void M1(T Arg);
   T M2();
}
```

泛型介面和泛型類別、泛型結構有一點比較不同，就是我們還必須在類別或結構內實作介面的成員，比方說，我們可以撰寫如下的 Class1 類別來實作 Interface1 泛型介面的成員，而且此處是將型別參數 T 的型別指定為 string 型別，有需要的話，也可以指定為其它型別：

```
class Class1 : Interface1<string>
{
   public void M1(string Arg)
   {
      Console.WriteLine(Arg);
   }

   public string M2()
   {
      return " 這是 M2() 方法 ";
   }
}
```

同樣的，泛型介面的型別參數也可以不只一個，此時以逗號隔開即可。

15-2-4 宣告泛型方法

泛型方法 (generic method) 指的是至少使用一個型別參數所宣告的方法，而且泛型方法可以在其一般參數、傳回值 (若有的話) 和程式碼中使用自己的型別參數。程式設計人員每次呼叫泛型方法，都可以根據實際需求指定型別。

例如下面的敘述是宣告一個名稱為 M1 的泛型方法，它有兩組參數，第一組參數為型別參數 T，T 能夠接受任何型別，我們可以在這個泛型方法內將型別參數 T 當作一般型別使用；第二組參數是一般參數，其中第一個參數 Arg1 的型別為 string，第二個參數 Arg2 的型別為 T：

```
void M1<T>(string Arg1, T Arg2)
{
  // 在此撰寫方法的主體，可以將型別參數 T 當作一般型別使用
}
```

之後我們可以在程式碼中呼叫這個泛型方法，例如下面第一個敘述會令編譯器自動將型別參數 T 推斷為 string 型別，而第二個敘述會令編譯器自動將型別參數 T 推斷為 double 型別：

```
M1(" 生日快樂 "," 新年快樂 ");
M1(" 生日快樂 ",1.23);
```

同樣的，泛型方法的型別參數也可以不只一個，此時以逗號隔開即可，而且我們可以透過不同數目的型別參數將泛型方法重載。

若某個方法只是在泛型類別或泛型結構內宣告，那麼它不一定是泛型方法。想要成為泛型方法，除了可能使用一般參數之外，還必須至少使用一個型別參數。泛型類別或泛型結構內可能包含非泛型方法，而非泛型類別或非泛型結構內也可能包含泛型方法。

15-2-5 宣告泛型委派

泛型委派 (generic delegate) 指的是至少使用一個型別參數所宣告的委派，而且泛型委派可以在其一般參數和傳回值 (若有的話) 中使用自己的型別參數。同樣的，泛型委派的型別參數也可以不只一個，此時以逗號隔開即可。

例如下面的敘述是宣告一個名稱為 Delegate1 的泛型委派，它的參數為型別參數 T，T 能夠接受任何型別：

```
public delegate void Delegate1<T>(T item);
```

假設這個泛型委派將要呼叫下列方法：

```
public static void M1(int item) { Console.WriteLine(" 整數參數的值為 " + item); }
public static void M2(double item) { Console.WriteLine(" 浮點數參數的值為 " + item); }
```

之後我們可以在程式碼中使用這個泛型委派建立委派物件，例如下面第一個敘述會令編譯器自動將型別參數 T 推斷為 int 型別，而第二個敘述會令編譯器自動將型別參數 T 推斷為 double 型別：

```
public static Delegate1<int> D1 = new Delegate1<int>(M1);
public static Delegate1<double> D2 = new Delegate1<double>(M2);
```

C# 亦允許我們將上面兩個敘述簡寫成如下：

```
public static Delegate1<int> D1 = M1;
public static Delegate1<double> D2 = M2;
```

有了委派物件 D1、D2 後，我們就可以呼叫它們，例如下面兩個敘述會分別顯示 " 整數參數的值為 100"、" 浮點數參數的值為 100.5"：

```
D1(100);
D2(100.5);
```

15-3 型別參數的條件約束

若要在建立泛型型別的物件或呼叫泛型方法時對型別參數加上某些限制，例如型別參數必須是實值型別、參考型別、繼承自某個基底類別或實作某個介面，可以使用 where 關鍵字指定條件約束 (constraints)，之後一旦使用不被允許的型別參數建立泛型型別的物件或呼叫泛型方法，就會產生編譯錯誤，以下為 C# 所支援的條件約束。

條件約束	說明
where T : struct	型別參數必須是可為 null 型別以外的實值型別，例如下面的敘述是將泛型類別 CustomList 的型別參數 T 約束為實值型別： class CustomList<T> where T : srtuct { }
where T : class	型別參數必須是參考型別，包括類別、介面、委派或陣列，例如下面的敘述是將泛型類別 CustomList 的型別參數 T 約束為參考型別： class CustomList<T> where T : class { }
where T : new()	型別參數必須擁有公用的無參數建構函式，若有同時指定其它條件約束，那麼 new() 條件約束必須放在最後面，例如下面的敘述是將泛型類別 CustomList 的型別參數 T 約束為必須擁有公用的無參數建構函式： class CustomList<T> where T : new() { }
where T : U	T 指定的型別參數必須是 U 指定的型別參數，或衍生自該型別參數，又稱為 Naked 型別條件約束，例如下面的敘述是將泛型類別的第二個型別參數 V 約束為另一個泛型型別 List<T>： class CustomList<T, V> where V : List<T> { }

條件約束	說明

where T : <*baseclass_name*>	型別參數必須是指定的基底類別 *baseclass_name*，或繼承自該類別，例如下面的敘述是將泛型方法 M1() 的型別參數 T 約束為 Windows.Forms.TextBox 類別，如此一來就能在泛型方法 M1() 內存取 Windows.Forms.TextBox 類別的成員，此處是將其 Text 欄位設定為 " 生日快樂 "：
	void M1<T>(T Arg) where T : Windows.Forms.TextBox
	{
	    Arg.Text = " 生日快樂 ";
	}

where T : <*interface_name*>	型別參數必須是指定的介面 *interface_name*，或實作該介面。您可以同時指定多個介面條件約束或泛型介面條件約束。
	例如下面的敘述是將泛型方法 Find() 的型別參數 T 約束為實作 IComparable 介面，如此一來就能在泛型方法 Find() 內呼叫該介面所宣告的方法，此處是呼叫 IComparable 介面所宣告的 CompareTo() 方法進行比較：
	int Find<T>(T[] Array, T Value) where T : IComparable
	{
	    if (Array.GetLength(0) > 0)
	    {
	      for (int i = 0; i <= Array.GetUpperBound(0); i++)
	        if (Array[i].CompareTo(Value) == 0)
	          return i;
	    }
	    return -1;
	}

在預設的情況下，編譯器是將型別參數當作 System.Object 型別看待，所以您只能透過型別參數呼叫 System.Object 型別所提供的方法，如下。若要讓泛型型別或泛型方法擁有更多功能，可以套用條件約束，它能夠讓您指定套用至型別參數的規則，並提供相關的資訊給編譯器，比方說，若編譯器從條件約束得知型別參數必須實作指定的介面，那麼它就會允許您在泛型型別或泛型方法內呼叫該介面所宣告的方法。

System.Object 型別的方法	說明
Equals(*obj*) Equals(*obj1*, *obj2*)	若參數 *obj* 和目前物件相同，就傳回 true，否則傳回 false；若參數 *obj1* 和參數 *obj2* 是相同的物件，就傳回 true，否則傳回 false。
GetHashCode()	取得目前物件的雜湊碼。
GetType()	取得目前物件的執行階段型別。
ReferenceEquals(*obj1*, *obj2*)	若參數 *obj1* 和參數 *obj2* 是相同的物件，就傳回 true，否則傳回 false。
ToString()	取得表示目前物件的字串。

下面是一個例子，裡面宣告一個必須實作 IComparable 介面的泛型方法 Find()，它會在參數 Array 所指定的陣列內尋找參數 Value 所指定的資料，找到的話，就傳回該資料位於陣列的索引 (第 11 ~ 14 行)，找不到的話，就傳回 -1 (第 16 行)。

請注意，這個泛型方法之所以要實作 IComparable 介面 (第 07 行)，主要是想呼叫 IComparable 介面所宣告的 CompareTo() 方法進行比較 (第 13 行)，因為我們無法確保使用者指定給型別參數 T 的型別是否支援 == 運算子或 != 運算子。原則上，建議您不要對套用 where T : class 條件約束的型別參數使用 == 和 != 運算子，因為它們只會比較指向物件的參考，不會比較物件的值，若要比較物件的值，可以同時套用 where T : IComparable<T> 條件約束，然後在泛型型別或泛型方法內實作 IComparable 介面。

\MyProj15-3\Program.cs

```
01:using System;
02:using System.Collections.Generic;
03:namespace MyProj15_3
04:{
05:    class Program
06:    {
07:        static int Find<T>(T[] Array, T Value) where T : IComparable<T>
08:        {
09:            if (Array.GetLength(0) > 0)
10:            {
11:                for (int i = 0; i < Array.Length; i++)
12:                    // 呼叫 IComparable 介面所宣告的 CompareTo() 方法進行資料比對
13:                    if (Array[i].CompareTo(Value) == 0)
14:                        return i;                        // 找到就傳回該值位於陣列的索引
15:            }
16:            return -1;                                   // 找不到就傳回 -1
17:        }
18:
19:        static void Main(string[] args)
20:        {
21:            string[]  A = {"Mon", "Tue", "Wed", "Thu", "Fri"};
22:            Console.WriteLine(Find(A, "Wed"));           // 傳回 2 表示 "Wed" 位於索引為 2 處
23:            Console.WriteLine(Find(A, "abc"));           // 傳回 -1 表示 "abc" 不位於陣列
24:        }
25:    }
26:}
```

15-4 泛型中的預設關鍵字 default

在您使用泛型型別和泛型方法時會碰到一個問題，就是無法正確指派或取得型別參數 T 的預設值，因為參考型別的預設值為 null，而實值型別的預設值為 0、'\0' 或 false，一旦無法確定型別參數 T 究竟為參考型別或實值型別，就無法正確地指派或取得其預設值。

為此，C# 提供一個關鍵字 default，若型別參數 T 為參考型別，則 default(T) 會傳回 null；相反的，若型別參數 T 為實值型別，則 default(T) 會傳回 0 (數值型別)、'\0' (char 型別) 或 false (bool 型別)。下面是一個例子，它將使用 default 關鍵字取得型別參數的預設值。

```
public class CustomList<T>              //CustomList 為外部類別，用來表示鏈結串列
{
  private class Node                    //Node 為內部類別，用來表示鏈結串列的節點
  {
    //...
    public Node Next;
    public T Data;
  }

  private Node head;

  public T GetNext()                    // 這個方法用來取得下一個節點
  {
    T temp = default(T);                // 使用 default 關鍵字取得型別參數 T 的預設值
    Node current = head;
    if (current != null)
    {
      temp = current.Data;
      current = current.Next;
    }
    return temp;
  }
}
```

15-5 Iterator

C# 提供的 Iterator（迭代器）功能是用來支援類別或結構的 foreach 反覆運算，而不必實作整個 IEnumerable 介面。簡單地說，Iterator 具有下列特點：

- Iterator 是一個程式碼區塊，它會依照順序逐一傳回各個元素。
- Iterator 可以做為方法主體、運算子或 get 存取子。
- Iterator 可以使用 yield return 陳述式逐一傳回各個元素，當抵達 yield return 陳述式時，會自動儲存目前位置，待下一次呼叫 Iterator 時，便從這個位置開始執行；相反的，若要結束反覆運算，可以使用 yield break 陳述式。
- Iterator 的傳回值型別必須是 IEnumerable 或 IEnumerator。
- 您可以在類別內實作多個 Iterator，但其名稱必須唯一，而且能夠讓 foreach 的程式碼呼叫，例如：

```
foreach (string name in obj.Iterator1()) {}
```

建立 Iterator 最常見的方式就是實作 IEnumerable 介面的所宣告的 GetEnumerator() 方法，例如下面的敘述是在 NamesOfTheStudents 類別內以實作 GetEnumerator() 方法的方式建立 Iterator：

```
public class NamesOfTheStudents : System.Collections.IEnumerable
{
  string[] Names = { "小丸子", "花輪", "丸尾" };
  public System.Collections.IEnumerator GetEnumerator()
  {
    for (int i = 0; i < Names.Length; i++)
      yield return Names[i];
  }
}
```

在 NamesOfTheStudents 類別內建立 Iterator 後，我們就可以針對該類別進行 foreach 反覆運算，例如下面的敘述是在 Main() 方法內使用 foreach 逐一顯示 NamesOfTheStudents 類別內的值 <\MyProj15-4\Program.cs>：

```
class Program
{
  static void Main(string[] args)
  {
    NamesOfTheStudents obj = new NamesOfTheStudents();
    //foreach 會呼叫 NamesOfTheStudents.GetEnumerator() 方法逐一取得值
    foreach (string name in obj)
      System.Console.Write(name + "\n");
  }
}
```

這個程式的執行結果如下。

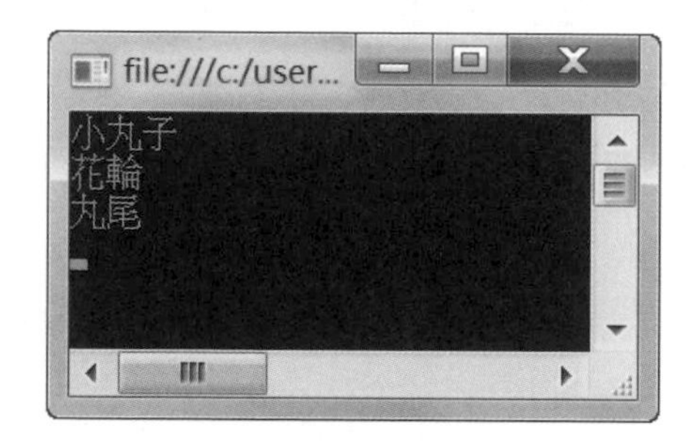

具名的 Iterator

除了實作 IEnumerable 介面的所宣告的 GetEnumerator() 方法之外，我們也可以使用具名的 Iterator 支援類別或結構的 foreach 反覆運算，比方說，前面的 <\MyProj15-4\Program.cs> 可以使用具名的 Iterator 改寫成如下，執行結果仍維持不變。

\MyProj15-5\Program.cs

```
namespace MyProj15_5
{
  public class NamesOfTheStudents   —— 此處不要再加上 : System.Collections.IEnumerable
  {
    string[] Names = { " 小丸子 ", " 花輪 ", " 丸尾 " };
    public System.Collections.IEnumerable Iterator1()
    {
      for (int i = 0; i < Names.Length; i++)
        yield return Names[i];
    }                                  // 宣告具名的 Iterator
  }

  class Program
  {
    static void Main(string[] args)
    {
      NamesOfTheStudents obj = new NamesOfTheStudents();
      // 在 foreach 內呼叫具名的 Iterator 逐一取得值
      foreach (string name in obj.Iterator1())
        System.Console.Write(name + "\n");
    }
  }
}
```

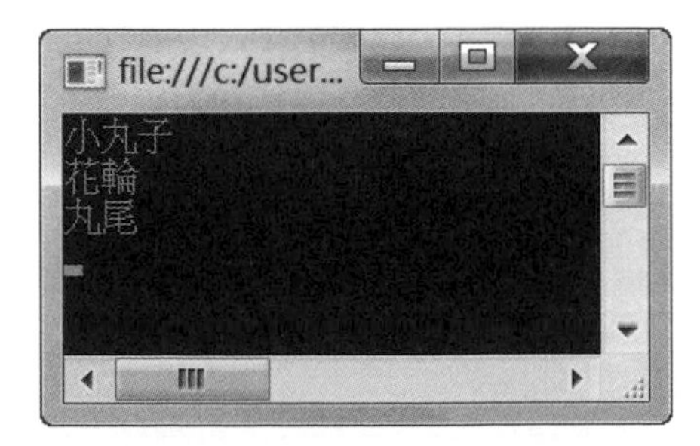

使用一個以上的 yield return 陳述式

C# 允許我們在同一個 Iterator 中使用一個以上的 yield return 陳述式傳回值，下面是一個例子。

\MyProj15-6\Program.cs

```
namespace MyProj15_6
{
  public class SampleClass
  {
    public System.Collections.IEnumerator GetEnumerator()
    {
      yield return " 生日 ";
      yield return " 快樂 ";
      yield return " ！ ";
    }
  }

  class Program
  {
    static void Main(string[] args)
    {
      foreach (string str in new SampleClass())
        Console.Write(str);
    }
  }
}
```

在同一個 Iterator 中使用一個以上的 yield return 陳述式傳回值

注意

Iterator 功能也可以應用在泛型型別，以第 15-2-1 節的 <MyProj15-2> 為例，我們就是在泛型類別 CustomList<T> 內建立如下的 Iterator：

```
public IEnumerator<T> GetEnumerator() { //… }
```

學習評量

一、選擇題

( ) 1. 泛型類別可以繼承自一般類別，但不可以繼承自泛型型別，對不對？

A. 對　B. 不對

( ) 2. 泛型類別的型別參數可以不只一個，中間以冒號隔開即可，對不對？

A. 對　B. 不對

( ) 3. 在宣告泛型型別時，型別參數必須使用下列哪種符號括起來？

A. ()　B. {}

C. []　D. <>

( ) 4. 想要成為泛型方法，除了可能使用一般參數之外，還必須至少使用一個型別參數，對不對？

A. 對　B. 不對

( ) 5. 若要將型別參數約束為參考型別，必須加上哪個條件約束？

A. where T : new()　B. where T: struct

C. where T : class　D. where T : U

( ) 6. 若要將型別參數約束為實值型別，必須加上哪個條件約束？

A. where T : new()　B. where T : struct

C. where T: class　D. where T : U

( ) 7. 若要取得型別參數的預設值，可以使用下列哪個關鍵字？

A. default　B. valueof

C. get　D. optional

( ) 8. Iterator 功能也可以應用在泛型型別，對不對？

A. 對　B. 不對

( ) 9. 若型別參數 T 為參考型別，則 default(T) 會傳回下列何者？

A. 0　B. '\0'

C. false　D. null

(　　) 10. 下列關於 Iterator 的敘述何者錯誤？(複選)

A. 可以在類別內實作多個 Iterator

B. 可以做為方法主體

C. 傳回值型別可以是字串

D. 可以使用 yield return 陳述式結束反覆運算

二、練習題

1. 使用 System.Collections.Generic 命名空間的 Stack 泛型類別存放 10、20、30、40、50 等五個 int 資料，然後將這些資料顯示在執行視窗。

2. 宣告一個有三個型別參數 T、V、X 的泛型類別 Class1，然後在這個泛型類別內宣告一個方法 M1()，其第一個參數的型別為型別參數 T，第二個參數的型別為型別參數 V，傳回值的型別為型別參數 X。

3. 宣告一個泛型類別 MyQueue，令它繼承自 System.Collections.Generic 命名空間的 Queue 泛型類別。

4. 簡單說明泛型型別優於 object 型別之處為何？

5. 簡單說明何謂條件約束及為何要使用條件約束？

6. 簡單說明 C# 提供哪些條件約束及其意義為何？

7. 簡單說明何謂 Iterator ？

8. 簡單說明 default 關鍵字的意義為何？

Visual C# 2017 程式設計 (適用 2017/2015)

作　　者：陳惠貞
企劃編輯：江佳慧
文字編輯：江雅鈴
設計裝幀：張寶莉
發 行 人：廖文良

發 行 所：碁峰資訊股份有限公司
地　　址：台北市南港區三重路 66 號 7 樓之 6
電　　話：(02)2788-2408
傳　　真：(02)8192-4433
網　　站：www.gotop.com.tw
書　　號：AEL021100
版　　次：2018 年 06 月初版
　　　　　2019 年 08 月初版二刷
建議售價：NT$560

國家圖書館出版品預行編目資料

Visual C# 2017 程式設計 / 陳惠貞著. -- 初版. -- 臺北市：碁峰資訊, 2018.06
　面；　公分
ISBN 978-986-476-827-1(平裝)
1.C#(電腦程式語言)
312.32C　　107008590

讀者服務

- 感謝您購買碁峰圖書，如果您對本書的內容或表達上有不清楚的地方或其他建議，請至碁峰網站:「聯絡我們」\「圖書問題」留下您所購買之書籍及問題。(請註明購買書籍之書號及書名，以及問題頁數，以便能儘快為您處理)
http://www.gotop.com.tw

- 售後服務僅限書籍本身內容，若是軟、硬體問題，請您直接與軟體廠商聯絡。

- 若於購買書籍後發現有破損、缺頁、裝訂錯誤之問題，請直接將書寄回更換，並註明您的姓名、連絡電話及地址，將有專人與您連絡補寄商品。